应用型本科精品规划教材

Excellent Electrical
& Mechanical Engineer

卓越机电工程师

数控技术及其应用

主 编 侯培红

参 编 欧阳华兵 郁斌强

华丽娟 马雪芬

张 韬

上海交通大学出版社
SHANGHAI JIAO TONG UNIVERSITY PRESS

内容提要

本书作为介绍数控技术的教材,包含了数控机床及其加工技术比较系统的内容。全书共分为七章:第一章概述,第二章计算机数控系统,第三章伺服系统与位置检测装置,第四章数控机床的机械结构,第五章数控加工编程基础,第六章数控车床程序编制,第七章数控铣床和加工中心程序编制,第八章宏指令编程以及第九章数控机床的使用与维护。考虑到技术本科教育的特点和数控技术相关职业技能培养的特点,本书对数控编程相关内容做了较为全面、细致的介绍,而且在编写过程中,从知识传授和编程技能提升循序渐进出发,不仅内容的编排顺序符合一般思维习惯和衔接相对自然,并且图文并茂,浅显易懂,易学易教,教学安排的可操作性强。

图书在版编目(CIP)数据

数控技术及其应用 / 侯培红主编. —上海:上海
交通大学出版社,2015(2016 重印)
ISBN 978 - 7 - 313 - 13432 - 5

Ⅰ.①数… Ⅱ.①侯… Ⅲ.①数控机床 Ⅳ.
①TG659

中国版本图书馆 CIP 数据核字(2015)第 163406 号

数控技术及其应用

主　　编:侯培红
出版发行:上海交通大学出版社　　　　　地　　　址:上海市番禺路 951 号
邮政编码:200030　　　　　　　　　　　电　　　话:021 - 64071208
出　版　人:郑益慧
印　　制:上海颛辉印刷厂　　　　　　　经　　　销:全国新华书店
开　　本:787 mm×960 mm　1/16　　　印　　　张:23.75
字　　数:535 千字
版　　次:2015 年 12 月第 1 版　　　　　印　　　次:2016 年 11 月第 2 次印刷
书　　号:ISBN 978 - 7 - 313 - 13432 - 5/TG
定　　价:49.00 元

《卓越机电工程师》系列教材

编写指导委员会成员

（排名不分先后）

总　序

随着制造业将再次成为全球经济稳定发展的引擎,世界各主要工业国家都加快了工业发展的步伐。从美国的"制造业复兴"计划到德国的"工业 4.0"战略,从日本的"智能制造"到中国的《中国制造 2025》发布,制造业正逐步成为世界各国经济发展的重中之重。我国在不久的未来,将从"制造业大国"走向"制造业强国",社会和企业对工程技术应用型人才的需求也将越来越大,从而也大大推进了应用型本科教育的改革。

本套"卓越机电工程师系列教材"的编辑和出版就是为了迎接制造业的迅猛发展对工程技术应用型人才培养所提出的挑战。同时,我们也希望它能够积极地抓住当前世界范围内工程教育改革和发展的机遇。

参加编写这套教材的教师无不在高等职业教育领域工作多年,尤其在工程实践和教学中饶有心得体会。首先,我们将教材的编写内容聚焦在"机电"工程领域。传统意义上讲,这似乎是两大机电类工程技术领域,但从今天"工业 4.0"意义上来讲,其内涵将会在机械制造理论与技术、机电一体化技术、电子与微电子技术、传感器与测量技术、高端装备制造与应用、智能制造技术、控制通讯与网络、计算机与软件及"云"服务技术等各个方面将融为一体。因此,这套"卓越机电工程师系列教材"将对于现在和未来从事于制造业的工程型、技术型人才来说是不可或缺的重要参考资料之一。

其次,我们要求教材的编写内容做到"必要、前沿、实用"。应用型人才也必须掌握相应领域的基础理论知识。因此,在这套教材中,我们要求涉及必要的基础理论,但以"够用"为度,重"叙述"少"推导";为了适应时代发展的需要,应用型人才还必须掌握本领域的最新技术。在这套教材中,我们还要求介绍最前沿的发展技术和最新颖的机电产品,让学生了解现代制造业的发展态势;为了突出本科工程教育的应用型特点,我们要求本套教材内容的选择要面向工程、面向技术、面向实际、面向地区经济发展的需求。能让学生缩短上岗工作时间、快速适应以及胜任工作岗位的挑战应该是这套教材编写的特色和创新之所在。

本系列教材的编者们非常感谢上海交通大学出版社。感谢他们做了充分的策划和出版方面的支持。我们愿意和出版社一起,响应《关于加快发展现代职业教育的决定》号召,为"试点推动、示范引领"做出我们绵薄的贡献。鉴于编者们的学识,我们非常欢迎广大同仁们在使用后提出建议、意见和批评,我们一定会认真分析,不断提高这套教材的水平,为迎接应用型本科教育春天的到来提供正能量。

何亚飞

2015 年 12 月 6 日于上海

前　言

本书是根据高等院校教学计划和教学大纲编写的。

本书作为介绍数控技术的教材,包含了数控机床及其加工技术比较系统的内容。全书共分为七章;第一章概述,主要介绍数控技术的现状及发展趋势、数控机床的基本组成及工作原理、数控机床的分类及其特点;第二章计算机数控系统,主要介绍硬件体系结构、软件结构、插补原理和刀具补偿功能原理;第三章伺服系统与位置检测装置,主要介绍伺服系统概述、伺服驱动电动机、位置检测装置;第四章数控机床的机械结构,主要介绍机械机构的特点、主传动系统(主轴驱动及其机械结构)、进给传动系统、自动换刀系统(装置)、回转工作台;第五章数控加工编程基础,主要介绍数控加工编程基础知识、数控机床加工工艺分析、数控编程基本功能与数控机床操作功能;第六章数控车床程序编制,主要介绍数控车床编程、刀尖圆弧半径补偿等内容;第七章数控铣床和加工中心程序编制,主要介绍数控铣床和加工中心编程、刀具半径补偿、孔加工固定循环、比例与镜像编程等内容;第八章宏指令编程,介绍 B 类和 A 类宏程序编程及其应用;第九章数控机床的使用与维护,主要介绍数控机床的选用、数控机床的使用与维护保养。第五章到第七章的数控编程相关内容参照 Fanuc Oi 系统。

数控技术是一门综合性很强的学科,也是近年来飞速发展的学科之一,已经广泛地应用于飞机、汽车、船舶、家电、通讯等各行各业。考虑到技术本科教育的特点和数控技术相关职业技能培养的特点,本书对数控编程相关内容做了较为全面、细致的介绍,而且在编写过程中,从知识传授和编程技能提升循序渐进出发,不仅内容的编排顺序符合一般思维习惯和衔接相对自然,而且图文并茂,浅显易懂,易学易教,教学安排的可操作性强。

本书由在教学第一线多年从事数控技术、数控编程教学,课堂教学和实践实训教学经验丰富的教师执笔编写。第一章由马雪芬编写,第二章由欧阳华兵编写,第三章和第四章由郁斌强编写,第六章和第七章由华丽娟和侯培红编写,第八章由侯培红编写,第五章和第九章由侯培红和张韬编写。全书由侯培红统稿。

本书主要作为本科院校数控技术及其相关专业学生用书和教师教学参考书,也可供成人高校、电大、夜大、高职高专等不同层次数控技术相关专业作为教材或参考书使用。

由于编者编写水平有限,书中不当和错误之处在所难免,恳请使用本书的教师和广大读者提出宝贵意见和建议,以便加以完善,在此表示谢意。也对编写本书给予我们支持和帮助的众位老师一并在此表示感谢。

如需更多教学参考资料,请发邮件至 254260097@qq.com 张勇老师处,联系电话: 021－60403009。

编者
2015 年 6 月

目　录

第1章 概 述

1.1 数控技术的现状及发展趋势

1.1.1 数控技术的基本概念

数字控制(numerical control)是一种借助数字、字符或者其他符号对某一工作过程进行编程控制的自动化方法。数字控制的产生依赖于数据载体和二进制形式数据运算的出现。随着现代计算机的出现,数字控制通常使用专门的计算机,操作指令以数字形式表示,机器设备按照预定的程序进行工作。

数控技术是指用数字、文字和符号组成的数字指令来实现一台或多台机械设备运作控制的技术。它所控制的通常是位置、角度、速度等机械量和与机械能量流向有关的开关量。数控装备则是以数控技术为代表的新技术应用于传统制造产业和新兴制造业而形成的机电一体化产品,即所谓的数字化装备。数控装备技术是集机械制造技术、计算机技术、自动控制技术、传感检测技术、网络通信技术和软件技术等于一体的现代制造业的基础技术。数控技术是发展新兴技术产业和尖端工业(如信息技术及其产业,生物技术及其产业,航空、航天等国防工业产业)的使能技术,并且数控装备是这些产业最基本的装备。它在提高生产率、降低成本、保证加工质量及改善工人劳动强度等方面都有突出的优势,特别是在适应机械产品更新快、小批量、多品种的生产方面。各类数控装备是实现先进制造技术的关键。数控技术是制造自动化的基础,是现代制造装备的灵魂核心,是国家工业和国防工业现代化的重要手段。数控技术的发展水平关系到国家战略地位,体现着国家综合国力水平,其水平的高低和数控装备拥有量的多少是衡量一个国家工业现代化的重要标志。

从广义上看,数控技术本身在工业控制与测量、理化试验与分析、物质与信息的传播、建筑业以及科学管理等领域都有着广泛的应用。本书中的数控技术具体指机床数控技术,是从狭义上而言的数控技术。

数控技术包括数控系统、数控机床及外围技术,其组成如图 1-1 所示。

数控系统是一种程序控制系统,它严格按照外部输入的数控加工程序控制机床运动并加工零件。数控机床就是采用了数控技术的机床,或者说是具有数控系统的机床。国际信息处理联盟(International Federation of Information Processing)第五技术委员会对数控机床做了如下定义:数控机床是一种装有程序控制系统的机床,该系统能够逻辑地

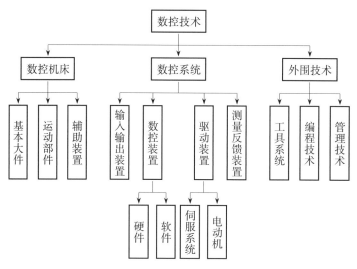

图 1-1 数控技术的组成

处理具有使用代码或其他符号编码指令规定的程序。定义中所提的程序控制系统就是数控系统(numerical control system)。最初的数控系统是由数字逻辑电路构成的专用硬件数控系统。随着微型计算机的发展,硬件数控系统逐渐被淘汰,取而代之的是计算机数控系统(computer numerical control system,CNC)。CNC 系统是由计算机承担数控中的命令发生器和控制器的数控系统。由于计算机可完全由软件来确定数字信息的处理过程,从而具有真正的柔性,并可以识别硬件逻辑电路难以处理的复杂信息,使数字控制系统的性能大大提高。

1.1.2　数控技术的发展历程

1. 体系结构的发展

数控技术从发明到现在,已经有 60 多年的历史。按照电子器件的发展可分为 5 个阶段:电子管数控,晶体管数控,中小规模集成电路数控,小型计算机数控和微处理器数控。从控制方式的发展看,数控系统经历了步进电机驱动的开环系统和伺服电机驱动的闭环系统两个阶段。按照体系结构的发展看,数控系统经历了硬件及连线组成的硬数控系统和计算机硬件及软件组成的 CNC 系统,后者也称为软数控系统。为适应日益复杂的制造过程,要求数控系统具有良好的人机界面和开发平台,这就产生了开放结构的数控系统,并向基于 PC 的全数字化体系结构发展。

2. 伺服技术的发展

伺服技术是数控系统的重要组成部分。广义上说,采用计算机控制,控制算法采用软件的伺服装置称为"软件伺服"。20 世纪 70 年代,美国 GATTYS 公司发明了直流力矩伺服电机,从此直流电机驱动被广泛使用。开环的系统逐渐由闭环的系统取代,直流电机显示出一定的缺陷。随着电力电子技术的发展,70 年代末,数控机床开始采用异步电机作为主轴的驱动电机。从 80 年代开始,人们逐渐将永磁无刷电机应用在数控系统的进给驱动装置上。为了实现更高的加工精度和速度,90 年代,许多公司又研制了直线电机。对现代数控系统,伺服技术取得的最大突破可归结为:用交流驱动取代直流驱动以及用数字控制取代模拟控制,后者又可称为用软件控制取代硬件控制。这两种突破的结果是产生了交流数字驱动系统,该系统应用在数控机床的伺服进给和主轴装置上。电力电子技术、控制理论及微处理器等微电子技术的快速发展,软件运算及处理能力的提高,使系统的计算速度大大提高。这些技术的突破,使伺服系统的性能得到了很大的改善——可靠性提高、调试方便、柔性增强,大大推动了高精高速加工技术的发展。

3. 通信功能的发展

数控系统从控制单台机床到控制多台机床的分级式控制需要网络,网络的主要任务是进行通信,共享信息。这种通信通常分为三级:工厂管理级、车间单元控制级和现场设备级。现场级与车间级是实现工厂自动化及计算机集成制造系统(CIMS)的基础。在网络化基础上,数控系统还可以方便地与 CAD/CAM 集成为一体,使数控机床联网运行,使车间网络化监控、维护与管理变成现实,实现了中央集中控制的群控加工。

4. 数控技术的应用

从数控系统的应用过程看,自从 1952 年美国麻省理工学院研制出第一台试验性数控系统以来,数控系统大致经历了以下 4 个阶段:

(1) 1952—1969 年是研究开发阶段。典型应用:数控车床、数控铣床、数控钻铣床;工艺方法:简单工艺;数控功能:NC 控制、3 轴以下;驱动特点:步进电机、液压电机。

(2) 1970—1985 年是推广应用阶段。典型应用:加工中心、电加工、锻压;工艺方法:多种工艺方法;数控功能:CNC 控制、刀具自动交换、五轴联动较好的人机界面;驱动特点:直流伺服电机。

(3) 1982 年进入系统化阶段。典型应用:柔性制造单元(FUC)、柔性制造系统(FUS);工艺方法:完整的加工过程;数控功能:多台车床和辅助设备协同,多坐标控制、高精度、高速度,友好的人机界面;驱动特点:交流伺服电机。

(4) 1990 年进入性能集成化阶段。典型应用:计算机集成制造系统(CIMS)、无人工厂;工艺方法:复合设计加工;数控功能:多过程、多任务调度、模板化和复合化;驱动特点:数字智能化直线驱动。

1.1.3　我国数控技术的发展现状

我国数控技术起步于 20 世纪 50 年代末期,经历了初期的封闭式开发阶段,"六五"、"七五"期间以及"八五"前期的消化吸收、技术引进阶段,"八五"期间建立国产化体系阶段,在此阶段,由于改革开放和国家的重视,以及研究开发环境和国际环境的改善,我国数控技术在研究、开发和产品的国产化方面都取得了长足的进步。第四阶段是在国家"八五"的后期和"九五"期间,即实施产业化的研究,进入市场竞争阶段。目前我国已经基本掌握了现代数控技术,建立了数控产品的开发、生产基地,并已具备商品化开发数控装置、驱动装置、数控主机的能力,培养了一批数控专业人才,初步形成了自己的数控产业。数控机床的产量与消费量与日俱增,仅 2000—2004 年数控机床的消费量就增长了 3 倍,产量年增长近 40%。从纵向看,我国数控技术发展的速度很快,但是由于系统技术含量低,产生的附加值少,不具备与进口系统进行全面抗衡的能力,所以只在低端市场占有一席之地,我国所生产的中档普及型数控机床的功能、性能和可靠性等在低端市场已具有较强的竞争力。但在中、高档数控机床方面，与国外一些先进产品相比，仍存在较大差距，这是由于欧美日等先进工业国家于80年代先后完成了数控机床产业进程，其中一些著名机床公司致力于科技创新和新产品的研发，引导着数控机床技术的发展，如美国英格索尔公司和德国惠勒喜乐公司对用于汽车工业和航空工业高速数控铣床的研发，日本牧野公司对高效精密加工中心所作的贡献，德国瓦德里希公司在重型龙门五面加工铣床方面的开发，以及日本马扎克公司研发的车铣中心对高效复合机床的推进等。相比之下，我国大部分近代机床产品在技术上处于跟踪阶段。国产数控机床在国家的宏观经济的调控下发展很快，成绩突出，并且国家给予了经济和政策上的支持，但是从总体来说，国产数控机床与国外的数控机床同类产品相比，在性能上、可靠性上远远不如后者，还不能完全满足用户的需要，特别是在高档数控机床方面。这就造成了近几年数控机床的大量进口，进口数量逐年激增，国产数控机床与进口的数控机床没有可比性，市场上所占的份额越来越低。总之，与国外相比，我国数控技术的发展还有不小的差距。主要问题有以下几方面：

（1）信息化技术基础薄弱，对国外技术依存度高。我国数控机床行业总体的技术开发能力和技术基础薄弱，信息化技术应用程度不高。行业现有的信息化技术主要依靠引进国外技术，对国外技术的依存度较高，对引进技术的消化仍停留在掌握已有技术和提高国产化率上，没有上升到形成产品自主开发能力和技术创新能力的高度。具有高精、高速、高效、复合功能、多轴联动等特点的数控机床基本上还依赖进口。

（2）产品成熟度较低，可靠性不高。国外数控系统平均无故障时间在10 000 h以上，国内自主开发的数控系统仅3 000～5 000 h；整机平均无故障工作时间国外达800 h以上，国内最好的数控系统只有300 h。

（3）创新能力低，市场竞争力不强。我国生产数控机床的企业虽然有百余家，但大多数未能形成规模生产，信息化技术利用不足，创新能力低，制造成本高，产品市场竞争能力不强。

1.1.4　数控技术的发展趋势

数控技术的应用不但给传统制造业带来了革命性的变化，使制造业成为工业化的象征，而且随着数控技术的不断发展和应用领域的扩大，它对国计民生的一些重要行业的发展起着越来越重要的作用，因为这些行业所需装备的数字化已经是现代发展的大势所趋。从目前世界上数控技术及其装备发展的趋势看，其主要研究的热点在性能、功能和体系结构三个方面。

1. 性能发展方向
1）高速、高精度化
速度、精度和效率是机械制造技术的关键性能指标。高速切削加工不仅可以提高生产效率，而且可以改善加工质量，所以从20世纪90年代初开始，便成为机床技术重要的发展方向。高速切削加工正在与硬切削加工、干切削加工和准干切削加工以及超精密切削加工相结合，正在从铣削向车、钻、镗等其他工艺扩展，正在向较大切削负荷方向发展。

当前精密和超精密加工的技术水平，加工所能达到的精度、表面粗糙度、加工尺寸范

4

围和几何形状是反映一个国家制造技术水平的重要标志之一。在数控机床精密化方面，美国的水平最高，不仅生产中小型精密机床，而且根据国防和尖端技术的需要，研究开发了大型精密机床。其代表产品有 LLL 实验室研制成功的 DTM - 3 型精密车床和 LODTM 大型光学金刚石车床，它们是世界公认水平最高的，达到当前技术最前沿的大型精密机床。其他国家也相应研制成功各种类似的装备，如英国的克兰菲尔德大学、日本的东芝机械等。近年来我国对超精密机床的研制也一直在进行。北京机床研究所研制成功了 JCS - 027 型超精密车床、JCS - 03 型超精密铣床、JCS - 035 型数控超精密车床等。

2）柔性化

它主要体现在两个方面：数控系统本身的柔性和群控系统的柔性。数控系统采用模块化设计，功能覆盖面大，可裁剪性强，便于满足不同用户的需求。同一群控系统能依据不同生产流程的要求，使物料和信息流自动进行动态调整，从而最大限度地发挥群控系统的效能。

3）工艺复合和多轴化

为了提高生产率和加工精度，制造企业对复合化加工的要求越来越高。近年来，美国、日本、德国等工业发达国家投入了大量人力、物力研究开发适应多品种变批量生产要求的，能实现跨工艺复合和多轴联动加工的复合加工机床。已研制成功并投入应用的有：加工中心与车削中心复合机床，加工中心与激光加工复合机床，集车、磨、铣、钻、铰、镗、滚齿等工序为一体的车磨符合机床等。例如日本 MAZAK 公司研制生产的 INTEGREXe650H - S 五轴车铣复合中心，便是车削中心和加工中心的结合，大大扩展了加工范围。

近年来五轴以及五轴以上联动数控机床的研究也日益深入。因为采用五轴联动加工三维曲面零件，可选用刀具最佳几何形状进行切削，不仅提高了被加工零件的表面质量，而且加工效率也大幅度提高。

总之，为使加工过程链集约化，提高工序的集中度，提高多品种变批量加工的工效，复合加工数控机床的研究与发展速度正在加快，各种跨类别工艺复合、多面多轴联动加工、供需复合的数控机床应用日益广泛。

4）智能化

21 世纪的数控装备将是具有一定智能化的系统，智能化渗透到数控技术的各个分支，可大大提高数控技术的整体水平。智能化分为以下几方面：为实现加工效率和加工质量的智能化，如加工过程的自适应控制、工艺参数自动生成；为提高驱动性能及使用连接方面的智能化，如前馈控制、电机参数的自适应运算、自动识别负载等；简化编程、简化操作方面的智能化，如智能化的自动编程、智能化的人机界面等；智能诊断、智能监控可以方便系统的诊断及维修等。

数控系统在控制性能上向智能化发展。随着人工智能在计算机领域的渗透和发展，数控系统引入了自适应控制、模糊系统和神经网络的控制机理，不但具有自动编程、前馈控制、模糊控制、学习控制、自适应控制、工艺参数自动生成、三维刀具补偿、运动参数动态补偿等功能，而且人机界面极为友好，并具有故障诊断专家系统，使自诊断和故障监控功能更加完善。伺服系统智能化的主轴交流驱动和智能化进给伺服装置，能自动识别负载并自动优化调整参数。直线电机驱动系统已经实用化。

2. 功能发展方向

1）用户界面图形化

用户界面是数控系统与使用者之间的对话接口。由于不同用户对界面的要求不同，所以开发用户界面的工作量极大，用户界面成为计算机软件研制中最困难的部分之一。当前互联网、虚拟现实、科学计算可视化及多媒体等技术也对用户界面提出了更高的要求。图形用户界面极大地方便了非专业用户的使用，人们可以通过窗口和菜单进行操作，便于蓝图编程和快速编程、三维彩色立体动态图形显示、图形模拟、图形动态跟踪和仿真、不同方向的视图和局部显示比例缩放功能的实现。

2）科学计算可视化

科学计算可视化可用于高效处理数据和解释数据，使信息交流不再局限于用文字和语言表达，而可以直接使用图形、图像、动画等可视信息。可视化技术与虚拟环境技术相结合，进一步拓宽了应用领域，如无图纸设计、虚拟样机技术等，这对缩短产品设计周期、提高产品质量、降低产品成本具有重要意义。在数控技术领域，可视化技术可用于 CAD/CAM，如自动编程设计、自动参数设定、刀具补偿和刀具管理数据的动态处理和显示以及加工过程的可视化方针演示等。

3）插补和补偿方式多样化

多种插补方式如直线插补、圆弧插补、圆柱插补、空间椭圆曲面插补、螺纹插补、极坐标插补、2D＋2 螺旋插补、NURBS 插补（非均匀有理 B 样条插补）、样条插补（A，B，C 样条）、多项式插补等。多种补偿功能如间隙补偿、垂直度补偿、象限误差补偿、螺距和测量系统误差补偿、与速度相关的前馈补偿、温度补偿、带平滑接近和退出以及相反点计算的刀具半径补偿等。

4）内装高性能数控系统

数控系统内装高性能 PLC 控制模块，可直接用梯形图或高级语言编程，具有直观的在线调试和在线帮助功能。编程工具中包含用于车床铣床的标准 PLC 用户程序实例，用户可在标准 PLC 用户程序基础上进行编辑修改，从而方便地建立自己的应用程序。

5）多媒体技术应用

多媒体技术集计算机、声像和通信技术于一体，使计算机具有综合处理声音、文字、图像和视频信息的能力。在数控技术领域，应用多媒体技术可以做到信息处理综合化、智能化，在实时监控系统和生产现场设备的故障诊断、生产过程参数监测等方面有着重大的应用价值。

3. 体系结构发展

1）模块化、网络化和集成化

硬件模块易于实现数控系统的集成化和标准化。根据不同的功能需求，将基本模块，如 CPU、存储器、位置伺服、PLC、输入输出接口、通信等模块，做成标准的系列化产品，通过积木方式进行功能裁剪和模块数量的增减，构成不同档次的数控系统。

数控装备的网络化将极大地满足生产线、制造系统、制造企业对信息集成的需求，也是实现新的制造模式如敏捷制造、虚拟企业、全球制造的基础单元。机床联网可进行远程控制和无人化操作。通过机床联网，可在任何一台机床上对其他机床进行编程、设定、操作、运行,不同机床的画面可同时显示在每一台机床的屏幕上。

国际主流数控系统厂商在研制最新数控系统的同时,都非常注重对 CAD/CAM/CNC 集成技术的开发,并明确地将图形化、集成式的编程系统作为扩展数控系统功能、提高数控系统人机交互方式友好性的重要途径。SIEMENS 的 Shop Turn、Shop Mill 车间集成式编程系统,FANUC 公司的集成式编程系统,HEIDENHAIN 公司对话框式集成式编程系统等,都已经进入了市场化阶段。

2) 开放性

采用通用计算机组成总线式、模块化、开放式、嵌入式体系结构,便于裁剪、扩展和升级,可组成不同档次、不同类型、不同集成度的数控系统。1987 年美国空军发表了著名的 NGC(Next Generation Workstation/Machine Controller)计划,首先提出了开放式体系结构的控制器概念。20 世纪 90 年代开始,美国国家标准技术研究院提出了 EMC(增强型机床控制器)计划,通用、福特和克莱斯勒三大汽车公司提出了 OMAC(开放模块体系结构控制器)计划。目前,除美国外,许多国家和地区也都制定了开放式数控系统的研究计划。

3) 标准化、规范化

数控标准是制造业信息化发展的一种趋势。数控技术诞生后的信息交换都是基于 ISO6983 标准,即采用 G 代码或 M 代码描述如何加工,其本质特征是面向加工过程。显然该标准已经越来越不能满足现代数控技术高速发展的需要,为此,国际上正在研究和制定一种新的 CNC 系统标准 ISO14649(STEP‐NC),其目的是提供一种不依赖于具体系统的中性机制,能够描述产品整个生命周期内的统一数据模型,从而实现整个制造过程,乃至各个工业领域产品信息的标准化。

STEP‐NC 的出现可能是数控技术领域的一次革命,对于数控技术的发展乃至整个制造业将产生深远的影响。目前,欧美国家非常重视 STEP‐NC 的研究,欧洲发起了 STEP‐NC 的 IMS 计划。美国的 STEP Tools 公司是全球范围内制造业数据交换软件的开发者,它已经开发了用作数控机床加工信息交换的超级模型,其目标是用统一的规范描述所有加工过程。这种信息的数据交换格式已经在配备了 SIEMENS、FIDIA 以及欧洲 OSACA‐NC 数控系统的原型样机上进行了验证。

1.2　数控机床的基本组成及工作原理

1.2.1　数控机床组成

数控机床是典型的数控化设备,一般由输入/输出装置、数控装置、辅助控制装置、驱动装置、测量反馈装置和机床本体组成,如图 1‐2 所示。

1. 输入/输出装置

输入装置的作用是将程序载体(信息载体)上的数控代码传递并存入数控系统内。根据控制存储介质的不同,输入装置可以是光电阅读机、磁带机或软盘驱动器等。数控机床加工程序也可通过操作面板上的按钮和键盘用手工方式直接输入数控系统;数控加工程

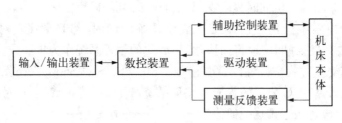

图 1-2　数控机床组成

序还可由编程计算机用 RS232C 或采用网络通信方式传送到数控系统中。高级的数控系统可能还包含一套自动编程机或者 CAD/CAM 系统,由这些系统实现编制程序和输入程序。

零件加工程序输入过程有两种不同的方式:一种是边读入边加工(数控系统内存较小时),另一种是一次将零件加工程序全部读入数控装置内部的存储器,加工时再从内部存储器中逐段调出进行加工。

输出装置指输出内部工作参数(含数控机床正常工作和理想工作状态下的原始参数,故障诊断参数等),一般在机床刚开始工作时需输出这些参数作记录保存,待工作一段时间后,再将输出与原始资料作比较、对照,可帮助判断机床工作是否维持正常。

2. 数控装置

数控装置是数控机床的核心。数控装置从内部存储器中取出或接受输入装置送来的一段或几段数控加工程序,经过数控装置的逻辑电路或系统软件进行编译、运算和逻辑处理后,输出各种控制信息和指令,控制机床各部分的工作,使其进行规定的有序运动和动作。

3. 辅助控制装置

辅助控制装置的主要作用是接收数控装置输出的开关量指令信号,经过编译、逻辑判别和运动,再经功率放大后驱动相应的电器,带动机床的机械、液压、气动等辅助装置完成指令规定的开关量动作。这些控制包括主轴运动部件的变速、换向和启停指令,刀具的选择和交换指令,冷却、润滑装置的起动停止,工件和机床部件的松开、夹紧,分度工作台转位分度等开关辅助动作。

可编程控制器(programmable controller,PC)是一种以微处理器为基础的通用型自动控制装置,专为在工业环境下应用而设计的。由于最初研制这种装置的目的是为了解决生产设备的逻辑及开关控制,故把它称为可编程逻辑控制器(programmable logic controller,PLC)。当 PLC 用于控制机床顺序动作时,也可称之为编程机床控制器(programmable machine controller,PMC)。由于 PLC 具有响应快,性能可靠,易于使用、编程和修改程序以及可直接起动机床开关等特点,现已广泛用作数控机床的辅助控制装置。

4. 驱动装置

驱动装置是数控系统的执行部分,它的主要作用是接受来自数控装置的指令信息,经功率放大器后,严格按照指令信息的要求驱动机床移动部件,以加工出符合图样要求的零件。因此,它的伺服精度和动态响应性能是影响数控机床加工精度、加工表面质量和生产率的重要因素之一。驱动装置包括控制器(含功率放大器)和执行机构两大部分。目前大部分采用直流或交流伺服电动机作为执行机构。

5．测量反馈装置

该装置由测量部件和相应的测量电路组成，其作用是检测速度和位移，并将信息反馈给数控装置，构成闭环控制系统。没有测量反馈装置的系统称为开环控制系统。

常用的测量工具有脉冲编码器、旋转变压器、感应同步器、光栅和磁尺等。

6．机床本体

机床本体是数控机床的主体，是用于完成各种切削加工的机械部分，包括床身、立柱、主轴、进给机构等机械部件。机床是被控制的对象，其运动的位移和速度以及各种开关量是被控制的。数控机床采用高性能的主轴以及进给伺服驱动装置，其机械传动结构得到了简化。

为了保证数控机床功能的充分发挥，还有一些配套部件（如冷却、排屑、防护、润滑、照明、储运等一系列装置）和辅助装置（编程机和对刀仪等）。

1.2.2　数控机床的基本工作原理

金属切削机床加工零件，是操作者根据图样的要求，不断地改变刀具与工件之间的运动参数（位置、速度等），使刀具对工件进行切削加工，最终得到所需要的合格零件。

数控机床的加工，是把刀具与工件的运动坐标分割成一些最小的单位量，即最小位移量，由数控系统按照零件程序的要求，使坐标移动若干个最小位移量（即控制刀具运动轨迹），从而来实现刀具与工件的相对运动，以完成零件的加工。刀具沿各个坐标轴的相对运动，都是以脉冲当量 δ（最小位移量）为单位。当走刀轨迹为直线或圆弧时，数控装置则在线段的起点和终点坐标值之间进行"数据点的密化"，求出一系列中间点的坐标值（即插补），每次插补的结果仅产生一个行程增量，以一个个脉冲的方式输出给步进电机，以保证加工出需要的直线或轮廓。

具体而言，数控机床加工的主要步骤是：

（1）根据被加工零件图样中所规定的零件的形状、尺寸、材料及技术要求等，制订工件加工的工艺过程，刀具相对工件的运动轨迹、切削参数以及辅助动作顺序（如机床的起动或停止、主轴的变速、工件的夹紧或松开、刀具的选择和交换、切削液的开或关等）等进行零件加工的程序设计。

（2）用规定的代码和格式编写零件的加工程序。

（3）按照加工程序的代码制作控制介质（如穿孔机、磁盘等）。

（4）通过输入装置把变为数字信息的加工程序输入数控系统，或者将程序通过网络传输给数控系统，这样可以省略制作控制介质。

（5）机床起动后，数控系统的译码程序将零件加工程序翻译成计算机内部能识别的语言，并进行相应的数据处理（包括刀具半径补偿、速度计算以及辅助功能的处理）和插补运算，将结果以脉冲形式送往机床的伺服驱动装置（如步进电机、直流伺服电机、电液脉冲马达等）。

（6）伺服机构驱动机床的运动部件，使机床按程序预定的轨迹运动，从而加工出合格的零件。

1.3　数控机床的分类及其特点

数控机床是在通用机床的基础上发展起来的,和传统的通用机床相似,不同类型的机床加工使用方法也不相同。数控机床的品种规格繁多,以下给出常用的数控机床和数控机床常用的分类方法。

1.3.1　常见的数控机床

1. 数控车床

图1-3为一台数控车床的外观。数控车床一般具有两轴联动功能,Z轴是与主轴方向平行的运动轴,X轴是在水平面内与主轴方向垂直的运动轴。在车铣加工中心上还多了一个C轴,用于实现工件的分度功能,在刀架中可安放铣刀,对工件进行铣削加工。

2. 数控铣床

世界上第一台数控机床就是数控铣床,它适于加工三维复杂曲面,在汽车、航空航天、模具等行业被广泛采用。图1-4为数控铣床,随着时代的发展,数控铣床趋于加工中心。

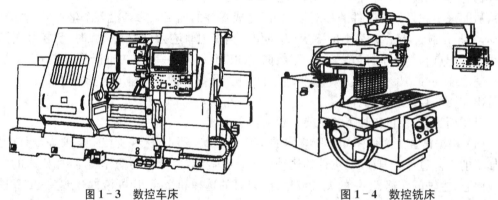

图1-3　数控车床　　　　　　　图1-4　数控铣床

目前由于具有较低的价格、方便灵活的操作性能、较短的准备工作时间等原因,数控铣床仍被广泛使用,可分为数控立式铣床、数控卧式铣床、数控仿形铣床等。

3. 加工中心

加工中心是数控机床发展到一定阶段的产物。一般认为带有自动刀具交换装置(ATC)的数控机床即是加工中心。实际上,数控加工中心是"具有自动刀具交换装置,并能进行多种工序加工的数控机床",其可在工件一次装夹中进行铣、镗、钻、扩、铰、攻螺纹等多工序的加工。一般提到的加工中心常常是指能完成上述工序内容的镗铣加工中心,可分为立式加工中心和卧式加工中心,立式加工中心的主轴是垂直的,卧式加工中心的主轴是水平的,如图1-5所示。

在加工中心上,一个工件可以通过夹具安放在回转工作台或交换托盘上,通过工作台的旋转可以加工多面体,通过托盘的交换可更换加工的工件,提高了加工效率。

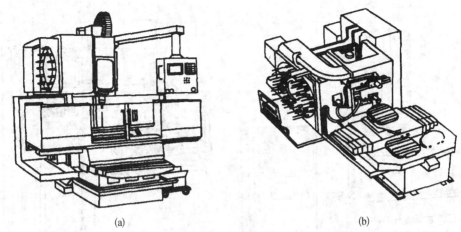

(a)　　　　　　　　　　　　(b)

图 1−5　加工中心

（a）立式加工中心　　（b）卧式加工中心

4. 数控磨床

数控磨床主要用于加工高硬度、高精度表面。可分为数控平面磨床（见图 1−6）、数控内圆磨床、数控轮廓磨床等。随着自动砂轮补偿技术、自动砂轮修整技术和磨削固定循环技术的发展，数控磨床的功能越来越强。

5. 数控钻床

如图 1−7 所示是一台数控钻床。它主要具有钻孔、攻螺纹功能，同时也可以完成简单的铣削，刀库可存放多种刀具。数控钻床可分为数控立式钻床和数控卧式钻床。

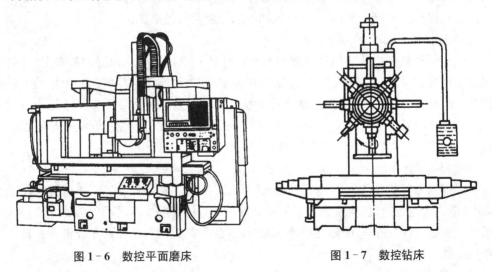

图 1−6　数控平面磨床　　　　　　　　**图 1−7　数控钻床**

6. 数控电火花成形机床

图 1−8 为数控电火花成形机床，属于特种加工机床。其工作原理是利用两个不同极性的电极在绝缘液体中产生放电现象，去除材料进而完成加工。此机床非常适用于形状复杂的模具及难加工材料的加工。

7. 数控线切割机床

数控线切割机床如图 1−9 所示，其工作原理与电火花成形机床一样，其电极是电极

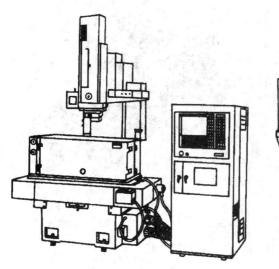

图 1-8　数控电火花成形机床　　　　图 1-9　数控线切割机床

丝,加工液一般采用去离子水。

1.3.2　数控机床的分类

1. 按数控机床运动控制轨迹分类

数控机床的分类方法很多,按控制系统的特点,即刀具的运动轨迹来分,主要分为点位控制类数控机床、直线控制类数控机床和轮廓控制类数控机床。

1) 点位控制(positioning control)类数控机床

点位控制类数控机床只控制移动刀具或部件从一点到另一点位置的精确定位,而不控制移动轨迹,在移动和定位过程中不进行任何加工。因此,为了尽可能减少移动刀具或部件的运动与定位时间,通常先以快速移动接近终点坐标,然后以低速准确移动到定位点,以保证定位精度。例如:数控钻床、数控冲床、数控点焊机、数控折弯机等都是点位控制机床。点位控制类机床加工原理如图 1-10 所示。

2) 直线控制(straight cut control)数控机床

直线控制数控机床不仅能控制刀具或移动部件,从一个位置到另一个位置的精确移动,而且能以给定的速度,实现平行于坐标轴方向的直线切削加工运动。也称点位直线控制机床。例如一些数控车床、数控磨床、数控镗铣床等都属于直线控制数控机床。直线控制类机床加工原理如图 1-11 所示。

3) 轮廓控制(contouring control)数控机床

轮廓控制数控机床是对两个或两个以上坐标轴同时进行控制。它不仅要控制机床移动部件的起点和终点坐标,而且要控制加工过程中每一点的速度、方向和位移量,即必须控制加工的轨迹,加工出要求的轮廓。运动轨迹是任意斜率的直线、圆弧、螺旋线等。因此轮廓控制又称连续控制,大多数数控机床具有轮廓控制功能。如数控车床、数控铣床、加工中心等。图 1-12 为轮廓控制类机床的加工。

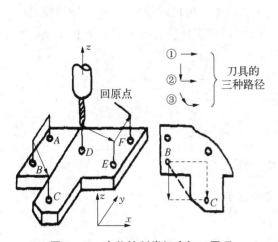

图 1-10　点位控制类机床加工原理

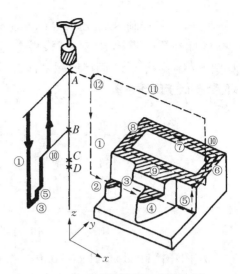

图 1-11　直线控制类机床加工原理

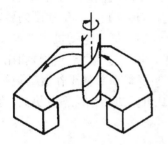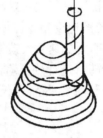

图 1-12　轮廓控制类机床加工

2. 按伺服系统的控制方式分类

伺服系统是数控系统的执行部分,数控机床按照伺服系统的控制方式分为开环控制数控机床、半闭环控制数控机床和闭环控制数控机床三种。

1) 开环控制(open loop control)数控机床

开环数控机床一般采用由功率步进电动机驱动的开环进给伺服系统,即不带反馈装置的控制系统。其执行机构通常采用功率步进电动机或电液脉冲马达(由步进电动机与液压扭矩放大器组成),如图 1-13 所示。数控装置发出的脉冲指令通过环形分配器和驱动电路,使步进电动机转过相应的步距角度,再经过传动系统,带动工作台或刀架移动。

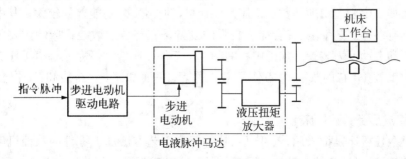

图 1-13　开环控制系统

13

2) 半闭环控制(semi-closed loop control)数控机床

半闭环数控机床,是将位置检测装置安装于驱动电动机轴端或安装于传动丝杠端部,如图1-14虚线所示,间接地测量移动部件(工作台)的实际位置或位移。其精度高于开环系统,低于闭环系统。

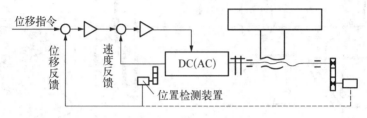

图1-14 半闭环控制系统

3) 闭环控制(closed loop control)数控机床

闭环数控机床的进给伺服系统是按闭环原理工作的。如图1-15所示为典型的闭环进给系统。将位置检测装置安装于机床运动部件上,加工中将测量到的实际位置值反馈。数控装置将反馈信号与位移指令随时进行比较,根据其差值与指令进给速度的要求,按一定规律转换后,得到进给伺服系统的速度指令。另外通过与伺服电动机刚性连接的测速元件,随时实测驱动电动机的转速,得到速度反馈信号,将其与速度指令信号相比较,以其比较的差值对伺服电动机的转速随时进行校正,直至实现移动部件工作台的最终精确定位。利用上述位置控制与速度控制两个回路,可获得比开环进给系统精度更高、速度更快的特性指标。

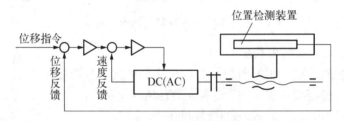

图1-15 闭环控制系统

3. 按工艺用途分类

1) 金属切削类数控机床

这类数控机床包括数控车床、数控钻床、数控铣床、数控磨床、数控镗床、数控齿轮加工机床以及加工中心。切削类数控机床发展最早,种类最多,功能差异较大。其中加工中心是一种具有多种工艺手段、综合能力较强的设备。它与普通数控机床的主要区别在于设置有刀库和自动换刀装置。加工中心的特点是工件一次装夹可完成多道工序。为了进一步提高加工效率,有的加工中心使用双工作台,一面加工,一面装卸,工作台可自动交换。

2) 金属成形类数控机床

成形类数控机床是指采用挤、冲、压、拉等成形工艺方法加工零件的数控机床。这类机床包括数控液压机、数控折弯机、数控弯管机和数控旋压机等。

3）特种加工类数控机床

特种加工是指利用机、电、光、声、热、化学、磁、原子能等能源来加工的非传统加工方法。利用特种加工技术可加工各种硬度、强度、韧性、脆性的金属、非金属材料或复合材料，而且特别适合加工复杂、细微表面和低刚度的零件。

特种加工设备品种很多，最常见的特种加工数控机床有：数控电火花线切割机床、数控电火花成形机床、数控激光切割机床、数控火焰切割机等。

1.3.3　数控机床加工工艺特点

数控加工与通用机床加工相比，在许多方面遵循基本一致的原则，在使用方法上也有很多相似之处。但由于数控机床本身自动化程度较高，设备费用较高，设备功能较强，使数控加工工艺相应形成了如下几个特点：

1）工艺内容明确

数控加工的工艺内容十分明确，而且具体进行数控加工时，数控机床是接受数控系统的指令，完成各种运动实现加工的。因此，在编制加工程序之前，需要对影响加工过程的各种工艺因素，如切削用量、进给路线、刀具的几何形状，甚至工步的划分与安排等一一作出定量描述，对每一个问题都要给出确切的答案和选择，不能像用通用机床加工时，在大多数情况下对许多具体的工艺问题，由操作工人依据自己的实践经验和习惯自行考虑和决定。也就是说，本来由操作工人在加工中灵活掌握并可通过适时调整来处理的许多工艺问题，在数控加工时就转变为编程人员必须事先具体设计和明确安排的内容。

2）工艺准确而严密

数控加工的工艺工作相当准确而且严密。数控加工不能像通用机床加工一样，可以根据加工过程中出现的问题由操作者自由地进行调整。比如加工内螺纹时，在普通机床上操作者可以随时根据孔中是否挤满了切屑而决定是否需要退一下刀或清理一下切屑再继续加工，而数控机床则严格按照设定好的程序进行加工。所以在数控加工的工艺设计中必须注意加工过程中的每一个细节，做到万无一失。尤其是在对图形进行数学处理、计算和编程时，一定要准确无误。在实际工作中，一个字符、一个小数点或一个逗号的差错都有可能酿成重大机床事故和质量事故。因为数控机床比同类的普通机床价格高得多，其加工的也往往是一些形状较复杂、价值较高的工件，万一损坏机床或工件报废都会造成较大损失。

根据大量加工实例分析，数控工艺考虑不周和计算与编程时粗心大意是造成数控加工失误的主要原因。因此，要求编程人员除必须具备较扎实的工艺基本知识和较丰富的实际工作经验外，还必须具有耐心和严谨的工作作风。

3）工序相对集中

数控加工的工序相对集中。一般来说，在普通机床上加工是根据机床的种类进行单工序加工。而在数控机床上加工往往是在工件的一次装夹中完成工件的钻、扩、铰、铣、镗、攻螺纹等多工序的加工。这种"多序合一"现象也属于"工序集中"的范畴，极端情况下，在一台加工中心上可以完成工件的全部加工内容。

1.3.4 数控机床加工的适应性

数控机床是一种高度自动化的机床,有一般机床所不具备的许多优点。所以数控机床加工技术的应用范围在不断扩大,但数控机床这种高度机电一体化的产品,技术含量高,成本高,使用与维修都有较高的要求。根据数控加工的优缺点及国内外大量应用实践,一般可按适应程度将零件分为下列三类:

1) 最适应数控加工零件类

(1) 形状复杂,加工精度要求高,用通用机床很难加工或虽然能加工但很难保证加工质量的零件。

(2) 用数学模型描述的复杂曲线或曲面轮廓零件。

(3) 具有难测量、难控制进给、难控制尺寸的不开敞内腔的壳体或盒形零件。

(4) 必须在一次装夹中合并完成铣、镗、锪、铰或攻螺纹等多工序的零件。

2) 较适应数控加工零件类

(1) 在通用机床上加工时极易受人为因素干扰,零件价值又高,一旦失控便造成重大经济损失的零件。

(2) 在通用机床上加工时必须制造复杂的专用工装的零件。

(3) 需要多次更改设计后才能定型的零件。

(4) 在通用机床上加工需要做长时间调整的零件。

(5) 用通用机床加工时,生产率很低或体力劳动强度很大的零件。

3) 不适应数控加工零件类

(1) 生产批量大的零件(当然不排除其中个别工序用数控机床加工)。

(2) 装夹困难或完全靠找正定位来保证加工精度的零件。

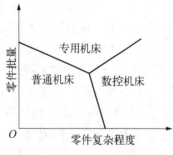

图 1-16 数控机床适用范围

(3) 加工余量很不稳定的零件,且在数控机床上没有在线检测系统可用于自动调整零件坐标位置。

(4) 必须用特定的工艺装备协调加工的零件。

总之,对于多品种小批量零件;结构较复杂,精度要求较高的零件;需要频繁改型的零件;价格昂贵,不允许报废的关键零件和需要最小生产周期的急需零件易于采用数控加工。

如图 1-16 所示,表示了零件复杂程度及批量大小与机床的选用关系。

思考与练习

1-1 试述数控机床的分类。

1-2 数控机床和普通机床有何不同?

第2章 计算机数控系统

计算机数控(computerized numerical control,CNC)系统是用计算机控制加工功能,实现数值控制的系统,使得数控机床的发展综合了现代计算机技术、自动控制技术、传感检测技术、机械制造技术等领域的最新成就,促使机械加工技术达到一个崭新的水平。CNC 系统主要有两种类型:一种是完全由硬件逻辑电路构成的专用硬件数控装置,即硬线数控(NC 系统);另一种是由计算机硬件和软件组成的计算机数控装置,即 CNC 系统,CNC 系统的核心是计算机数控装置。NC 系统是数控技术发展早期普遍采用的数控装置,为了增加 NC 系统的柔性化程度,CNC 系统的许多数控功能都由软件来实现,很容易通过改变软件来实现数控功能的更改或对其进行扩展。随着电子技术的发展,目前 NC 系统已基本被 CNC 系统所取代。因此,本章主要讲述计算机数控(CNC)系统、数控机床实现加工的插补技术和刀具补偿技术等。

2.1 概述

2.1.1 CNC 系统组成

CNC 系统包括车床、铣床、加工中心 CNC 系统等多种类型、系列,它们性能各异,但 CNC 系统本质上是一种专用计算机,由硬件和软件共同配合完成数控加工任务。各种数控机床的 CNC 系统一般包括以下几个部分:输入输出装置(I/O)、计算机数控装置、驱动控制装置和机床电器逻辑控制装置(PLC)等组成,图 2-1 为 CNC 系统的一般结构。

在图 2-1 中所示的整个计算机数控系统中,数控系统主要指 CNC 控制器。CNC 控制器由计算机硬件、系统软件和相应的 I/O 接口构成的专用计算机与可编程控制器 PLC 组成。前者处理机床轨迹运动的数字控制,后者处理开关量的逻辑控制。

2.1.2 CNC 系统的功能

数控系统的功能通常包括基本功能和选择功能,它们主要反映在准备功能 G 指令代码和辅助功能 M 指令代码上。基本功能是数控系统必备的功能,而选择功能是供用户根据机床特点和用途进行选择的功能。根据数控机床的类型、用途、档次的不同,CNC 系统的功能存在很大差别。下面对 CNC 系统的主要功能进行介绍。

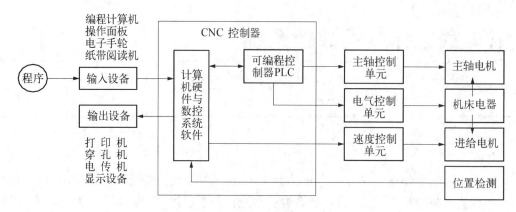

图 2-1 计算机数控系统的结构

1. 基本功能

1) 控制功能

控制功能指 CNC 系统能控制的轴数和能同时控制(联动)的轴数,它是 CNC 系统的主要性能之一。控制功能的强弱取决于控制轴数以及能同时控制的轴数(即联动轴数)。控制轴有移动轴和回转轴、基本轴和附加轴之分。通过轴的联动可以完成轮廓轨迹的加工。一般数控车床只需二轴控制,二轴联动;一般数控铣床需要三轴控制、三轴联动或多轴联动;一般加工中心为多轴控制,三轴联动。控制轴数越多,特别是同时控制的轴数越多,要求 CNC 系统的功能就越强,同时 CNC 系统也就越复杂,编制程序也越困难。

2) 准备功能

准备功能也称 G 指令代码,它用来指定机床运动方式的功能,包括基本移动、程序暂停、平面选择、坐标设定、刀具补偿、基准点返回、公制英制转换和固定循环等指令。对于点位式的加工机床,如钻床、冲床等,需要点位移动控制系统。对于轮廓控制的加工机床,如车床、铣床、加工中心等,需要控制系统有两个或两个以上的进给坐标具有联动功能。

3) 插补功能

CNC 系统是通过软件插补来实现刀具运动轨迹控制的。由于轮廓控制的实时性很强,软件插补的计算速度难以满足数控机床对进给速度和分辨率的要求,同时由于 CNC 不断扩展其他方面的功能也要求减少插补计算所占用的 CPU 时间。数控装置一般都具有直线插补和圆弧插补功能,高档数控装置还具有抛物线插补、螺旋线插补、极坐标插补、正弦插补、样条插补等功能,数据采用插补是目前采用最多的一种插补方法,它将 CNC 插补功能划分为粗插补和精插补两个步骤,先由软件算出每个插补周期应走的线段长度,即粗插补;再由硬件完成线段长度上的一个个脉冲当量逼近,即精插补。由于数控系统控制加工轨迹的实时性很强,插补计算程序要求不能太长,采用粗精二级插补能满足数控机床高速度和高分辨率的要求。

4) 进给功能

根据加工工艺要求,CNC 系统的进给功能用于直接指定数控机床各轴的进给速度,用 F 代码表示。进给功能包括以下几种:

(1) 切削进给速度。以每分钟进给距离(mm/min)的形式进行指定,用字母 F 及其后的数字来表示。

（2）同步进给速度。以主轴每转的进给量表示，单位为 mm/r。只有主轴上装有位置编码器的数控机床才能指定同步进给速度，用于切削螺纹的编程。

（3）进给倍率。操作面板上设置了进给倍率开关，倍率可以从 0～200％之间变化，每档间隔 10％。使用倍率开关不用修改程序就可以改变进给速度，并可以在试切零件时随时改变进给速度或在发生意外时随时停止进给。

5）主轴功能

主轴功能就是指主轴转速的功能。

（1）转速的编码方式。一般用 S 指令代码指定。用地址符 S 后加两位数字或四位数字表示，单位分别为 r/min 和 mm/min。

（2）指定恒定线速度。该功能可以保证车床和磨床加工工件端面质量和不同直径的外圆的加工具有相同的切削速度。

（3）主轴定向准停。该功能使主轴在径向的某一位置准确停止，有自动换刀功能的机床必须选取有这一功能的 CNC 装置。

6）辅助功能

辅助功能用来指定主轴的起、停和转向；切削液的开和关；刀库的起和停等，一般是开关量的控制，它用 M 指令代码表示。从 M00～M99 共 100 种。各种型号的数控装置具有的辅助功能差别很大，而且有许多是自定义的。

7）刀具功能

刀具功能用来选择所需的刀具，刀具功能字以地址符 T 和其后面的二位或四位数字（刀具的编号）来表示。

8）字符、图形显示功能

CNC 控制器可以配置单色或彩色 CRT 或 LCD，通过软件和硬件接口实现字符和图形的显示。通常可以显示程序、参数、各种补偿量、坐标位置、故障信息、人机对话编程菜单、零件图形及刀具实际移动轨迹的坐标等。

9）自诊断功能

为了防止故障的发生或在发生故障后可以迅速查明故障的类型和部位，以减少停机时间，CNC 系统中设置了各种诊断程序。不同的 CNC 系统设置的诊断程序是不同的，诊断的水平也不同。诊断程序一般可以包含在系统程序中，在系统运行过程中进行检查和诊断；也可以作为服务性程序，在系统运行前或故障停机后进行诊断，查找故障的部位。有的 CNC 可以进行远程通信诊断。

2. 选择功能

1）补偿功能

在加工过程中，由于刀具磨损或更换刀具、机械传动中的丝杠螺距误差和反向间隙等，将使实际加工出的零件尺寸与程序规定的尺寸不一致，造成加工误差。CNC 装置的补偿功能是通过将补偿量输入到 CNC 系统存储器中，根据编程轨迹重新计算刀具的运动轨迹和坐标尺寸，从而加工出符合要求的工件。补偿功能主要有以下类型：

（1）刀具的尺寸补偿。如刀具长度补偿、刀具半径补偿和刀尖圆弧补偿。这些功能可以补偿刀具磨损以及换刀时对准正确位置,简化编程。

(2) 丝杠的螺距误差补偿和反向间隙补偿或者热变形补偿。通过事先检测出丝杠螺距误差和反向间隙,并输入到 CNC 系统中,在实际加工中进行补偿,从而提高数控机床的加工精度。

2) 通信功能

为了适应柔性制造系统(FMS)和计算机集成制造系统(CIMS)的需求,CNC 装置通常具有 RS 232 通信接口,有的还备有 DNC 接口,可以连接多种输入、输出设备,实现程序和参数的输入、输出和存储。也有的 CNC 装置还可以通过制造自动化协议(MAP)相连,接入工厂的通信网络。

3) 固定循环功能

用数控机床加工零件,一些典型的加工工序,如钻孔、镗孔、深孔钻削、攻螺纹等,所需完成的动作循环十分典型,将这些典型动作预先编好程序并存储在内存中,用 G 代码指令,形成固定循环功能。采用固定循环功能可大大简化程序编制,它主要可划分为钻孔循环、镗孔循环、攻螺纹循环、复合加工循环等。另外,采用子程序、宏程序也可简化编程,并扩大编程功能。

4) 人机交互图形编程功能

为了进一步提高数控机床的编程效率,对于 NC 程序的编制,特别是较为复杂零件的 NC 程序都要通过计算机辅助编程,尤其是利用图形进行自动编程,以提高编程效率。因此,对于现代 CNC 系统一般要求具有人机交互图形编程功能。有这种功能的 CNC 系统可以根据零件图直接编制程序,即编程人员只需送入图样上简单表示的几何尺寸就能自动地计算出全部交点、切点和圆心坐标,生成加工程序。有的 CNC 系统可根据引导图和显示说明进行对话式编程,并具有工序、刀具和切削条件的自动选择等智能功能。有的 CNC 系统还备有用户宏程序功能(如日本 FANUC 系统)。这些功能有助于使那些未受过 CNC 编程训练的机械工人能够很快地进行程序编制工作。

2.1.3 CNC 系统的工作流程

CNC 装置的工作流程是在硬件环境支持下,按照系统监控软件的控制逻辑,对输入、译码、刀具补偿、进给速度处理、插补运算、位置控制、I/O 接口处理、显示和诊断等方面进行控制的全过程。CNC 系统的工作流程其实质上就是 CNC 装置的工作流程,CNC 系统的工作流程如图 2-2 所示。

下面对 CNC 系统工作流程所涉及的主要内容进行介绍。

1. 输入

输入 CNC 控制器的通常有零件加工程序、机床参数和刀具补偿参数。机床参数一般在机床出厂时或在用户安装调试时已经设定好,因此输入 CNC 系统的主要是零件加工程序和刀具补偿数据。输入方式有纸带输入、键盘输入、磁盘输入、连接上位计算机 DNC 通信输入、网络输入等。从 CNC 装置工作方式看,有存储工作方式和 NC 工作方式。存储工作方式是将整个零件程序一次全部输入到 CNC 内部存储器中,加工时再从存储器中把程序逐个调出,该方式应用较多;NC 方式是 CNC 一边输入一边加工的方式,即在前一程

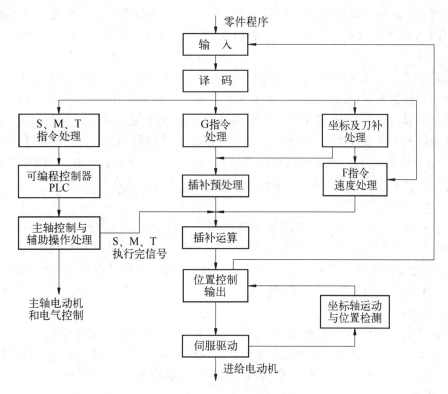

图 2-2　CNC 系统的工作流程

序段加工时,输入后一个程序段的内容。CNC 装置在输入过程中通常还要完成无效码删除、代码校验和代码转换等工作。高档 CNC 装置本身已包含一套自动编程系统或 CAD/CAM 系统,只需采用键盘输入相应的信息,数控装置本身就能生成数控加工程序。

2. 译码

译码是以零件程序的一个程序段为单位进行处理的,把其中零件的轮廓信息(起点、终点、直线或圆弧等),F、S、T、M 等信息按一定的语法规则解释(编译)成计算机能够识别的数据形式,并以一定的数据格式存放在指定的内存专用区域。编译过程中还要进行语法检查,发现错误立即报警。

3. 刀具补偿

刀具补偿包括刀具半径补偿和刀具长度补偿。为了方便编程人员编制零件加工程序,编程时零件程序是以零件轮廓轨迹来编程的,与刀具尺寸无关。程序输入和刀具参数输入分别进行。刀具补偿的作用是把零件轮廓轨迹按系统存储的刀具尺寸数据自动转换成刀具中心(刀位点)相对于工件的移动轨迹。

刀具补偿包括 B 功能和 C 功能刀具补偿功能。在较高档次的 CNC 中一般应用 C 功能刀具补偿,C 功能刀具补偿能够进行程序段之间的自动转接和过切削判断等功能。

4. 进给速度处理

进给速度处理是 CNC 装置在实时插补前要完成的一项重要准备工作。因为数控加工程序给定的刀具移动速度是在各个坐标合成运动方向上的速度,即 F 代码的指令值,因此要将各坐标合成运动方向上的速度分解成各进给运动坐标方向的分速度,为插补时计算各进给坐标的行程量做准备。此外,还要对机床允许的最低和最高速度的限制进行判别处理,有的数控机床的 CNC 软件还需对进给速度进行自动加速和减速的处理。

5. 插补

插补的主要任务就是在一条给定起点和终点的曲线上进行"数据点的密化"。插补程序在每个规定的周期(插补周期)内运行一次,即在每个周期内,根据指令进给速度计算出一个微小的直线数据段,通常经过若干个插补周期后,插补完一个程序段的加工,也就完成了从程序段起点到终点的"数据密化"工作。插补程序执行的时间直接决定了进给速度的大小,因此,插补计算的实时性很强。只有尽量缩短每一次插补运算的时间,才能提高最大进给速度和留有一定的空闲时间,以便更好地处理其他工作。

6. 位置控制

位置控制装置位于伺服系统的位置环上,其主要任务是在每个采样周期内,将插补计算出的理论位置与实际反馈位置进行比较,用其差值去控制进给伺服电动机。在位置控制中,通常还要完成位置回路的增益调整、各坐标方向的螺距误差补偿和反向间隙补偿等,以提高机床的定位精度。位置控制可由软件完成,也可由硬件完成。

7. I/O 接口

CNC 的 I/O 接口主要处理 CNC 与机床之间的信息传递和变换的通道。其作用包括两方面:一是将机床运动过程中的有关参数输入到 CNC 中;二是将 CNC 的输出命令(如换刀、主轴变速换档、加冷却液等)变为执行机构的控制信号,实现对机床的控制。

8. 显示

CNC 系统的显示装置有 CRT 显示器或 LCD 数码显示器,一般位于机床的控制面板上,其主要作用是便于操作者对机床进行操作和控制。CNC 装置的显示内容通常有零件程序、加工参数、刀具位置、机床状态、报警信息等。有的 CNC 装置中还具有刀具加工轨迹的静态和动态模拟加工图形显示。

2.2　CNC 装置的硬件结构

CNC 装置是数控系统的控制核心,它以硬件为平台,在系统软件的控制下进行工作。CNC 装置控制功能在很大程度上取决于其硬件结构。

CNC 装置按照不同的分类标准,可划分为多种类型。若按各电路板的插接方式,可分为大板式结构和功能模块式结构;按控制功能的复杂程度,可分为单微处理器结构和多微处理器结构;按硬件的制造方式,可分为专用型结构和个人计算机结构;按 CNC 装置的开放程度,可分为封闭式结构、PC 嵌入 NC 式结构、NC 嵌入 PC 式结构和软件型开放式结构。

2.2.1　大板式结构和功能模块式结构

1. 大板式结构

早期的数控系统普遍采用大板式结构,大板式结构的 CNC 装置主要由主电路板、位置控制板、PC 板、图形控制板、附加 I/O 板和电源单元等组成。其典型结构如图 2-3 所示。主电路板是大印制电路板,其他电路板为小板,插在大印制电路板上的插槽内,其结构类似于微型计算机的结构。大板式结构具有结构紧凑、体积小、可靠性高、性价比高和便于机床一体化设计等诸多优点,但由于其硬件功能不易变动,柔性低,不易于扩充升级,一般用于批量大

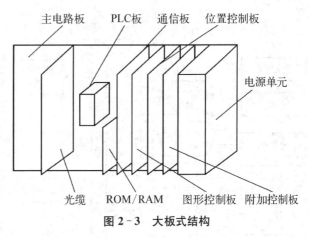

图 2-3 大板式结构

和定制用途的普及型系统。典型的系统如 FANUC 公司的 3/5/67 系列和 A-B 公司的 8601 等。

2. 功能模块式结构

现代 CNC 采用总线式、模块式结构,模块式结构将整个 CNC 装置按功能的不同划分为若干个模块。硬件和软件都采用模块化设计方法,用户只需按需要选用各种控制单元母板及所需的功能模板,并将各功能模板插入控制单元母板的槽内,就可搭建所需的 CNC 系统控制装置。功能模块间具有明确定义的接口,其接口固定,并已成为工厂标准或工业标准,功能模块间彼此可进行信息交换。一般将 CPU、存储器、输入输出控制等分别做成插件板,又称为硬件模块,有时甚至将 CPU、存储器、输入输出控制组成独立微型计算机级的硬件模块,相应的软件也采用模块化结构,并固化在硬件模块中。

模块式结构克服了大板式结构功能固定的缺点,它可按积木形式构成 CNC 装置,具有系统扩展性和良好的适应性,系统设计、维护和升级方便,可靠性高、效率高等优点。

图 2-4 为一种典型的全功能型车床数控系统框图,该系统由 CPU 板、扩展存储板、显示控制板、手轮接口板、强电输出板、伺服接口板和三块轴反馈板等共 11 块板组成,连接各模块的总线可按需选用各种工业标准总线,如工业 PC 总线、STD 总线。

模块式结构的典型系统有 FANUC 的 15/16/18 系统、德国西门子的 840/880 系列及美国 A-B 公司的 8600 系列等。

2.2.2 单微处理器结构和多微处理器结构

1. 单微处理器结构

单微处理器结构,指在 CNC 装置中只有一个中央处理器(CPU),CPU 采用集中控制和软件实时调度的方式,分时处理数控中的编辑、译码、插补、刀具补偿、位置控制、加工过程监控、显示等各个任务。单微处理器的 CNC 系统的基本结构包括:CPU、总线、I/O 接口、存储器、串行接口和 CRT/MDI 接口等,还包括数控系统控制单元部件和接口电路,如位置控制单元、PLC 接口、主轴控制单元、速度控制单元、穿孔机和纸带阅读机接口以及其他接口等。图 2-5 为一种单微处理器结构的 CNC 系统。

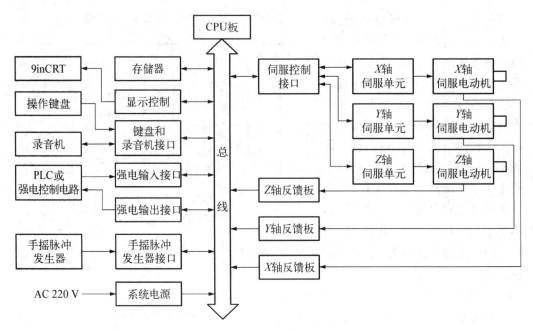

图 2-4 典型功能模块式全功能车床数控系统

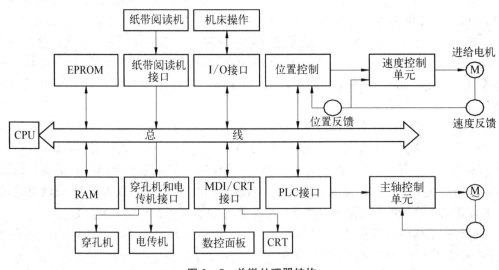

图 2-5 单微处理器结构

1) 单微处理 CNC 装置的组成

(1) CPU 和总线。CPU 是 CNC 装置的核心,主要由运算器和控制器两部分组成。运算器包含算术逻辑运算、寄存器和堆栈等部件,对数据进行算术运算和逻辑运算。在运算过程中,运算器将运算结果存放到存储器中,通过对运算结果进行判断,设置状态寄存器的相应状态。控制器从存储器中依次取出程序指令,经过译码,向 CNC 装置各部分按顺序发出执行操作的控制信号,使指令得以执行,并同时接受执行部件发回来的反馈信息,决定下一步命令操作。在经济型 CNC 系统中,常采用 8 位微处理器芯片或 8 位、16 位的单片机芯片。中高档的 CNC 通常采用 16 位、32 位甚至 64 位的微处理器芯片。

在单微处理器的 CNC 系统中通常采用总线结构。总线是微处理器赖以工作的物理导线,按其功能可以分为数据总线(DB)、地址总线(AD)和控制总线(CB)3 组。数据总线在各部件间传送数据,数据总线的位数和传送的数据宽度相等,采用双方向线。地址总线传送的是地址信号,与数据总线结合使用,以确定数据总线上传输的数据来源地或目的地,采用单方向线。控制总线传输的是管理总线的某些控制信号,采用单方向线。

(2) 位置控制模块。CNC 装置中的位置控制单元主要对机床进给运动的坐标轴位置进行控制,包括位置控制单元和速度控制单元。位置控制的硬件一般采用大规模专用集成电路位置控制芯片或控制模板。位置控制单元接收经过插补运算得到的每个坐标轴在单位时间内的位移量,控制伺服电动机工作,并根据接收到的实际位置反馈信号,修正位置指令,实现机床运动的准确控制。速度控制单元接收速度指令,并将速度指令与速度反馈信号相比较,修正速度指令,用其差值去控制伺服电动机以恒定速度运转。

(3) 存储器。存储器用于存储数据和程序,包括只读存储器(ROM)和随机存储器(RAM)两种。系统程序存放在可擦除可编程的只读存储器(EPROM)中,由生产厂家固化,即使系统断电,控制程序也不会丢失。系统控制程序只能由 CPU 读出,不能随意写入。运算的中间结果、需要显示的数据、运行中的状态、标志信息等存放在随机存储器(RAM)中,它可以随时读出和写入,断电后信息消失。零件的加工程序、机床参数、刀具参数等存放在有后备电池的 CMOS RAM 中或者磁泡存储器中,这些信息能被随机读出,还可以根据操作需要写入或修改,断电后信息仍然保留。

(4) I/O 接口。数据输入/输出(I/O)接口是 CNC 装置和机床间的信息交换通道。CNC 接受指令信息的输入有多种形式,如光电式纸带阅读机、磁带机、磁盘、计算机通信接口等形式,以及利用数控面板上的键盘操作的手动数据输入(MDI)和机床操作面板上手动按钮、开关量信息的输入。所有这些输入都要有相应的接口来实现。而 CNC 的输出也有多种,如程序的穿孔机、电传机输出、字符与图形显示的 CRT 输出、位置伺服控制和机床强电控制指令的输出等,同样要有相应的接口来执行。

(5) MDI/显示器接口。手动数据输入(manual data input,MDI)通过数控面板上的键盘操作来实现。当扫描到有键按下时,将数据送入移位寄存器,经数据处理判别该键的属性及其有效性,并进行相关的监控处理。显示器接口在 CNC 软件的控制下,在 LCD 或 CRT 显示器上实现字符和图形的实时显示。

(6) 可编程控制器。可编程控制器(PLC)的功能是代替传统机床的继电器逻辑控制来实现各种开关量的控制。数控机床中的 PLC 可分为两类:一类是独立型,是在技术规范、功能和参数上均可满足数控机床要求的独立部件;另一类是内装型,是为实现机床的顺序控制而专门设计制造的,数控机床上的 PLC 多采用内装型。

2) 单微处理 CNC 装置的特点

(1) 功能受到 CPU 运算速度的限制。由于只有一个 CPU 的控制,功能受字长、数据宽度、寻址能力和运算速度等因素的限制。如果插补等功能由软件来实现,则数控功能的实现与处理速度就成为突出的矛盾。解决矛盾的措施可通过增加硬件插补器、增加浮点协处理器和采用带有 CPU 的 PLC 等智能部件。

(2) 结构简单,功能容易实现。CNC 装置内只有一个微处理器,所有功能都是通过一个 CPU 进行集中控制、分时处理来实现对存储、插补计算、输入输出控制、CRT/LCD 显示等功能。微处理器通过总线与存储器、I/O 控制元件等各种接口电路相连,构成 CNC 的硬件装置。

2. 多微处理器结构

多微处理结构的 CNC 装置是指在 CNC 系统中有两个或两个以上的处理器。多微处理器的 CNC 采用模块化设计,把系统控制按功能划分为多个子系统模块,每个子系统分别承担相应的任务,各子系统协调动作,共同完成整个控制任务。子系统间有紧耦合和松耦合两种结构形式。紧耦合采用集中操作系统,实现资源共享;松耦合采用重操作系统,实现并行处理。

多微处理器 CNC 装置多采用模块化结构,每个微处理器分管各自的任务,形成特定的功能单元,即功能模块。与单微处理器 CNC 装置相比,多微处理器 CNC 装置的运算速度有了很大提高,它更适合多轴控制、高进给速度、高精度、高效率的性能要求。

1) 多微处理器 CNC 装置的基本功能模块

(1) CNC 管理模块。该模块是管理和组织整个 CNC 系统各功能模块协调工作,主要功能包括:系统初始化、中断管理、总线裁决、系统出错识别和处理、系统硬件与软件诊断等功能。

(2) CNC 插补模块。该模块是在完成插补前,进行零件程序的译码、刀具补偿、坐标位移量计算、进给速度处理等预处理,然后进行插补计算,并给定各坐标轴的位置值。

(3) 位置控制模块。对坐标位置给定值与由位置检测装置测到的实际位置值进行比较并获得差值,经过一定的控制算法,进行自动加减速、回基准点、对伺服系统滞后量的监视和漂移补偿等控制,最后得到速度控制的模拟电压(或速度的数字量),去驱动进给电动机,实现无超调、无滞后、高性能的位置闭环。

(4) PLC 模块。逻辑处理零件加工程序中的开关量(S、M、T)和机床面板来的信号,实现机床电气设备的起停、刀具交换、转台分度、工件数量和运转时间的计数等。

(5) 操作面板监控及显示模块。指零件加工程序、参数、各种操作指令和数据的输入输出以及显示所需要的各种接口电路。

(6) 存储器模块。该模块为程序和数据的主存储器,或为功能模块间进行数据传送的共享存储器。

2) 多微处理器 CNC 装置的通信方式

多微处理器 CNC 装置按照其通信方式不同可分为共享总线型和共享存储器型,通过共享总线或共享存储器,来实现模块间的互联与通信。其优点是能实现真正意义的并行处理,运算速度快,可实现较复杂的系统功能;容错能力强,在某模块出现故障后,通过系统重组仍能继续工作。

(1) 共享总线结构。共享总线结构以系统总线为中心,把组成 CNC 装置的各个功能部件划分为带有 CPU 的主模块和不带 CPU 的从模块两大类。所有主、从模块都插在总线插座的机柜内,共享标准的系统总线。系统总线的作用是把各个模块有效地连接在一起,按照标准协议交换各种数据和控制信息,实现各种预定的功能。

在这种结构的 CNC 系统中,只有主模块有权控制系统总线,且在某一时刻只能有一个主模块占有总线,如有多个主模块同时请求使用总线会产生竞争总线问题。为了解决这一矛盾,系统设有总线仲裁电路,按照每个主模块负担的任务重要程度,预先安排各自的优先级别。总线仲裁电路在多个主模块争用总线而发生冲突时,能够判别出发生冲突的各个主模块的优先级别的高低,最后决定让优先级高的主模块优先使用总线。

共享总线结构中由于多个主模块共享总线,易引起冲突,使数据传输效率降低,总线形成系统的"瓶颈",一旦出现故障,会影响整个 CNC 装置的性能。但由于其结构简单、系统配置灵活、容易实现等优点而被广泛采用。

共享总线结构的典型代表如图 2-6 所示。

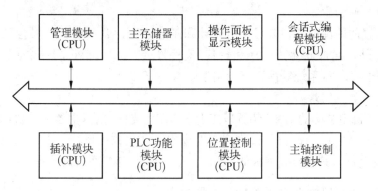

图 2-6　共享总线的多微处理器结构

(2) 共享存储器结构。在该结构中,采用多端口存储器来实现各微处理器之间的连接和信息交换,由多端控制逻辑电路解决访问冲突,其结构如图 2-7 所示。

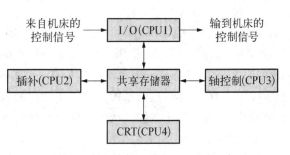

图 2-7　共享存储器的多 CPU 结构

该结构面向公共存储器设计,每个端口都配有一套数据、地址、控制线,以供端口访问。在共享存储器结构中,各个主模块都有权控制使用系统存储器,即便是多个主模块同时请求使用存储器,只要存储器容量有空闲,一般不会发生冲突,在各模块请求使用存储器时,由多端口的控制逻辑电路控制。

共享存储器结构中多个主模块共享存储器时,引起冲突的可能性较小,数据传输效率较高,结构也不复杂,故广泛采用。不足之处是,当微处理器数量增多时,往往会由于争用共享而造成信息传输的阻塞,降低系统效率。

3) 多微处理器 CNC 装置的特点

多微处理器硬件结构多应用于高档的、全功能型的 CNC 机床上,满足机床高进给速度和高加工精度的要求,实现一些复杂控制的功能。

(1) 可靠性高。多微处理器硬件结构采用模块化结构,每个模块都有自己的任务,模块拆装方便,将故障对系统的影响减到最小。共享资源不仅减少了重复机构,降低了成本,同时还提高了系统的可靠性。

（2）计算处理速度高。多微处理器硬件结构中每个微处理器完成系统指定的一部分功能，独立执行程序，并行运行，大大提高了计算处理速度。

（3）良好的适应性和扩展性。多微处理器由以上各种基本功能的硬件模块组成，其相应的软件也是模块结构，固化在硬件结构中。功能模块间有明确定义的接口，接口是固定的，成为工业标准，彼此间可以进行信息交换。模块化结构不仅使系统设计变得更加简单，而且还使系统具有良好的适应性和扩展性。

2.2.3 专用型结构和个人计算机型结构

1. 专用型结构

CNC装置的硬件由各制造厂专门设计和制造，具有结构紧凑、布局合理和专用性强的特点，但硬件之间彼此无法交换和替代，通用性差。如SIEMENS数控系统、FANUC数控系统、美国A-B系统等都属于专用型。

2. 个人计算机型结构

个人计算机型结构的CNC装置以工业PC作为支撑平台，由各数控机床制造厂根据数控的需要，插入自己的控制卡和数控软件构成个性化数控系统。由于工业标准计算机的生产数以百万计，其生产成本很低，因而也就降低了CNC系统的成本。

2.2.4 按开放式程度划分的CNC装置结构

1. 封闭式结构

FANUC 0系统、SIEMENS 810系统、MITSUBISHIM 50系统等都属于专用的封闭体系结构的数控系统。虽然用户可以设计人机界面，但是必须使用专门的开发工具（如SIEMENS的WS800A），耗费较多的人力。对系统的功能扩展、改变和维修，都必须求助于系统供应商。目前，这类系统占领了制造业的大部分市场，但由于开放式体系结构数控系统的发展，这种传统数控系统的市场正在受到挑战。

2. NC嵌入PC式结构

NC嵌入PC型开放式数控系统，其本质是基于运动控制器的开放式数控系统，一些以PC为基础的CNC制造商，生产各种高性能运动控制卡和运动控制软件。由此开发的CNC装置由开放体系结构运动控制卡和PC计算机构成，运动控制卡通常选用高速DSP作为CPU，具有很强的运动控制和PLC控制能力，其开放的接口函数库可供用户在Windows平台下自行开发构造所需的数控系统，已广泛应用于制造业自动化控制的各个领域中。

目前运动控制器种类很多，但运用最广泛的为PMAC运动控制卡。由于这些产品的开放性很好，通过自行开发可构建自己的数控产品或使用在生产线上。如美国的Delta Tau公司用PMAC多轴运动控制卡构建的PMAC NC数控系统、日本MAZAK公司用三菱电机的MELDAS MAGIC 64构造的MAZATROL 640 CNC等。

3. PC嵌入NC式结构

一些传统CNC系统的制造商，由于面临控制系统"开放化"浪潮和PC技术迅猛发展的形势，把专用结构的CNC部分和PC结合在一起，将非实时控制部分改由PC来承担，实时控制部分仍使用多年积累的专用技术,使系统具有较好的开放性,大大改善了数控系统的人机界面、图形显示、切削仿真、网络通信、编程和诊断等功能。其特点是结构复杂、功能强大,但价格昂贵。此类系统具有一定的开放性,但其 NC 部分仍然是传统的数控系统,体系结构还是不开放的,用户无法介入数控系统的核心。

典型的系统如 FANUC 150/160/180/210 系统、SIEMENS 840D 等。

4. 软件型开放式结构

这是一种最新型开放式体系结构的数控系统,系统所有的数控功能(包括插补、位置控制等)全部都由计算机软件来代替硬件。与上述几种数控系统相比,软件型开放式数控系统实现了控制的 PC 化及控制方案的软件化,具有最高的性价比,是当今乃至今后一段时间内开放式数控系统的发展趋势。

计算机 CPU 速度的提高和基于 Windows NT/Linux 等的实时操作系统为高性能开放式全软件化数控系统的发展提供了良好的基础。软件型数控系统以 PC 为基础,以实时操作系统(Windows NT 的实时扩展 VenturCom RTX、RT-Linux、Windows CE 等)为数控系统的实时内核,在通用操作系统(Windows、Linux 等)环境下运行具有开放结构的控制软件。软件化 I/O 接口和伺服接口卡仅是计算机与伺服驱动器和外部 I/O 之间的标准化通用接口,可为数字、模拟或现场总线接口,通常不带 CPU。

软件型数控系统的典型产品有美国的 MDSI 公司的 OpenCNC,SoftServo 公司的 ServoWorks、德国 Power Automation 公司的 PAS000NT 及美国国家标准技术协会的增强型机床控制(enhanced machine controller,EMC)—Linux CNC 方案等。

2.3　CNC 装置的软件结构

CNC 装置的软件是为了完成数控机床的各项功能而专门设计和编制的软件,是数控加工系统的一种专用软件,通常称为系统软件。CNC 装置的软件结构通常指存放于计算机内存中的系统程序,类似于计算机的操作系统。在系统软件的控制下,CNC 装置对输入的加工程序自动进行处理并发出相应的控制指令,实现机床对工件的加工。不同的 CNC 装置,其功能和控制方案也不同,因而各系统软件在结构上和规模上差别较大,各厂家的软件互不兼容。现代数控机床的功能大多采用软件来实现,故系统软件的设计及功能的实现是 CNC 系统的关键。

CNC 系统软件的结构取决于 CNC 装置中软件和硬件的分工,也取决于软件本身所完成的工作任务。数控系统按照事先编制好的控制程序来实现各种控制,而控制程序是根据用户对数控系统所提出的各种要求进行设计的。CNC 装置的各个任务模块间存在着逻辑耦合关系,也存在着时序配合问题。在设计 CNC 装置软件时,如何组织和协调这些功能模块,使之满足一定的时序和逻辑关系,是设计 CNC 装置软件结构要考虑的问题。

2.3.1　CNC 装置软硬件功能划分

在 CNC 系统中,软件和硬件在逻辑上是等价的,即由硬件完成的工作原则上也可以由软件来完成,但软件和硬件各有其不同的特点:硬件处理速度快,但灵活性和适应性较差,造价相对较高;软件设计灵活、适应性强,但是处理速度较慢。

因此,如何合理地确定软件、硬件的功能分配,是 CNC 装置结构设计的重要任务,一般由 CNC 系统的性价比为依据。这在很大程度上涉及软件、硬件的发展水平。一般说来,软件结构首先要受到硬件的限制,软件结构也有独立性,对于相同的硬件结构,可以配备不同的软件结构。实际上,现代 CNC 系统中软件、硬件界面并不是固定不变的,而是随着软件、硬件的水平和成本以及 CNC 系统所具有的性能不同而发生变化。图 2-8 给出了不同时期和不同产品中三种典型的 CNC 系统软件、硬件承担的功能任务分配。

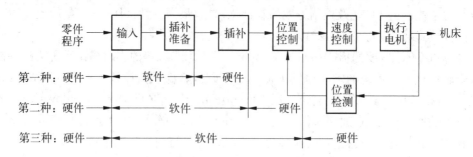

图 2-8 CNC 装置中三种典型方案的软硬件功能任务

从第一种方案到第三种方案,软件所承担的任务越来越多,硬件承担的任务越来越少,这是目前数控技术发展的趋势,即用相对较少且标注化程度高的硬件,配以功能丰富的软件模块,其主要原因在于计算机的运算处理能力不断增强,软件的实时处理能力大大提高,用软件实现机床的逻辑控制、运动控制,具有较强的灵活性和适应性。CNC 装置中实时性要求最高的任务就是插补和位置控制。一般情况下,若这两种任务都由硬件实现,则称为完全硬件插补器(即第一种方案);若均由软件完成,则称为完全软件插补器(即第二种方案);若分别有软硬件实现,则称为软硬件插补器(即第三种方案)。因此,用相对较少且标准化程度较高的硬件,配以功能丰富的软件模块的 CNC 系统是当今数控技术的发展趋势。

2.3.2 CNC 软件结构的特点

1. CNC 系统的多任务性和实时性

CNC 系统作为一个独立的过程数字控制器应用于工业自动化生产中,其多任务性表现在它必须完成管理和控制两大任务,如图 2-9 所示。其中系统管理包括输入、I/O 处理、通信、显示、诊断以及加工程序的编制管理等任务。系统的控制部分包括:译码、刀具补偿、速度处理、插补和位置控制等任务。

实时性是指某任务的执行有严格的时间要求,即必须在系统的规定时间内完成,否则将导致执行结果错误或系统故障。CNC 系统的这些任务必须协调工作,也就是说在许多情况下,管理和控制的某些工作必须同时进行。例如,为了便于操作人员能及时掌握 CNC 的工作状态,管理软件中的显示模块必须与控制模块同时运行;当 CNC 处于 NC 工作方式时,管理软件中的零件程序输入模块必须与控制软件同时运行。控制软件运行时,其中一些处理模块也必须同时进行。如为了保证加工过程的连续性,即刀具在各程序段

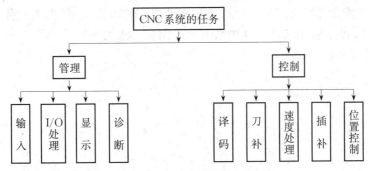

图 2 - 9　CNC 系统的任务分解

之间不停刀,译码、刀补和速度处理模块必须与插补模块同时运行,而插补又必须要与位置控制同时进行等,这种任务并行处理关系如图 2 - 10 所示。

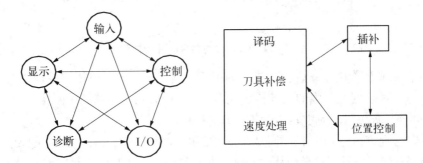

图 2 - 10　CNC 的任务并行处理关系需求

事实上,CNC 系统是一个专用的实时多任务计算机系统,其软件必然会融合现代计算机软件技术中的许多先进技术,其中最突出的是多任务并行处理技术和多重实时中断技术。

2. 并行处理

并行处理是指计算机在同一时刻或同一时间间隔内完成两种或两种以上性质相同或不同的工作。并行处理的优点是提高了运行速度。并行处理方法有资源重复法、时间重叠法和资源共享法等。

资源重复法是用多套相同或不同的设备同时完成多种相同或不同的任务。在 CNC 系统硬件设计中,广泛采用资源重复的并行处理技术,如采用多微处理器的系统体系结构来提高处理速度。

资源共享法是根据“分时共享”的原则,使多个用户按照时间顺序使用同一套设备。

时间重叠法是根据流水线处理技术,使多个处理过程在时间上相互错开,轮流使用同一套设备几个部分的方法。

目前 CNC 装置的硬件结构中,广泛使用“资源重复”的并行处理技术。如采用多CPU 的体系结构来提高系统的速度。而在 CNC 装置的软件中,主要采用“资源分时共享”和“资源重叠的流水处理”方法。

(1) 资源分时共享并行处理方法。在单微处理器的 CNC 装置中,主要采用 CPU 分时共享的原则来解决多任务的同时运行。各个任务何时占用 CPU 及各个任务占用 CPU

时间的长短,是首先要解决的两个时间分配的问题。在 CNC 装置中,各任务占用 CPU 是用循环轮流和中断优先相结合的办法来解决。图 2-11 为一个典型的 CNC 装置各任务分时共享 CPU 的时间分配。

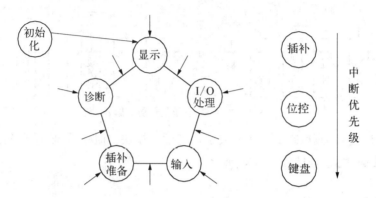

图 2-11 CPU 分时共享的并行处理

系统在完成初始化任务后自动进入时间分配循环中,在环中依次轮流处理各任务。对于系统中一些实时性很强的任务按优先级排队,分别处于不同的中断优先级上作为环外任务,环外任务可以随时中断环内各任务的执行。

每个任务允许占有 CPU 的时间受到一定的限制,对于某些占有 CPU 时间较多的任务,如插补准备(包括译码、刀具半径补偿和速度处理等),可以在其中的某些地方设置断点,当程序运行到断点处时,自动让出 CPU,等到下一个运行时间内自动跳到断点处继续运行。

(2) 时间重叠流水并行处理方法。当 CNC 装置在自动加工工作方式时,其数据的转换过程将由零件程序输入、插补准备、插补、位置控制 4 个子过程组成。如果每个子过程的处理时间分别为 Δt_1,Δt_2,Δt_3,Δt_4,那么一个零件程序段的数据转换时间为 $t = \Delta t_1 + \Delta t_2 + \Delta t_3 + \Delta t_4$。如果以顺序方式处理每个零件的程序段,即第一个零件程序段处理完以后再处理第二个程序段,依次类推。图 2-12 (a)表示了这种顺序处理时的时间空间关系。从图中可以看出,两个程序段的输出之间将有一个时间为 t 的间隔。这种时间间隔反映在电动机上就是电动机的时停时转,反映在刀具上就是刀具的时走时停,这种情况在加工工艺上是不允许的。

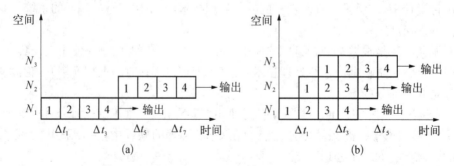

图 2-12 时间重叠流水处理

(a)顺序处理时的时间空间关系   (b)流水处理后的时间空间关系

消除这种间隔的方法是用时间重叠流水处理技术。采用流水处理后的时间空间关系如图 2 - 12(b)所示。

流水处理的关键是时间重叠,即在一段时间间隔内不是处理一个子过程,而是处理两个或更多的子过程。从图中可以看出,经过流水处理以后,从时间 Δt_4 开始,每个程序段的输出之间不再有间隔,从而保证了刀具移动的连续性。流水处理要求处理每个子过程的运算时间相等,然而 CNC 装置中每个子过程所需的处理时间都是不同的,解决的方法是取最长的子过程处理时间为流水处理时间间隔。这样在处理时间间隔较短的子过程时,当处理完后就进入等待状态。

在单微处理器的 CNC 装置中,流水处理的时间重叠只有宏观上的意义。即在一段时间内,CPU 处理多个子过程,但从微观上看,每个子过程是分时占用 CPU 时间。

3. 实时中断处理

CNC 系统软件结构的另一个特点是实时中断处理。CNC 系统程序以零件加工为对象,每个程序段中有许多子程序,它们按照预定的顺序反复执行,各个步骤间关系十分密切,有许多子程序的实时性很强,这就决定了中断成为整个系统不可缺少的重要组成部分。CNC 系统的中断管理主要由硬件完成,而系统的中断结构决定了软件结构。

CNC 的中断类型如下:

(1) 外部中断。主要有纸带光电阅读机中断、外部监控中断(如紧急停、量仪到位等)和键盘操作面板输入中断。前两种中断的实时性要求很高,将它们放在较高的中断优先级上,而键盘和操作面板的输入中断则放在较低的中断优先级上。在有些系统中,甚至用查询的方式来处理它。

(2) 内部定时中断。主要有插补周期定时中断和位置采样定时中断两种。在有些系统中将两种定时中断合二为一,但是在处理时,总是先处理位置控制,然后处理插补运算。

(3) 硬件故障中断。它是各种硬件故障检测装置发出的中断。如存储器出错,定时器出错,插补运算超时等。

(4) 程序性中断。它是程序中出现的异常情况的报警中断。如各种溢出,除零等。

2.3.3　常规 CNC 系统的软件结构

CNC 系统的软件结构决定于系统采用的中断结构。在常规的 CNC 系统中,已有的结构模式有中断型和前后台型两种结构模式。

1. 中断型结构模式

中断型软件结构的特点是除了初始化程序之外,整个系统软件的各种功能模块分别安排在不同级别的中断服务程序中,整个软件就是一个大的中断系统。其管理的功能主要通过各级中断服务程序之间的相互通信来解决。

一般在中断型结构模式的 CNC 软件体系中,控制 CRT 显示的模块为低级中断(0 级中断),只要系统中没有其他中断级别请求,总是执行 0 级中断,即系统进行 CRT 显示。其他程序模块,如译码处理、刀具中心轨迹计算、键盘控制、I/O 信号处理、插补运算、终点判别、伺服系统位置控制等处理,分别具有不同的中断优先级别。开机后,系统程序首先进入初始化程序,进行初始化状态的设置、ROM 检查等工作。初始化后,系统转入 0 级中断 CRT 显示处理。此后系统就进入各种中断的处理,整个系统的管理是通过每个中断服务程序之间的通信方式来实现的。

如 FANUC - BESK 7CM CNC 系统是一个典型的中断型软件结构。整个系统的各个功能模块被分为 8 级不同优先级的中断服务程序,如表 2 - 1 所示。其中伺服系统位置控制被安排成很高的级别,因为机床的刀具运动实时性很强。CRT 显示被安排的级别最低,即 0 级,其中断请求是通过硬件接线始终保持存在。只要 0 级以上的中断服务程序均未发生的情况下,就进行 CRT 显示。

表 2 - 1 FANUC - BESK 7CM CNC 系统的各级中断功能

中断级别	主 要 功 能	中 断 源
0	控制 CRT 显示	硬件
1	译码、刀具中心轨迹计算,显示器控制	软件,16 ms 定时
2	键盘监控,I/O 信号处理,穿孔机控制	软件,16 ms 定时
3	操作面板和电传机处理	硬件
4	插补运算、终点判别和转段处理	软件,8 ms 定时
5	纸带阅读机读纸带处理	硬件
6	伺服系统位置控制处理	4 ms 实时钟
7	系统测试	硬件

1 级中断相当于后台程序的功能,进行插补前的准备工作。1 级中断有 13 种功能,对应着口状态字中的 13 个位,每位对应于一个处理任务。在进入 1 级中断服务时,先依次查询口状态字的 0～12 位的状态,再转入相应的中断服务(见表 2 - 2)。其处理过程如图 2 - 13 所示。口状态字的置位有两种情况:一是由其他中断根据需要置 1 级中断请求的同时置相应的口状态字;二是在执行 1 级中断的某个口子处理时,置口状态字的另一位。当某一口的处理结束后,程序将口状态字的对应位清除。

表 2 - 2 FANUC - BESK 7CM CNC 系统 1 级中断的 13 种功能

口 状 态 字	对 应 口 的 功 能
0	显示处理
1	公英制转换
2	部分初始化
3	从存储区(MP、PC 或 SP 区)读一段数控程序到 BS 区
4	轮廓轨迹转换成刀具中心轨迹
5	"再起动"处理
6	"再起动"开关无效时,刀具回到断点"起动"处理

续　表

口 状 态 字	对　应　口　的　功　能
7	按"起动"按钮时,要读一段程序到 BS 区的预处理
8	连续加工时,要读一段程序到 BS 区的预处理
9	纸带阅读机反绕或存储器指针返回首址的处理
A	起动纸带阅读机使纸带正常进给一步
B	置 M、S、T 指令标志及 G96 速度换算
C	置纸带反绕标志

2 级中断服务程序的主要工作是对数控面板上的各种工作方式和 I/O 信号的处理。

3 级中断则是对用户选用的外部操作面板和电传机的处理。

4 级中断最主要的功能是完成插补运算。7CM 系统中采用了"时间分割法"(数据采样法)插补。此方法经过 CNC 插补计算输出的是一个插补周期 T(8 ms)的 F 指令值,这是一个粗插补进给量,而精插补进给量则是由伺服系统的硬件与软件来完成的。一次插补处理分为速度计算、插补计算、终点判别和进给量变换 4 个阶段。

5 级中断服务程序主要对纸带阅读机读入的孔信号进行处理。这种处理基本上可以分为输入代码的有效性判别、代码处理和结束处理 3 个阶段。

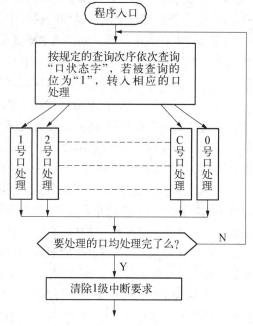

图 2-13　1 级中断各口处理转换

6 级中断主要完成位置控制、4 ms 定时计时和存储器奇偶校验工作。

7 级中断实际上是工程师的系统调试工作,非使用机床的正式工作。

中断请求的发生,除了第 6 级中断是由 4 ms 时钟发生之外,其余的中断均靠别的中断设置,即依靠各中断程序之间的相互通信来解决。例如,第 6 级中断程序中每两次设置一次第 4 级中断请求(8 ms);每四次设置一次第 1、2 级中断请求。插补的第 4 级中断在插补完一个程序段后,要从缓冲器中取出一段并作刀具半径补偿,这时就置第 1 级中断请求,并把 4 号口置 1。

2. 前后台型结构模式

该结构模式的 CNC 系统软件分为前台程序和后台程序。前台程序是指实时中断服务程序,实现插补、伺服、机床监控等实时功能。这些功能与机床的动作直接相关。后台程序是一个循环运行程序,完成管理功能和输入、译码、数据处理等非实时性任务,管理软件和插补准备在这里完成。后台程序运行中,实时中断程序不断插入,与后台程序相配

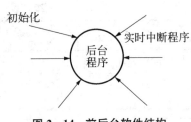

图 2-14　前后台软件结构

合,共同完成零件加工任务。图 2-14 为前后台软件结构实时中断程序与后台程序的关系。

这种前后台型的软件结构一般适合单处理器集中式控制,对 CPU 的性能要求较高。程序启动后先进行初始化,再进入后台程序环,同时开放实时中断程序,每隔一定的时间中断发生一次,执行一次中断服务程序,此时后台程序停止运行,实时中断程序执行后,再返回后台程序。

美国 A-B 7360 CNC 软件是一种典型的前后台型软件,其结构框图如图 2-15 所示。该图的右侧是实时中断程序处理的任务,主要的可屏蔽中断有 10.24 ms 实时时钟中断、阅读机中断和键盘中断。其中阅读机中断优先级最高,10.24 ms 实时时钟中断优先级次之,键盘中断优先级最低。阅读机中断仅在输入零件程序时起动阅读机后才发生,键盘中断也仅在键盘方式下发生,而 10.24 ms 中断总是定时发生的。左侧则是背景程序处理的任务。背景程序是一个循环执行的主程序,而实时中断程序按其优先级随时插入背景程序中。

当 A-B 7360 CNC 控制系统接通电源或复位后,首先运行初始化程序,然后设置系统有关的局部标志和全局性标志,设置机床参数,预清机床逻辑 I/O 信号在 RAM 中的映象区,设置中断向量,并开放 10.24 ms 实时时钟中断,最后进入紧停状态。此时,机床的主轴和坐标轴伺服系统的强电是断开的,程序处于对"紧停复位"的等待循环中。10.24 ms 时钟中断定时发生,控制面板上的开关状态随时被扫描,并设置了相应的标志,以供主程序使用。一旦操作者按了"紧停复位"按钮,接通机床强电时,程序下行,背景程序起动。首先进入 MCU 总清(即清除零件程序缓冲区、键盘 MDI 缓冲区、暂存区、插补参数区等),并使系统进入约定的初始控制状态(如 G01、G90 等),接着根据面板上的方式进行选择,进入相应的方式服务环中。各服务环的出口又循环到方式选择例程,一旦 10.24 ms 时钟中断程序扫描到面板上的方式开关状态发生了变化,背景程序便转到新的方式服务环中。无论背景程序处于何种方式服务中,10.24 ms 的时钟中断总是定时发生的。

在背景程序中,自动/单段是数控加工中的最主要的工作方式,在这种工作方式下的核心任务是进行一个程序段的数据预处理,即插补预处理。即一个数据段经过输入译码、数据处理后,进入就绪状态,等待插补运行。所以图 2-15 中段执行程序的功能是将数据处理结果中的插补用信息传送到插补缓冲器,并把系统工作寄存器中的辅助信息(S、M、T 代码)送到系统标志单元,以供系统全局使用。在完成这两种传送之后,背景程序设立一个数据段传送结束标志及一个开放插补标志。在这两个标志建立之前,定时中断程序尽管照常发生,但是不执行插补及辅助信息处理等工作,仅执行一些例行的扫描、监控等功能。这两个标志的设置体现了背景程序对实时中断程序的控制和管理。这两个标志建立后,实时中断程序即开始执行插补、伺服输出、辅助功能处理,同时,背景程序开始输入下一程序段,并进行新数据段的预处理。系统设计者必须保证在任何情况下,执行当前一个数据段的实时插补运行过程中必须将下一个数据段的预处理工作结束,以实现加工过程的连续性。在同一时间段内,中断程序正在进行本段的插补和伺服输出,背景程序正在进行下一段的数据处理。在一个中断周期内,实时中断开销一部分时间,其余时间留给背景程序。

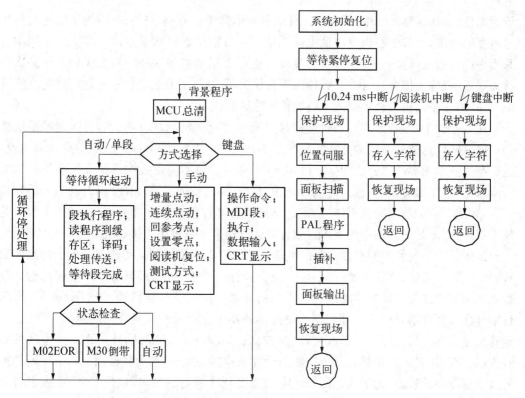

图 2‑15　A‑B 7360 CNC 软件总成

一般情况下,下一段的数据处理及其结果传送比本段插补运行的时间短,因此,在数据段执行程序中有一个等待插补完成的循环,在等待过程中不断进行 CRT 显示。由于在自动/单段工作方式中,有段后停的要求,所以在软件中设置循环停请求。若整个零件程序结束,一般情况下要停机。若本段插补加工结束而整个零件程序未结束,则又开始新的循环。循环停处理程序是处理各种停止状态的,例如在单段工作方式时,每执行完一个程序段时就设立循环停状态,等待操作人员按下循环起动按钮。如果系统一直处于正常的加工状态,则跳过该处理程序。

关于中断程序,除了阅读机和键盘中断是在其特定的工作情况下发生外,主要是 10.24 ms 的定时中断。该时间是 7360 CNC 的实际位置采样周期,也就是采用数据采样插补方法(时间分割法)的插补周期。该实时时钟中断服务程序是系统的核心。CNC 的实时控制任务包括位置伺服、面板扫描、机床逻辑(可编程应用逻辑 PAL 程序)、实时诊断和轮廓插补等。

2.4　数控机床的插补原理

2.4.1　插补的基本概念

在数控机床中,刀具或工件的基本位移量是机床坐标轴运动的一个脉冲当量或最小设定单位,而在实际加工中,被加工工件的轮廓形状千差万别,严格说来,为了满足几何尺寸精度的要求,刀具中心轨迹应该准确地依照工件的轮廓形状来生成。在实际应用中常采用小段直线或圆弧去进行逼近,有些场合也可以用抛物线、椭圆、双曲线和其他高次曲线去逼近(或称为拟合)。因此,数控机床在加工零件时,刀具运动轨迹不是严格的直线或圆弧曲线,而是以折线轨迹逼近所要加工的轮廓曲线。

在数控加工中,若已知运动轨迹的起点坐标、终点坐标和曲线方程,机床数控系统就会根据这些信息依据一定的方法实时地计算出各个中间点的坐标。确定刀具运动轨迹,进而产生基本轮廓的过程称为插补(Interpolation)。其实质是数控系统根据零件轮廓的有限数据信息(如直线的起点、终点,圆弧的起点、终点和圆心等),计算出刀具的一系列加工点,完成所谓的数据密化工作,从而自动地对各坐标轴进行脉冲分配,完成整个线段的轨迹运行,以满足加工精度的要求。插补的运算速度和精度会直接影响数控系统的性能。

机床数控系统轮廓控制的主要问题就是控制刀具或工件的运动轨迹。无论是硬件数控(NC)系统,还是CNC系统,都必须有完成插补的功能,只是采取的方式不同而已。数控系统中完成插补运算的装置或程序称为插补器。根据插补器结构可分为硬件插补、软件插补和软硬件结合插补三种类型。硬件插补器由分立元件或集成电路组成,其特点是运算速度快,但灵活性差,不易改变,成本较高。早期NC系统的插补运算均采用硬件插补方法。在CNC系统中插补功能一般由计算机程序来完成,称为软件插补。由于硬件插补具有速度高的特点,为了满足插补速度和精度越来越高的要求,现代CNC系统也有采用软件和硬件相结合的方法,由软件完成粗插补,再由硬件完成精插补。

由于直线和圆弧是构成零件轮廓的基本线型,因此直线插补和圆弧插补是CNC系统的两种基本插补功能。在三坐标以上联动的CNC系统中,一般还具有螺旋线插补功能。为了方便加工各种曲线和曲面,科研人员一直在研究各种曲线的插补功能,在一些高档CNC系统中,已经出现了抛物线插补、渐开线插补、正弦线插补、样条曲线插补以及球面螺旋线插补等功能。

插补运算采用的方法众多,一般可归纳为脉冲增量插补和数据采样插补两大类型。

1) 脉冲增量插补

脉冲增量插补又称基准脉冲插补或行程标量插补,其特点是每次插补结束,仅向各运动坐标轴输出一个控制脉冲,因此各坐标仅产生一个脉冲当量或行程增量。在数控系统中,一个脉冲所产生的坐标轴位移称为脉冲当量,用 δ 来表示。脉冲当量 δ 是脉冲分配的基本单位,代表了机床的加工精度。普通精度的机床一般为 0.01 mm,较精密的机床为 0.001 mm 或 0.005 mm。脉冲序列的频率代表坐标运动的速度,而脉冲的数量代表运动位移的大小。

该类插补运算简单,容易用硬件电路来实现,早期硬件插补都采用这类方法。在目前的 CNC 系统中,原来的硬件插补功能可用软件来实现,但仅适用于一些中等速度和中等精度的系统,主要适用于以步进电机为驱动装置的开环数控系统,在插补计算过程中不断向各坐标发出相互协调的进给脉冲,驱动各坐标轴的电机运动。

脉冲增量插补的方法很多,如逐点比较法、数字积分法、矢量判断法、比较积分法、最小偏差法、目标点跟踪法和数字脉冲乘法器插补法等,应用较多的是逐点比较法、数字积分法和比较积分法。

2）数据采样插补

数据采样插补又称为时间标量插补、时间分割插补或数字增量插补,这类插补算法的特点是数控装置产生的不是单个脉冲,而是数字量。其运算过程包括粗插补和精插补两个环节。第一步为粗插补,采用时间分割思想,根据编程的进给速度将轮廓曲线分割为每个插补周期的进给直线段(或轮廓步长),以此来逼近轮廓曲线,粗插补的主要工作实际上是轮廓曲线的节点计算;第二步为精插补,根据位移检测采样周期的大小,采用脉冲增量插补法,在轮廓步长内再插入若干点,进一步进行数据密化。

数据采样插补方法适用于直线或交流伺服电动机为驱动装置的闭环和半闭环位置采样控制系统。粗插补在每个插补周期内计算出坐标位置增量值,而精插补则在每个采样周期内采样闭环或半闭环反馈位置增量值及插补输出的指令位置增量值,然后计算出各坐标轴相应的插补指令位置和实际反馈位置,并将两者相比较,求得跟随误差。根据所求得的跟随误差算出相应轴的进给速度指令,并输出给驱动装置。在实际使用中,粗插补运算简称为插补,通常用软件实现。精插补可用软件,也可用硬件实现。插补周期与采样周期可以相等,也可以不等,通常插补周期是采样周期的整数倍。

数据采样插补方法很多,如直线函数法、扩展数字积分法、二阶递归扩展数字积分插补法、双数字积分插补法、角度逼近圆弧插补法等,但这些方法都是基于时间分割的思想。

2.4.2　逐点比较法插补

逐点比较法的基本原理是每次仅向一个坐标轴输出一个进给脉冲,而每走一步都要通过偏差函数计算,判断到达点的瞬时坐标与规定加工轨迹间的偏差值,再决定下一步的进给方向。逐点比较法是数控机床中广泛使用的一种插补方法,它能实现直线插补、圆弧插补和非圆二次曲线的插补。该算法的特点是运算直观,插补误差小于一个脉冲当量,输出脉冲均匀,输出脉冲的速度变化小,调节方便。因此,逐点比较法在两坐标数控机床中应用较为普遍。

2.4.2.1　逐点比较法直线插补

1. 逐点比较法直线插补原理

直线插补时,通常将坐标原点预设在直线起点上。如图 2-16 所示第一象限内有直线段 OE,起点 O 为坐标原点,终点的坐标值为 $E(x_e, y_e)$,假设还有一动点为 $P(x, y)$,若动点 P 正好处于直线上,则 P 点一定满足 OE 的直线方程,即

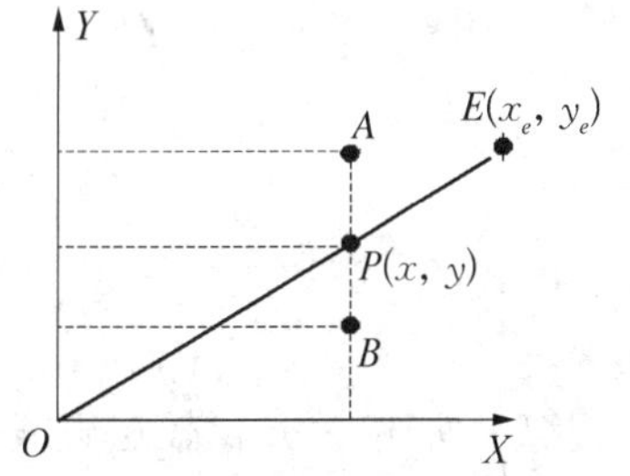

图 2-16　逐点比较法直线插补

$$\frac{y}{x} = \frac{y_e}{x_e}$$

将上式改写为

$$yx_e - xy_e = 0$$

如果加工轨迹脱离直线,则轨迹点的 x、y 坐标不满足上述直线方法。在第一象限

中,对位于直线上方的点 $A(x_a, y_a)$,则有

$$y_a x_e - x_a y_e > 0$$

而对位于直线下方的点 $B(x_b, y_b)$,则有

$$y_b x_e - x_b y_e < 0$$

因此,可选择如下判别函数 F 其表达式为

$$F = y_a x_e - x_a y_e \qquad (2-1)$$

式(2-1)成为"直线插补偏差判别式",或简称为"偏差判别函数",F 的数值称为"偏差"。

利用偏差判别函数可判别点和直线的相对位置,若 $F \geqslant 0$,加工点位于直线的上方(包括在直线上),刀具加工点应向着 $+x$ 方向运动一个脉冲当量 δ 的距离,逼近直线;若 $F < 0$,刀具加工点应向 $+y$ 方向运动一个脉冲当量 δ 的距离,逼近直线。

按照上述法则进行运算判别时,要求每次都进行偏差判别函数的计算,很不便于在电路或程序中实现。因此,一般采用一种简便的"递推法"来实现,即刀具每走一步运动到新加工点,加工偏差用前一点的加工偏差递推出来。

设第一象限中的点 $p(x_i, y_i)$ 的偏差值为 $F_{i,j}$,若 $F \geqslant 0$ 时,则向 $+x$ 发出一个进给脉冲,刀具向 $+x$ 方向前进一步,则新加工点 $p(x_{i+1}, y_i)$ 的偏差值为 $F_{i+1,j}$ 为

$$\begin{cases} x_{i+1} = x_i + 1 \\ y_{i+1} = y_i \\ F_{i+1} = y_i x_e - (x_i + 1) y_e = F_{i,j} - y_e \end{cases} \qquad (2-2)$$

若 $F < 0$ 时,则向 $+y$ 发出一个进给脉冲,刀具向 $+y$ 方向前进一步,则新加工点 $p(x_i, y_{i+1})$ 的偏差值为 $F_{i,j+1}$ 为

$$\begin{cases} x_{i+1} = x_i \\ y_{i+1} = y_i + 1 \\ F_{i+1} = (y_i + 1) y_i x_e - x_i y_e = F_{i,j} + x_e \end{cases} \qquad (2-3)$$

由式(2-2)和式(2-3)可以看出,新加工点的偏差值完全可用前一点的偏差递推出来。

综上所述,逐点比较法直线插补,每走一步涉及如下 4 个节拍:

第 1 节拍:偏差判别。判别刀具当前位置相对于给定轮廓的偏离情况,由此决定刀具移动方向。

第 2 节拍:坐标进给。根据偏差判别结果,控制刀具相对于给定轮廓进给一步,即向给定轮廓靠拢,向减少偏差的方向前进。

第 3 节拍:偏差计算。由于刀具进给到了新的位置,应重新计算刀具当前位置的新偏差,为下一次偏差判别做准备。

第 4 节拍:终点判别。判别刀具是否已经达到被加工轮廓线段的终点。若已到达终点,则停止插补;若未到达终点,则继续插补。

如此不断重复上述 4 个节拍,就可以加工出所要求的轮廓。

逐点比较法第一象限直线插补的运算程序流程,如图 2-17 所示。

2. 不同象限的直线插补

不同象限的直线插补过程与上述类似。对于第二象限,只要用 $|x|$ 取代 x,就可以变换到第一象限,至于输出驱动,应使 X 轴的步进电动机反向旋转,而 Y 轴的步进电动机仍为正向旋转。同理,第三、四象限的直线也可以变换到第一象限。插补运算时,用 $|x|$ 和 $|y|$ 分别代替 x 和 y。对于第三象限,点在直线上方,输出驱动向 $-Y$ 方向进给;带在直线下方,输出驱动向 $-X$ 方向进给。对于第四象限,点在直线上方,输出驱动向 $-Y$ 方向进给;带在直线下方,输出驱动向 $+X$ 方向进给。如图 2-18 所示给出了四个象限的进给方向。

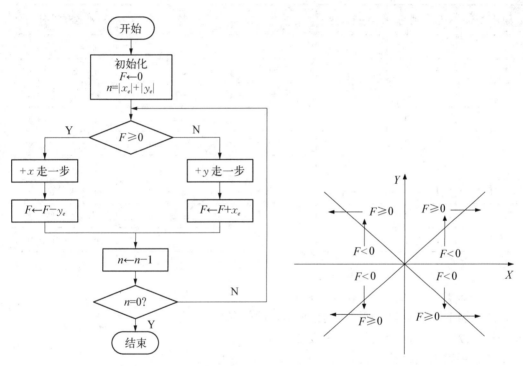

图 2-17　第一象限逐点比较法直线插补流程　　　图 2-18　四个象限进给方向

为了更清楚表示逐点比较法直线插补的偏差计算与进给方向,详情如表 2-3 所示。

表 2-3　XY 平面内逐点比较法直线插补的进给与偏差计算

所处象限	偏差判别	偏差计算	进给方向
一、四	$F_i \geqslant 0$	$F_{i+1} \leftarrow F_i - |y_e|$	$|X$
二、三			$-X$
一、二	$F_i < 0$	$F_{i+1} \leftarrow F_i + |x_e|$	$+Y$
三、四			$-Y$

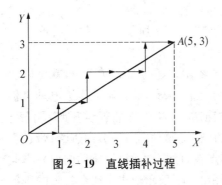

图 2-19 直线插补过程

3. 逐点比较法直线插补实例

例 2-1： 假设欲加工第一象限直线 OA，如图 2-19 所示，起点为坐标原点 $O(0, 0)$，终点坐标为 $A(5, 3)$。

解： 首先计算进给的总步数为：$n = |x_E| + |y_E| = 5 + 3 = 8$。开始时刀具在直线起点，即在直线上，也就是说，在插补开始和结束时偏差值均为零，即 $F_0 = 0$。如表 2-4 所示列出了直线插补的运算过程，插补轨迹如图 2-19 所示。

表 2-4　逐点比较法直线插补运算过程

插补循环	偏差判别	进给方向	偏　差　计　算	终点判别
0			$F_0 = 0$	$n = 5 + 3 = 8$
1	$F_0 = 0$	$+X$	$F_1 = F_0 - y_e = 0 - 3 = -3$	$n = 8 - 1 = 7$
2	$F_1 < 0$	$+Y$	$F_2 = F_1 + x_e = -3 + 5 = 2$	$n = 7 - 1 = 6$
3	$F_2 > 0$	$+X$	$F_3 = F_2 - y_e = 2 - 3 = -1$	$n = 6 - 1 = 5$
4	$F_3 < 0$	$+Y$	$F_4 = F_3 + x_e = -1 + 5 = 4$	$n = 5 - 1 = 4$
5	$F_4 > 0$	$+X$	$F_5 = F_4 - y_e = 4 - 3 = 1$	$n = 4 - 1 = 3$
6	$F_5 > 0$	$+X$	$F_6 = F_5 - y_e = 1 - 3 = -2$	$n = 3 - 1 = 2$
7	$F_6 < 0$	$+Y$	$F_7 = F_6 + x_e = -2 + 5 = 3$	$n = 2 - 1 = 1$
8	$F_7 > 0$	$+X$	$F_8 = F_7 - y_e = 3 - 3 = 0$	$n = 1 - 1 = 0$

2.4.2.2　逐点比较法圆弧插补

1. 逐点比较法的圆弧插补基本原理

圆弧加工可用加工点到圆心的距离与该圆的名义半径相比较来反映加工偏差。假设要加工如图 2-20 所示的第一象限顺时针走向的圆弧 $\widehat{AE}$，半径为 R，以原点为圆心，起点坐标为 $A(x_0, y_0)$，对 XY 坐标平面第一象限内任意一个待加工点 $P(x_i, y_j)$，其加工偏差存在如下三种情况。

若点 $P(x_i, y_j)$ 正好落在圆弧上，则下式成立

$$x_i^2 + y_j^2 = x_0^2 + y_0^2 = R^2$$

若加工点 $P(x_i, y_j)$ 在圆弧外侧，则 $R_P > R$，即

$$x_i^2 + y_j^2 > x_0^2 + y_0^2$$

若加工点 $P(x_i, y_j)$ 在圆弧内侧，则 $R_P < R$，即

$$x_i^2 + y_j^2 < x_0^2 + y_0^2$$

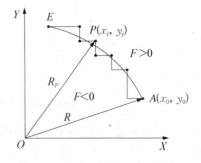

图 2-20　逐点比较法圆弧插补过程

加工偏差判别式可表达为

$$F_{ij} = x_i^2 + y_i^2 - R^2 \qquad (2-4)$$

若 $F_{ij} \geqslant 0$，表示加工点 $P(x_i, y_j)$ 在圆弧外侧或圆弧上，此时应向 $-X$ 方向发出一运动进给脉冲，刀具沿 $-X$ 方向前进一个脉冲当量 δ。

若 $F_{ij} < 0$，表示加工点 $P(x_i, y_j)$ 在圆弧内侧，此时应向 $+Y$ 方向发出一运动进给脉冲，刀具沿 $+Y$ 方向前进一个脉冲当量 δ。

为了简化偏差判别式的运算，仍用递推法来推算下一步新的加工偏差。

若动点向 $-X$ 方向进给一步，到达新的加工点 $P(x_{i+1}, y_j)$，其加工偏差为

$$\begin{aligned} F_{i+1, j} &= (x_i - 1)^2 + y_j^2 - R^2 \\ &= x_i^2 - 2x_i + 1 + y_j^2 - R^2 \\ &= F_{i,j} - 2x_i + 1 \end{aligned} \qquad (2-5)$$

同理，若动点向 $+Y$ 方向进给一步，到达新的加工点 $P(x_i, y_{j+1})$，其加工偏差为

$$\begin{aligned} F_{i+1, j} &= x_i^2 + (y_i + 1)^2 - R^2 \\ &= x_i^2 + y_j^2 + 2y_i + 1 - R^2 \\ &= F_{i,j} + 2y_i + 1 \end{aligned} \qquad (2-6)$$

终点判断采用与直线插补相同的方法，用插补或进给的总步数 $n = |X_A - X_E| + |Y_A - Y_E|$ 作为终点判别依据。只有两个坐标轴都同时到达终点，插补运算才算完成。

圆弧插补运算每进给一步也需要进行偏差判别、坐标进给、偏差计算、终点判断等 4 个工作节拍。下面给出第一象限的逆圆插补运算流程，如图 2 - 21 所示。

2. 圆弧插补的象限处理

前面所讨论的用逐点比较法进行圆弧插补的原理和计算公式，只适用于第一象限逆时针圆弧。对于其他象限的圆弧插补，可按照相同的方法推导出递推插补公式和进给方向。圆弧所在象限不同，顺时针逆时针圆弧的不同，则插补公式和进给方向均不相同。因此，圆弧插补具有 8 种情况。各象限的插补进给方向如图 2 - 22 所示。

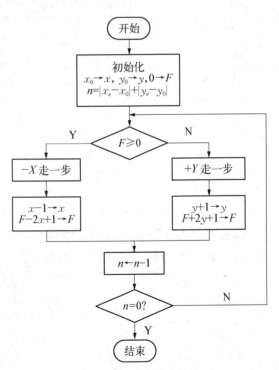

图 2 - 21　第一象限逆圆插补运算流程

各象限的偏差计算与进给方向判别方法如表 2 - 5 所示，其中 SR 表示顺时针圆弧插

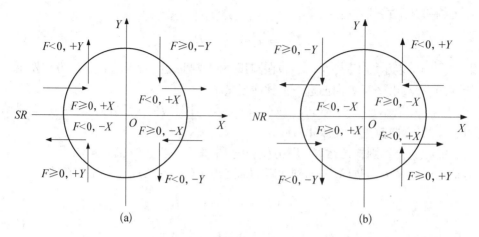

图 2-22　逐点比较法四象限圆弧插补进给方向

（a）顺圆插补　（b）逆圆插补

补,NR 表示逆时针圆弧插补,数字 1~4 分别表示四个象限,如 $SR1$ 表示第一象限的顺圆,$NR2$ 表示第二象限的逆圆。

表 2-5　逐点比较法圆弧插补的四个象限的进给与偏差计算

线　　型	偏　　差	偏差计算	进给方向
$SR2,NR3$	$F \geqslant 0$	$x+1 \to x$ $F+2x+1 \to F$	$+X$
$SR1,NR4$	$F < 0$		
$NR1,SR4$	$F \geqslant 0$	$x-1 \to x$ $F-2x+1 \to F$	$-X$
$NR2,SR3$	$F < 0$		
$NR4,SR3$	$F \geqslant 0$	$y+1 \to y$ $F+2y+1 \to F$	$+Y$
$NR1,SR2$	$F < 0$		
$SR1,NR2$	$F \geqslant 0$	$y-1 \to y$ $F-2y+1 \to F$	$-Y$
$NR3,SR4$	$F < 0$		

　　若圆弧的起点和终点不在同一象限内,则会发生所谓的圆弧自动过象限现象,如图 2-23 所示。为实现一个程序段的完整功能,需设置圆弧自动过象限功能。首先应判别何时过象限。过象限有一个显著特点,就是过象限时刻正好是圆弧与坐标轴相交的时刻,因此在两个坐标值中必有一个为零,判断是否过象限只要检查是否有坐标值为零即可。

　　过象限后,圆弧线型随之改变,如图 2-23 所示,$\overset{\frown}{AB}$ 圆弧由 $SR2$ 变为 $SR1$。过象限时象限转换是有一定规律的。当圆弧起点在第一象限时,逆时针圆弧过象限后转换顺序是 $NR1 \to NR2 \to NR3 \to NR4 \to NR1$,每过一次象限,象限顺序加

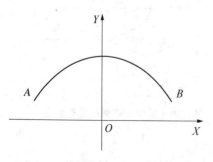

图 2-23　圆弧自动过象限处理

1,当从第四象限向第一象限过象限时,象限顺序号从 4 变 1;顺时针圆弧过象限的转换顺序是 $SR1 \rightarrow SR4 \rightarrow SR3 \rightarrow SR2 \rightarrow SR1$,每过一次象限,象限顺序减 1,当从第一象限向第四象限过象限时,象限顺序号从 1 变 4。

3. 圆弧插补的计算实例

例 2-2: 设有第一象限的逆圆弧 $\overset{\frown}{AB}$,起点为 $A(5,0)$,终点为 $B(0,5)$,试用逆圆逐点比较法插补。

解: 插补总步数 $n = |5-0| + |0-5| = 10$,开始加工时刀具在起点即在圆弧上,$F_0 = 0$,其插补过程如表 2-6 所示。

表 2-6　逐点比较法逆圆插补过程

序号	偏差判别	坐标进给	偏 差 计 算	坐 标 计 算	终点判别
起点			$F_0 = 0$	$x_0 = 5, y_0 = 0$	$n = 10$
1	$F_0 = 0$	$-X$	$F_1 = F_0 - 2x_0 + 1 = -9$	$x_1 = 4, y_0 = 0$	$n = 10 - 1 = 9$
2	$F_1 < 0$	$+Y$	$F_2 = F_1 + 2y_1 + 1 = -8$	$x_2 = 4, y_2 = 1$	$n = 9 - 1 = 8$
3	$F_2 < 0$	$+Y$	$F_3 = F_2 + 2y_2 + 1 = -5$	$x_3 = 4, y_3 = 2$	$n = 8 - 1 = 7$
4	$F_3 < 0$	$+Y$	$F_4 = F_3 + 2y_3 + 1 = 0$	$x_4 = 4, y_4 = 3$	$n = 7 - 1 = 6$
5	$F_0 = 0$	$-X$	$F_5 = F_4 - 2x_4 + 1 = -7$	$x_5 = 3, y_5 = 3$	$n = 6 - 1 = 5$
6	$F_5 < 0$	$+Y$	$F_6 = F_5 + 2y_5 + 1 = 0$	$x_6 = 3, y_6 = 4$	$n = 5 - 1 = 4$
7	$F_6 = 0$	$-X$	$F_5 = F_4 - 2x_4 + 1 = -7$	$x_7 = 2, y_7 = 4$	$n = 4 - 1 = 3$
8	$F_7 < 0$	$+Y$	$F_8 = F_7 + 2y_7 + 1 = 4$	$x_8 = 2, y_8 = 5$	$n = 3 - 1 = 2$
9	$F_8 > 0$	$-X$	$F_9 = F_8 - 2x_8 + 1 = 1$	$x_9 = 1, y_9 = 5$	$n = 2 - 1 = 1$
10	$F_9 > 0$	$-X$	$F_{10} = F_9 - 2x_9 + 1 = 0$	$x_{10} = 0, y_{10} = 5$	$n = 1 - 1 = 0$

最终可得到如图 2-24 所示的插补轨迹。

2.4.3　数字积分法插补

2.4.3.1　数字积分法的基本原理

数字积分法又称数字微分分析法(digital differential analyzer,DDA)。这种插补方法可以实现一次、二次、甚至高次曲线的插补,也可以实现多坐标联动控制。只要输入不多的几个数据,就能加工出圆弧等形状较为复杂的轮廓曲线。作直线插补时,脉冲分配也较均匀。

从几何概念上来说,函数 $y = f(t)$ 的积分运算就是求函数曲线所包围的面积 S(见图 2-25)。

$$S = \int_0^t y \mathrm{d}t$$

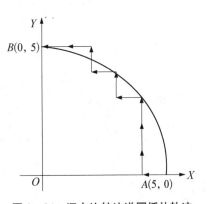

图 2-24　逐点比较法逆圆插补轨迹

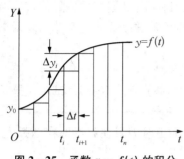

图 2-25 函数 $y = f(t)$ 的积分

此面积可看做是许多长方形小面积之和,长方形的宽为自变量 Δt,高为纵坐标 y_i,则

$$S = \int_0^t y\mathrm{d}t = \sum_{i=0}^n y_i \Delta t \qquad (2-7)$$

这种近似积分法称为矩形积分法,该公式又称为矩形公式。数学运算时,如果取 $\Delta t = 1$,即一个脉冲当量,则上式可简化为

$$S = \sum_{i=0}^n y_i \qquad (2-8)$$

因此,函数的积分运算变成了变量求和运算。如果所选取的脉冲当量足够小,则用求和运算来代替积分运算所引起的误差一般不会超过容许的数值。

2.4.3.2　DDA 直线插补

1. DDA 直线插补原理

设 XY 平面内直线 OA,起点为 $O(0,0)$,终点为 $E(x_e, y_e)$,如图 2-26 所示。

若以匀速 v 沿 OE 位移,则 v 可分为动点在 X 轴和 Y 轴方向的两个速度 v_x、v_y,根据前述积分原理计算公式,在 X 轴和 Y 轴方向上微小位移增量 Δx、Δy 应为

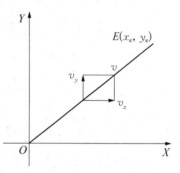

图 2-26　DDA 直线插补

$$\begin{cases} \Delta x = v_x \Delta t \\ \Delta y = v_y \Delta t \end{cases}$$

对于直线函数来说,v_x、v_y、v 和 L(L 为 OE 的长度)满足下式

$$\begin{cases} \dfrac{v_x}{v} = \dfrac{x_e}{L} \\[2mm] \dfrac{v_y}{v} = \dfrac{y_e}{L} \end{cases}$$

从而有

$$\begin{cases} v_x = k x_e \\ v_y = k y_e \end{cases}$$

式中：$k = v/L$。

故坐标轴的位移增量为

$$\begin{cases} \Delta x = k x_e \Delta t \\ \Delta y = k y_e \Delta t \end{cases}$$

各坐标轴的位移量为

$$\begin{cases} x = \int_0^t kx_e \mathrm{d}t = k\sum_{i=1}^n x_e \Delta t \\ y = \int_0^t ky_e \mathrm{d}t = k\sum_{i=1}^n y_e \Delta t \end{cases} \qquad (2-9)$$

因此,动点从原点走向终点的过程,可以看做是各坐标轴每经过一个单位时间间隔 Δt,分别以增量 kx_e、ky_e 同时累加的过程。据此可以作出直线插补原理图,如图 2-27 所示。

平面直线插补器由两个数字积分器组成,每个坐标的积分器由累加器和被积函数寄存器组成。终点坐标值存在被积函数寄存器中,Δt 相当于插补控制脉冲源发出的控制信号。每发生一个插补迭代脉冲(即来一个 Δt),使被积函数 kx_e

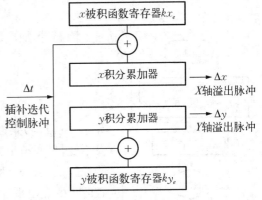

图 2-27 XY 平面直线插补原理

和 ky_e 向各自的累加器里累加一次,累加的结果有无溢出脉冲 Δx(或 Δy),取决于累加器的容量和 kx_e 或 ky_e 的大小。

假设经过 n 次累加后(取 $\Delta t = 1$),x 和 y 分别(或同时)到达终点 (x_e, y_e),则下式成立

$$\begin{cases} x = \sum_{i=1}^n kx_e \Delta t = kx_e n = x_e \\ y = \sum_{i=1}^n ky_e \Delta t = ky_e n = y_e \end{cases} \qquad (2-10)$$

由此得到 $nk = 1$,即 $n = 1/k$。该式表明比例常数 k 和累加(迭代)次数 n 的关系,由于 n 必须是整数,所以 k 一定是小数。

k 的选择主要考虑每次增量 Δx 或 Δy 不大于 1,以保证坐标轴上每次分配进给脉冲不超过一个,也就是说,要使下式成立

$$\begin{cases} \Delta x = kx_e < 1 \\ \Delta y = ky_e < 1 \end{cases} \qquad (2-11)$$

若取寄存器位数为 N 位,则 x_e 及 y_e 的最大寄存器容量为 $2^N - 1$,故有

$$\begin{cases} \Delta x = kx_e = k(2^N - 1) < 1 \\ \Delta y = ky_e = k(2^N - 1) < 1 \end{cases} \qquad (2-12)$$

所以
$$k < \frac{1}{2^N - 1}$$

一般取
$$k < \frac{1}{2^N}$$

可满足

$$
\begin{cases}
\Delta x = kx_e = \dfrac{2^N - 1}{2^N} < 1 \\[3mm]
\Delta y = ky_e = \dfrac{2^N - 1}{2^N} < 1
\end{cases}
\tag{2-13}
$$

因此,累加次数 n 为

$$
n = \frac{1}{k} = 2^N
$$

因为 $k = 1/2^N$,对于一个二进制数来说,使 kx_e(或 ky_e)等于 x_e(或 y_e)乘以 $1/2^N$ 是很容易实现的,即 x_e(或 y_e)数字本身不变,只要把小数点左移 N 位即可。所以一个 N 位的寄存器存放 x_e(或 y_e)和存放 kx_e(或 ky_e)的数字是相同的,只是后者的小数点出现在最高位数 N 前面,其他没有差异。

DDA 直线插补的终点判别较简单,因为直线程序段需要进行 2^N 次累加运算,进行 2^N 次累加后就一定到达终点,故可由一个与积分器中寄存器容量相同的终点计数器 J_E 实现,其初值为 0。每累加一次,J_E 加 1,当累加 2^N 次后,产生溢出,使 $J_E = 0$,完成插补。

2. DDA 直线插补软件流程

用 DDA 法进行插补时,x 和 y 两坐标可同时进给,即可同时送出 Δx、Δy 脉冲,同时每累加一次,要进行一次终点判断。软件流程图如图 2-28 所示,其中 J_{V_x}、J_{V_y} 为积分函数寄存器,J_{R_x}、J_{R_y} 为余数寄存器,J_E 为终点计数器。

3. DDA 直线插补举例

例 2-3:设有一直线 OA,起点在坐标原点,终点的坐标为 $(5,3)$。试用 DDA 法直线插补此直线。

解:$J_{V_x} = 5$,$J_{V_y} = 3$,选寄存器位数 $N = 3$,则累加次数 $n = 2^3 = 8$,运算过程如表 2-7 所示。

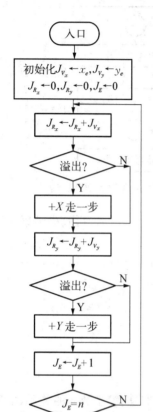

图 2-28 DDA 直线插补软件流程

表 2-7 DDA 直线插补运算过程

累加次数 (Δt)	x 积分器			y 积分器			终点计算器 J_E	备 注
	$J_{V_x}(x_e)$	J_{R_x}	溢出 Δx	$J_{V_y}(y_e)$	J_{R_y}	溢出 Δy		
0	101	000		011	000		000	初始状态
1	101	101		011	011		001	第一次迭代
2	101	010	1	011	110		010	J_{R_x} 有进位,Δx 溢出
3	101	111		011	001	1	011	J_{R_y} 有进位,Δy 溢出

续　表

累加次数 （Δt）	x 积分器			y 积分器			终点 计算器 J_E	备　注
	$J_{V_x}(x_e)$	J_{R_x}	溢出 Δx	$J_{V_y}(y_e)$	J_{R_y}	溢出 Δy		
4	101	100	1	011	100		100	Δx 溢出
5	101	001	1	011	111		101	Δx 溢出
6	101	110		011	010	1	110	Δy 溢出
7	101	011	1	011	101		111	Δx 溢出
8	101	000	1	011	000	1	000	Δx，Δy 同时溢出

插补轨迹如图 2-29 所示。

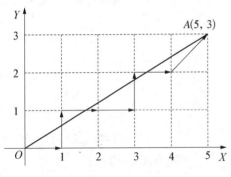

图 2-29　DDA 直线插补轨迹

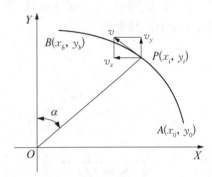

图 2-30　第一象限逆圆 DDA 插补

2.4.3.3　DDA 圆弧插补

1. DDA 圆弧插补原理

从前面的分析可知，数字积分直线插补的物理意义是使动点沿速度矢量的方向前进，这同样适合于圆弧插补。

以第一象限为例，设圆弧 $\overset{\frown}{AE}$，半径为 R，起点 $A(x_0，y_0)$，终点 $B(x_b，y_b)$，动点 $P(x_i，y_i)$ 为圆弧上的任意动点，动点移动速度为 v，分速度为 v_x 和 v_y，如图 2-30 所示，其圆弧方程为

$$\begin{cases} x_i = R\cos\alpha \\ y_i = R\sin\alpha \end{cases}$$

动点 N 的分速度为

$$\begin{cases} v_x = \dfrac{\mathrm{d}x_i}{\mathrm{d}t} = -v\sin\alpha = -v\dfrac{y_i}{R} = -\left(\dfrac{v}{R}\right)y_i \\ v_y = \dfrac{\mathrm{d}y_i}{\mathrm{d}t} = v\cos\alpha = v\dfrac{x_i}{R} = \left(\dfrac{v}{R}\right)x_i \end{cases} \qquad (2-14)$$

在单位时间 Δt 内，x、y 位移增量方程为

$$\begin{cases} \Delta x_i = v_x \Delta t = -\left(\dfrac{v}{R}\right)y_i \Delta t \\ \Delta y_i = v_y \Delta t = \left(\dfrac{v}{R}\right)x_i \Delta t \end{cases} \qquad (2-15)$$

当 v 恒定不变时,则有

$$\frac{v}{R} = k$$

式中:k 为比例常数。上式可写为

$$\begin{cases} \Delta x_i = -ky_i \Delta t \\ \Delta y_i = kx_i \Delta t \end{cases} \qquad (2-16)$$

与 DDA 直线插补一样,取累加器容量为 2^N,$k=1/2^N$,N 为累加器、寄存器的位数,则各坐标的位移量为

$$\begin{cases} x = \int_0^t -ky\,\mathrm{d}t = -\dfrac{1}{2^N}\sum_{i=1}^{n} y_i \Delta t \\ y = \int_0^t kx\,\mathrm{d}t = \dfrac{1}{2^N}\sum_{i=1}^{n} x_i \Delta t \end{cases} \qquad (2-17)$$

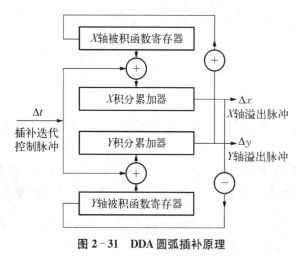

图 2-31 DDA 圆弧插补原理

由此,可构成 DDA 圆弧插补原理(见图 2-31)。

DDA 圆弧插补时,由于 X、Y 方向到达终点的时间不同,需对 X、Y 两个坐标分别进行终点判断。实现这一点可利用两个终点计数器 J_{B_x} 和 J_{B_y},把 X、Y 坐标所需输出的脉冲数 $|x_0-x_b|$、$|y_0-y_b|$ 分别存入这两个计数器中,x 或 y 积分累加器每输出一个脉冲,相应的减法计数器减 1,当某一个坐标的计数器为零时,说明该坐标已到达终点,停止该坐标的累加运算。当两个计数器均为零时,圆弧插补结束。

DDA 圆弧插补与直线插补的主要区别有两点:一是坐标值 x、y 存入被积函数器 J_{V_x}、J_{V_y} 的对应关系与直线不同,即 x 不是存入 J_{V_x} 而是存入 J_{V_y},y 不是存入 J_{V_y} 而是存入 J_{V_x};二是 J_{V_x}、J_{V_y} 寄存器中寄存的数值与 DDA 直线插补有本质的区别:直线插补时,J_{V_x}(或 J_{V_y})寄存的是终点坐标 x_e(或 y_e),是常数,而在 DDA 圆弧插补时寄存的是动点坐标,是变量。因此在插补过程中,必须根据动点位置的变化来改变 J_{V_x} 和 J_{V_y} 中的内容。在起点时,J_{V_x} 和 J_{V_y} 分别寄存起点坐标 y_0、x_0。对于第一象限逆圆来说,在插补过程中,

J_{R_y} 每溢出一个 Δy 脉冲，J_{V_x} 应该加 1；J_{R_x} 每溢出一个 Δx 脉冲，J_{V_y} 应减 1。对于其他各种情况的 DDA 圆弧插补，J_{V_x} 和 J_{V_y} 是加 1 还是减 1，取决于动点坐标所在象限及圆弧走向。

2. DDA 圆弧插补举例

例 2-4：设有第一象限逆圆弧 AB，起点 $A(5,0)$，终点 $E(0,5)$，设寄存器位数 N 为 3，试用 DDA 法插补此圆弧。

解：$J_{V_x}=0$，$J_{V_y}=5$，寄存器容量为：$2^N=2^3=8$。其插补运算过程如表 2-8 所示，插补轨迹如图 2-32 所示。

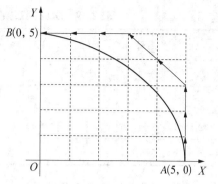

图 2-32　DDA 逆圆弧插补轨迹

表 2-8　DDA 圆弧插补计算举例

累加器 n	x 积 分 器				y 积 分 器				备　注
	J_{V_x}	J_{R_x}	Δx	J_{B_x}	J_{V_y}	J_{R_y}	Δy	J_{B_y}	
0	000	000	0	101	101	000	0	101	初始状态
1	000	000	0	101	101	101	0	101	第一次迭代
2	000	000	0	101	101	010	1	100	J_{R_y} 溢出，进给 Δy，修正 J_{V_x}
3	001	001	0	101	101	111	0	100	
4	001	010	0	101	101	100	1	011	J_{R_y} 溢出，进给 Δy，修正 J_{V_x}
5	010	100	0	101	101	001	1	010	J_{R_y} 溢出，进给 Δy，修正 J_{V_x}
6	011	111	0	101	101	110	0	010	
7	011	010	1	100	101	011	1	001	J_{R_x}、J_{R_y} 同时溢出
8	100	110	0	100	101	111	0	001	
9	100	010	1	011	100	011	1	000	J_{R_x}、J_{R_y} 同时溢出，y 到达终点
10	101	111	0	011	011				
11	101	001	1	001	011				J_{R_x} 溢出，进给 Δx，修正 J_{V_y}
12	101	001	1	001	010				J_{R_x} 溢出，进给 Δx，修正 J_{V_y}
13	101	110	0	001	001				
14	101	011	1	000	001				J_{R_x} 溢出，x 到达终点

3. 不同象限的脉冲分配

不同象限的顺圆、逆圆的 DDA 插补运算过程与原理框图与第一象限逆圆基本一致。其不同点在于，控制各坐标轴的 Δx 和 Δy 的进给脉冲分配方向不同，以及修改 J_{V_x} 和 J_{V_y} 内容时，是"+1"还是"-1"要由 y 和 x 坐标的增减而定。各种情况下的脉冲分配方向及 ±1 修正方式如表 2-9 所示。

表 2-9 DDA 圆弧插补时不同象限的脉冲分配及坐标修正

	$SR1$	$SR2$	$SR3$	$SR4$	$NR1$	$NR2$	$NR3$	$NR4$
J_{v_x}	-1	$+1$	-1	$+1$	$+1$	-1	$+1$	-1
J_{v_y}	$+1$	-1	$+1$	-1	-1	$+1$	-1	$+1$
Δx	$+$	$+$	$-$	$-$	$-$	$-$	$+$	$+$
Δy	$-$	$+$	$+$	$-$	$+$	$-$	$-$	$+$

4. 改进 DDA 插补质量的措施

使用 DDA 法插补时,其插补进给速度 v 不仅与迭代频率(即脉冲频率)f 成正比,而且还与余数寄存器的容量 2^N 成反比,与直线段的长度 L(或圆弧半径 R)成正比。它们之间有下述关系成立:

$$v = 60\delta \frac{L}{2^N} f \qquad (2-18)$$

式中:v 为插补进给速度;δ 为系统脉冲当量;L 为直线段的长度;2^N 为寄存器的容量;f 为迭代频率。

圆弧插补时,式中 L 应改为圆弧半径 R。

很显然,即使给定同样大小的速度指令,直线段的长度不同,其进给速度亦不同(假设 f 恒为固定值),因此难以实现编程进给速度,必须设法加以改善。常用的改善方法是左移规格化和余数寄存器预置数。

1) 进给速度的均匀化措施——左移规格化

直线插补时,若寄存器中的数最高位为"1"时,该数称为规格化数;反之,若最高位数为"0",则该数为非规格化数。规格化数经过两次累加后必有一次溢出;而非规格化数必须做两次以上的累加后才会有溢出。直线插补的左移规格化方法是:将被积函数寄存器 J_{v_x}、J_{v_y} 中的数同时左移(最低有效位输入零),并记下左移位数,直到 J_{v_x} 或 J_{v_y} 中的一个数是规格化数为止,如图 2-33 所示。直线插补经过左移规格化处理后,X、Y 两方向脉冲分配速度扩大同样倍数(即左移位数),而两者数值之比不变,所以被插补直线的斜率也不变。因为规格化后,每累加运算两次必有一次溢出,溢出速度不受被积函数的大小影响,较均匀,所以加工的效率和质量都有较大的提高。

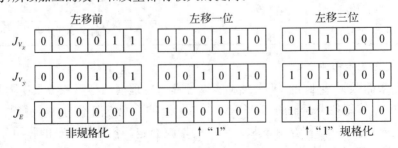

图 2-33 左移规格化示例

由于左移后,被积函数变大,为使发出的进给脉冲总数不变,就要相应地减少累加次数。如果左移 Q 次,累加次数为 2^{N-Q}。要达到这个目的并不困难,只要在 J_{V_x}、J_{V_y} 左移的同时,终点判断计数器 J_E 把"1"从最高位输入,进行右移,使 J_E 使用长度(位数)缩小 Q 位,实现累加次数减少的目的。圆弧插补的左移规格化处理与直线插补基本相同,唯一的区别是:圆弧插补的左移规格化是使坐标值最大的被积函数寄存器的次高位为"1"(即保留一个前零)。也就是说,在圆弧插补中 J_{V_x}、J_{V_y} 寄存器中的数 y_i、x_i 随插补而不断修正(即作 ± 1 修正),作了 $+1$ 修正后,函数不断增加,若仍取数的最高位"1"作为规格化数,则有可能在 $+1$ 修正后溢出。规格化数以数的次高位为"1",就避免了溢出。

另外,左移 i 位相当于 x、y 坐标值扩大了 2^i 倍,即 J_{V_x}、J_{V_y} 寄存器中的数分别为 $2^i y$ 和 $2^i x$。当 y 积分器有溢出时,J_{V_x} 寄存器中的数应改为

$$2^i y \to 2^i(y+1) = 2^i y + 2^i \tag{2-19}$$

上式说明:若规格化处理时左移了 i 位,对第一象限逆圆插补来说,当 J_{R_y} 中溢出一个脉冲时,J_{V_x} 中的数应该加 2^i(而不是加 1),即应在 J_{V_x} 的第 $i+1$ 位加 1;同理,若 J_{R_x} 有一个脉冲溢出,J_{V_y} 的数应减少 2^i,即在第 $i+1$ 位减 1。

综上所述,虽然直线插补和圆弧插补时规格化数不一样,但均能提高进给脉冲溢出速度。

2) 插补精度提高的措施——余数积存器预置数

DDA 直线插补的插补误差小于脉冲当量。圆弧插补误差小于或等于两个脉冲当量。其原因是:当在坐标轴附近进行插补时,一个积分器的被积函数值接近 0,而另一个积分器的被积函数值接近最大值(圆弧半径),这样,后者连续溢出,而前者几乎没有溢出脉冲,两个积分器的溢出脉冲速率相差很大,导致插补轨迹偏离理论曲线,插补误差过大。

减小插补误差的方法主要有:

(1) 减小脉冲当量　减小脉冲当量(即 Δt 减小),可以减小插补误差。但参加运算的数(如被积函数值)变大,寄存器的容量则变大,在插补运算速度不变的情况下,进给速度会显著降低。因此欲获得同样的进给速度,需提高插补运算速度。

(2) 余数寄存器预置数　在 DDA 迭代之前,余数寄存器 J_{R_x}、J_{R_y} 的初值不置为 0,而是预置为某一数值。通常采用余数寄存器半加载。所谓半加载,就在 DDA 插补前,给余数寄存器 J_{R_x}、J_{R_y} 的最高有效位置"1",其余各位均置"0",即 N 位余数寄存器容量的一半值 2^{N-1}。这样只要再累加 2^{N-1},就可以产生第一个溢出脉冲,改善了溢出脉冲的时间分布,减少插补误差。"半加载"可以使直线插补的误差减小到半个脉冲当量以内,使圆弧插补的精度得到明显改善。若对例 $2-4$ 进行"半加载",其插补轨迹如图 $2-34$ 中的折线所示。

5. 多坐标直线插补

插补算法的优点是可以实现多坐标直线插补联动。下面介绍实际加工中常用的空间直线插补。

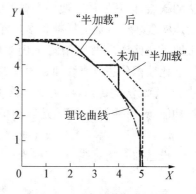

图 2-34　"半加载"后的轨迹

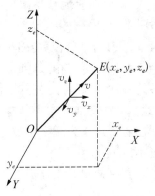

图 2-35 空间直线的插补

设在空间直角坐标系中有一直线 OE（见图 2-35），起点 $O(0,0,0)$，终点 $E(x_e, y_e, z_e)$。假定进给速度 v 均匀，v_x、v_y、v_z 分别表示动点在 X、Y、Z 方向上的移动速度，则有

$$\frac{v}{|OE|} = \frac{v_x}{x_e} = \frac{v_y}{y_e} = \frac{v_z}{z_e} = k \tag{2-20}$$

式中：k 为比例常数。

动点在时间 Δt 内的坐标轴位移分量为

$$\begin{cases} \Delta x = v_x \Delta t = k x_e \Delta t \\ \Delta y = v_y \Delta t = k y_e \Delta t \\ \Delta z = v_z \Delta t = k z_e \Delta t \end{cases} \tag{2-21}$$

参照平面内的直线插补可知，各坐标轴经过 2^N 次累加后分别到达终点，当 Δt 足够小时，有

$$\begin{cases} x = \sum_{i=1}^{N} k x_e \Delta t = k x_e \sum_{i=1}^{N} \Delta t = k x_e n = x_e \\ y = \sum_{i=1}^{N} k y_e \Delta t = k y_e \sum_{i=1}^{N} \Delta t = k y_e n = y_e \\ z = \sum_{i=1}^{N} k z_e \Delta t = k z_e \sum_{i=1}^{N} \Delta t = k z_e n = z_e \end{cases} \tag{2-22}$$

与平面内直线插补一样，每多一个 Δt，最多只允许产生一个进给单位的位移增量，故 k 的选取也为 $1/2^N$。由此可见，空间直线插补，x、y、z 单独累加溢出，彼此独立，易于实现。

2.4.4　比较积分法插补

从前面所述的逐点比较法和 DDA 法可知，逐点比较法以判别原理为基础，其进给脉冲完全受指令进给速度的控制，故可达到速度比较平稳、调节方便的效果，它克服了 DDA 法的缺点，但其使用方便性不如 DDA 法，不能灵活适应函数类型的变化。DDA 法能够灵活地实现多种函数的插补和多坐标控制，但其插补速度随被积函数值的大小而变化，虽然采取了左移规格化等措施，但仍然存在速度调节不够方便的缺点。

比较积分法以直线插补为基础，其他线型都可按直线插补进行转换，综合了逐点比较法和 DDA 法的优点，可实现直线、圆弧、椭圆、抛物线、双曲线、指数曲线和对数曲线等插补功能，具有插补精度高、运算简单和速度控制容易等特点。

2.4.4.1　比较积分法直线插补

设已知一条直线，其方程为

$$y = \frac{y_e}{x_e} x$$

式中 x_e、y_e 为直线的终点坐标。

对上式求微分,可得

$$\frac{\mathrm{d}y}{\mathrm{d}x} = \frac{y_e}{x_e}$$

可变换为 $\qquad\qquad\qquad\qquad\qquad y_e \mathrm{d}x = x_e \mathrm{d}y$

采用矩形公式求积,可得

$$y_e + y_e + \cdots = x_e + x_e + \cdots$$

或 $\qquad\qquad\qquad\qquad\qquad \sum_{i=0}^{x-1} y_e = \sum_{j=0}^{y-1} x_e \qquad\qquad\qquad\qquad (2-23)$

此式表明,X 方向每发一个进给脉冲,积分值增加一个量 y_e;Y 方向每发一个进给脉冲,积分值增加一个量 x_e。为了得到直线,必须使两个积分值相等。

根据式(2-23),在时间轴上分别作出 X 轴和 Y 轴的脉冲序列,如图 2-36 所示。

把时间间隔作为积分增量,X 轴上每隔一段时间 y_e 发出一个脉冲,就得到一个时间间隔 y_e;Y 轴上每隔一段时间 x_e 发出一个脉冲,就得到一个时间间隔 x_e。在 X 轴发出 x 个脉冲后,其总时间间隔为式(2-23)的左边,即

$$\sum_{i=0}^{x-1} y_e = y_e + y_e + \cdots$$

同样,如果 Y 轴上发出了 y 个脉冲,其总的时间间隔为积分式(2-23)的右边,即

$$\sum_{j=0}^{y-1} x_e = x_e + x_e + \cdots$$

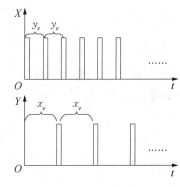

图 2-36　直线插补脉冲分配序列

由公式(2-23)可知,要实现直线插补,必须始终保持上述两个积分式相等。为此,与逐点比较法相似,引入一个判别函数,所不同的是,这个判别函数定义为 X 轴脉冲总时间间隔与 Y 轴脉冲总时间间隔之差。用 F 表示为

$$F = \sum_{i=0}^{x-1} y_e - \sum_{j=0}^{y-1} x_e \qquad\qquad\qquad\qquad (2-24)$$

若 X 轴进给一步,则有 $F_{n+1} = F_n + y_e$;若 Y 轴进给一步,则有 $F_{n+1} = F_n - x_e$;若 X 轴和 Y 轴同时进给一步,则有 $F_{n+1} = F_n + y_e - x_e$。

因此,用一个脉冲源控制运算速度,每发一个脉冲,计算一次 F 的值,根据 F 的正负决定下次脉冲应如何进给。即当 $F > 0$ 时,说明 X 轴输出脉冲时间超前(即多发出 y_e),这时应控制 Y 轴进行 x_e 的累加;若 $F < 0$,则说明 Y 轴输出脉冲时间超前(即多发了 x_e),这时应控制 X 轴进行 y_e 的累加;依次进行下去即可实现直线插补。由于该方法是通过将两个积分式相比较的办法来实现插补的,所以称为比较积分法。

2.4.4.2　比较积分法圆弧插补

设一圆弧以坐标原点为圆心,则其方程为

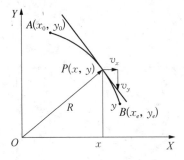

图 2 - 37　圆弧插补的矢量方向

$$x^2 + y^2 = R^2 \qquad (2-25)$$

考虑起点为 $A(x_0, y_0)$、终点为 $B(x_e, y_e)$ 的第 Ⅰ 象限顺圆弧 $\overset{\frown}{AB}$,如图 2 - 37 所示。

对式(2 - 25)圆方程两边微分,可得

$$\frac{\mathrm{d}y}{\mathrm{d}x} = -\frac{x}{y} = \frac{v_y}{v_x} = k$$

即

$$-y\mathrm{d}y = x\mathrm{d}x$$

利用矩形公式对上式求积,可得

$$-\sum_{y_0}^{y_e} y\Delta y = \sum_{x_0}^{x_e} x\Delta x$$

或

$$\sum_{y_e}^{y_0} y\Delta y = \sum_{x_0}^{x_e} x\Delta x$$

令 $\Delta x = \Delta y = 1$(即脉冲当量=1), $x_e = x_0 + m$, $y_e = y_0 - n$,经变量替换,上面的积分求和公式变为

$$\sum_{i=0}^{m}(x_0 + i) = \sum_{j=0}^{n}(y_0 - j) \qquad (2-26)$$

将上式展开,可得

$$x_0 + (x_0 + 1) + (x_0 + 2) + \cdots = y_0 + (y_0 - 1) + (y_0 - 2) + \cdots \qquad (2-27)$$

式(2 - 26)表示,若用进给脉冲的时间间隔来描述圆的动点变化规律,则圆函数的脉冲时间间隔在插补过程中是变化的,在某一时刻 X 轴与 Y 轴进给脉冲时间间隔之比等于动点所在位置圆的半径矢量的 x 分量与 y 分量之比。公式(2 - 26)是公差分别为 $+1$ 和 -1 的等差数列,圆就可根据这组等差数列来产生。根据式(2 - 26)可作出如图 2 - 38 所示的第一象限顺圆弧进给脉冲分配序列。

同理,不难得出圆函数在不同象限顺时针、逆时针加工情况下的矩形求和公式。

第一、三象限顺圆,第二、四象限逆圆插补的矩形求和公式为

$$\sum_{i=0}^{m}(x_0 + i) = \sum_{j=0}^{n}(y_0 - j) \qquad (2-28)$$

第二、四象限顺圆,第一、三象限逆圆插补的矩形求和公式为

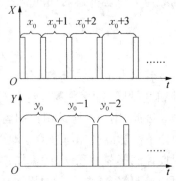

图 2 - 38　圆弧插补的脉冲序列

$$\sum_{i=0}^{m}(x_0-i)=\sum_{j=0}^{n}(y_0+j) \qquad (2-29)$$

为实现圆函数插补运算也须引进判别函数 F。所不同的是除偏差运算外,在 X 轴(或 Y 轴)每发出一个进给脉冲后,还得对被积函数 x(或 y)作加 1 或减 1 的修正。

2.4.4.3　直线及一般二次曲线的插补算法

以类似上述的推导过程,可方便地得到双曲线、椭圆、抛物线等各种二次曲线的插补公式。对于二次曲线来说,可以用时间坐标上的两组等差数列表示其脉冲分配过程,只要改变公差的大小和符号就可以得到各种类型的曲线。

比较积分法的插补步骤与逐点比较法类似,每输出一个脉冲,也须作偏差判别、坐标进给和新偏差计算等。为叙述方便,综合直线及一般二次曲线的矩形求和公式,用 α 和 β 分别表示矩形求和公式中 X 轴和 Y 轴进给脉冲时间间隔等差数列的公差,用 A 和 B 表示 X 轴和 Y 轴进给脉冲的时间间隔。显然,对直线而言,A 和 B 的初始值分别为 $A_0=y_e$,$B_0=x_e$;对于圆,则有 $A_0=x_0$,$B_0=y_0$,又可以写成 $A_0=x_0|\alpha|$,$B_0=y_0|\beta|$;对于其他二次曲线初始值均可表示为 $A_0=x_0|\alpha|$,$B_0=y_0|\beta|$。用 Δx 和 Δy 值表示 X 和 Y 轴的进给脉冲。于是,比较积分法的插补步骤如下:

(1)确定基础轴。插补时取脉冲间隔小(脉冲密度高)的轴作为基础轴。即 $A<B$ 时,取 X 轴为基础轴;反之,取 Y 轴为基础轴。

(2)脉冲源每发出一个脉冲,基础轴都走一步(即每拍运算,基础轴都走一步),非基础轴是否同时走一步,则根据判别函数 F 来决定。

若以 X 轴为基础轴,当 $F\geqslant 0$ 时,进给 Δx,Δy;当 $F<0$ 时,进给 Δx。

若以 Y 轴为基础轴,当 $F\geqslant 0$ 时,进给 Δx,Δy;当 $F<0$ 时,进给 Δy。

(3)计算新偏差 F_{n+1}。以直线为例,当 X 轴和 Y 轴同时进给时,$F_{n+1}=F_n-x_e+y_e$;当只有 X 轴进给时,$F_{n+1}=F_n+y_e$。

(4)修正时间间隔 A 和 B。当 X 轴进给时(即 $\Delta x=1$),$A=A+\alpha$;当 Y 轴进给时(即 $\Delta y=1$),$B=B-\beta$。对于直线来说,因 $\alpha=\beta=0$,故在直线插补时,A 和 B 无须修正。

(5)判别是否改变基础轴。当 $A=B$ 时更换基准轴,并将偏差计算公式中的 A 和 B 互换。

(6)过象限处理。当插补曲线过象限时,需修正进给轴方向。

(7)终点判别。当 $x=x_e$,并且 $y=y_e$ 时,插补结束,否则重复执行上述各步骤。

适用于直线、圆和一般二次曲线加工的比较积分法程序流程如图 2-39 所示。图中先以 X 轴作为基准轴。

例 2-5:试用比较积分法插补第一象限直线 OE,起点 $O(0,0)$ 在坐标原点,终点为 $E(5,3)$。

解:X 轴脉冲间隔 $A=3$,Y 轴脉冲间隔 $B=5$。由于 $A<B$,说明 X 轴的脉冲密度高,因此 X 轴应取为基础轴。每次运算后,X 轴都应发出一个脉冲(即走一步),然后根据运算结果决定 Y 轴是否同时要走一步。终点判断计数值为两个轴进给脉冲数的总和。最后可得到该直线的插补过程如表 2-10 所示。

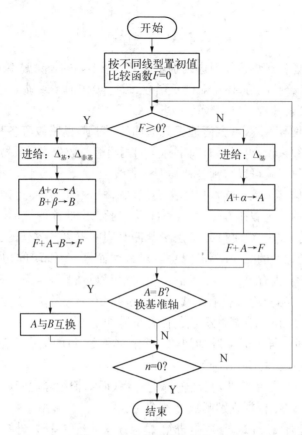

图 2-39 比较积分法插补流程

表 2-10 比较积分法直线插补计算过程

序　号	脉间 A	脉间 B	计算 F	判断 F	进　给	终点判别
0	3	5	$F_0 = 0$			$n = 8$
1			$F_0 = 0$	$F_0 = 0$	$+\Delta x$, $+\Delta y$	$n = 6$
2			$F_1 = F_0 + y_e - x_e = -2$	$F_1 < 0$	$+\Delta x$	$n = 5$
3			$F_2 = F_1 + y_e = 1$	$F_2 > 0$	$+\Delta x$, $+\Delta y$	$n = 3$
4			$F_3 = F_2 + y_e - x_e = -1$	$F_3 < 0$	$+\Delta x$	$n = 2$
5			$F_4 = F_3 + y_e = 2$	$F_4 > 0$	$+\Delta x$, $+\Delta y$	$n = 0$

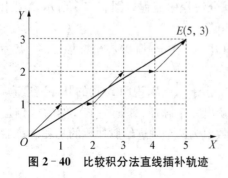

图 2-40 比较积分法直线插补轨迹

此题计算时将 $F=0$ 归于 $F>0$ 一类,可得到插补轨迹曲线如图 2-40 所示。

例 2-6:试用比较积分法插补第一象限顺时针走向的圆弧 DE,起点为 $D(0, 6)$,终点为 $E(6, 0)$。

解:X 轴脉冲间隔 $A=0$,Y 轴脉冲间隔 $B=6$。由于 $A<B$,说明 X 轴的脉冲密度高,因此 X 轴应取为基础轴。每次运算后,X 轴都应发出一

个脉冲。随着插补过程的进行，A 逐渐增大，而 B 逐渐减小，当 A 大于 B 时，基准轴要改变，即 Y 轴变为基准轴。计数长度为两个轴进给脉冲数的总和，即 $n = 6 + 6 = 12$。如表 2–11 所示为插补计算过程。

表 2–11　比较积分法直线插补计算过程

序号	脉间 A	脉间 B	计算 F	判断 F	进　给	终点判别	基准轴
0	0	6	$F_0 = 0$			$n = 12$	X
1			$F_0 = 0$	$F_0 = 0$	$+\Delta x, -\Delta y$	$n = 10$	X
2	1	5	$F_1 = F_0 + A - B = -4$	$F_1 < 0$	$+\Delta x$	$n = 9$	X
3	2	5	$F_2 = F_1 + A = -2$	$F_2 < 0$	$+\Delta x$	$n = 8$	X
4	3	3	$F_3 = F_2 + A = 1$	$F_3 > 0$	$+\Delta x, -\Delta y$	$n = 6$	X
5	4	4	$F_4 = F_3 + A - B = 1$	$F_4 > 0$	$+\Delta x, -\Delta y$	$n = 4$	X
6	5	3	$F_5 = F_4 + B - A = -1$	$F_5 < 0$	$-\Delta y$	$n = 3$	Y
7	5	2	$F_6 = F_5 + B = 1$	$F_6 > 0$	$+\Delta x, -\Delta y$	$n = 1$	Y
8	6	1	$F_7 = F_6 + B - A = -4$	$F_7 < 0$	$-\Delta y$	$n = 0$	Y

得到的相应插补轨迹如图 2–41 所示。

2.4.5　数据采样法插补

前面几节介绍的逐点比较法、数字积分法和比较积分法插补方法，都有一个共同的特点，就是插补计算的结果是以一个一个脉冲的方式输出给伺服系统，或者说产生的是单个行程增量，因而统称为脉冲增量插补法或基准脉冲插补法，这种方法既可用于 CNC 系统，又常见于NC 系统，尤其适用于以步进电机为伺服元件的数控系统。

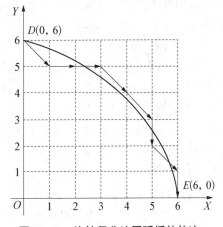

图 2–41　比较积分法圆弧插补轨迹

随着计算机技术和伺服技术的发展，闭环和半闭环以直流或交流伺服电动机为驱动装置的数控系统已经广泛应用，会成为未来的主流。其分辨率较高（小于 0.001 mm），加工速度快。这些 CNC 系统中较广泛采用的另一种插补计算方法即所谓的数据采样插补法，又称为时间分割法。

2.4.5.1　数据采样法插补基本原理

数据采样插补是根据编程的进给速度，将轮廓曲线分割为插补采样周期的进给段——轮廓步长。在每一个插补周期中，调用一次插补程序，为下一周期计算出各坐标轴应该行进的增长段（而不是单个脉冲）Δx 或 Δy 等，然后再计算出相应插补点（动点）位置的坐标值。

数据采样插补可划分为粗插补和精插补两个阶段。在粗插补阶段（一般数据采样插补都指粗插补），采用时间分割思想，把加工一段直线或圆弧的时间分为许多相等的时间间隔,该时间间隔称为单位时间间隔,即插补周期。根据编程规定的进给速度 v 和插补周期 T,将廓形曲线分割成一段段的轮廓步长 $f = vT$(也称为插补周期内的插补进给量),然后计算出每个插补周期的坐标增量 Δx 和 Δy,进而计算出插补点(即动点)的位置坐标。精插补则根据位移检测采样周期的大小,采用脉冲增量插补法,在轮廓步长内再插入若干点,进一步进行数据密化。

例如,日本 FANUC 公司的 7M CNC 系统和美国 A-B 公司的 7360 CNC 系统,都采用了时间分割插补算法,其插补周期为 8 ms 和 10.24 ms。在时间分割法中,每经过一个单位时间间隔就进行一次插补计算,计算出各坐标轴在一个插补周期内的进给量。如在 7M 系统中,设 F 为程序编制中给定的速度指令(单位为 mm/min),插补周期为 8 ms,则一个插补周期的进给量 $f(\mu m)$ 为

$$f = \frac{v \times 1\,000 \times 8}{60 \times 1\,000} = \frac{2}{15}v$$

由上式计算出一次插补进给量 f 后,根据刀具运动轨迹与各坐标轴的几何关系,就可求出各轴在一个插补周期内的插补进给量 Δx,Δy。

数据采样插补的时间分割法重点要解决两个问题:一是如何选择插补周期,因插补周期与插补精度、速度有关;二是如何计算在一个周期内各坐标轴的增量值,因为有了前一插补周期末的动点位置和本次插补周期内各坐标轴的增量值,就很容易计算出本插补周期末的动点命令位置坐标值。

1. 插补周期与采样周期

插补周期虽然不能直接影响进给速度,但对插补误差及更高速运行都有影响,选择插补周期是一个至关重要的问题。插补周期与插补运算时间有密切关系,一旦选定了插补算法,完成该算法的时间也就确定了。一般来说,插补周期必须大于插补运算所占用的 CPU 时间。这是因为当系统进行轮廓控制时,CPU 除了要完成插补运算外,还必须实时地完成其他的一些工作,如显示、监控甚至精插补。因此,插补周期必须大于插补运算时间与完成其他实时任务所需时间之和。

插补周期与位置反馈采用周期有一定的关系,插补周期和采用周期可以相同,也可以不同。如果不同,则插补周期应该选择为采用周期的整数倍。

以 FANUC 7M 系统为例,其采用 8 ms 的插补周期和 4 ms 的位置反馈采样周期。在这种情况下,插补程序每 8 ms 被调用一次,为下一周期算出各坐标轴应该行进的增量长度。而位置反馈采用程序 4 ms 调用一次,将插补程序算好的坐标位置增量值除 2 后再进行直线段的进一步密化,即精插补。

2. 插补周期与精度、速度的关系

在直线插补中,插补所形成的每个小直线段与给定的直线重合,不会造成轨迹误差。在圆弧插补时,一般用内接弦线法或内外均差弦线法来逼近圆弧,这种逼近必然会造成轨迹误差。如图 2-42 所示,用内接弦线逼近圆弧,其最大半径误差 e_r 与步距角的关系为

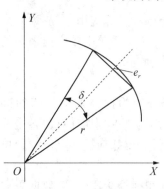

图 2-42 采用弦线逼近圆弧

$$r^2 = (r - e_r)^2 + \left(\frac{l}{2}\right)^2$$

$$2e_r - e_r^2 = \frac{l^2}{4}$$

由于 $e_r^2 \ll 1$，且 $l = TF$，则最大半径误差为

$$e_r = \frac{l^2}{8r} = \frac{(TF)^2}{8r} \tag{2-30}$$

式中：T 为插补周期；F 为刀具进给速度；r 为圆弧半径。

由式(2-30)可看出，圆弧插补时，半径误差 e_r 与插补周期有关。在给定圆弧半径和半径误差的情况下，插补周期应尽可能地小，以便获得尽可能大的加工速度。

2.4.5.2　时间分割法

1. 时间分割法直线插补

如图 2-43 所示，设要求刀具在 XY 平面中做直线运动，起点为坐标原点，终点为 $E(x_e, y_e)$，OE 与 X 轴夹角为 α，l 为一次插补的进给步长。

由图 2-43 可得

$$\tan\alpha = \frac{y_e}{x_e}$$

$$\cos\alpha = \frac{1}{\sqrt{1 + \tan^2\alpha}}$$

从而求得本次插补周期内 X 轴和 Y 轴的插补进给量为

$$\begin{cases} \Delta x = l\cos\alpha \\ \Delta y = \dfrac{y_e}{x_e}\Delta x \end{cases} \tag{2-31}$$

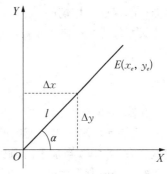

图 2-43　时间分割法直线插补

2. 时间分割法圆弧插补

圆弧插补的基本思想是在满足精度要求的前提下，用弦或割线进行代替弧进给，即用直线逼近圆弧。由于圆弧是二次曲线，故其插补点的计算要比直线复杂得多。

时间分割法圆弧插补算法中，有若干种具体方法，如内接弦线法和扩展的 DDA 算法，下面重点介绍内接弦线法。

如图 2-44 所示，顺圆弧 $\overset{\frown}{AB}$ 为待加工曲线，下面推导其插补公式。在顺圆弧上的 B 点是继 A 点之后的插补瞬时点，两点的坐标分别为 $A(x_i, y_i)$，$B(x_{i+1}, y_{i+1})$。

所谓插补，在这里是指由点 A 求出下一

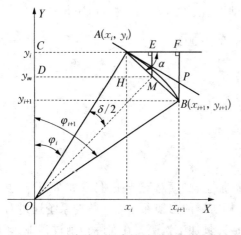

图 2-44　直线函数内接弦线法圆弧插补

点 B，实质上是求在一次插补周期的时间内，X 轴和 Y 轴的进给量 Δx 和 Δy。根据图中的几何关系，可以推导出（推导过程略）

$$\frac{\Delta y}{\Delta x} = \frac{x_i + \frac{1}{2}\Delta x}{y_i - \frac{1}{2}\Delta y} = \frac{x_i + \frac{1}{2}l\cos\alpha}{y_i - \frac{1}{2}l\sin\alpha} \tag{2-32}$$

式中，α 可用下式计算：

$$\tan\alpha = \tan\left(\varphi_i + \frac{\delta}{2}\right) = \frac{x_i + \frac{1}{2}\cos\alpha}{y_i - \frac{1}{2}\sin\alpha} \tag{2-33}$$

由于上式的 $\sin\alpha$ 和 $\cos\alpha$ 均为未知数，要直接算出 $\tan\alpha$ 很困难。7M 系统采用的是一种近似算法，即以 $\cos45°$ 和 $\sin45°$ 来代替 $\cos\alpha$ 和 $\sin\alpha$，从而求得 α 的近似值。这种近似处理不会使插补点离开圆弧轨迹，这是因为圆弧上任意相邻两点必须满足式（2-32）。它只是引起插补进给量 l 的微小变化，这种变化在实际切削加工中是微不足道的，完全可以认为插补的速度是均匀的。

只要算出 Δx 和 Δy，就可求得新的插补点坐标值：

$$\begin{cases} x_{i+1} = x_i + \Delta x \\ y_{i+1} = y_i - \Delta y \end{cases} \tag{2-34}$$

在圆弧插补中，由于是以直线（弦线）逼近圆弧，故插补误差主要表现在半径的绝对误差上，该误差取决于进给速度的大小，进给速度越高，则一个插补周期进给的弦长越长，误差就越大。因此，当加工的圆弧半径确定后，为了使径向绝对误差不至于过大，对进给速度要有一个限制。由式（2-30）可求出：

$$l \leqslant \sqrt{8e_r r} \tag{2-35}$$

当 $e_r \ll 1\,\mu\text{m}$ 时，若插补周期 $T = 8\,\text{ms}$，则进给速度 F（单位为 mm/min）为

$$F \leqslant \sqrt{8e_r r}/T = \sqrt{450\,000r} \tag{2-36}$$

2.5　刀具半径补偿

2.5.1　刀具补偿的基本概念

在数控加工过程中，为了实现对零件的准确加工，必须对安装在刀架（如车床）和主轴头（如铣床、钻床）等上的刀具设置一个参考点，即所谓的刀架参考点。数控系统通过对刀架参考点的控制来实现对刀具的位置控制，生成刀具加工轨迹。在实际切削过程中，却是由刀尖或刀刃边缘完成切削并获得零件加工轮廓的。然而，刀具参考点运动轨迹并不等

于所要加工零件的实际轮廓,而一般需由编程人员依据零件轮廓来编制程序。因此,需要在刀架参考点与刀具切削点之间建立一种位置偏移关系,使数控系统的控制对象由刀具参考点变换到刀尖或刀刃边缘,这种变换过程称为刀具补偿。

为了方便编程和不改变已编制好的程序,可利用刀具补偿功能,只需将刀具尺寸值或变化值输入到数控系统,数控系统可自动地对刀具尺寸变化进行补偿,进而生成刀架参考点的运动轨迹。

刀具补偿给数控编程带来诸多好处:

(1) 方便编程。编程时无须考虑刀具具体结构尺寸,只需考虑待加工工件尺寸,便能自动生成加工中刀具参考点(包括起刀点、退刀点和拐角的参考点)的轨迹。

(2) 便于程序更改。更换刀具或刀具因磨损导致刀具尺寸改变时,无须更改程序。

(3) 同一程序可实现零件的多道工序的加工。通过改变刀具补偿值可使用同一把刀、同一个程序完成粗加工,半精加工和精加工等工序,粗加工时只要把保留给精加工的切削余量添加到刀具补偿值中即可。

(4) 便于纠正刀具安装误差或对刀误差。若刀具安装或对刀存在误差,可进一步通过修改刀具补偿值加以消除。

根据数控机床的类型,数控系统的刀具补偿(以下简称刀补)技术分为按以刀尖位置或刀具长度为主的刀具长度补偿和以刀具半径或刀尖圆弧半径为主的刀具半径补偿两大类。刀具长度补偿计算相对比较简单,本节重点讨论刀具半径补偿。

刀具半径补偿是用来补偿在轮廓加工中,由于刀具一定的半径(如车刀的刀尖圆弧半径、铣刀半径和钼丝的半径等),刀具中心运动轨迹并不等于零件轮廓轨迹,两者之间偏移了一个刀具半径矢量。刀具半径补偿直接影响数控机床的加工精度,是机床数控系统的重要功能之一。

刀具半径补偿通常不是程序编制人员完成的,程序编制人员只是按零件的加工轮廓编制程序。同时用指令 G40,G41,G42 告诉 CNC 系统刀具是沿零件内轮廓运动还是沿外轮廓运动。实际的刀具半径补偿是在 CNC 系统内部由计算机自动完成的。CNC 系统根据零件轮廓尺寸(直线或圆弧以及其起点和终点)和刀具运动的方向指令(G40、G41、G42),以及实际加工中所用的刀具半径值自动地完成刀具半径补偿计算。

根据 ISO 标准,当刀具中心轨迹在编程轨迹(零件轮廓)前进方向右边时称为右刀具补偿,简称右刀补,用 G42 表示;反之,则称为左刀补,用 G41 表示;当不需要进行刀具半径补偿时用 G40 指令进行取消。

在实际轮廓加工过程中,刀具半径补偿执行过程一般可分为三步:

(1) 刀补建立。刀具从起点出发沿直线接近加工零件,依据 G41 或 G42 使刀具中心在原来的编程轨迹基础上伸长或缩短一个刀具半径值,即刀具中心从与编程轨迹重合过渡到编程轨迹偏离一个刀具半径值,如图 2-45 所示。

(2) 刀补进行。刀补指令为模态指令,一旦刀补建立后就一直有效,直至刀补取消或被其他刀补代替。在刀补进行期间,刀具中心轨迹始终偏离编程轨迹一个刀具半径值的距离。在轨迹转接处,采用圆弧过渡或直线过渡。

(3) 刀补取消。刀具撤离工件,回到起刀点。与刀补建立时相似,刀具中心轨迹从与

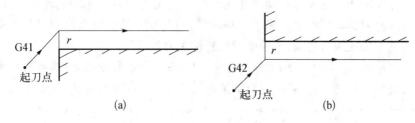

图 2‑45 建立刀具半径补偿

(a) G41 左刀补　(b) G42 右刀补

编程轨迹相距一个刀具半径值过渡到与编程轨迹重合。

2.5.2 刀具半径补偿计算

刀具半径补偿是数控系统根据编程轨迹(零件轮廓)和立铣刀或其他圆头刀具的半径自动生成刀具中心的轨迹。若能自动处理零件廓形中的拐角过渡,则称为 C 功能刀补。若能处理单程序段补偿,要由编程员额外编程进行拐角过渡,则称为 B 功能刀补。现在 B 功能刀补已被 C 功能刀补所代替。

对于一般的数控系统,其所能实现的轮廓控制仅限于直线和圆弧。对直线而言,刀具半径补偿后的刀具中心运动轨迹是与原直线平行的直线,故直线轨迹的刀具补偿计算只需计算出刀具中心轨迹的起点坐标和终点坐标。对于圆弧而言,刀具半径补偿后刀具中心运动轨迹是一与原圆弧同心的圆弧,故圆弧的刀具半径补偿计算只需计算出刀补后圆弧起点坐标和终点坐标以及刀补后的圆弧半径值即可。

1. 直线刀具补偿计算

如图 2‑46 所示,被加工直线段 OA 的起点 O 在坐标原点,终点 A 的坐标为 (x, y)。设刀具半径为 r,刀具偏移后 A 点移动到了 A' 点,现要计算的是 A' 的坐标值 $A'(x', y')$。

刀具半径在 X 轴和 Y 轴分量 r_x,r_y 分别为

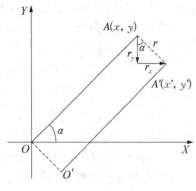

图 2‑46 直线刀具半径补偿

$$\begin{cases} r_x = r\sin\alpha = \dfrac{r_y}{\sqrt{x^2+y^2}} \\[2mm] r_y = -r\cos\alpha = -\dfrac{r_x}{\sqrt{x^2+y^2}} \end{cases} \tag{2-37}$$

A' 点的坐标为

$$\begin{cases} x' = x + r_x = x + \dfrac{r_y}{\sqrt{x^2+y^2}} \\[2mm] y' = y + r_y = y - \dfrac{r_x}{\sqrt{x^2+y^2}} \end{cases} \tag{2-38}$$

式(2‑38)即为直线刀补计算公式,该公式不仅适合相对编程方式,而且适合绝对编程方式,但在采用绝对编程式(2‑38)中的的 (x, y) 和 (x', y') 都应是绝对坐标值。

起点 O' 的坐标为上一段程序段的终点,求法同 A'。直线刀偏分量 r_x,r_y 的正、负号

的确定受直线终点(x,y)所在象限以及与刀具半径沿切削方向偏向工件的左侧(G41)还是右侧(G42)的影响。

2. 圆弧刀具半径补偿计算

如图 2 - 47 所示,被加工圆弧 AB,半径为 R,圆心位于坐标原点,圆弧起点 A 的坐标为(x_a,y_a),圆弧终点 B 的坐标为(x_b,y_b)。起点 A' 为上一个程序段的刀具中心点,已求出,现在要求的是 B' 的坐标(x',y')。

设刀具半径为 r,在 B 点的刀偏分量为

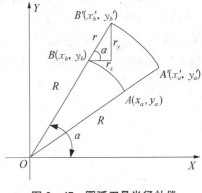

$$\begin{cases} r_x = r\cos\alpha = r\dfrac{x_b}{R} \\[2mm] r_y = r\sin\alpha = r\dfrac{y_b}{R} \end{cases} \qquad (2-39)$$

B' 点的坐标为

$$\begin{cases} x_b' = x_b + r_x = x_b + r\dfrac{x_b}{R} \\[2mm] y_b' = y_b + r_y = y_b + r\dfrac{y_b}{R} \end{cases} \qquad (2-40)$$

图 2 - 47　圆弧刀具半径补偿

式(2 - 40)为圆弧刀具半径补偿计算公式。圆弧刀具偏移分量的正、负号的确定与圆弧的走向(G02、G03)、刀具指令(G41、G42)以及圆弧所在象限有关。

事实上,刀偏计算的方法很多,仅在 NC 系统中常用的就有 DDA 法、极坐标法、逐点比较法(又称刀具半径矢量法,或称 r^2 法)、矢量判别法等。这些刀具偏移计算方法的采用,大多与数控系统所采用的插补方法有关,也就是随数控系统的不同而异。

2.5.3　C 功能刀具半径补偿计算

无论是车削类的刀尖圆弧半径补偿还是镗铣类的刀具半径补偿算法,随着计算机技术和数控技术发展都经历了 B(base)功能(极坐标法、r^2 法、矢量判断法)刀具补偿技术和 C(complete)功能刀具补偿技术。

目前,数控系统中普遍采用的是 C 功能刀具半径补偿技术。

1. C 功能刀具半径补偿的基本思想

B 功能刀具半径补偿在确定刀具中心轨迹时,都采用了读一段,算一段,再走一段的控制方法。这导致了无法预计由于刀具半径所造成的下一段加工轨迹对本段加工轨迹的影响。于是,对于给定的加工轮廓轨迹来说,当加工内轮廓时,为了避免刀具干涉,合理地选择刀具的半径以及在相邻加工轨迹转接处选用恰当的过渡圆弧等问题,就不得不靠程序员来处理。

为了解决下一段加工轨迹对本段加工轨迹的影响,在计算完本段轨迹后,提前将下一段程序读入,然后根据它们之间转接的具体情况,再对本段的轨迹作适当的修正,得到正确的本段加工轨迹。

如图 2 - 48 所示,(a)图为普通 NC 系统的工作方法,程序轨迹作为输入数据送到工

作寄存器(AS)后,由运算器进行刀具补偿运算,运算结果送到输出寄存器(OS),直接作为伺服系统的控制信号。(b)图为改进后的 NC 系统的工作方式。在(a)图的基础上增加了一组数据输入的缓冲寄存区(BS),节省了数据读入的时间。经常为 AS 中存放着正在加工的程序段信息,而 BS 中已经存放了下一段所要加工的信息。(c)图为在 CNC 系统中采用 C 刀具补偿方法的原理框图。与以前方法不同在于 CNC 装置内部又设置了一个刀具补偿缓冲区(CS)。零件程序的输入参数在 BS、CS、AS 中的存放格式是完全一致的。当某一程序在 BS、CS 和 AS 中被传送时,具体的参数不变,其主要目的是为了输入显示的需要。实际上,BS、CS 和 AS 各自包括一个计算区域,编程轨迹的计算及刀具补偿修正计算都是在这些计算区域中进行。当固定不变的程序输入参数在 BS、CS 和 AS 间传送时,对应计算区域的内容也就跟随一起传送。因此,也可认为这些计算区域对应的是 BS、CS 和 AS 区域的一部分。

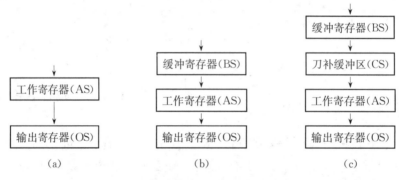

图 2‑48　数控系统的几种工作流程
(a) 一般方法　(b) 改进后的方法　(c) 采用 C 功能刀补的方法

在系统启动后,第一段程序先被读入 BS,在 BS 中算得的第一段编程轨迹被送到 CS 暂存后,又将第二段程序读入 BS,算出第二段的编程轨迹。随后对第一、第二两段编程轨迹的连接方式进行判别,根据判别结果,再对 CS 中的第一段编程轨迹进行相应的修正。修正结束后,顺序地将修正后的第一段编程轨迹由 CS 送到 AS,第二段编程轨迹由 BS 送入 CS。接着再由 CPU 将 AS 中的内容送到 OS 进行插补运算,运算结果送伺服驱动装置予以执行。当修正了的第一段编程轨迹开始被执行后,利用插补间隙,CPU 又命令第三段程序读入 BS,再根据 BS、CS 中的第三、第二段编程轨迹的连接方式,对 CS 中第二段编程轨迹进行修改,依次进行。由此可见,在刀补工作状态,CNC 装置内部总是同时存有三个程序段的信息。

具体执行时,为了便于交点的计算并对各种编程情况进行综合分析,从中找出规律,必须将 C 功能刀具补偿方法所有的编程输入轨迹都看作矢量处理。显然,直线段本身就是一个矢量,而圆弧在这里意味着要将起点、终点的半径及起点到终点的弦长都看作矢量,零件刀具半径也作为矢量来处理。所谓刀具半径矢量指在加工过程中,始终垂直于编程轨迹,大小等于刀具半径值,方向指向刀具中心的一个矢量。在加工直线时,刀具半径矢量始终垂直于刀具移动方向。而在加工圆弧时,刀具半径矢量始终垂直于编程圆弧的瞬时切点的切线,它的方向是不断在发生改变的。

2. 编程轨迹自动过渡的转接方式

C 功能刀具半径补偿方法的主要特点是采用直线过渡。由于采用直线过渡,因此在实际加工过程中,随着前后两段编程轨迹的连接方式不同,相应的刀具中心的加工轨迹也随之发生不同的转接形式。实现 C 功能刀具半径补偿,首先必须要判断相邻编程轨迹的转接线型及转接过渡类型。在一般的 CNC 装置中,所能控制的轮廓轨迹通常只有直线和圆弧,编程轨迹主要有以下 4 种转接方式:直线与直线、直线与圆弧、圆弧与直线、圆弧与圆弧。根据两个程序段轨迹矢量的夹角 α(锐角和钝角)和刀具补偿的不同,存在 3 种过渡类型:缩短型、伸长型和插入型。所谓缩短型转接,指刀具在零件内侧运动,这时刀具中心轨迹比编程轨迹短;伸长型转接则恰好相反,刀具在零件外侧运动,刀具中心轨迹比编程轨迹长;插入型转接,指刀具中心除了沿原来的编程轨迹伸长移动一个刀具半径 r 长度后,还必须增加一个直线移动,相对于原来的程序段而言,等于中间再插入了一个程序段。

下面以直线与直线转接左刀补(G41)为例进行说明,该种转接存在 4 种情况,如图 2-49 所示。

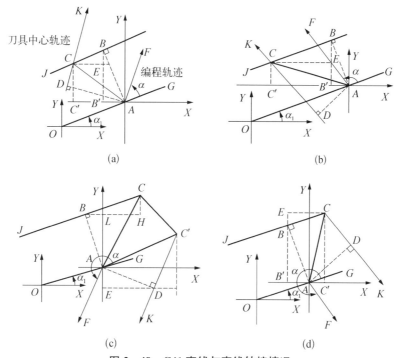

图 2-49　G41 直线与直线转接情况

(a)、(b) 缩短型转接　(c) 插入型转接　(d) 伸长型转接

(1) 缩短型转接。如图 2-49(a)、(b)所示为缩短型转接。JCK 为刀具中心轨迹,OAF 为零件轮廓轨迹(即编程轨迹)。AB、CD 为刀具半径。$\angle JCK$ 相对于 $\angle OAF$ 为内角。很显然,刀具中心轨迹长度相对于编程轨迹缩短了。

(2) 伸长型转接。如图 2-49(d)所示,$\angle JCK$ 相对于 $\angle OAF$ 为外角,C 点处于 JB 和 DK 的延长线交点上。刀具中心轨迹长度相对于编程轨迹延长了。

(3) 插入型。如图 2-49(c)所示,仍需外角过渡,但 $\angle OAF$ 为锐角,若仍用伸长型转接,则增加刀具的非切削空行程时间,甚至行程超过工作台加工范围。因此,可在 JB 和

DK 间增加一段过渡圆弧,虽然计算简单,但会使刀具在转角处停顿,零件加工工艺性变差。较好的处理方法是插入直线。令 BC 等于 DC' 且等于刀具半径 AB 和 AD,同时,在中间插入过渡直线 CC'。因此,刀具中心除了沿原来的编程轨迹伸长移动了一个刀具半径长度外,还必须增加一个沿直线 CC' 的移动,相当于在原来的程序段中间插入一个程序段。

同理,可得到直线与直线转接右刀补(G42)的情况,如图 2-50 所示。

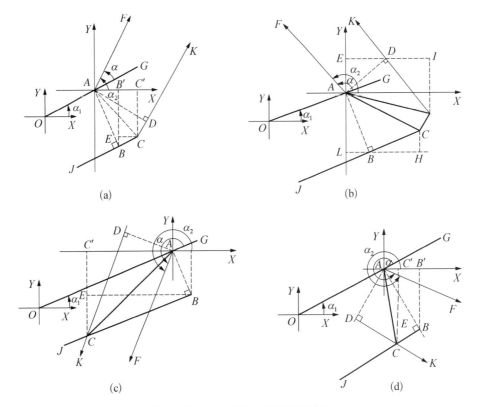

(a)   (b)

(c)   (d)

图 2-50 G42 直线与直线转接情况

(a) 伸长型转接 (b) 插入型转接 (c)、(d) 缩短型转接

在同一坐标平面内直线转接直线时,当一段编程轨迹的矢量逆时针旋转到第二段编程轨迹的矢量的旋转角在 $0°\sim360°$ 范围内变化时,相应刀具中心轨迹的转接将顺序地按上述三种类型(伸长型、缩短型、插入型)来进行。

对应于图 2-49 和图 2-50,表 2-12 列出了直线与直线转接时的全部分类情况。

表 2-12 直线与直线转接分类

刀具补偿方向	$\sin\alpha$	$\cos\alpha$	象 限	转接类型	对应图号
G41	$\geqslant0$	$\geqslant0$	I	缩短	2-49(a)
	$\geqslant0$	<0	II		2-49(b)
	<0	<0	III	插入	2-49(c)
	<0	$\geqslant0$	IV	伸长	2-49(d)

续　表

刀具补偿方向	$\sin\alpha$	$\cos\alpha$	象　限	转接类型	对应图号
G42	$\geqslant 0$	$\geqslant 0$	Ⅰ	伸长	2-50(a)
	$\geqslant 0$	<0	Ⅱ	插入	2-50(b)
	<0	<0	Ⅲ	缩短	2-50(c)
	<0	$\geqslant 0$	Ⅳ		2-50(d)

与直线与直线转接一样,圆弧与圆弧转接时转接类型的区分也可通过相接的两圆的起点与终点半径矢量的夹角 α 的大小来判别。为了便于分析,往往将圆弧等效于直线来处理。

思考与练习

2-1　CNC 控制系统的主要特点是什么? 它的主要控制任务是哪些?

2-2　CNC 装置的主要功能有哪些?

2-3　单微处理器结构和多微处理器结构各有何特点?

2-4　常规的 CNC 软件结构有哪几种结构模式?

2-5　何为插补? 数控加工中为什么要使用插补?

2-6　逐点比较法和数据采样插补分别是如何实现的?

2-7　数据采样直线插补、数据采样圆弧插补是否有误差? 数据采样插补误差与哪些因素有关?

2-8　欲用逐点比较法插补直线 OE,起点为 $O(0,0)$,终点为 $E(12,15)$,试写出插补过程并绘出轨迹。

2-9　利用逐点比较法插补圆弧 $\overset{\frown}{PQ}$,起点为 $P(8,0)$,终点为 $Q(0,8)$,试写出插补过程并绘出轨迹。

2-10　试推导出逐点比较法插补第一象限顺圆弧的偏差函数递推公式,并写出插补圆弧 $\overset{\frown}{AB}$ 的过程,绘出其轨迹。设起点坐标为 $A(0,7)$,终点为 $B(7,0)$。

2-11　试用比较积分法插补抛物线 $y^2=6x$ 的 AO 段(见图 2-51),并绘出插补轨迹。

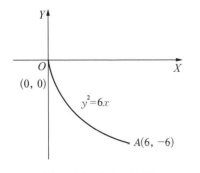

图 2-51　题 2-11 图

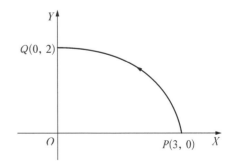

图 2-52　题 2-12 图

2-12　试用积分法插补椭圆 $\dfrac{x^2}{9}+\dfrac{y^2}{4}=1$ 的 PQ 段(见图 2-52),并绘出插补轨迹。

2-13 试用比较积分法插补一条直线 OE,已知起点为 $O(0,0)$,终点为 $E(7,3)$。写出插补计算过程并绘出轨迹。

2-14 设用数字积分法插补直线 OD,已知 $O(0,0)$,$D(6,7)$,被积函数寄存器和余数寄存器的最大可寄存数值为 $J_{max}=7$(即 $J \geqslant 8$ 时溢出),写出插补过程并绘出轨迹。

2-15 刀具半径补偿会带来哪些好处?

2-16 何谓 B 刀补和 C 刀补,它们之间有何异同?

2-17 直线与直线转接分类中有缩短型转接、伸长型转接和插入型转接三种形式,分别如何计算其刀补轨迹?

第3章　伺服系统与位置检测装置

3.1　数控机床伺服系统概述

20世纪50年代出现数控机床以来,作为数控机床重要组成部分的伺服系统,随着新材料、电子电力、控制理论等相关技术的发展,经历了从步进伺服系统到直流伺服系统再到今天的交流伺服系统的过程。交流伺服技术的日益发展,使交流伺服系统逐步全面取代直流伺服系统。

伺服系统是以驱动装置——电机为控制对象,以控制器为核心,以电力电子功率变换装置为执行机构,在自动控制理论的指导下组成的电气传动自动控制系统,它包括伺服驱动器和伺服电机。数控机床伺服系统的作用在于接受来自数控装置的指令信号,驱动机床移动部件跟随指令脉冲运动,并保证动作的快速和准确,这就要求高质量的速度和位置伺服。数控机床的精度和速度等技术指标主要取决于伺服系统。

3.1.1　数控机床伺服系统的性能要求

数控机床的伺服系统应满足以下基本要求:

1. 精度高

数控机床不可能像传统机床那样用手动操作来调整和补偿各种误差,因此它要求很高的定位精度和重复定位精度。

2. 快速响应特性好

快速响应是伺服系统动态品质的标志之一。它要求伺服系统跟随指令信号时,不仅跟随误差要小,而且响应要快,稳定性要好。在系统给定输入后,能在短暂的调节之后达到新的平衡或是受到外界干扰作用下能迅速恢复到原来的平衡状态。

3. 调速范围大

由于工件材料、刀具以及加工要求不同,要保证数控机床在任何情况下都能得到最佳的切削条件,伺服系统就必须有足够的调速范围,既能满足高速加工要求,又能满足低速进给要求。调速范围一般大于1∶10 000。而且在低速切削时,还要求有较大稳定的转矩输出。

4. 系统可靠性好

数控机床伺服系统的基本组成如图3-1所示。数控机床的伺服系统按有无反馈检测元件分为开环控制系统和闭环控制系统。驱动控制单元是将进给指令转化为执行元件所需要的信号,执行元件将该信号转为机械位移。开环控制系统没有反馈检测元件和比较控制环节,这些是闭环控制系统必须的部分。

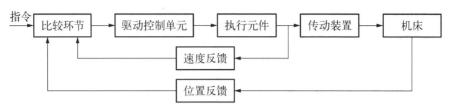

图 3-1 伺服系统的基本组成

3.1.2 数控机床伺服系统的分类

数控机床的伺服系统按功能分为进给驱动系统和主轴驱动系统;按有无反馈检测元件分为开环控制系统和闭环控制系统;按执行元件的不同,分为步进伺服系统、直流伺服系统和交流伺服系统。

1. 步进伺服系统

在 20 世纪 60 年代以前,步进伺服系统是以步进电机驱动的液压伺服电动机或是以功率步进电机直接驱动为特征,伺服系统采用开环控制。

步进伺服系统接受脉冲信号,它的转速取决于指令脉冲的频率或个数。由于没有检测和反馈环节,步进电机的精度取决于步距角的精度、齿轮传动间隙等,所以它的精度较低。而且步进电机在低频时易出现振动现象,它的输出力矩随转速升高而下降。由于步进伺服系统为开环控制,步进电机在起动频率过高或负载过大时易出现"丢步"或"堵转"现象,停止时转速过高容易出现过冲的现象。另外步进电机从静止加速到工作转速需要的时间也较长,速度响应较慢。但是由于其结构简单、易于调整、工作可靠、价格较低的特点,在许多要求不高的场合还是可以用的。

2. 直流伺服系统

20 世纪 60—70 年代末,数控系统大多采用直流伺服系统。直流伺服电机具有良好的宽调速性能。输出转矩大,过载能力强,伺服系统也由开环控制发展为闭环控制,因而在工业及相关领域获得了更加广泛的运用。但是,随着现代工业的快速发展,相应设备如精密数控机床、工业机器人等对电伺服系统提出越来越高的要求,尤其是精度、可靠性等方面。而传统直流电动机采用的是机械式换向器,在应用过程中面临着很多问题,如电刷和换向器易磨损,维护工作量大,成本高;换向器换向时会产生火花,使电机的最高转速及应用环境受到限制;直流电机结构复杂、成本高、对其他设备易产生干扰。

这些问题的存在,限制了直流伺服系统在高精度、高性能要求伺服驱动场合的应用。

3. 交流伺服系统

针对直流电动机的缺点,人们一直在努力寻求以交流伺服电动机取代具有机械换向器和电刷的直流伺服电动机的方法,以满足各种应用领域,尤其是高精度、高性能伺服驱动领域的需要。但是由于交流电机具有强耦合、非线性的特性,控制非常复杂,所以高性能运用一直受到限制。自 80 年代以来,随着电子电力等各项技术的发展,特别是现代控制理论的发展,在矢量控制算法方面的突破,原来一直困扰着交流电动机的问题得以解决,交流伺服发展地越来越快。

　　交流伺服系统除了具有稳定性好、快速性好、精度高的特点外,与直流伺服电机系统相比有一系列优点:

　　(1)交流电机不存在换向器圆周调速的限制,也不存在电枢元件中电抗电势数值的限制,其转速限制可以设计得比相同功率的直流电机高。

　　(2)调速范围宽。目前大多数的交流伺服电机的变速比可以达到1：5 000,高性能的伺服电机的变速比已达1：10 000以上。满足数控机床传动调速范围宽、静差率小的要求。

　　(3)矩频特性好。交流电机为恒力矩输出,即在其额定转速以内输出额定转矩,在额定转速以上为恒功率输出。并且具有转矩过载能力,可克服惯性负载在起动瞬间的惯性力矩。满足机床伺服系统输出转矩大、动态响应好、定位精度高的要求。

3.2　伺服驱动电动机

3.2.1　步进电机

　　步进式伺服驱动系统是典型的开环控制系统。在此系统中,执行元件是步进电机。它受驱动控制线路的控制,将代表进给脉冲的电平信号直接变换为具有一定方向、大小和速度的机械角位移,并通过齿轮和丝杠带动工作台移动。由于该系统没有反馈检测环节,它的精度较差,速度也受到步进电机性能的限制。但它的结构和控制简单、容易调整,故在速度和精度要求不太高的场合具有一定的使用价值。

　　1.步进电机的种类

　　步进电机的分类方式很多,常见的分类方式有按力矩产生的原理、按输出力矩的大小以及按定子和转子的数量进行分类等。根据不同的分类方式,可将步进电机分为多种类型,如表3-1所示。

表 3-1　步进电机的分类

分 类 方 式	具 体 类 型
按力矩产生的原理	(1)反应式:转子无绕组,由被激磁的定子绕组产生反应力矩实现步进运行 (2)激磁式:定子、转子均有激磁绕组(或转子用永久磁钢),由电磁力矩实现步进运行
按输出力矩大小	(1)伺服式:输出力矩在百分之几至十分之几(N·m),只能驱动较小的负载,要与液压扭矩放大器配用,才能驱动机床工作台等较大的负载 (2)功率式:输出力矩在5～50 N·m以上,可以直接驱动机床工作台等较大的负载
按定子数	(1)单定子式;(2)双定子式;(3)三定子式;(4)多定子式
按各相绕组分布	(1)径向分布式:电机各相按圆周依次排列 (2)轴向分布式:电机各相按轴向依次排列

2. 步进电机的结构

目前,我国使用的步进电机多为反应式步进电机。在反应式步进电机中,有轴向分相和径向分相两种,如表3-1所示。

如图3-2所示是一典型的单定子、径向分相、反应式伺服步进电机的结构原理。它与普通电机一样,分为定子和转子两部分,其中定子又分为定子铁芯和定子绕组。定子铁芯由电工钢片叠压而成,其形状如图3-2中所示。定子绕组是绕置在定子铁芯6个均匀分布的齿上的线圈,在直径方向上相对的两个齿上的线圈串联在一起,构成一相控制绕组。如图3-2所示的步进电机可构成三相控制绕组,故也称三相步进电机。若任一相绕组通电,便形成一组定子磁极,其方向即图中所示的N、S极。在定子的每个磁极上,即定子铁芯上的每个齿上又开了5个小齿,齿槽等宽,齿间夹角为9°,转子上没有绕组,只有均匀分布的40个小齿,齿槽

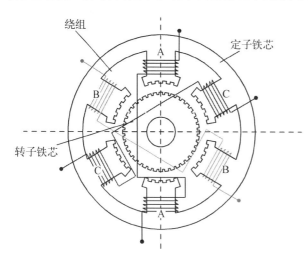

图3-2 单定子径向分相反应式伺服步进电机结构原理

也是等宽的,齿间夹角也是9°,与磁极上的小齿一致。此外,三相定子磁极上的小齿在空间位置上依次错开1/3齿距,如图3-3所示。当A相磁极上的小齿与转子上的小齿对齐时,B相磁极上的齿刚好超前(或滞后)转子齿1/3齿距角,C相磁极齿超前(或滞后)转子齿2/3齿距角。

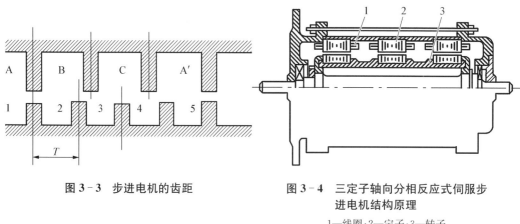

图3-3 步进电机的齿距

图3-4 三定子轴向分相反应式伺服步进电机结构原理

1—线圈;2—定子;3—转子

图3-4是一个三定子轴向分相伺服步进电机的结构原理。从图中可以看出,步进电机的定子和转子在轴向分为三段,每一段都形成独立的一相定子铁芯、定子绕组和转子。各段定子铁芯形如内齿轮,由硅钢片叠成。转子形如外齿轮,也由硅钢片制成。各段定子上的齿在圆周方向均匀分布,彼此之间错开1/3齿距,其转子齿彼此不错位。

除了上面介绍的两种形式的反应式步进电机之外,常见的步进电机还有永磁式步进电机和永磁反应式步进电机,它们的结构虽不相同,但工作原理相同。

3. 步进电机的工作原理

步进电机的工作原理实际上是电磁铁的作用原理。图 3-5 是一种最简单的反应式步进电机,下面以它为例来说明步进电机的工作原理。

如图 3-5(a)所示,当 A 相绕组通以直流电流时,根据电磁学原理,便会在 AA 方向上产生一磁场,在磁场电磁力的作用下,吸引转子,使转子的齿与定子 AA 磁极上的齿对齐。若 A 相断电,B 相通电,这时新的磁场其电磁力又吸引转子的两极与 BB 磁极齿对齐,转子沿顺时针转过 60°。通常,步进电机绕组的通断电状态每改变一次,其转子转过的角度 α 称为步距角。因此,图 3-5(a)所示步进电机的步距角 α 等于 60°。如果控制线路不停地按 A→B→C→A…的顺序控制步进电机绕组的通断电,步进电机的转子便不停地顺时针转动。若通电顺序改为 A→C→B→A…,同理,步进电机的转子将不停地逆时针转动。

上面所述的这种通电方式称为三相三拍。还有一种三相六拍的通电方式,它的通电顺序是:顺时针为 A → AB → B → BC → C → CA → A…;逆时针为 A → AC → C→ CB → B → BA →A…

若以三相六拍通电方式工作,当 A 相通电转为 A 和 B 同时通电时,转子的磁极将同时受到 A 相绕组产生的磁场和 B 相绕组产生的磁场的共同吸引,转子的磁极只好停在 A 和 B 两相磁极之间,这时它的步距角 α 等于 30°。当由 A 和 B 两相同时通电转为 B 相通电时,转子磁极再沿顺时针旋转 30°,与 B 相磁极对齐,其余依此类推。采用三相六拍通电方式,可使步距角 α 缩小一半。

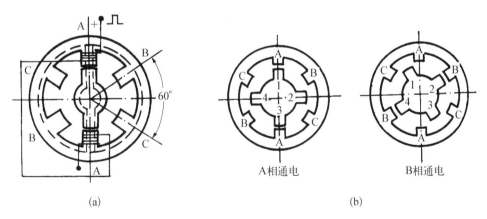

图 3-5　步进电机工作原理

如图 3-5(b)所示的步进电机,定子仍是 A 、B 、C 三相,每相两极,但转子不是两个磁极而是四个。当 A 相通电时,1 极和 3 极与 A 相的两极对齐;当 A 相断电、B 相通电时,2 极和 4 极与 B 相两极对齐。这样,在三相三拍的通电方式中,步距角 α 等于 30°,在三相六拍通电方式中,步距角 α 则为 15°。

综上所述,可以得到如下结论:

(1) 步进电机定子绕组的通电状态每改变一次,它的转子便转过一个确定的角度,即

步进电机的步距角 α。

（2）改变步进电机定子绕组的通电顺序，转子的旋转方向随之改变。

（3）步进电机定子绕组通电状态的改变速度越快，其转子旋转的速度越快，即通电状态的变化频率越高，转子的转速越高。

（4）步进电机步距角 α 与定子绕组的相数 m、转子的齿数 z、通电方式 k 有关，可用下式表示：

$$\alpha = 360° / (mzk) \tag{3-1}$$

式中：m 相 m 拍时，$k = 1$；m 相 $2m$ 拍时，$k = 2$；依此类推。

对于如图 3-2 所示的单定子、径向分相、反应式伺服步进电机，当它以三相三拍通电方式工作时，其步距角为

$$\alpha = 360° / (mzk) = 360° / (3 \times 40 \times 1) = 3°$$

若按三相六拍通电方式工作，则步距角为

$$\alpha = 360° / (mzk) = 360° / (3 \times 40 \times 2) = 1.5°$$

4. 步进电机的主要特性

（1）步距角。步进电机的步距角是指步进电机定子绕组的通电状态每改变一次，转子转过的角度。它是决定步进伺服系统脉冲当量的重要参数。数控机床中常见的反应式步进电机的步距角一般是 1.5°。步距角越小，数控机床的控制精度越高。

（2）矩角特性、最大静态转矩 M_{jmax} 和启动转矩 M_q。矩角特性是步进电机的一个重要特性，它是指步进电机产生的静态转矩与失调角的变化规律。

（3）起动频率 f_q。空载时，步进电机由静止突然起动，并进入不丢步的正常运行所允许的最高频率，称为起动频率或突跳频率。若起动频率大于突跳频率，步进电机就不能正常起动。空载起动时，步进电机定子绕组通电状态变化的频率不能高于该突跳频率。

（4）连续运行的最高工作频率 f_{max}。步进电机连续运行时，它所能接受的，即保证不丢步运行的极限频率，称为最高工作频率。它是决定定子绕组通电状态最高变化频率的参数，决定了步进电机的最高转速。

（5）加减速特性。步进电机的加减速特性是描述步进电机由静止到工作频率和由工作频率到静止的加减速过程中，定子绕组通电状态的变化频率与时间的关系。当要求步进电机起动到大于突跳频率的工作频率时，变化速度必须逐渐上升；同样，从最高工作频率或高于突跳频率的工作频率停止时，变化速度必须逐渐下降。逐渐上升和下降的加速时间、减速时间不能过小，否则会出现失步或超步。我们用加速时间常数 T_a 和减速时间常数 T_d 来描述步进电机的升速和降速特性，如图 3-6 所示。

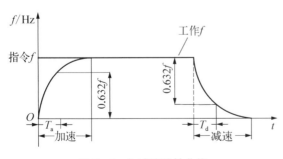

图 3-6 加减速特性曲线

5. 步进式伺服驱动系统工作原理

步进式伺服驱动系统主要由步进电机驱动控制线路和步进电机两部分组成,如图 3-7 所示。驱动控制线路接收来自数控机床控制系统的进给脉冲信号(指令信号),并把此信号转换为控制步进电机各相定子绕组依此通电、断电的信号,使步进电机运转。步进电机的转子与机床丝杠连在一起,转子带动丝杠转动,丝杠再带动工作台移动。

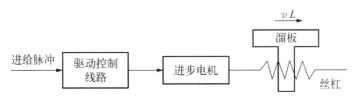

图 3-7　步进式伺服系统原理

下面从步进式伺服系统如何实现对机床工作台移动的移动量、速度和移动方向进行控制三个方面,对其工作原理进行介绍。

1) 工作台位移量的控制

数控机床控制系统发出的 N 个进给脉冲,经驱动线路之后,变成控制步进电机定子绕组通电、断电的电平信号变化次数 N,使步进电机定子绕组的通电状态变化 N 次。由步进电机工作原理可知,定子绕组通电状态的变化次数 N 决定了步进电机的角位移 φ,$\varphi = N\alpha$ (α 即步距角)。该角位移经丝杠、螺母之后转变为工作台的位移量 L,$L = t/360°$(t 为螺距)。即进给脉冲的数量 $N \to$ 定子绕组通电状态变化次数 $N \to$ 步进电机的转角 $\varphi \to$ 工作台位移量 L。

2) 工作台进给速度的控制

机床控制系统发出的进给脉冲的频率 f,经驱动控制线路之后,表现为控制步进电机定子绕组通电、断电的电平信号变化频率,也就是定子绕组通电状态变化频率。而定子绕组通电状态的变化频率 f 决定了步进电机转子的转速 ω。该转子转速 ω 经丝杠螺母转换之后,体现为工作台的进给速度 v。即进给脉冲的频率 $f \to$ 定子绕组通电状态的变化频率 $f \to$ 步进电机的转速 $\omega \to$ 工作台的进给速度 v。

3) 工作台运动方向的控制

当控制系统发出的进给脉冲是正向时,经驱动控制线路,使步进电机的定子各绕组按一定的顺序依次通电、断电;当进给脉冲是负向时,驱动控制线路则使定子各绕组按与进给脉冲是正向时相反的顺序通电、断电。由步进电机的工作原理可知,通过步进电机定子绕组通电顺序的改变,可以实现对步进电机正转或反转的控制,从而实现对工作台的进给方向的控制。

综上所述,在开环步进式伺服系统中,输入的进给脉冲的数量、频率、方向,经驱动控制线路和步进电机,转换为工作台的位移量、进给速度和进给方向,从而实现对位移的控制。

6. 步进电机的驱动控制线路

根据步进式伺服系统的工作原理,步进电机驱动控制线路的功能是,将具有一定频率 f、一定数量 N 和方向的进给脉冲转换成控制步进电机各相定子绕组通断电的电平信号。

电平信号的变化频率、变化次数和通断电顺序与进给指令脉冲的频率、数量和方向对应。为了能够实现该功能,一个较完整的步进电机的驱动控制线路应包括脉冲混合电路、加减脉冲分配电路、加减速电路、环形分配器和功率放大器(见图3-8),并应能接收和处理各种类型的进给指令控制信号如自动进给信号、手动信号和补偿信号等。脉冲混合电路、加减脉冲分配电路、加减速电路和环形分配器可用硬件线路来实现,也可用软件来实现。

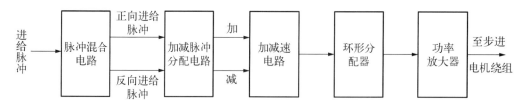

图 3-8 驱动控制线路

7. 提高步进式伺服驱动系统精度的措施

步进式伺服驱动系统是一个开环系统,在此系统中,步进电机的质量、机械传动部分的结构和质量以及控制电路的完善与否,均影响到系统的工作精度。要提高系统的工作精度,应从这几个方面考虑:改善步进电机的性能,减少步距角;采用精密传动副,减少传动链中传动间隙等。但这些因素往往由于结构和工艺的关系受到一定的限制。因此,需要从控制方法上采取一些措施,弥补其不足。

1) 细分线路

所谓细分线路,是把步进电机的一步再分得细一些。如十细分线路,将原来输入一个进给脉冲步进电机走一步变为输入 10 个脉冲才走一步。换句话说,采用十细分线路后,在进给速度不变的情况下,可使脉冲当量缩小到原来的 1/10。

若无细分,定子绕组的电流是由零跃升到额定值的,相应的角位移如图3-9(a)所示。采用细分后,定子绕组的电流要经过若干小步的变化,才能达到额定值,相应的角位移如图 3-9(b)所示。

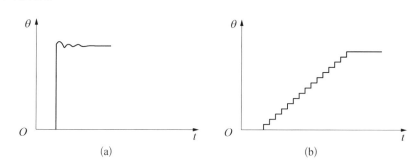

图 3-9 细分前后一步角位移波形

(a)无细分 (b)细分后

2) 齿隙补偿

齿隙补偿又称为反向间隙补偿。机械传动链在改变转向时,由于齿隙的存在,会引起步进电机的空走而无工作台的实际移动。在开环伺服系统中,这种齿隙误差对于机床加工精度有很大的影响,必须加以补偿。齿隙补偿的原理是:先测出齿隙的大小,设为 N_d;

在加工过程中,每当检测到工作台的进给方向改变时,在改变后的方向增加 N_d 个进给脉冲指令,用以克服因步进电机的空走而造成的齿隙误差。

3)螺距误差补偿

在步进式开环伺服驱动系统中,丝杠的螺距积累误差直接影响着工作台的位移精度,若想提高开环伺服驱动系统的精度,就必须予以补偿。通过对丝杠的螺距进行实测,得到丝杠全程的误差分布曲线。误差有正有负,当误差为正时,表明实际的移动距离大于理论的移动距离,应该采用扣除进给脉冲指令的方式进行误差的补偿,使步进电机少走一步;当误差为负时,表明实际的移动距离小于理论的移动距离,应该采取增加进给脉冲指令的方式进行误差的补偿,使步进电机多走一步。

3.2.2　直流伺服电机

1. 常用直流伺服电动机及其特点

直流伺服电机是机床伺服系统中使用较广的一种执行元件。在伺服系统中常用的直流伺服电机多为大功率直流伺服电机,如低惯量电机和宽调速电机等。这些伺服电机虽然结构不同,各有特色,但其工作原理与直流电机类似。

1)低惯量直流伺服电机

主要有无槽电枢直流伺服电机及其他一些类型的电机。无槽电枢直流伺服电机的工作原理与一般直流电机相同,其结构的差别和特点是:电枢铁芯是光滑无槽的圆体,电枢绕组用环氧树脂固化成型并粘结在电枢铁芯表面上,电枢的长度与外径之比在 5 倍以上,气隙尺寸比一般的直流电机大 10 倍以上。它的输出功率在几十瓦至 10 kW 以内。因为小惯量直流电动机最大限度地减少了电枢转动惯量,所以能获得最好的快速性,其主要特点是:其转动惯量仅为普通直流电动机的 1/10 左右,且转子无槽,电气机械性能良好,使其在低速时运转稳定而均匀,如在转速达 10 r/min 时,仍无爬行现象。此外该电动机电枢反应小,调速范围广而平滑,具有良好的换向性能。低惯量直流伺服电机主要用于要求快速动作、功率较大的系统。

2)宽调速直流电动机

由于小惯量直流电动机是以减小电动机转动惯量来改善其工作特性的,而在实际中机床惯量相对很大,所以使用效果并不理想。而宽调速直流电动机是用提高转矩的方法来改善调速性能,故在闭环伺服系统中应用更广泛。

宽调速电动机又分为电励磁和永久磁铁励磁两种。电励磁的特点是励磁大小易于调整,便于设置补偿绕组和换向器,所以换向性能好,成本低,能在较宽的范围内得到恒转矩调速。永久磁铁励磁电动机一般无换向极和补偿绕组,换向性能受到一定限制,但因不需励磁功率,故效率较高且低速时输出扭矩较大。

永久磁铁励磁电动机温升低、尺寸小,在数控机床伺服系统中应用更加广泛。其主要特点是:

(1)输出转矩高。在相同的转子外径和电枢电流情况下,因其力矩系数较大,所以产生的力矩较大,使电动机加速性能和响应特性有明显的改善。特别在低速时输出较大的转矩,可直接驱动数控机床的丝杠,而不需要经过减速机构,因而减小了噪声、振动及齿隙造成的误差。

（2）过载能力强。由于转子采用了耐高压的绝缘材料，且转子热容量大，因此允许过载转矩可达额定转矩的 5～10 倍。

（3）动态响应好。永磁式宽调速直流电动机采用高矫顽力的永磁材料，因而能承受很高的电流过载且发热低，提高了电动机瞬时加速力矩，动态响应特性明显改善。

（4）调速范围宽。由于电动机机械特性和调节特性的线性度好，低速能输出较大的力矩，所以调速范围宽且运转平稳。此外，由于该电动机的转子惯量接近于普通电动机，外界负载惯量对伺服系统的影响不大，可在不加负载的情况下进行调试，在联机时不必做大的调整。

2. 直流伺服电机的脉宽调速原理

调整直流伺服电机转速的方法主要是调整电枢电压。目前使用最广泛的方法是晶体管脉宽调制器-直流电机调速（PWM-M）。它具有响应快，效率高，调速范围宽以及噪声污染小，简单可靠等优点。

脉宽调制器的基本工作原理是，利用大功率晶体管的开关作用，将直流电压转换成一定频率的方波电压，加到直流电机的电枢上。通过对方波脉冲宽度的控制，改变电枢的平均电压，从而调节电机的转速。如图 3-10 所示是 PWM-M 系统的工作原理图。设将图 3-10(a)中的开关 K 周期地闭合、断开，开和关的周期是 T。在一个周期内，闭合的时间为 τ，断开的时间为 $T-\tau$。若外加电源的电压 U 是常数，则电源加到电机电枢上的电压波形将是一个方波列，其高度为 U，宽度为 τ，如图 3-10(b)所示。它的平均值 U_a 为

$$U_a = \frac{1}{T}\int_0^\tau u\mathrm{d}t = \frac{\tau}{T}U = \delta_T U \qquad (3-2)$$

式中：$\delta = \tau/T$，称为导通率。当 T 不变时，只要连续地改变 $\tau(0 \sim T)$，就可使电枢电压的平均值（即直流分量 U_a）由 0 连续变化至 U，从而连续地改变电机的转速。实际的 PWM-M 系统用大功率三极管代替开关 K。其开关频率是 2 000 Hz，即 $T = 1/2\,000 = 0.5$ ms。

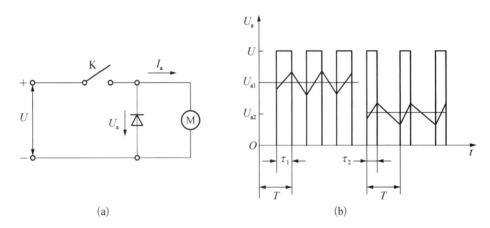

图 3-10 PWM 调速系统的电器原理

图 3-10(a)中的二极管是续流二极管，当 K 断开时，由于电枢电感 L_a 的存在，电机的电枢电流 I_a 可通过它形成回路而流通。如图 3-10(a)所示的电路只能实现电机单方

向的速度调节。为使电机实现双向调速,必须采用桥式电路。如图 3－11 所示的桥式电路为 PWM－M 系统的主回路电气原理图。

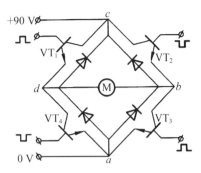

图 3－11　PWM－M 系统的
主回路电气原理

3.2.3　交流伺服电动机

交流伺服电机驱动是最新发展起来的新型伺服系统,也是当前机床进给驱动系统方面的一个新动向。该系统克服了直流驱动系统中电机电刷和整流子要经常维修、电机尺寸较大和使用环境受限制等缺点。它能在较宽的调速范围内产生理想的转矩,结构简单,运行可靠,用于数控机床等进给驱动系统为精密位置控制。

1. 交流伺服电动机基本结构

交流伺服电动机的结构主要可分为两大部分,即定子部分和转子部分。其中定子的结构与旋转变压器的定子基本相同,在定子铁芯中也安放着互成 90°的两相绕组,如图 3－12 所示。其中 l_1-l_2 称为励磁绕组,k_1-k_2 称为控制绕组,所以交流伺服电动机是一种两相的交流电动机。

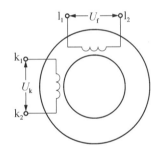

图 3－12　交流伺服电动机原理

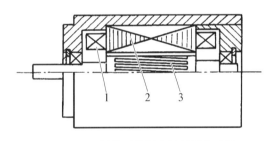

图 3－13　鼠笼形转子交流伺服电动机
1—定子绕组;2—定子铁芯;3—鼠笼转子

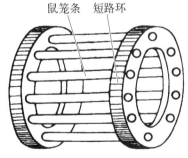

图 3－14　鼠笼转子

转子的常用结构的有鼠笼形转子和非磁性杯形转子。鼠笼形转子交流伺服电动机的结构如图 3－13 所示,它的转子由转轴、转子铁芯和转子绕组等组成。如果去掉铁芯,整个转子绕组形成一鼠笼状,如图 3－14 所示,"鼠笼转子"由此得名。鼠笼的材料有用铜的,也有用铝的。

非磁性杯形转子交流伺服电动机的结构如图 3－15 所示。图中外定子与鼠笼形转子伺服电动机的定子完全一样,内定子由环形钢片叠成,通常内定子不放绕组,只是代替鼠笼转子的铁芯,作为电机磁路的一部分。在内、外定子之间有细长的空心转子装在转轴上,空心转子作成杯子形状,所以又称为空心杯形转子。空心杯由非磁性材料铝或铜制成,它的杯壁极薄,一般在 0.3 mm 左右。杯形转子套在内定子铁芯外,并通过转轴可以在内、外定子之间的气隙中自由转动,而内、外定子是不动的。

杯形转子与鼠笼转子从外表形状来看是不一样的。但实际上，杯形转子可以看作是鼠笼条数目非常多的、条与条之间彼此紧靠在一起的鼠笼转子，杯形转子的两端也可看作由短路环相连接，如图 3-16 所示。这样，杯形转子只是鼠笼转子的一种特殊形式。

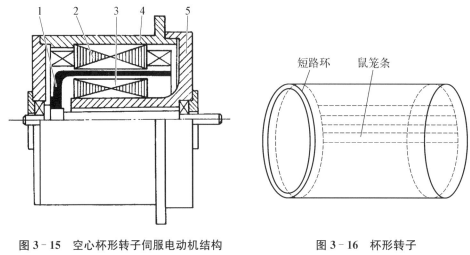

图 3-15 空心杯形转子伺服电动机结构
1—杯形转子；2—外定子；3—内定子；4—机壳；5—端盖

图 3-16 杯形转子

与鼠笼形转子相比较，非磁性杯形转子惯量小，轴承摩擦转矩小。由于它的转子没有齿和槽，转子一般不会有抖动现象，运转平稳。但是由于它内、外定子间气隙较大（杯壁厚度加上杯壁两边的气隙），所以励磁电流就大，降低了电机的利用率；另外，杯形转子伺服电动机结构和制造工艺又比较复杂。因此，目前广泛应用的是鼠笼形转子伺服电动机，只有在要求运转非常平稳的某些特殊场合下，才采用非磁性杯形转子伺服电动机。

2. 交流伺服电动机的工作原理

交流伺服电动机使用时，励磁绕组两端施加恒定的励磁电压 U_f，控制绕组两端施加控制电压 U_k，如图 3-12 所示。交流伺服电动机在没有控制电压时，定子内只有励磁绕组产生的脉动磁场，转子静止不动。当有控制电压时，定子内便产生一个旋转磁场，转子沿旋转磁场的方向旋转，在负载恒定的情况下，电动机的转速随控制电压的大小而变化，当控制电压的相位相反时，伺服电动机将反转。

3. 交流伺服电动机特点

交流伺服电动机的工作原理与分相式单相异步电动机虽然相似，但前者的转子电阻比后者大得多，所以伺服电动机与单机异步电动机相比，有三个显著特点：

1）起动转矩大

由于转子电阻大，其转矩特性曲线如图 3-17 所示的曲线 1，与普通异步电动机的转矩特性曲线 2 相比，有明显的区别。它可使临界转差率 $S_0 > 1$，这样不仅使转矩特性（机械特性）更接近于线性，而且具有较大的起动转矩。因此，当定子一有控制电压，转子立即转动，即具有起动快、灵敏度高的特点。

2）运行范围较宽

如图 3-17 所示,较差率 S 在 0~1 的范围内伺服电动机都能稳定运转。

3）无自转现象

正常运转的伺服电动机,只要失去控制电压,电机立即停止运转。当伺服电动机失去控制电压后,它处于单相运行状态,由于转子电阻大,定子中两个相反方向旋转的旋转磁场与转子作用所产生的两个转矩特性(T_1-S_1、T_2-S_2曲线)以及合成转矩特性(T-S曲线)如图 3-18 所示,与普通的单相异步电动机的转矩特性(图中 T'-S 曲线)不同。这时的合成转矩 T 是制动转矩,从而使电动机迅速停止运转。

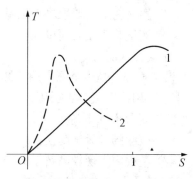

图 3-17　伺服电动机的转矩特性

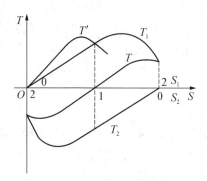

图 3-18　伺服电动机单相运行时的转矩特性

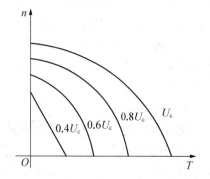

图 3-19　伺服电动机的机械特性

如图 3-19 所示,是伺服电动机单相运行时的机械特性曲线。负载一定时,控制电压 U_c 越高,转速也越高;控制电压一定时,负载增加,转速下降。

3.3　位置检测装置

位置检测装置(或称检测元件)是闭环、半闭环伺服系统的重要组成部分。其作用是检测位移和速度,发送反馈信号,构成闭环控制。采用闭环系统的数控机床的加工精度与检测装置的精度密切相关。

3.3.1　位置检测装置的分类

根据工作条件和测量要求的不同,可以采用不同的测量方式。

1. 数字式测量和模拟式测量

1）数字式测量

数字式测量是将被测量的量用数字的形式来表示。测量信号一般为电脉冲,可以直接把它送到数控系统进行比较、处理。数字式测量装置具有如下特点:

（1）被测量转换为脉冲个数,便于显示和处理。

（2）测量精度主要取决于测量单位，与量程基本无关。

（3）测量装置相对简单，脉冲信号的抗干扰能力强。

2）模拟式测量

模拟式测量是将被测量用连续变量来表示，如电压、相位变化等。数控机床所用的模拟测量主要用于小量程的测量。在大量程内作精确的模拟式测量时，对技术要求较高。模拟式测量具有如下特点：

（1）被测的量无须变换。

（2）量程内实现较高精度的测量。

2. 增量式测量和绝对式测量

1）增量式测量

增量式测量是指测量到的位置以增量方式计数。其特点是结构较简单，任何一个对中点都可以作为测量的起点。现有的轮廓控制数控机床上大多采用这种测量方式。在增量式检测系统中，移距是由测量信号计数读出的，一旦计数有误，以后的测量结果则完全错误。因此，在增量式检测系统中，基点尤为重要。此外，一旦突发状况（如停电、刀具损坏而停机等）发生，状况排除后不能再找到事故前执行部件的正确位置，必须将执行部件移至起始点重新计数才能找到事故前的正确位置。

2）绝对式测量

绝对式测量装置对于被测量的任意一点位置均由固定的零点标记，每个被测点都有一个绝对的测量值。该装置的结构较增量式复杂，分辨精度要求越高，量程越大，结构也越复杂。新研发出的轮廓控制数控机床上不少已采用这种测量方式。

3. 常用的位置检测装置

数控机床伺服系统中采用的位置检测装置基本分为直线型和旋转型两大类。直线型位置检测装置用来检测运动部件的直线位移量；旋转型位置检测装置用来检测回转部件的转动位移量。常用的位置检测装置如图 3-20 所示。

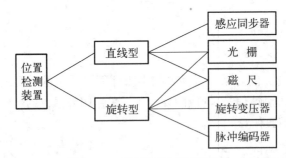

图 3-20　常用的位置检测装置

除了上述位置检测装置，伺服系统中往往还包括检测速度的元件，用以检测和调节电动机的转速。常用的测速元件是测速发动机。

3.3.2　磁尺位置检测装置

磁尺（磁栅）是一种高精度的位置检测装置，可用于长度和角度的测量，具有精度高、安装调试方便，以及对使用条件要求较低等优点。在油污、粉尘较多的条件下工作具有较好的稳定性。

1. 磁尺的组成

磁尺由磁性标尺、磁头和检测电路组成，其结构如图 3－21 所示。它是利用录磁原理工作的。先用录磁磁头将按一定周期变化的方波、正弦波或电脉冲信号录制在磁性标尺上作为测量基准。检测时，用拾磁磁头将磁性标尺上的磁信号转化成电信号，再送到检测电路

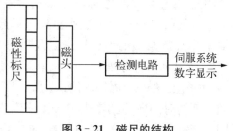

图 3－21　磁尺的结构

中去，把磁头相对于磁性标尺的位移量用数字显示出来，并传输给数控系统。

2. 磁性标尺和磁头

磁性标尺是在非导磁材料如铜、不锈钢、玻璃或其他合金材料的基体上，用涂敷、化学沉积或电镀等方法附一层 $10\sim20\,\mu m$ 厚的硬磁性材料（如 $N-Co-P$ 或 $Fe-Co$ 合金），并在它的表面上录制相等节距周期变化的磁信号。磁信号的节距一般为 0.05 mm、0.1 mm、0.2 mm 和 1.0 mm 等。

按照基体的形状，磁尺可分为平面实体型磁尺、带状磁尺、线状磁尺和回转型磁尺，前三种用于测量直线位移，后一种用于测量角位移。

磁头是进行磁电转换的器件，它把反映位置的磁信号检测出来，并转换成电信号输送给检测电路。根据数控机床的要求，为了在低速运动和静止时也能进行位置检测，磁尺上采用的磁头与普通录音机上的磁头不同。普通录音机上采用的是速度响应型磁头，而磁尺上采用的是磁通响应型磁头。磁通响应型磁头的结构如图 3－22 所示。

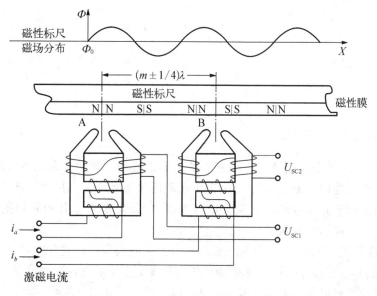

图 3－22　磁通响应型磁头

磁通响应型磁头有两组绕组，分别为绕在磁路截面尺寸较小的横臂上的激磁绕组和绕在磁路截面尺寸较大的竖杆上的拾磁绕组（输出绕组）。当对激磁绕组施加励磁电流 $i_a = i_0\sin\omega t$ 时，若 i_a 的瞬时值大于某一数值，横杆上的铁芯材料饱和，这时磁阻很大，磁

路被阻断,磁性标尺的磁通 Φ_0 不能通过磁头闭合,输出线圈不与 Φ_0 交链;如果 i_a 的瞬时值小于某一数值,i_a 所产生的磁通也随之降低,两横杆中的磁阻也降低到很小,磁通开路,Φ_0 与输出线圈交链。由此可见,激磁线圈的作用相当于磁开关。

3. 磁尺的工作原理

励磁电流在一个周期内两次为零,两次出现峰值。相应的磁开关通断各两次。磁路由通到断的时间内,输出线圈中交链磁通量由 Φ_0 变化到 0;磁路由断到通的时间内,输出线圈中交链磁通量由 0 变化到 Φ_0。Φ_0 由磁性标尺中磁信号决定,因此,输出线圈中输出的是一个调幅信号

$$U_{sc} = U_m \cos\left(\frac{2\pi x}{\lambda}\right)\sin\omega t \qquad (3-3)$$

式中:U_{sc} 为输出线圈中输出的感应电势;U_m 为输出电势峰值;λ 为磁性标尺节距;x 为磁头对磁性标尺的位移量;ω 为输出线圈感应电势的频率,它比励磁电流 i_0 的频率 ω_0 高一倍。

由式(3-3)可见,磁头输出信号的幅值是位移 x 的函数,只要测出 U_{sc} 为 0 的次数,就可以知道 x 的大小。

使用单个磁头输出信号小,而且对磁性标尺上磁化信号的节距和波形要求也较高。所以实际上总是将几十个磁头以一定方式串联,构成多间隙磁头使用。

为了辨别磁头的移动方向,通常采用间距为 $(m+1/4)\lambda$ 的两组磁头 $(m=1,2,3\cdots)$,并使两组磁头的励磁电流相位相差 $45°$,这样两组磁头输出电势信号的相位相差 $90°$。如果第一组磁头的输出信号是

$$U_{sc1} = U_m \cos\left(\frac{2\pi x}{\lambda}\right)\sin\omega t \qquad (3-4)$$

则第二组磁头的输出信号必然是

$$U_{sc2} = U_m \sin\left(\frac{2\pi x}{\lambda}\right)\sin\omega t \qquad (3-5)$$

3.3.3 光栅位置检测装置

光栅是由许多等节距的透光缝隙和不透光的刻线均匀相间排列而构成的光学器件。按工作原理分,有物理光栅和计量光栅,前者的刻度比后者细密。物理光栅主要利用光的衍射现象,通常用于光谱分析和光波测定等方面;计量光栅主要利用光栅的莫尔条纹现象,广泛应用于位移的精密测量与控制中。

在高精度数控机床中,利用计量光栅将机械位移或模拟量转变为数字脉冲,反馈给数控系统,实现闭环控制。随着激光技术的发展,光栅制作技术得到很大提高。现在光栅精度可达微米级,再通过细分电路可以达到 $0.1\ \mu m$,甚至更高的分辨率。

按应用需要,计量光栅又有透射和反射之分。据用途不同,可制成用于测量线位移的长光栅和测量角位移的圆光栅。

1. 光栅位置检测装置的结构

如图 3-23 所示,光栅检测装置主要由光源、聚光镜、标尺光栅(长光栅)、指示光栅

（短光栅）和光敏元件等组成。

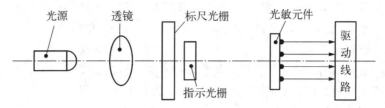

图 3 - 23　光栅位置检测装置

光栅是在一块长条形的光学玻璃上或金属镜面上均匀地刻上许多与运动方向垂直的线条。线条之间的距离（即栅距）可以根据测量精度确定。常用的光栅每毫米刻有 50、100 或 200 条线。标尺光栅装在机床的移动部件上，指示光栅装在机床的固定部件上。

两块光栅相互平行并保持一定的间隙（通常为 0.05 mm 或 0.1 mm），刻线密度必须相同。位置检测装置可以看做是由读数头和标尺光栅两部分组成的。读数头是位置信息的检出装置，它与标尺光栅配合可产生莫尔条纹，并被光敏元件接收而给出位移的大小及方向的信息。因此，读数头是位移-光-电变换器。

2. 光栅位置检测装置的工作原理

如图 3 - 24(a)所示，当指示光栅上的线纹和标尺光栅上的线纹成一小角度 θ 时，两个光栅尺上线纹相互交叉。在光源的照射下，交叉点附近的小区域内黑线重叠，透明区域变大，挡光面积最小，挡光效应最弱，透光的累积使这个区域出现亮带。相反，距交叉点越远的区域，两光栅不透明黑线的重叠部分越少，黑线占据的空间增大，因而挡光面积增大，挡光效应增强，只有较少的光线透过光栅而使这个区域出现暗带。这种明暗相间的条纹称为"莫尔条纹"。莫尔条纹与光栅线纹几乎成垂直方向排列。莫尔条纹具有如下特征：

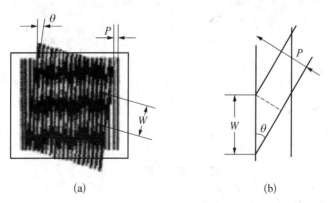

(a)　　　　　　　　　　　(b)

图 3 - 24　光栅工作原理

1) 放大作用

当两光栅尺线纹间的夹角 θ 很小时，莫尔条纹的节距 W 和栅距 P 之间有如下关系，如图 3 - 25(b)所示

$$W = \frac{P}{\sin\theta} \approx \frac{P}{\theta} \tag{3 - 6}$$

由式(3-6)可知，莫尔条纹的节距是光栅栅距的 $1/\theta$。由于 θ 很小（小于 $10'$），故 W

远大于 P，即莫尔条纹具有放大作用。若取栅距 $P = 0.01\ \mathrm{mm}$，$\theta = 0.01$ 弧度，得 $W = 1\ \mathrm{mm}$。因此，不需要经过复杂的光学系统，就能把光栅的栅距转换成放大 100 倍的莫尔条纹的宽度，从而大大简化了电子放大线路，这是光栅技术独有的特点。

2）平均效应

莫尔条纹由若干条线纹组成，例如每毫米 100 条线纹的光栅，10 mm 宽的莫尔条纹就由 1 000 根线纹组成。因而对个别栅线的间距误差（或缺陷）就平均化了，在很大程度上减小了栅距不均匀造成的误差。

3）信息变换作用

莫尔条纹的移动与栅距之间的移动成比例。当光栅向左或向右移动一个栅距时，莫尔条纹也相应地向上或向下准确地移动一个节距 W。显然，读出莫尔条纹的数目比读出刻线数便利得多。根据光栅栅距的位移和莫尔条纹位移的对应关系，通过测量莫尔条纹移过的距离，就可以测出小于光栅栅距的微位移量。

4）光强分布规律

当用平行光束照射光栅时，就形成明、暗相间的莫尔条纹。由亮纹到暗纹，再由暗纹到亮纹的光强分布近似余弦函数。

3. 光栅检测装置的应用

根据莫尔条纹的上述特点，在实际使用中，在莫尔条纹移动方向上开设四个窗口 P_1、P_2、P_3、P_4，且这四个窗口两两相距 $W/4$。根据这四个窗口测得的有关光强信号，即可实现位置检测的目的。图 3 - 25 所示，给出了一个光栅测量系统。

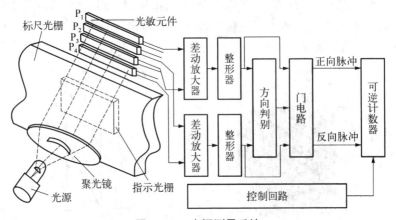

图 3 - 25　光栅测量系统

1）测量移动位置

将标尺光栅安装在机床移动部件上（如工作台上），将读数头安装在机床固定部件上，（如床身上）。根据莫尔条纹的特点，当标尺移动一个栅距时，莫尔条纹就移动一个莫尔条纹的宽度，即透过任何一个窗口的光强就变化一个周期。故可通过观察透过的光强变化的周期数确定标尺光栅移动了几个栅距，由此就可测得机床移动部件的位移。

2）确定移动方向

从四个观察窗口，可以得到四个在相位上依次超前或滞后 1/4 周期的近似余弦函数的光强变化过程。当标尺光栅正方向移动时，可得到四个光强信号，P_1 滞后 P_2 90°，P_2 滞后

P_3 90°，P_3 滞后 P_4 90°；当标尺光栅反方向移动时，四个光强的变化为 P_1 超前 P_2 90°，P_2 超前 P_3 90°，P_3 超前 P_4 90°。因此，从四个窗口得到的光的强度变化的相互超前或滞后关系就可确定出机床移动部件的移动方向。

3）确定移动速度

根据莫尔条纹的标尺光栅的位移与莫尔条纹的位移成比例的特点，可得出标尺光栅的移动速度和莫尔条纹的移动速度成比例，也和观察窗口的光强变化频率相对应。因此，可以根据透过观察窗口的光强变化频率来确定标尺光栅的移动速度，即机床移动部件的移动速度。

由上述分析可知，通过分析窗口中光强变化的过程、光强超前或滞后的相位关系、光强变化的频率可以检测出机床移动部件的位移、方向和速度。在实际应用中，是利用光敏元件来检测光强变化的。光敏元件把透过观察窗口的近似于余弦函数的光强变化全部转换成近似余弦函数的电压信号。因此，可根据光敏元件产生的四个两两相差 90° 的交变电压信号的变化情况、相位关系及频率来确定机床移动部件的移动情况。

3.3.4　脉冲编码器

脉冲编码器是一种旋转式脉冲发生器，能把机械转角变成电脉冲，是数控机床上使用很广泛的位置检测装置，同时也可用作速度检测装置。

1. 脉冲编码器的分类与结构

脉冲编码器分为光电式、接触式和电磁感应式三种。从精度和可靠性方面来看，光电式优于其他两种。数控机床上主要使用光电式。光电式脉冲编码器的结构如图 3-26 所示。在一个圆盘的圆周上刻有等间距线纹，分为透明和不透明的部分，称为圆光栅。圆光栅与工作轴一起旋转。与圆光栅相对，平行放置一个固定的扇形薄片，称为指示光栅，上面制有相差 1/4 节距的两个狭缝（在同一圆周上，称为辨向狭缝）。此外，还有一个零位狭缝（每转发出一个脉冲）。脉冲发生器通过十字连接头或键与伺服电动机相连。

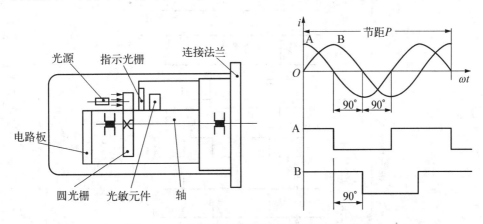

图 3-26　光电脉冲编码器结构及其输出波形

2. 光电脉冲编码器的工作原理

当圆光栅与工作轴一起转动时，光线透过两个光栅的线纹部分，形成明暗相间的条纹。光电元件接收这些明暗相间的光信号，并转换为交替变换的电信号。该电信号为两组近似于正弦波的电流信号 A 和 B，如图 3-26 所示。A 和 B 信号相位相差 90°，经放大和整形变成方形波。通过两个光栅的信号,还有一个"每转脉冲",称为 Z 相脉冲,该脉冲也是通过上述处理得来的。Z 脉冲用来产生机床的基准点。后来的脉冲被送到计数器,根据脉冲的数目和频率可测出工作轴的转角及转速。

脉冲编码器输出信号有 A、$\bar{A}$、B、$\bar{B}$、Z 等信号,这些信号作为位移测量脉冲,以及经过频率-电压变换作为速度反馈信号,进行速度调节。

3. 光电脉冲编码器的应用

光电脉冲编码器在数控机床上用作位置检测装置,将检测信号反馈给数控系统。

光电脉冲编码器将检测信号反馈给数控系统的方式有两种,一种是适应带加减计数要求的可逆计数器,形成加计数脉冲和减计数脉冲;另一种是适应有计数控制和计数要求的计数器,形成方向控制信号和计数脉冲。如图 3 - 27 所示为第一种方式的电路[见图

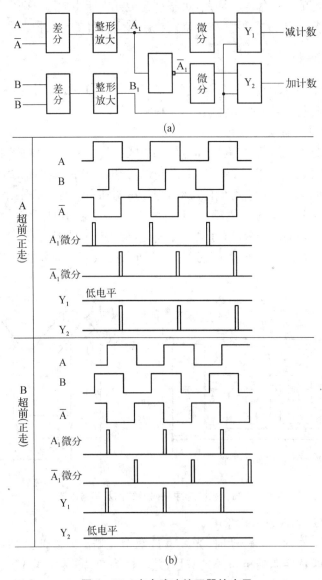

图 3‑27　光电脉冲编码器的应用

(a)]和波形[见图(b)]。脉冲编码器的输出脉冲信号 A、$\overline{A}$、B、$\overline{B}$ 经过差分驱动和差分接收进入 CNC 系统,再经过整形放大电路变为 A_1、B_1 两路脉冲。将 A_1 脉冲和它的反向信号 $\overline{A}_1$ 脉冲进行微分(图中为上升沿微分)作为加、减计数脉冲。B_1 路脉冲信号被用作加、减计数脉冲的控制信号,正走时(A 脉冲超前 B 脉冲),由 Y_2 门输出加计数脉冲,此时 Y_1 门输出为低电平;反走时(B 超前 A),由 Y_1 门输出减计数脉冲,此时 Y_2 门输出为低电平。

3.3.5　旋转变压器

　　旋转变压器是一种控制用的微电机,它将机械转角变换成与该转角呈某一函数关系的电信号。在结构上与两相线绕式异步电动机相似,由定子和转子组成。定子绕组为变压器的原边,转子绕组为变压器的副边。激磁电压接到定子绕组上,其频率通常为 400 Hz、500 Hz、1 000 Hz 和 5 000 Hz。旋转变压器结构简单、动作灵敏,对环境无特殊要求,维护方便,输出信号幅度大,抗干扰性强,工作可靠。因此,在数控机床上广泛应用。

　　1. 旋转变压器的工作原理

　　旋转变压器在结构上保证定子和转子之间空气隙内磁通分布符合正弦规律,因此当激磁电压加到定子绕组上时,通过电磁耦合,转子绕组产生感应电动势,如图 3－28 所示。其输出电压的大小取决于转子的角向位置,即随着转子偏转的角度呈正弦变化。当转子绕组的磁轴与定子绕组的磁轴位置转动一角度 θ 时,绕组中产生的感应电动势为

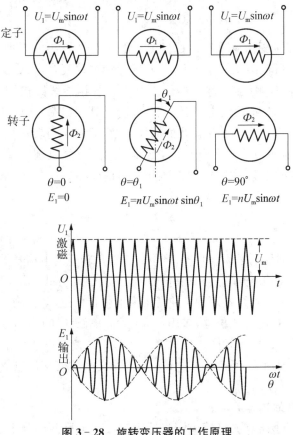

图 3－28　旋转变压器的工作原理

$$E_1 = nU_1\sin\theta = nU_m\sin\omega t\sin\theta \tag{3-7}$$

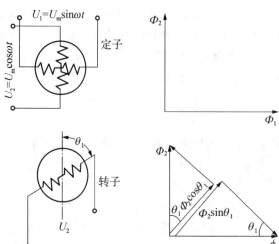

式中：n 为变压比；U_1 为定子的输出电压；U_m 为定子最大瞬时电压。

当转子转到两磁轴平行时，即

$$E_1 = nU_m\sin\omega t \tag{3-8}$$

2. 旋转变压器的应用

在实际应用中，通常采用的是正弦、余弦旋转变压器。其定子和转子绕组中各有互相垂直的两个绕组，如图 3-29 所示。当激磁绕组用两个相位相差 90° 的电压供电时，应用叠加原理，在副边的一个转子绕组中磁通为（另一绕组短接）

图 3-29　正弦、余弦旋转变压器

$$\Phi_3 = \Phi_1\sin\theta_1 + \Phi_2\cos\theta_2 \tag{3-9}$$

而输出电压为

$$\begin{aligned}
U_3 &= nU_m\sin\omega t\cot\sin\theta_1 + nU_m\cos\omega t\cos\theta_1 \\
&= nU_m\cos(\omega t - \theta_1)
\end{aligned} \tag{3-10}$$

由此可知，当把激磁信号 $U_1 = U_m\sin\omega t$ 和 $U_2 = U_m\cos\omega t$ 施加于定子绕组时，旋转变压器转子绕组便可输出感应信号 U_3。若转子转过角度 θ_1，那么感应信号 U_3 和激磁信号 U_2 之间一定存在着相位差，这个相位差可通过鉴相器线路检测出来，并表示成相应的电压信号。这样，通过对该电压信号的测量便可得到转子转过的角度 θ_1。但由于 $U_3 = nU_m\cos(\omega t - \theta_1)$ 是关于变量 θ_1 的周期函数，故转子每转一周，U_3 值将周期性地变化一次。因此，在实际应用时，不但要测出 U_3 的大小，而且还要测出 U_3 的周期性变化次数；或者将被测角位移 θ_1 限制在 180° 之内，即每次测量过程中，转子转过的角度小于半周。

3.3.6　感应同步器

感应同步器是利用电磁耦合原理，将位移或转角转变为电信号的测量装置。实质上，它是多极旋转变压器的展开形式。感应同步器按其运动方式和结构形式的不同，可分为旋转式（或称圆盘式）和直线式两种。前者用来检测转角位移，常用于精密转台、各种回转伺服系统；后者用来检测直线位移，多用于大型和精密机床的自动定位、位移数字显示和数控系统中。两者工作原理相同。

感应同步器一般由 1 000～10 000 Hz、几伏到几十伏的交流电压励磁，输出电压一般不超过几毫伏。

1. 感应同步器的工作原理

以直线式感应同步器为例，感应同步器由定尺和滑尺两部分组成，如图 3-30 所示。

定尺与滑尺平行安装,且保持一定间隙。定尺表面有连续平面绕组,滑尺上有两组分段绕组,分别称为正弦绕组和余弦绕组,这两段绕组相对于定尺绕组在空间错开 1/4 的节距,节距用 2τ 表示。工作时,当在滑尺两个绕组中的任一绕组加上激励电压时,由于电磁感应,在定尺绕组中会感应出相同频率的感应电压,通过对感应电压的测量,可以精确地测量出位移量。

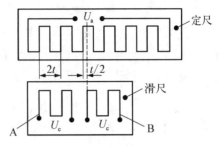

图 3-30　直线式感应同步器的
定尺与滑尺

如图 3-31 所示为滑尺在不同位置时定尺上的感应电压。在 a 点时,定尺与滑尺绕组重合,这时感应电压最大;当滑尺相对于定尺平行移动后,感应电压逐渐减小,在错开 1/4 节距的 b 点时,感应电压为零;再继续移至 1/2 节距的 c 点时,得到的电压值与 a 点相同,但极性相反;在 3/4 节距时达到 d 点,又变为零;再移动一个节距到 e 点,电压幅值与 a 点相同。这样,滑尺在移动一个节距的过程中,感应电压变化了一个余弦波形。由此可见,在励磁绕组中加上一定的交变励磁电压,感应绕组中会感应出相同频率的感应电压,其幅值大小随着滑尺移动按余弦规律变化。滑尺移动一个节距,感应电压变化一个周期。感应同步器就是利用感应电压的变化进行位置检测的。

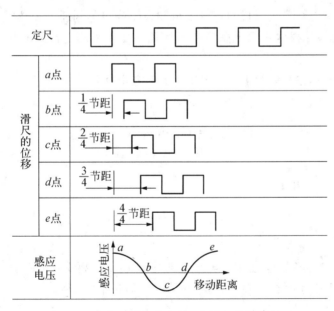

图 3-31　定尺上的感应电压与滑尺位置的关系

2. 感应同步器的应用

感应同步器作为位置测量装置在数控机床上有两种工作方式:鉴相式和鉴幅式。

1) 鉴相式

在此种工作方式下,给滑尺的正弦绕组和余弦绕组分别通上幅值、频率相同,而相位差为 90° 的交流电压

$$U_s = U_m \sin \omega t$$
$$U_c = U_m \cos \omega t \qquad (3-11)$$

激磁信号将在空间产生一个以 ω 为频率移动的行波。磁场切割定尺导片,并在如图 3-32 所示定尺上的感应电压与滑尺的关系感应出电动势,该电动势随着定尺与滑尺位置的不同而产生超前或滞后的相位差 θ。据叠加原理可以直接求出感应电动势

$$U_3 = KU_m \sin \omega t \sin \theta - KU_m \cos \omega t \cos \theta$$
$$= KU_m \sin(\omega t - \theta) \qquad (3-12)$$

设感应同步器的节距为 2τ,测量滑尺直线位移量 x 和相位差 θ 之间的关系为

$$\theta = \frac{2\pi x}{2\tau} = \frac{\pi x}{\tau} \qquad (3-13)$$

由式(3-13)可知,在一个节距内 θ 与 x 又是一一对应的,通过测量定尺感应电动势的相位 θ,即可测量出滑尺相对于定尺的位移 x。例如,定尺感应电动势与滑尺励磁电动势之间的相位角 $\theta = 180°$,在节距 $2\tau = 2$ mm 的情况下,表明滑尺移动了 0.1 mm。

2) 鉴幅式

在此种工作方式下,给滑尺的正弦绕组和余弦绕组分别通上相位、频率相同,但幅值不同的交流电压,并根据定尺上感应电压的幅值变化来测定滑尺和定尺之间的相对位移量。

加在滑尺正弦、余弦绕组上励磁电压幅值的大小,应分别与要求工作台移动的 x_1(与位移相应的电角度为 θ_1)成正弦、余弦关系:

$$U_s = U_m \sin \theta_1 \sin \omega t$$
$$U_c = U_m \cos \theta_1 \cos \omega t \qquad (3-14)$$

正弦绕组单独供电时,有

$$U_s = U_m \sin \theta_1 \sin \omega t$$
$$U_c = 0$$

当滑尺移动时,定尺上的感应电压 U_0 随滑尺移动距离 x(相应的位移角 θ)而变化。设滑尺正弦绕组与定尺绕组重合时 $x = 0$(即 $\theta = 0$),若滑尺从 $x = 0$ 开始移动,则在定尺上的感应电压为

$$U_0' = KU_m \sin \theta_1 \sin \omega t \cos \theta \qquad (3-15)$$

余弦绕组单独供电时,有

$$U_c = U_m \cos \theta_1 \sin \omega t$$
$$U_s = 0$$

若滑尺从 $x = 0$ 开始移动,则在定尺上的感应电压为

$$U''_0 = -KU_m \cos\theta_1 \sin\omega t \sin\theta \tag{3-16}$$

当正弦与余弦同时供电时，根据叠加原理，有

$$
\begin{aligned}
U_0 &= U'_0 + U''_0 \\
&= KU_m \sin\theta_1 \sin\omega t \cos\theta - KU_m \cos\theta_1 \sin\omega t \sin\theta \\
&= KU_m \sin\omega t \sin(\theta_1 - \theta)
\end{aligned}
\tag{3-17}
$$

由式(3-17)可知，定尺上感应电压的幅值随指令给定的位移 $x_1(\theta_1)$ 与工作台实际位移量 $x(\theta)$ 的差值的正弦规律变化。

3.3.7　测速发电机

测速发电机是一种能把机械转速转变成电信号的微型电机。它在数控系统中常作为伺服系统中的校正元件，用来检测和调节电动机的转速。测速发电机分为交流和直流两大类，交流测速发电机又有同步和异步之分。这里主要介绍交流异步测速发电机和直流测速发电机。

1. 交流异步测速发电机

目前应用较多的交流测速发电机主要是空心杯形异步转子测速发电机，其结构和空心杯形转子伺服电动机相似，其工作原理如图 3-32 所示。

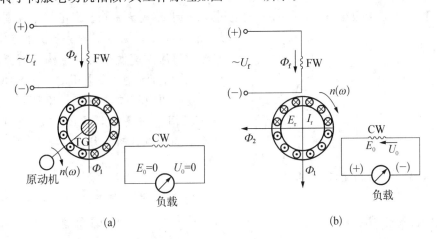

图 3-32　空心杯形异步转子交流测速发电机的工作原理

(a) 转子静止时　(b) 转子转动时

在定子内、外铁芯上，分别嵌放两套在空间相差 90° 的绕组，励磁绕组 FW 放在外定子上，输出绕组 CW 放在内定子上。当励磁绕组 FW 接恒频、恒压的交流电源 U_f 后，在测速发电机内、外定子间的气隙中，便产生一个与励磁绕组的轴线方向一致的交变脉动磁通 Φ_f。当测速发电机静止时（$n = 0$），则类似一台变压器，励磁绕组相当于变压器的原绕组，转子绕组相当于变压器的副绕组。磁通 Φ_f 在杯形转子中感应变压器电动势和涡流，涡流产生的磁通将阻碍 Φ_f 的变化，其合成磁通 Φ_1 的轴线仍与励磁绕组 FW 的轴线重合，而与输出绕组 CW 的轴线在空间相互垂直，故脉动磁通不能在输出绕组中感应出电动势，所以输出电压 $U_0 = 0$（实际上由于测速发电机的杯形转子形状不均匀、气隙不均匀及磁

路不是完全对称等原因,会造成输出端存在一定量的残余电压),如图 3-32(a)所示。但当测速发电机轴旋转($n \neq 0$)时,杯形转子切割磁通 Φ_1 而在转子中产生感应电动势 E_r,及电流 I_r,如图 3-33(b)所示。E_r 和 I_r 又与磁通 Φ_1 成正比,即

$$I_r \propto E_r \propto \Phi_1 n \tag{3-18}$$

故由 E_r 产生的电流 I_r 也要产生一个脉动磁通 Φ_2,且 I_r 与 Φ_2 成正比,而磁通 Φ_2 的方向正好与输出绕组 CW 的轴线重合,且穿过 CW。所以就在输出绕组 CW 上感应出变压器电动势 E_0,端电压为 U_0,U_0 也与 Φ_2 成正比,即

$$U_0 \propto \Phi_2 \tag{3-19}$$

由式(3-18)和式(3-19)可得

$$U_0 \propto \Phi_2 \propto I_r \propto E_r \propto \Phi_1 n \tag{3-20}$$

该式表明:当励磁电压 U_f 一定,测速发电机以转速 n 转动时,输出绕组产生的输出电压 U_0 的大小与 n 成正比。当转向改变时,U_0 的相位也改变 $180°$。可见交流测速发电机的输出电压信号完全反映了转速信号的大小和转向,可以检测或调节与其相连的伺服电机的转速。

2. 直流测速发电机

直流测速发电机是一种微型直流发电机,其中永磁式直流测速发电机不需要励磁绕组,采用永久磁极、矫顽磁力较高的磁钢制成。电磁式直流测速发电机的结构与直流伺服电动机相同,直流测速发电机的工作原理与他励直流发电机也相同,如图 3-33 所示。在励磁电压 U_f 恒定的条件下,旋转电枢绕组切割磁通产生的感应电动势为

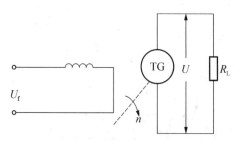

图 3-33 直流测速发电机接线

$$E = K_E \Phi_N n = Kn \tag{3-21}$$

当测速发电机空载时,电枢电流 $I_a = 0$,则电流测速发电机的输出电压 $U = U_0 = E = K_E \Phi_N n$ 中,因而输出电压与转速成正比。

当测速发电机所接负载电阻为 R_L 时,电枢电流 $I_a \neq 0$,则输出电压应为

$$U = E - I_a R_a \tag{3-22}$$

式中:R_a 为测速发电机电枢回路总电阻,它包括电枢绕组电阻、电刷和换向器间的接触电阻。

按照欧姆定律,电枢电流为

$$I_a = \frac{U}{R_L} \tag{3-23}$$

将式(3-23)代入式(3-22),整理得电压方程为

$$U = E - \frac{U}{R_L}R_a$$

$$U = \frac{K}{1 + \dfrac{R_a}{R_L}}n = Cn \qquad (3-24)$$

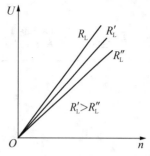

图 3-34 直流测速发电机的 $U = f(n)$ 特性曲线

式(3-24)表明,当 R_a,Φ_N 和 R_L 为恒定值时,C 为常数,U 仍与转速 n 成正比。但负载电阻 R_L 不同,对应测速发电机不同的输出特性。R_L 减小,输出特性斜率下降,$U = f(n)$ 的输出特性曲线如图 3-34 所示。

思考与练习

3-1 简述交流异步测速发电机的工作原理。

3-2 试述旋转变压器的构成及其工作原理。

3-3 试述感应同步器的构成及其工作原理。

3-4 莫尔条纹有何特点?

3-5 试述光栅位置检测装置的构成及工作原理。

3-6 在磁栅位置检测装置中,为什么要采用磁通响应式磁头? 该种磁头有何特点?

第4章 数控机床的机械结构

4.1 机械结构的特点

为了提高加工效率和加工质量,在设计和制造数控机床的过程中,在机床的机械传动和结构方面采取了许多措施,使数控机床比普通机床在机械传动和结构上有显著的优势。

为了达到数控机床高的运动精度、定位精度和高的自动化性能,其机械结构的特点主要表现在如下几个方面。

1. 高刚度

数控机床要在高速和重负荷条件下工作,因此,机床的床身、立柱、主轴、工作台、刀架等主要部件,均需具有很高的刚度,以减少机床工作中的变形和振动。例如,床身采用双结构,并配置有斜向肋板及加强肋,使其具有较高的抗弯刚度和抗扭刚度;为提高主轴部件的刚度,除主轴部件在结构上采取必要的措施以外,加工中心还采用高刚度的轴承,并适当预紧;增加刀架底座尺寸,减少刀具的悬伸,以适应稳定的重切削等。

2. 高灵敏度

数控机床的运动部件应具有较高的灵敏度。导轨部件通常用滚动导轨、塑料导轨、静压导轨等,以减少摩擦力,使其在低速运动时无爬行现象。工作台、刀架等部件的移动,由交流或直流伺服电动机驱动,经滚珠丝杠传动,减少了进给系统所需的驱动扭矩,提高了定位精度和运动平稳性。

3. 高抗振性

数控机床的一些运动部件,除应具有高刚度、高灵敏度外,还应具有高抗振性,即在高速重切削情况下减少振动,以保证加工零件的高精度和高的表面质量。特别要注意的是避免切削时的共振,因此对数控机床的动态特性提出了更高的要求。

4. 热变形小

机床的主轴、工作台、刀架等运动部件在运动中会产生热量,使加工中心产生相应的热变形。工艺过程的自动化和精密加工的发展,对机床的加工精度和精度稳定性提出了越来越高的要求。为保证部件的运动精度,要求各运动部件的发热量少,以防产生过大的热变形。因此,机床结构根据热对称的原则设计,并改善主轴轴承、丝杠螺母副、高速运动导轨副的摩擦特性。

5. 高精度保持性

为了加快数控机床投资的回收,必须使机床保持很高的开动比(比普通机床高 $2\sim3$

倍),因此必须提高机床的寿命和精度保持性,即在保证尽可能地减少电气和机械故障的同时,要求数控机床在长期使用过程中不失去精度。

6. 高可靠性

数控机床在自动或半自动条件下工作,尤其在柔性制造系统(FMS)中的数控机床,可在 24 小时运转中实现无人管理,这就要求机床具有高的可靠性。提高数控装置及机床结构的可靠性,即在工作过程中频繁动作的部件如换刀机构、托盘、工件交换装置等,必须保证在长期工作中十分可靠。另外,加工中心引入机床机构故障诊断系统和自适应控制系统、优化切削用量等,也都有助于提高机床的可靠性。

7. 模块化

模块化设计思想的灵活机床配置,使用户在数控机床的功能、规格方面有更多的选择余地,做到既能满足用户的加工要求,又尽可能使用户不为多余的功能承担额外的费用。数控机床通常由床身、立柱、主轴箱、工作台、刀架系统及电气总成等部件组成。如果把各种部件的基本单元作为基础,按不同功能、规格和价格设计成多种模块,用户可以按需要选择最合理的功能模块配置成整机。这不仅能降低数控机床的设计和制造成本,而且能缩短设计和制造周期,使加工中心最终赢得市场。目前,模块化的概念已开始从功能模块向全模块化方向发展,它已不局限于功能的模块化,而是扩展到零件和原材料的模块化。

8. 机电一体化

数控机床的机电一体化是对总体设计和结构设计提出的重要要求。它是指在整个数控机床功能的实现以及总体布局方面必须综合考虑机械和电气两方面的有机结合。新型数控机床的各系统已不再是各自不相关联的独立系统。最具典型的例子之一是数控机床的主轴系统,已不再是单纯的齿轮和带传动的机械传动,而是由交流伺服电动机为基础的电主轴。电气总成也已不再是单纯游离于机床之外的独立部件,而是把加工中心在布局上和机床结构有机地融为一体。由于抗干扰技术的发展,目前已把电力的强电模块与微电子的计算机弱电模块组合成一体,既减小了体积,又提高了系统的可靠性。

4.2　数控机床的主传动系统

4.2.1　数控机床主传动系统的特点

与普通机床相比,数控机床主传动系统具有下列特点:

(1)转速高、功率大。它能使数控机床进行大功率切削和高速切削,实现高效率加工。

(2)变速范围宽。数控机床的主传动系统有较宽的调速范围,以保证加工时能选用合理的切削用量,从而获得最佳的生产率、加工精度和表面质量。

(3)主轴变换迅速可靠。数控机床的变速是按照控制指令自动进行的,因此变速机构必须适应自动操作的要求。由于直流和交流主轴电动机的调速系统日趋完善,不仅能够方便地实现宽范围无级变速,而且减少了中间传递环节,提高了变速控制的可靠性。

(4)主轴组件的耐磨性高。这样能使传动系统长期保证精度。凡有机械摩擦的部位,如轴承、锥孔等都有足够的硬度,轴承处还有良好的润滑。

4.2.2 数控机床主轴的调速方法

数控机床的调速是按照控制指令自动执行的,因此变速机构必须适应自动操作的要求。在主传动系统中,目前多采用交流主轴电动机和直流主轴电动机无级调速。为扩大调速范围,适应低速大扭矩的要求,也经常应用齿轮有级调速和电动机无级调速相结合的调速方式。

数控机床主传动系统主要有4种配置方式,如图4-1所示。

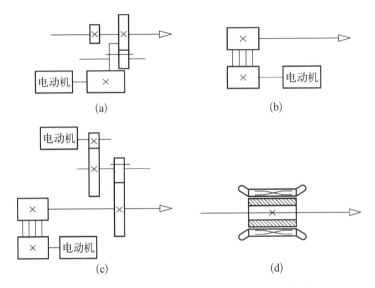

图 4-1 数控机床的主传动系统的 4 种配置方式
(a)变速齿轮 (b)带传动 (c)两个电机分别驱动 (d)内装电动机主轴传动结构

1. 带有变速齿轮的主传动

大、中型数控机床采用这种变速方式。如图4-1(a)所示,通过少数几对齿轮降速,扩大输出扭矩,以满足主轴低速时对输出扭矩特性的要求。数控机床在交流或直流电机无级变速的基础上配以齿轮变速,使之实现分段无级变速。

2. 通过带传动的主传动

如图4-1(b)所示,这种传动主要应用在转速较高、变速范围不大的机床。电动机本身的调速就能够满足要求,不用齿轮变速,可以避免齿轮传动引起的振动与噪声。它适用于要求高速、低转矩特性的主轴。

3. 用两个电动机分别驱动主轴

如图4-1(c)所示,这是上述两种方式的混合传动,具有两种传动方式的特点。高速时电动机通过皮带轮直接驱动主轴旋转;低速时,另一个电动机通过两级齿轮传动驱动主轴旋转,齿轮起到降速和扩大变速范围的作用。这样使恒功率区增大,扩大了变速范围,克服了低速时转矩不够且电动机功率不能充分利用的缺陷。

4. 内装电动机主轴传动结构

如图 4-1(d)所示,这种主传动方式大大简化了主轴箱体与主轴的结构,有效地提高了主轴部件的刚度。

4.2.3 数控机床的主轴部件

数控机床的主轴部件,既要满足精加工时精度较高的要求,又要具备粗加工时高效切削的能力,因此在旋转精度、刚度、抗振性和热变形等方面,都有很高的要求。在局部结构上,一般数控机床的主轴部件与其他高效、精密自动化机床没有多大区别,对于具有自动换刀功能的数控机床,其主轴部件除主轴、主轴轴承和传动件等一般组成部分外,还有刀具自动装卸及吹屑装置、主轴准停装置等。

1. 主轴的支承与润滑

数控机床主轴的支承可以有多种配置形式。如图 4-2 所示为一种数控车床主轴部件。因为主轴在切削时承受较大的切削力,所以轴径设计得比较大。前轴承为三个推力角接触球轴承,前面两个轴承开口朝向主轴前端,接触角为 25°,用以承受轴向切削力;第三个轴承开口朝里,接触角为 14°。三个轴承的内外圈轴向由轴肩和箱体孔的台阶固定,以承受轴向负荷。后支承由一对背对背的推力角接触球轴承组成,只承受径向载荷,并由后压套进行预紧。轴承预紧量预先配好,直接装配即可,无需修磨。

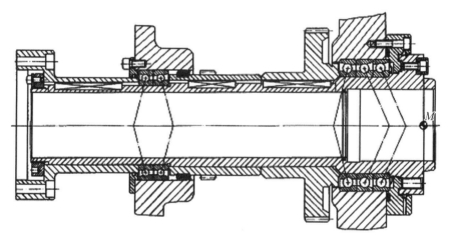

图 4-2 TND360 型数控车床主轴

数控车床主轴轴承有的采用油脂润滑,迷宫式密封;有的采用集中强制润滑。为了保证润滑的可靠性,常以压力继电器作为失压报警装置。

2. 卡盘

为了减少辅助时间和劳动强度,并适应自动化和半自动加工的需要,数控车床多采用动力卡盘装夹工件。目前使用较多的是自动定心液压动力卡盘。

如图 4-3 所示为数控车床上采用的一种液压驱动动力自定心卡盘,卡盘 3 用螺钉固定在主轴(短锥定位)上,液压缸 5 固定在主轴后端。改变液压缸左、右腔的通油状态,活塞杆 4 带动卡盘内的驱动爪 1 和卡爪 2,夹紧或放松工件,并通过行程开关 6 和 7 发出相应信号。

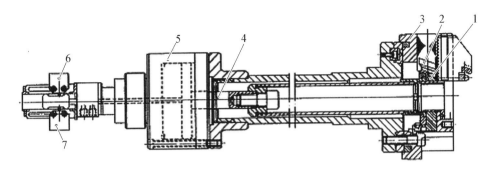

图 4-3　液压驱动力的自动定心夹盘

1—驱动爪;2—卡爪;3—卡盘;4—活塞杆;5—液压缸;6、7—行程开关

3. 刀具自动装卸及切屑清除装置

在某些带有刀具库的数控机床中,主轴部件除具有较高的精度和刚度外,还带有刀具自动装卸装置和主轴孔内的切屑清除装置,如图 4-4 所示。

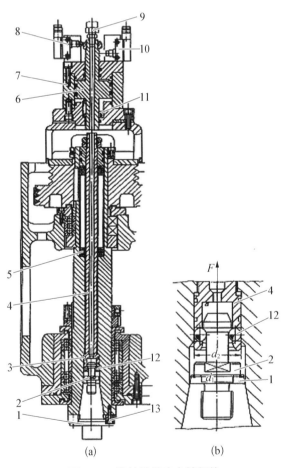

(a)　　　　(b)

图 4-4　数控铣镗床主轴部件

1—刀夹;2—拉钉;3—主轴;4—拉杆;5—碟形弹簧;6—活塞;
7—液压缸;8、10—行程开关;9—压缩空气管接头;
11—弹簧;12—钢球;13—端面键

主轴前端有 7:24 的锥孔,用于装夹锥柄刀具。端面键 13 既做刀具定位用,又可以传递扭矩。为了实现刀具的自动装卸,主轴内设有刀具自动夹紧装置。从图中可以看出,该机床是由拉紧机构拉紧锥柄刀夹尾端的轴颈来实现刀具的定位及夹紧的。夹紧刀夹时,液压缸上腔接通回油,弹簧 11 推活塞 6 上移,处于图示位置,拉杆 4 在碟形弹簧 5 的作用下向上移动。由于此时装在拉杆前端径向孔中的四个钢球 12 进入主轴孔中直径较小的 d_2 处(见图 4-4),被迫径向收拢而卡进拉钉 2 的环形凹槽内,使刀杆被拉杆拉紧,依靠摩擦力紧固在主轴上。换刀前需将刀夹松开,压力油进入液压缸上腔,活塞 6 推动拉杆 4 向下移动,碟形弹簧被压缩。当钢球 12 随拉杆一起下移至进入主轴孔中直径较大的 d_1 处时,它就不再能约束拉钉的头部,紧接着拉杆前端内孔的抬肩端面碰到拉钉,把刀夹顶松。此时行程开关 10 发出信号,换刀机械手随即将刀夹取下。与此同时,压缩空气由管接头 9 经活塞和拉

杆的中心通孔吹入主轴装刀孔内,把切屑或脏物清除干净,以保证刀具的装夹精度。机械手把新刀装上主轴后,液压缸 7 接通回油,碟形弹簧又拉紧刀夹。刀夹拉紧后,行程开关 8 发出信号。

自动清除主轴孔中的切屑和尘埃是换刀操作中的一个不容忽视的问题。如果在主轴锥孔中掉进了切屑或其他污物,在拉紧刀杆时,主轴锥孔表面和刀杆的锥柄就会被划伤,使刀杆发生偏斜,破坏刀具的正确定位,影响加工零件的精度,甚至使零件报废。为了保证主轴锥孔的清洁,常用压缩空气吹屑。如图 4 - 4(a)所示,活塞 6 的心部钻有压缩空气通道,当活塞向左移动时,压缩空气经拉杆 4 吹出,将锥孔清理干净。喷气小孔设计有合理的喷射角度,并均匀分布,以提高吹屑效果。

4．主轴准停装置

自动换刀数控机床主轴部件设有准停装置,其作用是使主轴每次都准确地停止在固定的周向位置上,以保证换刀时主轴上的端面键能对准刀夹上的键槽,同时使每次装刀时刀架与主轴的相对位置不变,提高刀具的重复安装精度,从而提高孔加工时孔径的一致性。如图 4 - 5 所示主轴部件采用的是电气准停装置,其工作原理如图 4 - 5 所示。在带动主轴旋转的多楔带轮 1 的端面上装有一个厚垫片 4,垫片上装有一个体积很小的永久磁铁 3。在主轴箱箱体对应于主轴准停的位置上,装有磁传感器 2。当机床需要停车换刀时,数控系统发出主轴停转的指令,主轴电动机立即降速,当主轴以最低转速慢转几转、永久磁铁 3 对准磁传感器 2 时,后者发出准停信号。此信号经放大后,由定

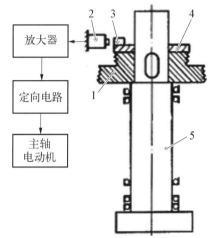

图 4 - 5　JCS - 018 主轴准停装置的工作原理

1—多楔带轮;2—磁传感器;3—永久磁铁;
4—垫片;5—主轴

向电路控制主轴电动机准确地停止在规定的周向位置上。这种装置可保证主轴准停的重复精度在 ±1′ 范围内。

4.3　数控机床的进给传动系统

4.3.1　数控机床进给传动的特点

数控机床的进给运动是数字控制的直接对象,不论是点位控制还是轮廓控制,工件的最后尺寸精度和轮廓精度都受进给运动的传动精度、灵敏度和稳定性的影响。因此,数控机床的进给系统一般具有以下特点。

1．摩擦阻力小

为了提高数控机床进给系统的快速响应性能和运动精度,必须减小运动件间的摩擦阻力及动、静摩擦力之差。为满足上述要求,在数控机床进给系统中普遍采用滚珠丝杠螺

母副、静压丝杠螺母副、滚动导轨、静压导轨和塑料导轨。与此同时,各运动部件还应有适当的阻尼,以保证系统的稳定性。

2. 传动精度和刚度高

进给传动系统的传动精度和刚度,从机械结构方面考虑主要取决于传动间隙和丝杠螺母副、蜗轮蜗杆副及其支承结构的精度和刚度。传动间隙主要来自传动齿轮副、蜗轮副、丝杠螺母副及其支承部件之间,因此进给传动系统广泛采取施加预紧力或其他消除间隙的措施。加大丝杠直径,以及对丝杠螺母副、支承部件、丝杠本身施加预紧力是提高传动刚度的有效措施。

3. 运动部件惯量小

运动部件的惯量对伺服机构的启动和制动特性都有影响,尤其是处于高速运转的零部件更是如此。因此,在满足部件强度和刚度的前提下,尽可能减小运动部件的质量、减小旋转零件的直径和质量,以减少其惯量。

4.3.2 滚珠丝杠螺母副

滚珠丝杠螺母副是回转运动与直线运动相互转换的新型传动装置,在数控机床上得到了广泛的应用。它的结构特点是在具有螺旋槽的丝杠螺母间装有滚珠作为中间传动元件,

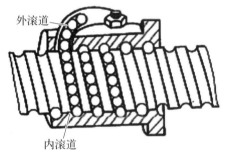

图 4-6 滚珠丝杠螺母副的工作原理

以减少摩擦,其工作原理如图 4-6 所示。图中丝杠和螺母上都有圆弧形螺旋槽,将它们对合起来就形成了螺旋滚道。在滚道内装有滚珠,当丝杠与螺母相对运动时,滚珠沿螺旋槽向前滚动,在丝杠上滚过数圈以后通过回程引导装置又逐个地滚回到丝杠和螺母之间,构成一个闭合的回路。

滚珠丝杠副的优点是:

(1)摩擦系数小,传动效率高,所需传动转矩小。

(2)灵敏度高,传动平稳,不易产生爬行,随动精度和定位精度高。

(3)磨损小,寿命长,精度保持性好。

(4)可通过预紧和间隙消除措施来提高轴向刚度和反向精度。

(5)运动具有可逆性。不仅可以将旋转运动变为直线运动,也可将直线运动变为旋转运动。

滚珠丝杠副的缺点是制造工艺复杂,成本高,在垂直安装时不能自锁,因而需附加制动机构。

1. 滚珠丝杠螺母副的结构

滚珠的循环方式有外循环和内循环两种。滚珠在返回过程中与丝杠脱离接触的为外循环;滚珠循环过程中与丝杠始终接触的为内循环。循环中的滚珠叫工作滚珠,工作滚珠所走过的滚道圈数叫工作圈数。

外循环滚珠丝杠副按滚珠循环时的返回方式主要有螺旋槽式和插管式两种。如图 4-7(a)所示为螺旋槽式,它是在螺母外圆上铣出螺旋槽,槽的两端钻出通孔并与螺纹滚

道相切,形成返回通道。这种形式的结构比插管式结构径向尺寸小,但制造较复杂。如图 4-7(b)所示为插管式,它用弯管作为返回管道。这种形式结构工艺性好,但由于管道突出于螺母体外,径向尺寸较大。

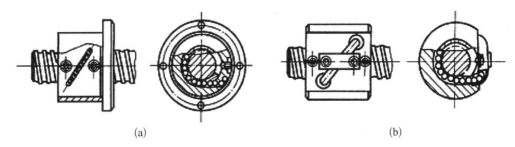

(a)　　　　　　　　　　　　　　(b)

图 4-7　外循环滚珠丝杠副

(a)螺旋槽式　(b)插管式

如图 4-8 所示为内循环结构。在螺母的侧孔中装有圆柱凸键式反向器,反向器上铣有 S 形回珠槽,将相邻两螺纹滚道连接起来。滚珠从螺纹滚道进入反向器,借助反向器迫使滚珠越过丝杠牙顶进入相邻滚道,实现循环。一般一个螺母上装有 2~4 个反向器,反向器沿螺母圆周等分分布。其优点是径向尺寸紧凑,刚性好,返回滚道较短,摩擦损失小。缺点是反向器加工较困难。

2. 滚珠丝杠螺母副轴向间隙的调整

滚珠丝杠的传动间隙是轴向间隙。为了保证反向传动精度和轴向刚度,必须消除轴向间隙。消除间隙常采用双螺母结构,利用两个螺母的相对轴向位移,使两个滚珠螺母中的滚珠分别贴紧在螺旋滚道的两个相反的侧面上。用这种方法预紧消除轴向间隙时,应注意预紧力不宜过大,否则会使空载力矩增大,从而降低传动效率,缩短使用寿命。此外还要消除丝杠安装部分和驱动部分的间隙。

常用的双螺母丝杠消除间隙的方法有:

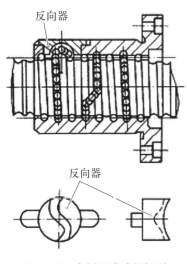

图 4-8　内循环滚珠丝杠副

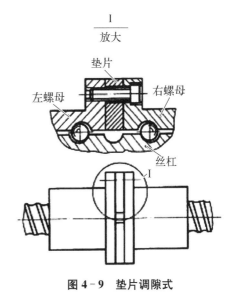

图 4-9　垫片调隙式

1) 垫片调隙式

如图 4-9 所示,调整垫片厚度使左右两螺母产生轴向位移,即可消除间隙并产生预紧力。这种方法结构简单,刚性好,但调整不便,滚道有磨损时不能随时消除间隙和进行预紧。

2) 双螺母调隙式

如图 4-10 所示,左螺母外端有凸缘,右螺母外端没有凸缘而制有螺纹,并用两个圆螺母固定,用平键限制螺母在螺母座内的转动。调整时,只要拧动内测圆螺母即可消除间隙并产生预紧力,然后用外测螺母锁紧。这种调整方法具有结构简单、工作可靠、调整方便的优点,但预紧量不够准确,其保持性也不如垫片调隙式好。

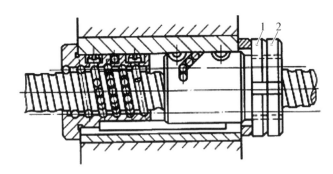

图 4-10 双螺母调隙式

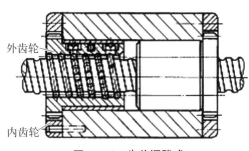

图 4-11 齿差调隙式

3) 齿差调隙式

如图 4-11 所示,在两个螺母的凸缘上各制有圆柱外齿轮,分别与紧固在套筒两端的内齿圈相啮合,其齿数分别为 Z_1 和 Z_2,并相差一个齿。调整时,先取下内齿圈,让两个螺母相对于套筒同方向都转动一个齿,然后再插入内齿圈,则两个螺母便产生相对角位移,其轴向位移量 $S = (1/Z_1 - 1/Z_2)L$(L 为丝杠导程)。例如,$Z_1 = 81$,$Z_2 = 80$,滚珠丝杠的导程为 $L = 6$ mm 时,$S = 6/6\,480 \approx 0.001$ mm。这种调整方法能精确调整预紧量,调整方便、可靠,但其结构尺寸较大,多用于高精度的传动。

3. 滚珠丝杠的支承方式

数控机床的进给系统要获得较高的传动刚度,除了加强滚珠丝杠副本身的刚度外,滚珠丝杠的正确安装及支承结构的刚度也非常重要。例如,为减少受力后的变形,轴承座应有加强肋,应增大轴承座与机床的接触面积,并采用高刚度的推力轴承以提高滚珠丝杠的轴向承载能力。

滚珠丝杠的几种支承方式如图 4-12 所示。

如图 4-12(a)所示为在滚珠丝杠的一端装推力轴承。这种安装方式适用于行程小的短丝杠,它的承载能力小,轴向刚度低。如图 4-12(b)所示为在滚珠丝杠的一端装推力轴承,另一端装向心球轴承。此种方式用于丝杠较长的情况,当热变形造成丝杠伸长时,其一端固定,另一端能作微量的轴向浮动。如图 4-12(c)所示为在滚珠丝杠的两端装止

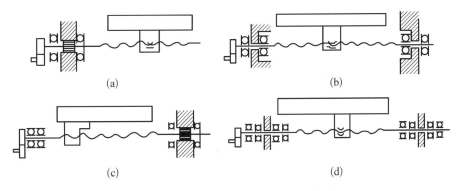

图 4-12 滚珠丝杠在机床上的支承方式

推轴承。把止推轴承装在滚珠丝杠的两端并施加预紧力,可以提高轴向刚度,而且丝杠工作时只承受拉力。但这种安装方式对丝杠的热变形较为敏感。如图 4-12(d)所示为在滚珠丝杠的两端都装止推轴承及向心球轴承。它的两端均采用双重支承并施加预紧,使丝杠具有较大的刚度。这种方式还可使丝杠的变形转化为推力轴承的预紧力。滚珠丝杠副可用润滑剂来提高耐磨性及传动效率。滚珠丝杠副和其他滚动摩擦的传动元件一样,为避免硬质灰尘或切屑污物进入,带有防护装置。

4.3.3 直线电动机进给系统

直线电动机是指可以直接产生直线运动的电动机,可作为进给驱动系统。在常规的机床进给系统中,一直采用"旋转电动机+滚珠丝杠"的传动体系。随着近几年来超高速加工技术的发展,滚珠丝杠机构已不能满足高速度和高加速度的要求,直线电动机有了用武之地。特别是大功率电子器件、新型交流变频调速技术、微型计算机数控技术和现代控制理论的发展,为直线电动机在高速数控机床中的应用提供了条件。直线电动机进给系统外观如图 4-13 所示。

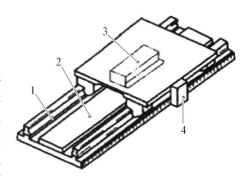

图 4-13 直线电动机进给系统外观
1—导轨;2—次级;3—初级;4—检测系统

1. 直线电动机工作原理简介

直线电动机的工作原理与旋转电动机相比没有本质的区别,可以将其视为旋转电动机沿圆周方向拉开展平的产物。如图 4-14 所示,对应于旋转电动机的定子部分,称为直线电动机的初级;对应于旋转电动机的转子部分,称为直线电动机的次级。当多相交变电流通入多相对称绕组时,就会在直线电动机初级和次级之间的气隙中产生一个行波磁场,从而使初级和次级之间相对移动。当然,两者之间也存在一个垂直力,可以是吸引力,也可以是推斥力。

直线电动机可以分为直流直线电动机、步进直线电动机和交流直线电动机三大类。

在机床上主要使用交流直线电动机。在结构上,可以有如图 4-15 所示的短次级和短初级两种形式。为了减小发热量和降低成本,高速机床用直线电动机一般采用如图 4-15(b)所示的短初级、动初级结构。

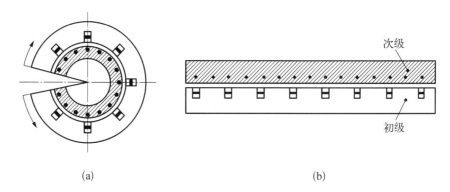

图 4‑14　直线电动机展平为旋转电动机的过程

（a）旋转电动机　（b）直线电动机

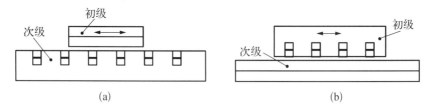

图 4‑15　直线电动机的形式

（a）短次级　（b）短初级

在励磁方式上,交流直线电动机可以分为永磁(同步)式和感应(异步)式两种。永磁式直线电动机的次级是一块一块铺设的永久磁钢,其初级是含铁芯的三相绕组;感应式直线电动机的初级和永磁式直线电动机的初级相同,而次级是用自行短路的不馈电栅条来代替永磁式直线电动机的永久磁钢。永磁式直线电动机在单位面积推力、效率、可控性等方面均优于感应式直线电动机,但其成本高,工艺复杂,而且给机床的安装、使用和维护带来不便。感应式直线电动机在不通电时是没有磁性的,因此有利于机床的安装、使用和维护,近年来,其性能不断改进,已接近永磁式直线电动机的水平。

2. 直线电动机的特点

现在的机加工对机床的加工速度和加工精度提出了越来越高的要求,传统的"旋转电动机＋滚珠丝杠"体系已很难适应这一趋势。使用直线电动机的驱动系统,有以下特点:

（1）使用直线伺服电动机,电磁力直接作用于运动体(工作台)上,而不用机械连接,因此没有机械滞后或齿节周期误差,精度完全取决于反馈系统的检测精度。

（2）直线电动机上装配全数字伺服系统,可以达到极好的伺服性能。由于电动机和工作台之间无机械连接件,工作台对位置指令几乎是立即反应(电气时间常数约为1 ms),从而使得跟随误差减至最小而达到较高的精度。而且,在任何速度下都能实现非常平稳的进给运动。

（3）直线电动机系统在动力传动中由于没有低效率的中介传动部件而能达到高效率,可获得很好的动态刚度(动态刚度指在脉冲负荷作用下伺服系统保持其位置的能力)。

（4）直线电动机驱动系统由于无机械零件相互接触,因此无机械磨损,也就不需要定期维护,也不像滚珠丝杠那样有行程限制,使用多段拼接技术可以满足超长行程机床的要求。

(5) 由于直线电动机的动件(初级)已和机床的工作台合二为一,因此,和滚珠丝杠进给单元不同,直线电动机进给单元只能采用全闭环控制系统。

4.3.4　数控机床的导轨

机床的导轨使机床运动部件沿一定运动轨迹运动,是机床的基本结构之一。机床的加工精度和使用寿命很大程度上取决于机床导轨的质量。机床导轨应满足的基本要求是:导向精度高;耐磨性好,精度保持性好;摩擦阻力小,运动平稳;结构简单,便于加工、装配、调整和维修。对于数控机床导轨,尤其数控机床进给运动导轨则应有更高要求,如:高速进给时不振动,低速进给时不爬行,有高的运动灵敏性,能在重载下长期连续工作,耐磨性好,精度保持性好等。现代数控机床使用的导轨,从类型上仍是滑动导轨、滚动导轨和静压导轨,但在导轨材料和结构上已发生了质的变化,与普通机床用的导轨有着显著的不同。为提高机床的伺服进给的精度和定位精度,数控机床的导轨都具有较低的摩擦系数和有利于消除低速爬行的摩擦特性。下面具体介绍几种数控机床常用的导轨。

1. 塑料滑动导轨

在现代数控机床上,传统的铸铁-铸铁、铸铁-镶钢导轨已不采用,而广泛采用的是铸铁-塑料、镶钢-塑料滑动导轨。塑料导轨都选为导轨副中短的动导轨,长的支承导轨为铸铁或钢质。用于导轨的铸铁牌号为 HT300;表面淬火,硬度至 45~50 HRC;表面磨削加工,表面粗糙度达 R0.20~0.10 μm。多用于铸造床身、立柱或龙门等场合。为提高支承导轨的耐磨性,以及结构原因(如焊接床身),也采用镶装钢导轨。镶装钢导轨多采用将淬硬的钢导轨块用螺钉固定在支承件上。镶装钢导轨在修理时能迅速地更换磨损了的导轨块;钢导轨常用 55 号钢、40Cr 或合金钢 GCr15、GCr15SiMn 等;表面淬硬或全淬,硬度为52~58HRC;采用表面磨削加工。对于导轨塑料,目前常用的性能较好的是聚四氟乙烯导轨软带和环氧型耐磨导轨涂层两类。

1) 聚四氟乙烯导轨软带

聚四氟乙烯导轨软带是塑料导轨中最成功、性能最好的一种。它是以聚四氟乙烯为基体,加入青铜粉、二硫化钼和石墨等充填剂混合烧结,并做成软带状。聚四氟四烯导轨软带具有下述特点:

(1) 摩擦特性好。铸铁-淬火钢导轨副的静、动摩擦系数相差较大。而金属-聚四氟乙烯导轨软带的动、静摩擦系数基本不变。良好的摩擦特性使聚四氟乙烯塑料导轨能防止低速爬行,使运动平稳,定位精度高,并运动灵敏。

(2) 耐磨性好。除摩擦系数低外,聚四氟乙烯导轨软带材料中含有青铜、二硫化钼和石墨,因此,其本身具有自润滑作用,对润滑油的供油量要求不高,采用间歇式供油即可。此外塑料质地较软,即使嵌入金属碎屑、灰尘等,也不致损伤金属导轨面和软带本身,可延长导轨副使用寿命。

(3) 减振性好。塑料的阻尼性能好,具有吸收振动的能力,可以减小振动和降低噪声,对提高摩擦副的相对运动速度有利。

(4) 工艺性好。可降低对粘贴塑料软带的金属基体的硬度和表面质量要求,而且塑料易于加工(铣、刨、磨、刮研),使导轨副接触面获得优良的表面质量。

(5) 刚度比滚动导轨好。导轨接触为面接触,接触面积大,刚度好。

聚四氟乙烯导轨软带的上述特点,使它广泛应用于中、小型数控机床的导轨中,常用的进给速度为 15 m/min 以下。数控车床、车削中心的床鞍导轨以及数控铣床和钻床等,都可以使用聚四氟乙烯导轨软带。

2) 环氧型耐磨涂层

环氧型耐磨涂层是另一类成功地用于金属-塑料导轨的材料。它是以环氧树脂和二硫化钼为基体,加入增塑剂,混合成液状或膏状为一组分和固化剂为另一组分的双组分塑料涂层。

导轨塑料涂层具有良好的可加工性,可车、刨、铣、钻、磨削和刮研。也有良好的摩擦特性和耐磨性,而且其抗压强度比聚四氟乙烯导轨软带要高,固化时体积不收缩,尺寸稳定。特别是可在调整好支承导轨和运动导轨间的相关位置精度后注入涂料,可节省许多加工工时,适用于重型机床和不能用导轨软带的复杂配合型面。西欧国家生产的数控轨床多采用这类涂层导轨。

2. 滚动导轨

在相配的两导轨面间放置滚动体,如滚珠、滚柱和滚针等,使导轨面间的摩擦成为滚动摩擦,这种导轨叫做滚动导轨。滚动导轨的最大优点是摩擦系数很小,一般为 0.002 5~0.005,比塑料滑动导轨还小很多,另外动、静摩擦系数很接近。因此,滚动导轨运动轻便灵活,运动的驱动力和功率小;在很低的运动速度下都不出现爬行,低速运动平稳性好,位移精度和定位精度高。滚动体和导轨硬度高,耐磨性好,因而磨损小,精度保持性好。滚动导轨还具有润滑简单的优点,可采用脂润滑,简化润滑系统。滚动导轨的缺点是抗振性差;结构比较复杂,制造困难,成本较高;对脏物比较敏感,必须有良好的防护装置。滚动导轨在数控机床上得到广泛的应用,主要是利用滚动导轨良好的摩擦特性,实现低速和精密的位移,精确的定位。数控机床的伺服进给运动以直线进给运动最多最普遍,因此在直线进给中采用滚动导轨最为广泛。目前,直线运动滚动支承种类很多,都已形成系列,由专业工厂生产。用户可根据精度、寿命、刚度和结构进行选购。现代数控机床常用的直线滚动导轨有两种,直线滚动导轨副和直线滚动导轨块。

1) 直线滚动导轨副

直线滚动导轨副是近来出现的一种滚动导轨,其结构如图 4-16 所示。导轨条 7 是支承导轨,使用时安装在床身、立柱等支承件上,滑块 5 装在工作台、滑座等移动件上,沿导轨条作直线移动,滑块 5 中装有四组滚珠 1,在导轨条和滑块的直线滚道内滚动。当滚珠滚动到滑块的端点,如图 4-16(b) 左端所示,会经合成树脂制造的端面挡板 4 和滑块中的回珠孔 2 回到另一端,经另一端挡板再进入循环。四组滚珠各有自己的回珠孔,分别处于滑块的四角。四组滚珠和滚道接触使滑块 5 相对支承导轨条 7 完全定心,只允许两者在垂直图面方向运动。接触角 α 常取为 45°。滚珠在滚道中的接触如图 4-16(c) 所示。滚道的曲率半径,略大于滚珠半径。在载荷的作用下,接触区为一椭圆。其面积随载荷而加大。图中,6 是注润滑脂的油嘴,3 和 8 是密封垫,防止灰尘进入。

在直线滚动导轨使用中存在导轨的配置和固定安装问题。导轨条常选为两根,装在支承件上,如图 4-17 所示。每根导轨条上有两个滑块,固定在移动件上。如移动件较长,也可以在一根导轨条上装 3 个或 3 个以上的滑块。如移动件较宽,也可用 3 根或 3 根

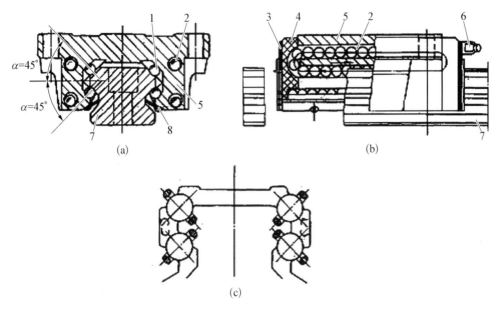

图 4‑16　直线滚动导轨副结构

1—滚珠；2—回珠孔；3、8—密封垫；4—挡板；5—下攒块；6—注润滑脂油嘴；7—导轨条

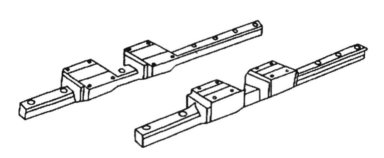

图 4‑17　直线滚动导轨副的配置

以上的导轨条。移动件刚度高,滑块和导轨条可少装;刚度不高时,就要多装。滑块和导轨条的固定安装如图 4‑18 所示。两条导轨中,一条为基准导轨(图中右导轨),通过该导轨副对支承件和移动件的正确定位和安装,来保证移动件相对支承件的正确导向轨迹,基准导轨上基准面 A,它的滑块上有基准面 B。装配时,将基准导轨的基准面靠在支承件 5 的定位面上,用螺钉 4 顶靠后,用螺栓固定拧紧在支承件上。滑块的基准面 B 则靠在移动件的定位面上,用螺钉 4 顶靠,然后用螺栓固定拧紧在移动件上。另一条为从动导轨,安装时调整其位置使移动件在两条导轨上轻快移动,无干涉即可,调整后用螺栓把导轨条和滑块分别紧固在支承件和移动件上。当使用多个导轨条时,应选其中一条作为基准导轨,其他都为从动导轨。

2）滚动导轨块

这是一种滚动体做循环运动的滚动导轨。移动部件运动时,滚动体沿它自己的封闭导道做连续的循环运动,因而与运动部件的行程大小无关。这种结构本身便于做成独立的组件,由专业工厂集中生产,一般称滚动导轨块。滚动导轨块装配使用方便,维修更换

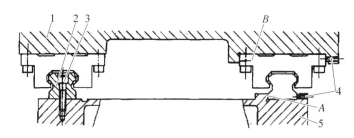

图 4 - 18　直线滚动导轨副的固定

1—移动件；2—防尘盖；3—固定螺钉；4—定位顶紧螺钉；5—支承件；A、B—定位面

简单，滚动体不外露，防护可靠。滚动导轨块的滚动体为滚珠或滚柱，数控机床上常采用滚柱式滚动导轨块，其结构如图 4 - 19 所示，它多用于中等负载导轨。支承块 2 用螺钉 1 固定在移动件 3 上，滚子 4 在支承块与支承导轨 5 之间滚动，并经两端挡板 7 和 6 及上面的返回槽返回，做循环运动。使用时每一导轨副至少用两块或更多块，导轨块的数目取决动导轨的长度和负载大小。与之相配的支承导轨多用镶钢淬火导轨。如图 4 - 20 所示为导轨块的具体使用示意。由 5、8 共六个导轨块构成一矩一平导轨组合。导轨块 5、8 起垂直导向和承担主要载荷作用。利用滚动导轨块还可以组合成其他截面形状的导轨组合，如：三角形导轨、双三角形导轨；双矩形导轨等。

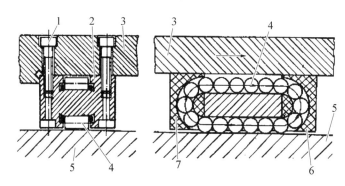

图 4 - 19　滚动导轨块

1—紧固螺钉；2—支承块；3—移动件；4—滚子；5—支承导轨；6、7—挡块

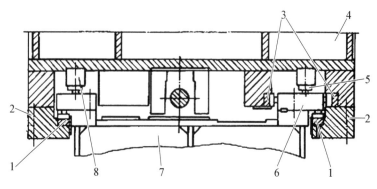

图 4 - 20　滚动导轨块使用示意图

1—楔铁；2—压块；3—楔铁；4—立柱；5、8—滚动导轨块；6—导向基准导轨；7—床身

3）直线运动滚动支承的精度和预紧

直线运动滚动支承的精度分为 1、2、3、4、5、6 级。数控机床常采用 1 级或 2 级。不同精度和规格的导轨支承,对安装基面均有相应的形位公差要求。

导轨支承的工作间隙直接影响它的运动精度、承载能力和刚度。间隙分为普通间隙和负间隙、即预紧。通过预紧,可增加滚动体与导轨面的接触,以减小导轨面平面度、滚子直线度及滚动体直径不一致误差影响,使大多数滚动体参加工作,提高了导向精度。由于有预加接触变形,接触刚度有所增加,阻尼性能也有所增加,提高了导轨的抗振性。预紧分轻预紧和中预紧两种情况。普通间隙通常用于对精度无要求和要求尽量减小滑动阻力的场合;轻预紧用于精度要求高,但载荷较轻的场合;中预紧用于对精度和刚度均要求较高的,具有冲击、振动和重切削的场合,例如加工中心、数控车床等。过大的预紧量不但对刚度增加不起作用,反而会降低导轨使用寿命和增大牵引力。

3. 静压导轨

液体静压导轨是指在两个相对运动的导轨面间通入压力油,使运动件稍微浮起,工作过程中,导轨面上油腔中油压能随着外载荷的变化自动调节,以平衡外载荷,保证导轨面间始终处于纯液体摩擦状态。液体静压导轨有下列优点:

（1）导轨面之间的纯液体摩擦,使摩擦系数极小,约为 0.000 5,故驱动力和功率大大降低,运动灵敏,不产生低速爬行,位移精度和定位精度高。

（2）两导轨正常工作时不接触,导轨磨损小,寿命长,精度保持性好。

（3）油膜具有误差均化作用,提高导向精度。

（4）油膜承载能力大,刚度高,吸振性良好。

缺点是结构比较复杂,增加了一套液压设备;对油液纯净度要求高;工作调整比较麻烦。

目前液体静压导轨在大型、重型数控机床上应用较多,中、小型数控机床也有应用。

4.4　自动换刀装置

数控机床为了能在工件一次装夹中完成多个工步,以缩减辅助时间和减少多次安装工件所引起的误差,通常带有自动换刀系统。自动换刀系统由控制系统和换刀装置组成。控制系统属于数控系统中的部分内容,这里只讨论换刀装置。数控车床上的回转刀架就是一种最简单的自动换刀装置。对于多工步的数控机床,逐步发展和完善了各类回转刀具的自动更换装置,扩大了换刀数量,换刀动作更为复杂。各种不同的自动换刀装置都应满足换刀时间短、刀具重复定位精度高、刀具储存量多、刀库占地面积(刀库体积)小以及安全可靠等基本要求。

4.4.1　数控车床的自动转位刀架

刀架是数控车床的重要功能部件,其结构形式很多,主要取决于机床的形式、加工范围以及刀具的种类和数量等。下面介绍几种典型刀架结构。

1. 数控车床方刀架

如图 4-21 所示为数控车床方刀架结构,该刀架可以安装 4 把不同的刀具,转位号由加工程序指定。其工作过程如下。

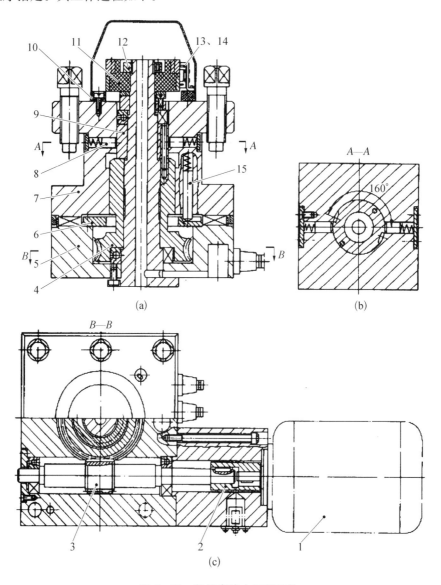

图 4-21　数控车床方刀架结构

1—电动机;2—联轴器;3—蜗杆轴;4—蜗轮丝杠;5—刀架底座;6—粗定位盘;7—刀架体;
8—球头销;9—转位套;10—电刷座;11—发信体;12—螺母;13、14—电刷;15—粗定位销

1）刀架抬起

当数控装置发出换刀指令后,电动机 1 起动正转,通过平键套筒联轴器 2 使蜗杆轴 3 转动,从而带动蜗轮丝杠 4 转动。刀架体 7 的内孔加工有螺纹,与丝杠连接,蜗轮与丝杠为整体结构。当蜗轮开始转动时,由于刀架底座 5 和刀架体 7 上的端面齿处在啮合状态,且蜗轮丝杠轴向固定,这时刀架体 7 抬起。

2) 刀架转位

当刀架体抬至一定距离后,端面齿脱开,转位套 9 用销钉与蜗轮丝杠 4 联接,随蜗轮丝杠一同转动,当端面齿完全脱开时,转位套正好转过 160°(见图 4 - 21 中 A—A 剖面),球头销 8 在弹簧力的作用下进入转位套 9 的槽中,带动刀架体转位。

3) 刀架定位

刀架体 7 转动时带着电刷座 10 转动,当转到程序指定的刀号时,粗定位销 15 在弹簧的作用下进入粗定位盘 6 的槽中进行粗定位,同时电刷 13 接触导体使电动机 1 反转。由于粗定位槽的限制,刀架体 7 不能转动,使其在该位置垂直落下,刀架体 7 和刀架底座 5 上的端面齿啮合实现精确定位。

4) 夹紧刀架

电动机继续反转,此时蜗轮停止转动,蜗杆轴 3 自身转动,两端面齿增加到一定夹紧力时,电动机 1 停止转动。

译码装置由发信体 11、电刷 13 和电刷 14 组成。电刷 13 负责发信,电刷 14 负责位置判断。当刀架定位出现过位或不到位时,可松开螺母 12,调整发信体 11 与电刷 14 的相对位置。

这种刀架在经济型数控车床及卧式车床的数控化改造中得到广泛的应用。

2. 盘形自动回转刀架

如图 4 - 22 所示为某型号数控车床采用的回转刀架结构。该刀架可配置 12 位(A 型或 B 型)、8 位(C 型)刀盘。A、B 型回转刀盘可装 25 mm×25 mm 的外径刀,C 型可装刀体最大尺寸为 20 mm×20 mm 的外径刀。A、B、C 型均可装的刀杆直径最大为 32 mm。

刀架转位为机械传动,鼠牙盘定位。转位开始时,电磁制动器断电,电动机 11 通电转动,通过齿轮 10、9、8 带动蜗杆 7 旋转,使蜗轮 5 转动。蜗轮内孔的螺纹与轴 6 上的螺纹配合。这时轴 6 不能回转,当蜗轮转动时,使得轴 6 沿轴向向左移动。因刀架 1 与轴 6、活动鼠牙盘 2 固定在一起,故也一起向左移动,使鼠牙盘 2 与 3 脱开。轴 6 上有两个对称槽,内装滑块 4,在鼠牙盘脱开后,蜗轮转到一定角度时,与蜗轮固定在一起的圆盘 14 上的凸块便碰到滑块 4,蜗轮便通过 14 上的凸块带动滑块连同轴 6、刀盘一起进行转位。到达要求位置后,电刷选择器发出信号,使电动机 11 反转,这时圆盘 14 上的凸块与滑块 4 脱离,不再带动轴 6 转动。蜗轮与轴 6 上的螺纹使轴 6 右移,鼠牙盘 2、3 结合定位。当齿盘压紧时,轴 6 右端的小轴 13 压下微动开关 12,发出转位结束信号,电动机断电,电磁制动器通电,维持电动机轴上的反转力矩,以保持鼠牙盘之间有一定的压紧力。

刀具在刀盘上由压板 15 及调节楔铁 16 夹紧,如图 4 - 22(b)所示,使更换刀具和对刀十分方便。

刀架选位由刷形选择器进行,松开、夹紧位置检测由微动开关 12 控制。因全是电气控制,所以机械结构简单。

4.4.2　加工中心自动换刀装置

加工中心有立式、卧式、龙门式等多种,其自动换刀装置的形式更是多种多样。换刀的原理及结构的复杂程度各不相同,有利用刀库进行换刀的,还有自动更换主轴箱、自动

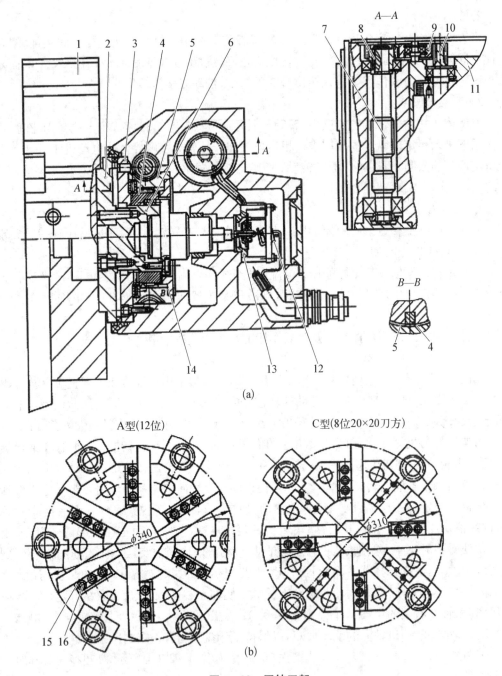

图 4-22 回转刀架

1—刀架；2、3—鼠牙盘；4—滑块；5—蜗轮；6—轴；7—蜗杆；8、9、10—传动齿轮；
11—电动机；12—微动开关；13—小轴；14—圆盘；15—压板；16—楔铁

更换刀库等形式。

1. 刀库的形式

加工中心刀库的形式很多,结构也各不相同,最常用的有鼓盘式刀库、链式刀库和格子盒式刀库。

1）鼓盘式刀库

鼓盘式刀库结构紧凑、简单，在钻削中心上应用较多，一般存放刀具不超过 32 把。图 4-23 为刀具轴线与鼓盘轴线平行布置的刀库，其中图(a)为径向取刀形式，图(b)为轴向取刀形式。

图 4-24(a)为刀具径向安装在刀库上的结构，图 4-24(b)为刀具轴线与鼓盘轴线成一定角度布置的结构。

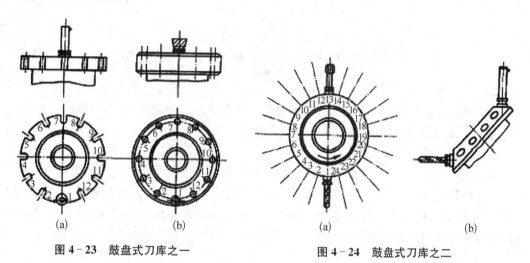

图 4-23　鼓盘式刀库之一　　　　　　图 4-24　鼓盘式刀库之二

2）链式刀库

在环形链条上装有许多刀座，刀座的孔中装夹各种刀具，链条由链轮驱动。链式刀库适用于刀库容量较大的场合，且多为轴向取刀。链式刀库有单环链式和多环链式等几种，如图 4-25(a)、(b)所示。当链条较长时，可以增加支承链轮的数目，使链条折叠回绕，提高空间利用率，如图 4-25(c)所示。

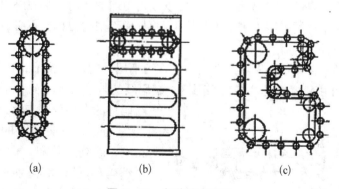

图 4-25　各种链式刀库

3）格子盒式刀库

图 4-26 为固定型格子盒式刀库。刀具分几排直线排列，纵、横向移动的取刀机械手完成选刀运动，将选取的刀具送到固定换刀位置的刀座上，由换刀机械手交换刀具。由于刀具排列密集，使此刀库空间利用率高，容量大。

除上述的三种刀库形式之外，还有直线式刀库、多盘式刀库等。

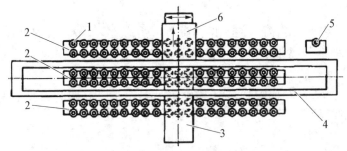

图 4‑26　固定型格子盒式刀库

1—刀座；2—刀具固定板架；3—取刀机械手横向导轨；4—取刀机械手纵向导轨；
5—换刀位置刀座；6—换刀机械手

2. 自动选刀

按数控系统加工程序中的刀具选择指令从刀库中挑选所需刀具的操作称为自动选刀。常用的选刀方式有顺序选刀和任意选刀两种。

1) 顺序选刀

顺序选刀方式是指：将刀具按加工工序的顺序依次放入刀库的每一个刀座内，用刀时也按此顺序依次选刀。刀具顺序不能搞错。更换加工工件时，刀具在刀库上的排列顺序也要改变。这种方式的缺点是在同一工件上相同的刀具不能重复使用，因此刀具的数量增加，降低了刀具和刀库的利用率，但其控制以及刀库运动都比较简单。

2) 任意选刀

任意选刀方式是预先把刀库中每把刀具(或刀座)都编上代码，使用时按照编码选刀。刀具在刀库中不必按工件的加工顺序排列。它的编码方式又分刀具编码和刀座编码两种。

(1) 刀具编码方式。这种选择方式采用了一种特殊的刀柄结构，并对每把刀具进行编码。换刀时通过编码识别装置，根据换刀指令代码，在刀库中寻找出所需要的刀具。由于每一把刀具都有自己的代码，因而刀具可以放入刀库的任何一个刀座内，这样不仅刀库中的刀具可以在不同的工序中多次重复使用，而且换下来的刀具也不必放回原来的刀座，这对装刀和选刀都十分有利。

刀具编码的具体结构如图 4‑27 所示。在刀柄尾部的拉紧螺杆 1 上套装着一组等间隔的编码环 3，并由锁紧螺母 2 将它们固定。编码环的外径有大小两种不同的规格，每个编码环的大小分别表示二进制数的"1"和"0"。通过对两种圆环的不同排列，可以得到一系列的代码。例如图中所示的 7 个编码环，就能够区别出 $127(2^7-1)$ 种刀具。通常全部为 0 的代码不允许使用，以免与刀座中没有刀具的状况相混淆。

(2) 刀座编码方式。这种方式是对刀库各刀座预先编码，每把刀具放入相应刀座之后，就具有了相应刀座的编码，即刀具在刀库中的位置是固定的。编程时，通过指令刀座号来指定该处要用的刀具。应注意的是，这种编码方式必须将用过的刀具放回原

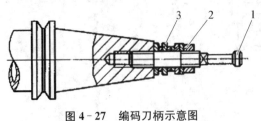

图 4‑27　编码刀柄示意图

1—拉紧螺杆；2—锁紧螺母；3—编码环

来的刀座内,否则会造成事故。由于这种编码方式不必在刀柄中放置编码环,使刀柄结构大大简化,刀具识别装置的结构不受刀柄尺寸的限制,可放置在较为合理的位置。刀具在加工过程中可重复使用,但是必须把用过的刀具放回原来的刀座。

(3) 计算机记忆方式。这种方式目前应用最多,特点是刀具号和存刀位置或刀座号(地址)对应地记忆在计算机的存储器或可编程控制器的存储器内,不论刀具存放在哪个地址,都始终记忆着它的踪迹,这样刀具可以任意取出,任意送回。刀柄采用国际通用的形式,没有编码条,结构简单,通用性能好。刀座上也不编码,但刀库上必须设有一个机械原点(又称零位),对于圆周运动选刀的刀库,每次选刀正转或反转都不得超过 $180°$。

3. 刀具(刀座)识别装置

刀具(刀座)识别装置是自动换刀系统的重要组成部分,常用的有下列几种。

1) 接触式刀具识别装置

接触式刀具识别装置应用较广,特别适用于空间位置较小的刀具编码,其识别原理如图 4-28 所示。图中有五个编码环 4,在刀库附近固定一刀具识别装置 1,从中伸出几个触针 2,触针数量与刀柄上的编码环个数相等。每个触针与一个继电器相连,当编码环是小直径时与触针不接触,继电器不通电,其数码为"0"。当各继电器读出的数码

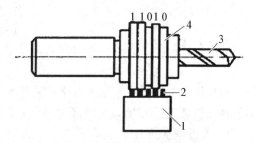

图 4-28　接触式刀具识别装置
1—刀具识别装置;2—触针;3—刀具;4—编码环

与所需刀具的编码一致时,由控制装置发出信号,使刀库停转,等待换刀。

接触式编码识别装置的结构简单,但可靠性较差,寿命较短,而且不能快速选刀。

2) 非接触式刀具识别装置

非接触式刀具识别采用磁性识别或光电识别方法。

磁性识别方法是利用磁性材料和非磁性材料磁感应的强弱不同,通过感应线圈读取代码。编码环分别由软钢和黄铜(或塑料)制成,前者代表"1",后者代表"0",将它们按规定的编码排列。图 4-29 为一种用于刀具编码的磁性识别装置。图中刀柄 2 上装有非导磁材料编码环和导磁材料编码环 3,与编码环相对应的是由一组检测线圈 4 组成的非接触式识别装置 1。当编码环通过线圈时,只有对应于软钢圆环的那些绕组才能感应出高电位,其余绕组则输出低电位,然后通过识别电路选出所需要的刀具。磁性识别装置没有

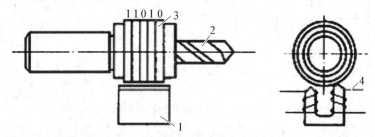

图 4-29　非接触式刀具识别装置
1—刀具识别装置;2—刀具;3—编码环;4—线圈

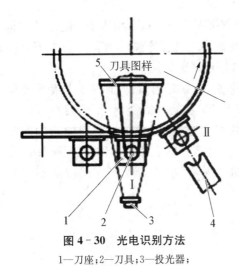

图 4 - 30 光电识别方法

1—刀座；2—刀具；3—投光器；
4—机械手；5—屏板

机械接触,因此可以快速选刀,而且具有结构简单、工作可靠、寿命长等优点。

光电识别方法的原理如图 4 - 30 所示。链式刀库带着刀座 1 和刀具 2 依次经过刀具识别位置 1,在此位置上安装了投光器 3,通过光学系统将刀具的外形及编码环投影到由无数光敏元件组成的屏板 5 上形成了刀具图样。装刀时,屏板 5 将每一把刀具的图样转换成对应的脉冲信息,经过处理将代表每一把刀具的"信息图形"记入存储器。选刀时,当某一把刀具在识别位置出现的"信息图形"与存储器内指定刀具的"信息图形"相一致时,便发出信号,使该刀具停在换刀位置,由机械手 4 将刀具取出。这种识别系统不但能识别编码,还能识别图样,使刀具管理起来十分方便。

4. 刀具交换装置

数控机床的自动换刀装置中,实现刀具在刀库与机床主轴之间传递和装卸的装置称为刀具交换装置。刀具的交换方式通常分为无机械手换刀和有机械手换刀两大类。

1) 无机械手换刀

无机械手换刀的方式是利用刀库与机床主轴的相对运动实现刀具交换,如图 4 - 31 所示。

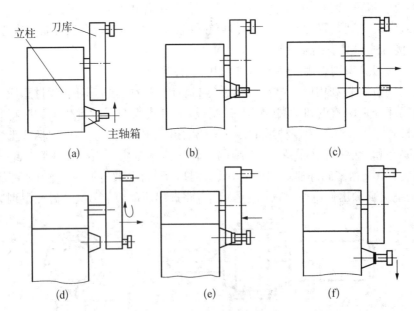

图 4 - 31 无机械手的换刀过程

如图 4 - 31(a)所示,当本工步工作结束后执行换刀指令,主轴准停,主轴箱沿 Y 轴上升。这时刀库上刀位的空档位置正好处在交换位置,装夹刀具的卡爪打开。

如图 4-31(b)所示,主轴箱上升到极限位置,被更换的刀具刀杆进入刀库空刀位,即被刀具的位卡爪钳住,与此同时,主轴内刀杆自动夹紧装置放松刀具。

如图 4-31(c)所示,刀库伸出,从主轴锥孔中将刀拔出。

如图 4-31(d)所示,刀库转位,按照程序指令要求将选好的刀具转到最下面的位置,同时,用压缩空气将主轴锥孔吹净。

如图 4-31(e)所示,刀库退回,同时将新刀插入主轴锥孔,主轴内刀具夹紧装置将刀杆拉紧。

如图 4-31(f)所示,主轴下降到加工位置后起动,开始下一工步的加工。

这种换刀机构不需要机械手,结构简单、紧凑。由于交换刀具时机床不工作,所以不会影响加工精度,但会影响机床的生产率。其次受刀库尺寸的限制,装刀数量不能太多。这种换刀方式常用于小型加工中心。

2) 机械手换刀

采用机械手进行刀具转换的方式应用得最为广泛。这是因为机械手换刀有很大的灵活性,而且可以减少换刀时间。机械手的结构形式是多种多样的,因此换刀运动也有所不同。下面以一种卧式镗铣加工中心为例说明采用机械手换刀的工作原理。

该机床采用的是链式刀库,位于机床立柱左侧。由于刀库中存放刀具的轴线与主轴的轴线垂直,故机械手需要三个自由度。机械手沿主轴轴线的插拔刀动作由液压缸来实现,90°的摆动送刀动作及 180°的换刀动作由液压马达实现。其换刀分解动作如图 4-32 所示。

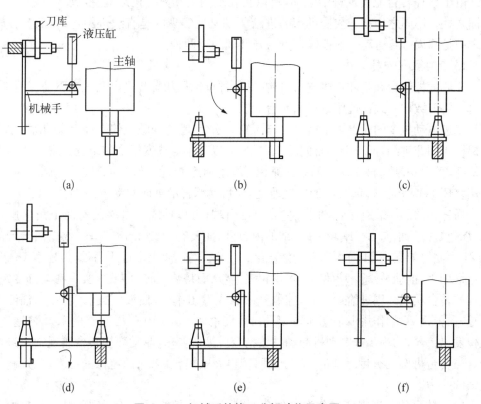

图 4-32 机械手的换刀分解动作示意图

如图 4-32(a)所示,抓刀爪伸出,抓住刀库上的待换刀具,刀库刀座上的锁板拉开。

如图 4-32(b)所示,机械手带着待换刀具绕竖直轴逆时针方向转 90°,与主轴轴线平行,另一个抓刀爪抓住主轴上的刀具,主轴将刀杆松开。

如图 4-32(c)所示,机械手前移,将刀具从主轴锥孔内拔出。

如图 4-32(d)所示,机械手后退,将新刀具装入主轴,主轴将刀具锁住。

如图 4-32(e)所示,抓刀爪缩回,松开主轴上的刀具。机械手绕竖直轴顺时针转 90°,将刀具放回刀库的相应刀座上,刀库上的锁板合上。

最后,抓刀爪缩回,松开刀库上的刀具,恢复到原始位置,如图 4-32(f)所示。

4.5 回转工作台

为了扩大数控机床的加工性能,适应某些零件加工的需要,数控机床的进给运动,除 X、Y、Z 三个坐标轴的直线进给运动之外,还可以绕 X、Y、Z 三个坐标轴的圆周进给运动,这分别称 A、B、C 轴。数控机床的圆周进给运动,一般由数控回转工作台(简称数控转台)来实现。数控转台除了可以实现圆周进给运动之外,还可以完成分度运动,例如加工分度盘的轴向孔,若采用间歇分度转位结构进行分度,由于其分度数有限会非常麻烦,若采用数控转台进行加工就比较方便。

由于数控转台能实现进给运动,所以它在结构上和数控机床的进给驱动机构有许多共同之处。不同之处在于数控机床的进给驱动机构实现的是直线进给运动,而数控转台实现的是圆周进给运动。数控转台分为开环和闭环两种。

1. 开环数控回转工作台

开环数控转台和开环直线进给机构一样,都可以用功率步进电动机来驱动。图 4-33 为自动换刀数控立式镗铣床数控回转台的结构。

步进电动机 3 的输出轴上齿轮 2 与齿轮 6 啮合,啮合间隙由偏心环 1 来消除。齿轮 6 与蜗杆 4 用花键结合,花键结合间隙应尽量小,以减小对分度精度的影响。蜗杆 4 为双导程蜗杆,可以用轴向移动蜗杆的办法来消除蜗杆 4 和蜗轮 15 的啮合间隙。调整时,只要将调整环 7(两个半圆环垫片)的厚度改变,便可使蜗杆沿轴向移动。

蜗杆 4 的两端装有滚针轴承,左端为自由端,可以伸缩。右端装有两个角接触球轴承,承受蜗杆的轴向力。蜗轮 15 下部的内、外两面装有夹紧瓦 18 和 19,数控回转台的底座 21 上固定的支座 24 内均布 6 个液压缸 14。液压缸 14 上端进压力油时,柱塞 16 下行,通过钢球 17 推动夹紧瓦 18 和 19 将蜗轮夹紧,从而将数控转台夹紧,实现精确分度定位。当数控转台实现圆周进给运动时,控制系统首先发出指令,使液压缸 14 上腔的油液流回油箱,在弹簧 20 的作用下把钢球体 17 抬起,夹紧瓦 18 和 19 就松开蜗轮 15。柱塞 16 到上位发出信号,功率步进电动机起动并按指令脉冲的要求,驱动数控转台实现圆周进给运动。当转台做圆周分度运动时,先分度回转再夹紧蜗轮,以保证定位的可靠,并提高承受负载的能力。

数控转台的分度定位和分度工作台不同,它是按控制系统所指定的脉冲数来决定转

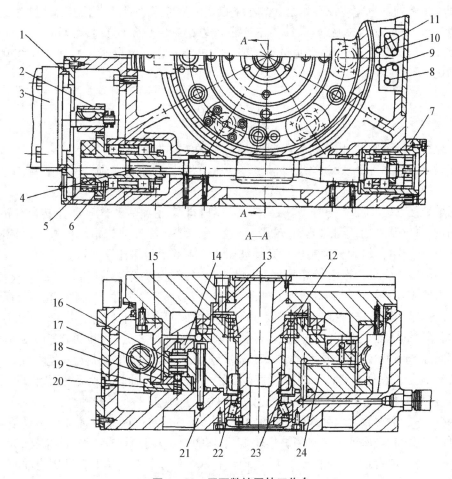

图 4‑33　开环数控回转工作台

1—偏心环；2、6—齿轮；3—电动机；4—蜗杆；5—垫圈；7—调整环；8、10—微动开关；
9、11—挡块；12、13—轴承；14—液压缸；15—蜗轮；16—柱塞；17—钢球；18、19—夹紧瓦；
20—弹簧；21—底座；22—圆锥滚子轴承；23—调整套；24—支座

位角度,没有其他的定位元件。因此,对开环数控转台的传动精度要求高、传动间隙应尽量小。数控转台设有零点,当它作回零控制时,先快速回转运动至挡块 11 压合微动开关 10 时,发出"快速回转"变为"慢速回转"的信号,再由挡块 9 压合微动开关 8 发出从"慢速回转"变为"点动步进"信号,最后由功率步进电动机停在某一固定的通电相位上(称为锁相),从而使转台准确地停在零点位置上。数控转台的圆形导轨采用大型推力滚珠轴承 13,使回转灵活。径向导轨由滚子轴承 12 及圆锥滚子轴承 22 保证回转精度和定心精度。调整轴承 12 的预紧力,可以消除回转轴的径向间隙。调整轴承 22 的调整套 23 的厚度,可以使圆导轨上有适当的预紧力,保证导轨有一定的接触刚度。这种数控转台可做成标准附件,回转轴可水平安装也可垂直安装,以适应不同工件的加工要求。

　数控转台的脉冲当量是指数控转台每个脉冲所回转的角度(度/脉冲),现在尚未标准化。现有的数控转台的脉冲当量有小到 0.001 度/脉冲,也有大到 2 度/脉冲。设计时应根据加工精度的要求和数控转台直径大小来选定。一般来讲,加工精度愈高,脉冲当量应选得愈小;数控转台直径愈大,脉冲当量应选得愈小。但也不能盲目追求过小的脉冲当量。脉冲当量 ϕ 选定之后,根据步进电动机的脉冲步距角 θ 就可确定减速齿轮和蜗轮副的传动比

$$\phi = \frac{Z_1}{Z_2}\frac{Z_3}{Z_4}\theta$$

式中: Z_1、Z_2 分别为主动、被动齿数; Z_3、Z_4 分别为蜗杆头数和蜗轮齿数。

在确定 Z_1、Z_2、Z_3、Z_4 时,既要满足传动比的要求,也要考虑到结构的限制。

2. 闭环数控回转工作台

闭环数控转台的结构与开环数控转台大致相同,其区别在于闭环数控转台有转动角度的测量元件(圆光栅或圆感应同步器)。所测量的结果经反馈与指令值进行比较,按闭环原理进行工作,使转台分度精度更高。如图 4-34 所示为闭环数控转台结构。

闭环回转工作台由电液脉冲马达 1 驱动,在它的轴上装有主动齿轮 3($Z_1 = 22$),它与从动齿轮 4($Z_2 = 66$)相啮合,齿的侧隙靠调整偏心环 2 来消除。从动齿轮 4 与蜗杆 10 用楔形的拉紧销钉 5 来连接,这种连接方式能消除轴与套的配合间隙。蜗杆 10 系双螺距式,即相邻齿的厚度是不同的。因此,可用轴向移动蜗杆的方法来消除蜗杆 10 和蜗轮 11 的齿侧间隙。调整时,先松开壳体螺母套筒 7 上的锁紧螺钉 8,使锁紧瓦 6 把丝杠 9 放松,然后转动丝杠 9,它便和蜗杆 10 同时在壳体螺母套筒 7 中作轴向移动,消除齿侧间隙。调整完后,拧紧锁紧螺钉 8,把锁紧瓦 6 压紧在丝杠 9 上,使其不能再转动。

蜗杆 10 的两端装有双列滚针轴承作径向支承,右端装有两只止推轴承承受轴向力,左端可以自由伸缩,保证运转平稳。蜗轮 11 下部的内、外两面均有夹紧瓦 12 及 13。当蜗轮 11 不回转时,回转工作台的底座 18 内均布有八个液压缸 14,其上腔进压力油时,活塞 15 下行,通过钢球 17,撑开夹紧瓦 12 和 13,把蜗轮 11 夹紧。当回转工作台需要回转时,控制系统发出指令,使液压缸上腔油液流回油箱。弹簧 16 的恢复力把钢球 17 抬起,夹紧瓦 12 和 13 松开蜗轮 11,然后由电液脉冲马达 1 通过传动装置,使蜗轮 11 和回转工作台一起按照控制指令作回转运动。回转工作台的导轨面由大型滚柱轴承支承,并由圆锥滚子轴承 21 和双列圆柱滚子轴承 20 保持准确的回转中心。

闭环数控回转工作台设有零点,当它做返零控制时,先用挡块碰撞限位开关(图中未示出),使工作台由快速变为慢速回转,然后在无触点开关的作用下,使工作台准确地停在零位。数控回转工作台可作任意角度的回转或分度,由光栅 19 进行读数控制。光栅 19 沿其圆周上有 21 600 条刻线,通过 6 倍频线路,刻度的分辨能力为 10″。

这种数控回转工作台的驱动系统采用开环系统时,其定位精度主要取决于蜗杆蜗轮副的运动精度,虽然采用高精度的五级蜗杆蜗轮副,并用双螺距杆实现无间隙传动,但还不能满足机床的定位精度($\pm 10″$)。因此,需要在实际测量工作台静态定位误差之后,确定需要补偿的角度位置和补偿脉冲的符号(正向或反向),记忆在补偿回路中,由数控装置进行误差补偿。

3. 双蜗杆回转工作台

图 4-35 为双蜗杆传动结构,用两个蜗杆分别实现对蜗轮的正、反向传动。蜗杆 2 可

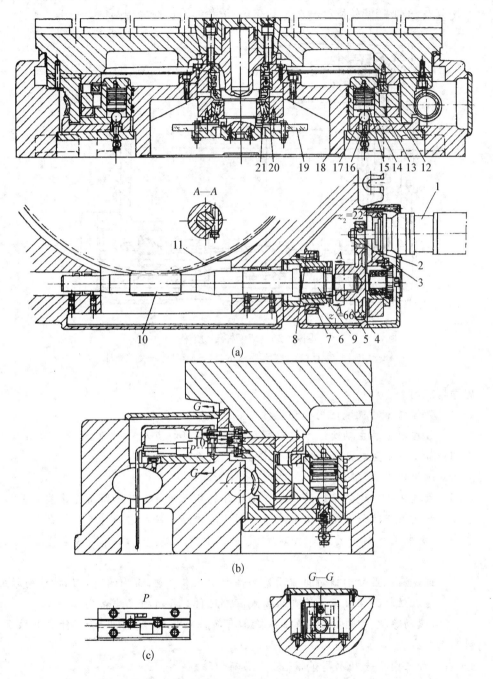

图 4-34 闭环数控回转工作台

1—电液脉冲马达;2—偏心环;3—主动齿轮;4—从动齿轮;5—销钉;6—锁紧瓦;7—套筒;
8—螺钉;9—丝杠;10—蜗杆;11—蜗轮;12、13—夹紧瓦;14—液压缸;15—活塞;
16—弹簧;17—钢球;18—底座;19—光栅;20、21—轴承

轴向调整,使两个蜗杆分别与蜗轮左右齿面接触,尽量消除正反传动间隙。调整垫 3、5 用于调整一对锥齿轮的啮合间隙。双蜗杆传动虽然较双导程蜗杆平面齿圆柱齿轮包络蜗杆传动结构复杂,但普通蜗轮蜗杆制造工艺简单,承载能力比双导程蜗杆大。

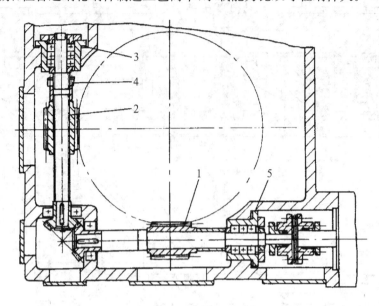

图 4‑35 双蜗杆传动结构

1—轴向固定蜗杆;2—轴向调整蜗杆;3、5—调整垫;4—锁紧螺母

思考与练习

4‑1 数控机床的机械结构有哪些特点?

4‑2 数控机床的主轴变速方式有哪几种?试述其特点及应用场合。

4‑3 加工中心主轴是如何实现刀具的自动装卸和夹紧的?

4‑4 轴为何需要"准停"?如何实现"准停"?

4‑5 数控机床对进给系统的机械传动部分的要求是什么?如何实现这些要求?

4‑6 数控机床为什么常采用滚珠丝杠副作为传动元件?它的特点是什么?

4‑7 滚珠丝杠副中的滚珠循环方式可分为哪两类?试比较其结构特点及应用场合。

4‑8 试述滚珠丝杠副轴向间隙调整和预紧的基本原理,常用的有哪几种结构形式?

4‑9 滚珠丝杠副在机床上的支承方式有哪几种?各有何优缺点?

4‑10 滚动导轨、塑料导轨、静压导轨各有何特点?数控机床常采用什么导轨及导轨材料?

4‑11 加工中心选刀方式有哪几种?各有何特点?

4‑12 刀具的交换方式有哪两类?试比较它们的特点及应用场合。

第 5 章 数控加工编程基础

5.1 数控加工编程基础知识

5.1.1 数控程序的编制方法及步骤

5.1.1.1 数控编程的含义

数控编程是数控加工的一个重要环节,程序的准确合理与否往往决定了加工的成败。由于数控系统具有各自的指令系统和语法规范,并将最终体现在用户程序中,因此数控编程应该是面向对象的,即编程一般必须针对具体的数控机床所采用的数控系统而进行。

数控加工与普通机床加工在方法和内容上很相似,但加工过程的控制方式却大相径庭。

在普通机床上加工零件时,一般是由工艺人员按照设计图样事先制订好零件的机械加工工艺规程完成的。虽然有工艺文件说明,但实际操作上往往是由操作者自行考虑和确定,而且是用手工方式进行控制的。例如开车、停车、改变主轴转速、改变进给速度和方向、切削液开和关等都是由工人手工操纵的。

由凸轮控制的自动机床或仿形机床在加工零件时,虽然不需要人对它进行操作,但必须根据零件的特点及工艺要求,设计出凸轮的运动曲线或靠模,由凸轮、靠模控制机床运动,最后使机床自动地按凸轮或靠模规定的"轨迹"加工出零件。

在数控机床上加工时,是完全严格按照从外部输入的事先编好的加工程序来自动地对工件进行加工的。在进行数控加工前,把工件的加工工艺路线、工艺参数、刀具的运动轨迹、位移量、切削参数(主轴转数、进给量、背吃刀量等)以及辅助功能(换刀、主轴正转、反转、切削液开和关等),按照数控机床规定的指令代码及程序格式编写成加工程序,再把这一个或一组程序的内容记录在控制介质上(如软磁盘、U 盘、移动硬盘或其他存储器),然后输入到数控机床的数控装置中,或直接输入到数控装置中,从而控制机床进行加工。这种从零件图的分析到制成加工程序控制介质的全部过程叫数控程序的编制即编程。数控加工程序在数控机床与数控加工之间起着一种纽带作用。对数控机床,只要改变控制机床动作的数控加工程序,就可以达到加工不同零件的目的。数控机床特别适用于加工单件小批量且形状复杂要求精度高的零件。

5.1.1.2 数控编程的步骤

由上述可知,利用数控机床进行数控加工,就要编制数控加工程序。而编制数控加工程序是结合工件、刀具、夹具、机床等的特点,在研究加工对象(即工件)和正确选择并处理刀具、夹具、机床及其切削要素的基础上,根据数控加工程序编制的方法和技巧编制出能够加工出合格零件的数控加工程序的工作,一般数控编程的流程如图5-1所示。因此,作为一名编程人员,不但要了解、分析零件图样,而且还要熟悉数控机床、刀具、夹具及其使用,并能够编制或熟悉零件的数控加工工艺,掌握数控加工程序编制的方法和技巧。

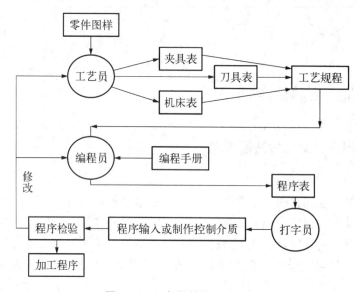

图 5-1 一般数控编程的流程

1. 分析零件图

首先是能正确地分析零件图,确定零件的加工部位,根据零件图的技术要求,分析零件的形状、基准面、尺寸公差和粗糙度要求,以及加工面的种类、零件的材料、热处理等其他技术要求。

2. 确定机床

根据零件形状和加工的内容及范围,确定该零件的哪些表面适宜在数控机床上加工,并确定在数控车床、数控铣床、加工中心,还是其他什么机床上加工。确定加工方案时应考虑数控机床的使用合理性及经济性,应充分发挥数控机床的功能。

3. 工艺处理

在对零件图进行分析和确定机床之后,确定走刀路线、刀具及切削用量等工艺参数,选择定位、装夹方法和夹具。确定加工阶段、加工顺序、工序尺寸等。

工艺处理涉及的问题很多,编程人员需要注意以下几点:

1) 工件夹具的设计和选择

应特别注意要迅速地将工件定位并夹紧,以减少辅助时间。使用组合夹具,生产准备周期短,夹具零件可以反复使用,经济效果好。此外,所用夹具应便于安装,便于协调工件和机床坐标系的尺寸关系。

2) 选择合理的走刀路线

合理地选择走刀路线对于数控加工是很重要的。走刀路线的选择应从以下几个方面考虑：

(1) 尽量缩短走刀路线,减少空走刀行程,提高生产效率。

(2) 合理选取起刀点、切入点和切入方式,保证切入过程平稳,没有冲击。

(3) 保证加工零件的精度和表面粗糙度的要求。

(4) 保证加工过程的安全性,避免刀具与非加工面的干涉。

(5) 有利于简化数值计算,减少程序段的数目和编制程序的工作量。

3) 选择合理的刀具

根据工件材料的性能、机床的加工能力、加工工序的类型、切削用量以及其他与加工有关的因素来合理选择刀具,以满足加工质量和效率的要求。

4) 确定合理的切削用量

在工艺处理中必须正确确定切削用量。

另外,对要求较高的表面可分次进行加工,对要求不高的表面,可在粗加工时留约 0.5 mm 的加工余量,然后半精和精加工时一次完成。

4. 数值计算

对于数控机床来说,程序编制时,正确地选择编程原点及编程坐标系是很重要的。编程坐标系是指数控编程时,在工件上确定的基准坐标系,其原点也是数控加工的对刀点。编程原点及编程坐标系的选择原则如下:① 所选的编程原点及编程坐标系应使程序编制简单;② 编程原点应选在容易找正、并在加工过程中便于检查的位置;③ 引起的加工误差小。

根据零件图、刀具的走刀路线、刀具半径补偿方式和设定的编程坐标系来计算刀具运动轨迹的坐标值。对于表面由圆弧、直线组成的简单零件,只需计算出零件轮廓上相邻几何元素的交点或切点(基点)的坐标值,得出直线的起点、终点坐标值,圆弧的起点、终点和圆心坐标值。对于较复杂的零件,计算会复杂一些,如对于非圆曲线需用直线段或圆弧段来逼近。对于自由曲线、曲面等加工,要借助计算机辅助编程来完成。

5. 编写程序和轨迹验证

根据所计算的刀具运动轨迹坐标值和已确定的切削用量以及辅助动作,使用数控系统规定使用的指令代码及程序段格式,编写零件加工程序单。编程人员应该对数控机床的性能、程序指令及代码非常熟悉,才能编写出正确的零件加工程序。

将编写好的程序输入到数控系统的过程叫做制备控制介质,其方法有两种:一种是通过操作面板上的按钮手工直接把程序输入数控装置,另一种是通过计算机 RS232 等接口与数控机床连接传送程序。

程序单和制备好的控制介质必须经过校验和试切才能正式使用。为了检验程序是否正确,可通过数控装置图形模拟功能来显示刀具轨迹或用机床空运行来检验机床运动轨迹和刀具运动轨迹是否符合加工要求。

6. 试切加工

用图形模拟功能和机床空运行来检验机床运动轨迹,只能检验刀具的运动轨迹是否正确,不能检查加工精度。因此,还应进行零件的试切。如果通过试切发现有加工误差或零件的精度达不到要求,则应分析误差产生的原因,找出问题所在,对程序进行修改,以及采用误差补偿的方法,直至达到零件的加工精度要求为止。在试切削工件时可用单步执行程序的方法,即按一次按钮执行一个程序段,发现问题及时处理。

5.1.1.3 编程的种类

数控加工程序的编制方法有手工编程和自动编程两种。

1. 手工编程

分析零件图、确定机床、工艺处理、数值计算、编写程序及检验等各个阶段均由人工完成的编程方法称为手工编程,手动数控编程的步骤如图 5-2 所示。

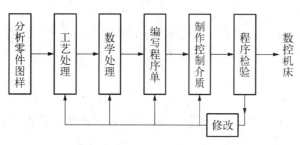

图 5-2 手动数控编程的步骤

当零件形状不是十分复杂或加工程序不太长时,用手工编程较为经济而且及时。因此,手工编程广泛用于点位加工和形状简单的轮廓加工中。但是,加工形状较复杂的零件、几何元素并不复杂但程序量很大的零件时,以及当铣削轮廓时,编程中的数值计算相当烦琐且程序量大,所费时间多且易出错,甚至有时手工编程根本无法完成。这些情况均不适合用手工编程,则需要自动编程。

2. 自动编程

自动编程是计算机通过自动编程软件完成对刀具运动轨迹的自动计算,自动生成加工程序并在计算机屏幕上动态地显示出刀具的加工轨迹的方法。对于加工零件形状复杂,特别是涉及三维立体形状或刀具运动轨迹计算烦琐时,应采用自动编程。

从国际范围来看自动编程系统大致分为:数控语言编程系统、图形编程系统、语音编程系统、视觉编程系统。其中图形编程系统是利用图形输入装置直接向计算机输入被加工零件的图形,即 CAD 的结果,故可以利用 CAD 系统的信息生成 NC 指令单,所以能实现 CAD/CAM 集成化。正因为这些优点,所以目前图形自动编程在自动编程方面占主导地位。

在上述的自动编程中,编程人员只需按零件图样的要求,将加工信息输入到计算机中,计算机在完成数值计算和后置处理后,编制出零件加工程序单。所编制的加工程序还可通过计算机仿真进行检查。自动编程的流程如图 5-3 所示。

自动编程可以大大减轻编程人

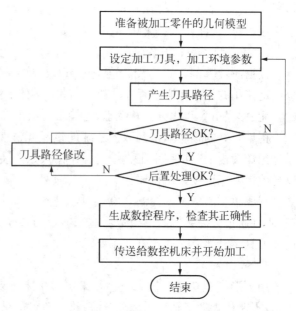

图 5-3 CAM 系统工作流程

员的劳动强度,将编程效率提高几十倍甚至上百倍。同时解决了手工编程无法解决的复杂零件的编程难题。自动编程是提高编程质量和效率的有效方法,有时甚至是实现某些零件的加工程序编制的唯一方法。但是手工编程是自动编程的基础,自动编程中的许多核心经验都来源于手工编程。

5.1.2　程序的结构与格式

5.1.2.1　程序的基本构成

下面是加工程序的一个例子:

```
O0600;
N001  G92  X0  Y0  Z1.0;          ⎫
N002  S300  M03;                   ⎬ (程序开始部分)
N003  G90  G00  X-5.5  Y-6.0;      ⎭ (程序内容部分)
  ⋮
N014  G00  X5  Y10  Z3;            ⎫
N015  X0  Y0;                       ⎬ (程序结束部分)
N016  M30;                          ⎭
```

一个完整的数控加工程序由程序开始部分、程序内容部分和程序结束部分三部分组成。该程序由程序名 O0600,程序内容 N001—N0015,程序结束指令由 M30 组成,程序结束指令位于程序的最后一个程序段。

(1) 程序号位于程序主体之前,为程序的开始部分。为了区别存储器中的程序,每个程序都要有程序编号,独占一行。编号采用程序编号地址码,一般由规定的字符%或英文字母 O 开头,后面紧跟若干位数字组成。常用的是 2 位和 4 位两种,前面的零可以省略。如在 FANUC 系统中一般用 O,其号码可为 0001—9999 或 01—99。在 SEIMENS 系统中,开始的两个符号必须为字母,其后的符号可以是字母、数字或下划线,最多为 8 个字符,不可使用分隔符。

(2) 程序内容是整个程序的核心,由许多程序段组成,每个程序段由一个或多个指令组成,表示数控机床要完成的全部动作。在书写或打印时,一个程序段一般占一行。

(3) 程序结束位于程序主体的后面,以程序结束指令 M02 或 M30 作为整个程序结束的符号,来结束整个程序(光标返回到开始)。当用 EIA 标准代码时,结束符为"CR";用 ISO 标准代码时为"NL"或"LF"有的用符号";"或"＊"表示;有的直接回车即可。

5.1.2.2　程序段的格式及其程序字的含义

一个完整的数控加工程序由若干程序段组成,一个程序段中含有执行一个工序所需的全部数据,用它来发出指令使机床做出某一个动作或一组动作。

一个程序段是由若干个程序字即指令组成的。程序字通常是由英文字母表示的地址符和地址符后面的数字和符号组成。程序字字首的英文字母,如 G、M、T、S 等,随后为若干位十进制数字,最后是符号";",例如:"N20 G01 X30 Y40 F100 S500 T02 M03;"。不需要的程序字或与上一程序段相同的程序字,若为模态指令都可以省略,但格式必须符合规定,否则数控系统会报警。各程序字也可以不按顺序。

程序字的功能类别由字的地址决定。根据功能的不同,程序字可分为程序段序号(N)、准备功能字(G)、辅助功能字(M)、尺寸字(X,Y,Z)、进给功能字(F)、主轴转速功能字(S)和刀具功能字(T)。书写形式和顺序一般为:

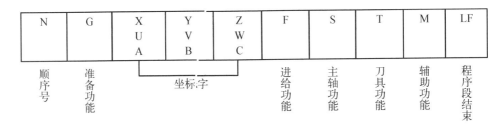

1) 准备功能 G 指令

准备功能 G 指令由 G 后一位或两位数值组成,它用来规定刀具和工件的相对运动轨迹、机床坐标系、坐标平面、刀具补偿、坐标偏置等多种加工操作。在后续章节中详细讲授。

2) 主轴转速功能 S 指令

主轴转速功能 S 指令用来控制主轴转速,其后的数值表示主轴速度,单位为 r/min。例如,S800 表示主轴转速为 800 r/min。S 是模态指令,只有在主轴速度可调节时有效。S 所编程的主轴转速可以借助机床控制面板上的主轴倍率开关来控制。关于数控车床的恒线速功能等在后面章节讲授。

3) 进给功能 F 指令

进给功能字又称为 F 功能或 F 指令,由地址符 F 与其后的若干位数字组成,用来表示刀具中心运动时的进给速度(或称进给率),用 F×× 来表示,单位有每分钟进给量 mm/min 和每转进给量 mm/r 两种(见图 5 - 4),可通过 G 指令设定。使用 G98 代码来指定每分钟进给率 mm/min,即进给速度;当进给速度与主轴转速有关时(如车削螺纹),使用每转进给率 mm/r,用 G99 代码来指定。

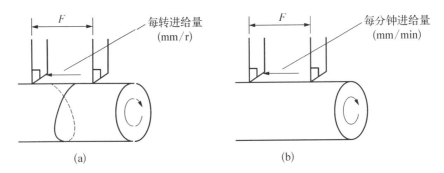

图 5 - 4 车削进给模式设置

4) 刀具功能 T 指令

T 表示刀具地址符,即 T 代码,用于选择刀架或刀具库中的刀具及对应的刀具补偿号,前两位数表示刀具号,后两位数表示刀具补偿号。预留刀具补偿号是为了使刀具能有调整的机会,如图 5 - 5 所示,通过预留的刀具补偿号调整不同刀具间的位置误差。对于数控车床,当执行了 T××××指令后进行换刀,并通过刀具补偿号调用刀具数据库内刀

具补偿参数。而在加工中心上，T××指令
通常并不执行换刀操作，只是选刀，而 M06
指令用于起动换刀操作。T××指令一般要
放在前面程序段或放在同一程序段中 M06
指令之前执行调用功能。

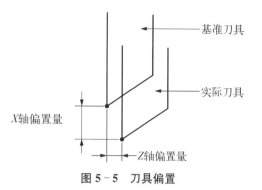

图 5-5　刀具偏置

例如，T0101 表示选择 1 号刀，使用 1
号刀具补偿；T0100 表示取消 1 号刀具的
补偿。

若数控车床的刀具数量在个位数，T 指
令后面可以用两位数表示，即 T××，前一位表示刀具号，后一位数表示刀具补偿号。

例如，T11 表示选择 1 号刀，使用 1 号刀具补偿。

5）辅助功能 M 指令

辅助功能由地址字 M 和其后的一或两位数字组成，主要用于控制零件程序的走向，
以及机床各种辅助功能的开关动作。详见后续章节。

6）程序段序号（N）

是用于识别程序段的编号，可以方便对程序的核对和检索修改。它由地址码 N 和后
面的若干位数字组成，数字部分应为整数，例如：N20 表示该句的顺序号为 20。对于整个
程序，可以对每个程序段都设程序号，也可以根据需要设或不设程序号，还可以根据需要
插入程序号。

7）尺寸坐标字（X，Y，Z）

由地址码、符号及绝对（或增量）数值构成。坐标字的地址码有 X、Y、Z、U、V、W、P、
Q、R、A、B、C、I、J、K、D、H 等，例如 X10 Y-20。坐标字的"+"可以省略。

在程序段中表示地址的英文字母可分为尺寸字地址和非尺寸字地址两种，如表 5-1
所示。

表 5-1　地址字母表

地址	功　能		地址	功　能	
A	坐标字	绕 X 轴旋转	K	坐标字	圆弧中心 Z 轴向坐标
B	坐标字	绕 Y 轴旋转	L	重复次数	固定循环及子程序的重复次数
C	坐标字	绕 Z 轴旋转	M	辅助功能	机床开/关指令
D	补偿号	刀具半径补偿指令	N	顺序号	程序段顺序号
E		第二进给功能	O	程序号	程序号、子程序号的指定
F	进给速度	进给速度的指令	P		暂停或程序中某功能的开始使用的顺序号
G	准备功能	指令动作方式			
H	补偿号	补偿号的指定			
I	坐标字	圆弧中心 X 轴向坐标	Q		固定循环终止段号或固定循环中的定距
J	坐标字	圆弧中心 Y 轴向坐标			

地　址	功　能		地　址	功　能	
R	坐标字	固定循环中定距离或圆弧半径的指定	W	坐标字	与 Z 轴平行的附加轴的增量坐标值
S	主轴功能	主轴转速的指令	X	坐标字	X 轴的绝对坐标值或暂停时间
T	刀具功能	刀具编号的指令			
U	坐标字	与 X 轴平行的附加轴的增量坐标值或暂停时间	Y	坐标值	Y 轴的绝对坐标值
			Z	坐标字	Z 轴的绝对坐标值
V	坐标字	与 Y 轴平行的附加轴的增量坐标值			

5.1.2.3　主程序和子程序

程序可分为主程序和子程序。在程序中,若某一固定的加工操作重复出现时,可把这部分操作编制成子程序,然后根据需要调用,这样可使程序变得非常简单。正常情况下,数控机床是按主程序的指令工作的。当在主程序中碰到调用子程序的指令时,控制转到子程序。而在子程序中碰到返回到主程序的指令时,控制返回到主程序,如图 5-6 所示。调用第一层子程序的指令所在的加工程序叫做主程序。

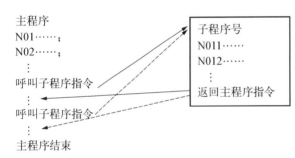

图 5-6　主程序与子程序的关系

一个子程序调用语句,可以多次重复调用子程序。子程序可以由主程序调用,已被调用的子程序还可以调用其他子程序,这种方式称为子程序嵌套。子程序最多嵌套 4 次,如图 5-7 所示。主程序也可以重复多次调用同一子程序。

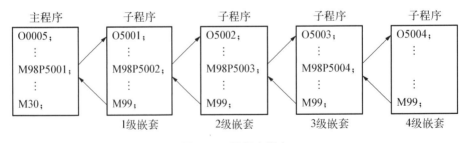

图 5-7　子程序嵌套

M98 用来调用子程序,M99 表示子程序结束,执行 M99 使控制返回到主程序。

1) 调用子程序的格式

M98 P×××× L××

P:被调用的子程序号。

　　　　L：重复调用次数。

或　　　M98 P×× ××××

　　P：后续数字指定连续调用的次数及调用的子程序号。其中,P后前两位为重复调用子程序的次数,若省略,则表示只调用一次子程序;后四位为要调用的子程序号。

　　西门子系统在程序段中直接调用子程序,只需写上子程序的文件名,但在编写子程序时文件名的后缀为".SPF"。

　　2）子程序的格式

　　O××××;

　　……;

　　M99;

　　其中 M99 指令为子程序结束并返回主程序 M98 P××××××的下一程序段,继续执行主程序。

5.1.3　数控机床的坐标系

　　在数控机床上,机床的动作是由数控装置来控制的,为了确定机床上的成形运动和辅助运动,必须先确定机床上运动的方向和运动的距离,这就需要一个坐标系才能实现,这个坐标系就称为数控机床的坐标系。

5.1.3.1　坐标系的形式

坐标系的形式主要有两种:笛卡尔坐标系和极坐标系。

1）笛卡尔坐标系

笛卡尔坐标系采用直角坐标系,用右手法则判断方向。该坐标系规定直线运动的坐标轴用 X、Y、Z 表示,围绕 X、Y、Z 轴旋转的圆周进给轴分别用 A、B、C 表示。右手的拇指、食指和中指的指向分别代表 X、Y、Z 三个直角坐标轴的正方向;旋转方向按右手螺旋法则规定,四指指向轴的旋转方向,拇指的指向与坐标轴同方向为轴的正旋转,反之为轴的反旋转,如图 5-8 所示,图中 A、B、C 分别代表围绕 X、Y、Z 三个根坐标轴的旋转方向。与 $+X$、$+Y$、$+Z$、$+A$、$+B$、$+C$ 相反的方向用带"'"的 $+X'$、$+Y'$、$+Z'$、$+A'$、$+B'$、$+C'$ 表示。

2）极坐标系

与上述规定不同,极坐标系中,一个点的坐标由指定的点到原点的距离即 X 和到指定轴的角度即 Y 而确定,在 X、Y 坐标系中,角度(α)以 X 轴作为参考。如果角度是从 X 轴开始按逆时针方向测量的,那么这时角度就为正,反之,就为负。

5.1.3.2　机床标准坐标系的确定原则

　　为了便于编程时描述机床的运动,简化程序的编程及保证记录数据的互换性和程序的通用性,国家标准化组织对数控机床的坐标和方向制定了统一的标准,即 ISO441 标准。我国机械工业部也于 1982 年和 1999 年颁布了 JB3052—1982 和 JB/T3051—1999《数字控制机床坐标和运动方向的命名》的标准,与 ISO441 等效。

　　根据这一规定,一般采用右手笛卡尔坐标系作为数控机床的标准坐标系。同时,数控机床的坐标和运动的方向也均已标准化,建立方法如下所述。

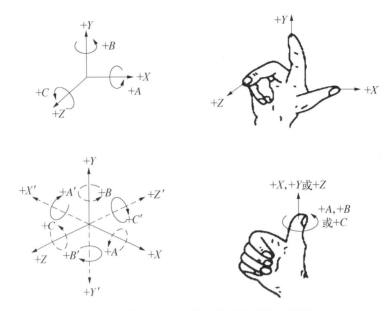

图 5-8　机床坐标系(右手笛卡尔直角坐标系)

1. 基本原则——刀具相对于静止工件而运动的原则

在数控加工过程中,不论是工件静止刀具做进给运动,还是工件做进给运动刀具静止不动,数控机床的坐标运动均是指刀具相对于工件的运动,即认为刀具做进给运动,而工件静止不动。这一原则使编程人员可以在不知道是刀具进给还是工件进给的情况下,仅仅根据零件图样来确定机床的加工过程。(注意:如图 5-9、图 5-10、图 5-11 所示,这时如果在坐标轴命名时,把刀具看作相对静止不动,而工件移动,那么工件移动的坐标系就是 +X′, +Y′, +Z′ 等。)

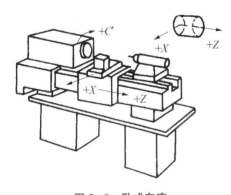

图 5-9　卧式车床

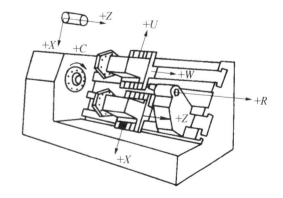

图 5-10　具有可编程尾座的双刀架车床

2. 坐标方向的确定

切削加工是在刀具和工件的相对运动中产生的,所以将右手笛卡尔直角坐标系用于数控机床进行程序编制时,必须知道刀具相对工件的运动方向。根据上述标准规定,机床某一运动部件运动的正方向规定为增大工件与刀具之间距离的方向,即刀具靠近工件表面为负方向,刀具远离工件表面为正方向。

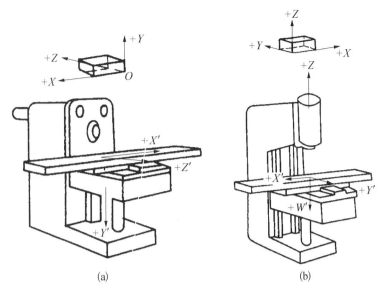

图 5 - 11　升降台式铣床

(a) 卧式　(b) 立式

3. 数控机床坐标轴的规定

在确定机床坐标轴时,一般是先确定 Z 轴,再确定 X 轴,最后确定 Y 轴。

1) Z 坐标轴及其方向

Z 坐标的运动由传递切削力的主轴决定,与主轴轴线平行的坐标轴即为 Z 轴。主轴带动工件旋转的机床有车床、磨床和其他成形表面的机床(见图 5 - 9、图 5 - 10)。主轴带动刀具旋转的机床有铣床(见图 5 - 11)、镗床、钻床等。

当机床有几个主轴时,选一个垂直于工件装夹面的主轴为 Z 轴,如龙门轮廓铣床。当机床无主轴时,与装夹工件的工作台面相垂直的直线为 Z 轴。

Z 坐标的正方向是增加刀具和工件之间距离的方向,如在钻镗加工中,钻入或镗入工件的方向是 Z 的负方向。

2) X 轴坐标的运动

X 轴一般位于平行工件装夹面的水平面内,是刀具或工件定位平面内运动的主要坐标(见图 5 - 8、图 5 - 11)。在没有主轴的机床(如刨床)上,X 坐标平行于主要切削方向,以该方向为正方向。对工件做回转切削运动的机床(如车床、磨床),X 运动方向是径向的,而且平行于横向滑座,在水平面内取垂直于工件回转轴线(Z 轴)的方向为 X 轴,刀具远离工件方向为正向。对刀具做回转切削运动的机床(如铣床、镗床),当 Z 轴竖直(立式)时,人面对主轴,向右为正 X 方向,如图 5 - 11(b)所示;当 Z 轴水平(卧式)时,则向左为正 X 方向,如图 5 - 11(a)所示。

3) Y 轴坐标的运动

正向 Y 坐标的运动,根据 X 和 Z 的运动,按照右手直角笛卡尔坐标系来确定。

4) 附加运动坐标

一般称 X、Y、Z 为第一坐标系,如有平行于第一坐标的第二组和第三组坐标,即附加坐标,则分别指定为 U、V、W 和 P、Q、R。所谓第一坐标系是指靠近主轴的直线运动,稍远的为第二坐标系,更远的为第三坐标系。如有不平行或可以不平行于 X、Y、Z 的直线运动,则可相应地规定为 U、V、W 和 P、Q、R。如果在第一组回转运动 A、B、C 之外,还有平行或不平行于 A、B、C 的第二组回转运动,可指定为 D、E、F。

由上可见,数控机床的坐标轴及方向要视机床的种类和结构而定。

5.1.3.3 数控机床编程坐标系及其应用

根据其在数控编程和数控加工过程中的作用,数控机床的坐标系可以分为机床坐标系、编程坐标系和工件坐标系。

1. 机床坐标系及其原点

机床坐标系是机床固有的坐标系,它是制造和调整机床的基础,也是设置工件坐标系的基础,用于确定被加工零件在机床中的坐标、机床运动部件的位置(如换刀点、参考点)以及运动范围。机床坐标系在出厂前已经由制造厂家调整好,通常不允许用户随意变动。

标准坐标系的原点位置是任意选择的,A、B、C 的运动原点(O 的位置)也是任意的,但 A、B、C 原点的位置最好选择为与相应的 X、Y、Z 坐标平行。机床原点为机床上的一个固定的点,任何一个坐标系都有坐标系原点。机床坐标系的原点也称机械原点、零点,是固有的点,不能替换它的位置,机床原点也是工件坐标系、机床参考点的基准点,常用 M 表示。

标准机床坐标系的原点就是三个相互垂直的坐标轴 X 轴、Y 轴、Z 轴的交点。机床启动时,通常要进行机动或手动将运动部件回到各轴正向极限位置,即回零。这个极限位置就是机械原点(零点),如图 5-12、图 5-13 所示。

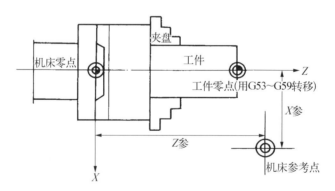

图 5-12　数控车床机床原点与参考点

一般情况下,数控车床的机床原点为主轴旋转中心与卡盘后端面的交点(见图 5-12)。数控铣床的原点在机床各轴靠近正向极限的位置(见图 5-13)。

2. 机床参考点

机床参考点是机床坐标系中一个固定不变的位置点,是用于对机床工作台、滑板与刀具相对运动的测量系统进行标定和控制的点。机床参考点通常设置在机床各轴靠近正向极限的位置(见图 5-12、图 5-13),通过减速行程开关粗定位而由零位点脉冲精确定位。机床参考点对机床原点的坐标是一个已知定值,也就是说,可以根据机床参考点在机床坐标系中的坐标值间接确定机床原点的位置。在机床接通电源后,通常都要做回零操作,就是利用 CRT/MDI 控制面板上的功能键和机床操作面板上的有关按钮（回零旋钮和坐标轴方向键），使刀具或工作台退回到机床参考点。

回零操作又称为返回参考点操作，当返回参考点的工作完成后，显示器将显示出机床参考点在机床坐标系中相对于机床原点的坐标值（一个已知定值，或是零，或是其他定值），表明机床坐标系已自动建立。可以说回零操作就是找机床原点操作，是对基准的重新核定，可消除由于种种原因产生的基准偏差。

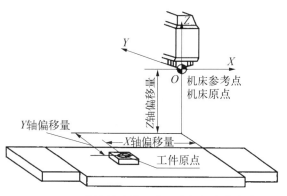

图 5－13　数控铣床的机床原点与机床参考点

在数控加工程序中可用相关指令（如 G28 等）使刀具经过一个中间点自动返回参考点。机床参考点已由机床制造厂测定后输入数控系统，并且记录在机床说明书中，用户不得更改。

数控车床的机床原点与机床参考点位置如图 5－12 所示，机床原点与机床参考点不重合。数控铣床的机床原点与机床参考点位置如图 5－13 所示，机床原点与机床参考点重合。

3. 编程坐标系及其原点

机床坐标系是机床能够直接建立和识别的基础坐标系，但实际加工很少在机床坐标系中工作。因为编程人员还不可能知道工件在机床坐标系中的确切位置，因而也就无法在机床坐标系中取得编程所需要的相关几何信息，当然也就无法进行编程。

编程坐标系是编程时根据零件特征和加工要求，在零件图上设定的坐标系。为了使得编程人员能够直接根据零件图样进行编程，可以在工件上选择确定一个合适的坐标系，这个坐标系称为编程坐标系，其原点即为编程原点。只有建立了编程坐标系，编程人员才能进行必要的数据处理从而获得编程所需要的相关几何信息。

因此，编程人员在编程时，必须根据零件图样选择编程原点，建立编程坐标系。一般各坐标轴与机床坐标系的相应轴平行，编程时各轴的运动方向的确定始终假定为工件静止而刀具运动，无须考虑机床在工作时的实际运动情况。例如，为了加工方便，数控车床一般选择工件右端面回转中心作为编程原点，坐标系的 Z 轴正方向水平指向右，X 轴正方向水平指向外，向下或向上均可，只是程序中主轴转向选择 M03 或 M04 取决于加工时使用前置刀架，还是后置刀架。

以编程原点为坐标原点建立的 X 轴、Y 轴、Z 轴直角坐标系即编程坐标系是人为设定的，从理论上讲，编程原点选在任何位置都是可以的，但实际上，为了编程方便以及各尺寸较为直观，应尽量把工件原点的位置选得合理些。零件在设计中有设计基准，在加工过程中有工艺基准，要尽可能将工艺基准与设计基准统一，通常选择该基准点为编程原点。

4. 工件坐标系及其原点

在编程结束后准备应用数控加工程序进行加工时，必须再将工件装夹在机床之后设定工件坐标系，其原点即为工件坐标系原点，简称工件原点。一般的做法是将编程坐标系直接移至待加工工件上,即工件坐标系与编程坐标系两者必须统一,前提是保证能在工件上加工出零件。工件坐标系的原点位置是由操作者自己设定的,它在工件装夹完毕后,通过对刀确定,它反映的是工件与机床零点之间的距离位置关系。通过对刀操作将工件坐标系原点与编程坐标系原点重合,即在工件上找到与零件图样上编程坐标系原点相对应的工件原点,保证能加工出零件图上要求的零件,对刀确定的工件原点位置必须与编程时的编程原点一致。正因为此,所以通常将工件坐标系和编程坐标系等同看待。工件坐标系一旦固定,一般不再改变。

对于数控车床编程而言,只有 X、Z 轴,工件坐标系原点一般设在工件轴线与工件的前端面、后端面、卡爪前端面的交点上。如图 5-14 所示,Z 向应取在工件的回转中心,即主轴轴线上或平行于主轴轴线,与机床坐标系 Z 轴同轴,从卡盘中心至尾座顶尖中心的方向为正方向;X 向选择在水平面内,与机床坐标系的 X 轴平行,与车床主轴轴线垂直的方向,一般在工件的左端面或右端面两者之中选择,即工件原点可选在主轴回转中心与工件右端面的交点 O 上,也可选在主轴回转中心与工件左端面的交点 O 上,且规定刀具远离主轴旋转中心的方向为正方向。这样工件坐标系随之建立起来。

对于数控铣床和加工中心编程而言,有 X、Y、Z 三个轴,编程时其工件坐标系原点一般设在工件的左下角的上或下边缘上,有时根据工件的特点也可设在表面中心或对称中心上,建立一个新的坐标系,如图 5-15 所示。

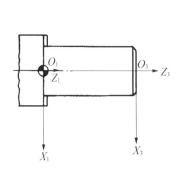

图 5-14 数控车床工件坐标系及原点

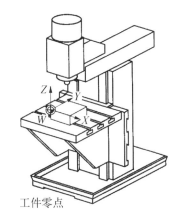

工件零点

图 5-15 数控铣床工件坐标系及原点

工件坐标系原点可以在工件上任意选定。然而,为了减少加工中的工艺误差,工件原点的选择应该尽可能遵循基准重合的原则,即加工基准应该与工艺基准以及设计基准相统一。工件原点的选择一般应遵循以下原则:

(1) 工件原点应选在工件图样的基准上,以利于编程。

(2) 工件原点尽量选在尺寸精度高、粗糙度值低的工件表面上。

(3) 工件原点最好选在工件的对称中心上。

(4) 要便于测量和检验。

5. 零点偏置

工件坐标系原点在机床坐标系中称为调整点。在加工时,工件随夹具在机床上安装后,测量工件原点与机床原点之间的距离,这个距离称为工件原点偏置,也称为零点偏置,如图 5-16、图 5-17 所示。进行偏置就是确定在加工工件时所使用的加工基准点。该偏置值需要预存到数控系统中,在加工时,工作原点偏置值便能自动附加到工作坐标系(工件坐标系)上,使数控系统可按机床坐标系确定加工时的坐标值。因此,编程人员可以不考虑工件在机床上的安装位置和安装精度,而利用数控系统的原点偏置功能,通过工作原点偏置值来补偿工件的安装误差,使用起来非常方便。现在多数数控机床都具有这种功能。

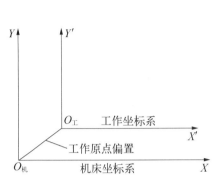

图 5-16　机床坐标系与工件坐标系

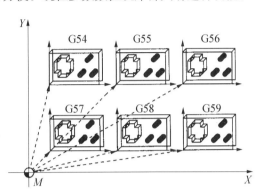

图 5-17　G54～G59 坐标系

实际加工中,有时会一次装夹多个完全相同或不同种类的产品零件,有时工件的加工内容非常复杂,需要同时使用多个加工基准。因此,数控系统一般为用户提供 6 个可以预先设置的工件原点,分别对应于 G54～G59 这 6 个 G 代码指令,这些指令对数控铣床和加工中心来讲非常重要。

5.1.4　其他编程基础

5.1.4.1　绝对坐标与相对坐标

1. 绝对坐标系

在坐标系中,所有点的坐标值(绝对尺寸)均以原点为基准(均从某一固定坐标原点)进行计量的坐标系称为绝对坐标系,绝对尺寸一直指向工件零点,如图 5-18 所示。

2. 相对坐标系

在坐标系中,运动轨迹终点坐标以其起点为基准(相对于起点)进行计量的坐标系称为相对坐标系(亦称增量坐标系),在相对坐标系中,点的坐标用 U、V 和 W 表示。相对尺寸为两个绝对坐标值的差值,如图 5-19、图 5-20 所示。

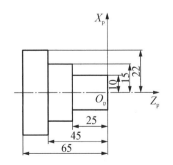

图 5-18　绝对坐标系

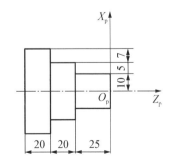

图 5-19　相对坐标系(回转体)

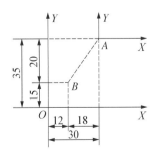

图 5-20　相对坐标系(平面体)

大多数的数控系统,如 FANUC 系统的数控铣床编程时,都用 G90 指令表示使用绝对坐标系编程,用 G91 指令表示使用相对坐标系编程;有的数控系统,如 FANUC 系统的数控车床编程时,用工件零点 X、Y、Z 表示绝对坐标代码,用 U、V、W 表示相对坐标代码。在一个加工程序中可以混合使用这两种坐标表示法编程。

如图 5-20 中的 A、B 两点,若以绝对坐标计量,则

$$X_A = 30, Y_A = 35, X_B = 12, Y_B = 15$$

若以相对坐标计量,则 B 点的坐标是在以 A 点为原点建立起来的坐标系内计量的,则终点 B 的相对坐标为 $X_B = -18$,$Y_B = -20$。

5.1.4.2 公制/英制尺寸输入制式(G21/G20)

数控车床使用的长度单位有公制和英制两种,由专用的指令代码设定长度单位量纲,如 FANUC-Oi 系统用 G20 表示使用英制(inch)单位量纲,G21 表示使用公制(mm)单位量纲。我们一般使用米制单位量纲。英制/公制转换后要随之变更单位的参数有:F 指令的进给速度,位置指令,工件零点偏移值,刀具补偿值,手摇脉冲发生器的刻度单位和增量进给中的移动距离。

5.1.4.3 小数点输入

一般的数控系统允许使用小数点输入数值,也可以不用。小数点可用于距离、时间和速度等单位。

(1) 对于距离,小数点的位置单位是 mm 或 in。对于时间,小数点的位置单位是 s。

例如 X35.0 表示 X 坐标为 35 mm 或 35 in;F1.5 表示 F1.5 mm/r 或 F1.5 mm/min(米制)与 F1.5 in/r 或 F1.5 in/min(英制);G04 X2.0 表示暂停 2 s。

(2) 程序中有无小数点的含义不同。输入小数点表示指令值单位为 mm 或 in 无小数点时的指令值为最小设定单位。例如 G21 X1. 表示 X1 mm;G21X1 表示 X0.001 mm 或 0.01 mm(因参数设定而异);G20 X1. 表示 X1 in;G20 X1 表示 X0.000 1 in 或 X0.001 in(因参数设定而异)。

(3) 在程序中,小数点的有无可混合使用。例如 X1000 Z5.7 表示 X1 mm,Z5.7 mm;X10. Z4256 表示 X10 mm,Z4.256 mm。

(4) 可以使用小数点指令的地址:X, Y, Z, U, V, W, A, B, C, I, J, K, R, F。因此,在暂停指令中,小数点输入只允许用于地址 X 和 U,不允许用于地址 P。

(5) 比最小设定单位小的指令值被舍去。例如 X1.23456,最小设定单位为 0.001 mm 时为 X1.234;最小设定单位为 0.000 1 mm 时为 X1.2345。

5.1.4.4 程序编制中的误差问题

1. 程序编制误差的种类

数控机床突出的特点之一是绝大多数零件的加工精度不仅在加工过程中形成,而且在加工前程序编制阶段就已经形成。程序编制误差(简称程编误差)是不可避免的。这是由于程序控制的原理本身决定的。在程编阶段,图样信息转换成数控系统可以接受的信息,有三种误差可能产生。

1) 逼近误差

这是用近似计算的方法处理列表曲线、曲面轮廓时产生的误差。当列表点用方程式

逼近后,方程式所表示的形状与原始轮廓之间有误差。在大多数情况下,这个误差难以确定,因为零件轮廓的原始形状一般并不给出。

2) 插补误差

这是用直线或圆弧逼近零件轮廓曲线时所产生的误差。逼近曲线与零件轮廓的最大差值称为插补误差。减小插补误差最简单的方法是密化插补点,但这会增加程序段的数目,增加计算、编程和制备控制介质的工作量。

3) 尺寸圆整误差

这是在将计算尺寸换算成机床脉冲当量时,由于圆整化所产生的误差。其值不超过脉冲当量的一半。数控机床能反映的最小位移量是一个脉冲当量,小于一个脉冲当量的数据只能四舍五入,于是就产生了误差。例如计算中得两圆交点为(8.927 4 mm,17.831 5 mm),而脉冲当量为 0.001 mm,只能采取四舍五入的方法输入 $X = 8.927$ mm,$Y = 17.832$ mm。

如果组成零件轮廓的几何元素或列表曲线逼近的几何元素与数控系统的插补功能相同时,就没有插补误差,而只有圆整误差和逼近误差。在点位数控加工中的程编误差只有圆整误差。在轮廓加工中一般所说的程编误差是指插补误差。

2. 其他误差和程编误差的控制

数控加工中的误差,除了程序编制中的误差外,还有控制系统的误差、机床伺服系统的误差,零件定位误差,对刀误差以及机床、工件、刀具的刚性等引起的其他误差。

由于数控加工中的伺服系统的误差,定位误差常常成为误差的大部分,所以零件图样给出的公差中,只有一小部分可以分配给程序编制过程。一般允许的程编误差常取零件公差的 0.1~0.2 倍。如果程编误差过小,就会增加插补段(程序段)的数目。因此,选择合适的程编误差是程序编制过程中的一个重要环节。

5.2　数控机床加工工艺分析

数控铣床加工的工艺路线设计同常规工艺路线拟定过程相似,最初也需要找出所有加工的零件表面并逐一确定各表面的加工获得过程,加工获得过程中的每一步骤相当于一个工步。然后将所有工步内容按一定原则排列出先后顺序。再确定哪些相邻工步可以划为一个工序,即进行工序的划分。最后再将需要的其他工序如常规工序、辅助工序、热处理工序等插入,衔接于数控加工工序序列之中,就得到了要求的工艺路线。

数控加工的工艺路线设计与普通机床加工的常规工艺路线拟定的区别主要在于它仅是几道数控加工工艺过程的概括,而不是指从毛坯到成品的整个工艺过程,由于数控加工工序一般均穿插于零件加工的整个工艺过程中间,因此在工艺路线设计中一定要兼顾常规工序的安排,使之与整个工艺过程协调吻合。

数控机床加工工艺涉及面广,而且影响因素多,对工件进行加工工艺分析时,更应考虑数控机床的加工特点。

数控铣削加工工艺设计的关键是合理安排工艺路线,协调数控铣削工序与其他工序之间的关系,确定数控铣加工工艺的内容和步骤,为编制程序做必要的准备。工艺路线设计的好坏决定着数控加工程序的好坏和加工质量的高低。

5.2.1 工件表面加工方法及加工方案

一般的零件都是由若干个典型表面组成。选择零件的加工方法和加工方案,实质上是选择典型表面的加工方法和加工方案。零件表面的数控加工方法及加工方案一般根据零件的加工精度、表面粗糙度、材料、结构形状、尺寸及生产类型确定。

数控车床是用于加工回转体类零件内、外轮廓的一种机床,而数控铣床是在机械加工中应用极为广泛的一种机床。数控铣床不仅能铣削平面、沟槽和曲面,还能加工复杂的型腔和凸台。数控铣削加工包括平面的铣削加工、二维轮廓的铣削加工、平面型腔的铣削加工、钻孔加工、扩孔加工、攻螺纹加工、箱体类零件的加工以及三维复杂型面的铣削加工。

平面的加工方法有刨、铣和磨等方法。有些工件的端面也用车的方法。

一般情况下,铣削的生产效率较高,在中批量以上生产中,在较大的箱体平面加工中多用铣削加工平面。一般平面的加工方法和加工方案及其所能达到的经济精度和表面粗糙度,如表5-2所示。这是生产实际中的统计资料,仅供参考。

表5-2 平面加工方案

加 工 方 案	经济精度 公差等级	表面粗糙度/μm	适用范围
粗车 粗车→半精车 粗车→半精车→精车 粗车→半精车→磨	IT11～13 IT8～9 IT7～8 IT6～7	$R_z \geqslant 50$ $R_a 3.20 \sim 6.30$ $R_a 0.80 \sim 1.60$ $R_a 0.20 \sim 0.80$	适用于工件的端面加工
粗刨(或粗铣) 粗刨(或粗铣)→精刨(或精铣) 粗刨(或粗铣)→精刨(或精铣)→刮研	IT11～13 IT7～9 IT5～6	$R_z \geqslant 50$ $R_a 1.60 \sim 6.30$ $R_a 0.10 \sim 0.80$	适用于不淬硬的平面(用面铣刀加工,可得较低的表面粗糙度值)
粗刨(或粗铣)→精刨(或精铣)→宽刃精刨	IT6～7	$R_a 0.20 \sim 0.80$	批量较大,宽刃精刨效率高
粗刨(或粗铣)→精刨(或精铣)→磨 粗刨(或粗铣)→精刨(或精铣)→粗磨→精磨	IT6～7 IT5～6	$R_a 0.20 \sim 0.80$ $R_a 0.025 \sim 0.40$	适用于精度要求较高的平面加工
粗铣→拉	IT6～9	$R_a 0.20 \sim 0.80$	适用于大量生产中加工较小的不淬火平面
粗铣→精铣→磨→研磨 粗铣→精铣→磨→研磨→抛光	IT5～6 IT5 以上	$R_a 0.025 \sim 0.20$ $R_a 0.025 \sim 0.10$	适用于高精度平面的加工

5.2.2 数控加工工艺分析

1. 对零件图进行数控加工工艺性分析

零件图是数控加工的根据,因此,必须保证零件图样尺寸的正确标注,保证图形各加工要素之间的相互关系明确,各种几何要素的条件要充分,避免封闭尺寸等。

以同一基准引注尺寸或直接标注坐标尺寸的方法既便于编程,也便于尺寸之间的相互协调,同时又保持了设计基准、工艺基准、测量基准与工件原点设置的一致性。零件设计人员往往在尺寸标注中较多地考虑装配等使用特性方面的问题,从而不得不采取局部分散的标注方法,如图 5-21 所示。然而,这样一来会给工序安排与数控加工带来诸多不便,这时,从方便编程的角度考虑,同时考虑到数控机床加工精度及重复定位精度都较高,所以宜将局部分散的标注方法改为统一基准标注方法,如图 5-22 所示。

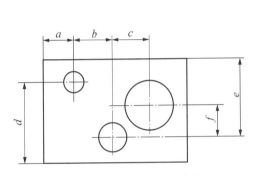

图 5-21 分散基准标注方法

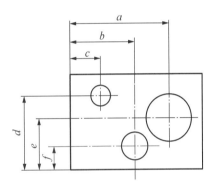

图 5-22 统一基准标注方法

2. 分析构成零件轮廓的几何元素条件

当编制一个 CNC 程序时,被机床加工的轮廓上的对应点必须被编入程序。在大多数情况下,可以在给出尺寸的零件图中直接获取这些点,但有时这些点必须进行计算才能获得。手工编程时要计算构成零件轮廓的每一个基点坐标,这就需要掌握三角形角度的计算方法,如勾股定理、三角形内角和公式、三角函数公式等。

当进行手工编程时,必须计算零件上各点的坐标值。主要内容是根据零件图和选定的走刀路线、编程误差等计算出以直线和圆弧组合所描述的刀具轨迹。

自动编程时要对构成零件轮廓的所有几何元素进行定义,由于零件设计人员在设计过程中考虑不周或忽略某些几何元素,常常出现构成轮廓的几何元素的条件不充分或模糊不清的问题。如圆弧与直线、圆弧与圆弧到底是相切还是相交,有些明明画的是相切,但根据图纸给出的尺寸计算,相切条件不充分而变为相交或相离状态等,使编程无法进行。

3. 分析工件结构的工艺性

(1) 工件的内腔与外形应尽量采用统一的几何类型和尺寸,例如,同一轴上直径差不多的轴肩退刀槽的宽度应尽量统一尺寸,这样可以减少刀具的规格和换刀的次数,方便编程和提高数控机床的加工效率。

(2) 轮廓底平面与侧面间的连接半径不要太大,避免多次换刀;侧面与侧面间的连接半径不能太小,避免由于刀具半径太小而影响刀具强度和加工质量,尽量减少换刀次数。

工件的内腔与外形应尽量采用统一的几何类型和尺寸。例如,加工面转接处的凹圆弧半径、同一轴上直径差不多的轴肩退刀槽的宽度应尽量统一尺寸,这样可以减少刀具的规格和换刀的次数,方便编程和提高数控机床的加工效率。

(3)薄壁和沟槽类零件的加工:薄壁和沟槽在零件的几何图中只是局部形状。用铣削的方法,加工难度很大,因为此类形状的加工工艺性差。在加工薄壁和沟槽时可以考虑如下方法。

① 工件内槽及缘板间的过渡圆角半径不应过小,因为过渡圆角半径反映了刀具直径的大小,刀具直径的大小与被加工工件轮廓的高低影响着工件加工工艺性的好坏,即刀具直径和被加工工件轮廓的深度之比与刀具的刚度有关。如图5-23(a)所示,当$R < 0.2H$时(H为被加工工件轮廓面的深度),可判定该工件该部位的加工工艺性较差;如图5-23(b)所示,当$R > 0.2H$时,可采用较大直径的铣刀来加工,所以可判定刀具的当量刚度较好,工件的加工质量能得到保证。

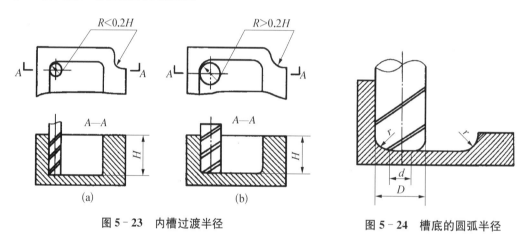

图5-23 内槽过渡半径   图5-24 槽底的圆弧半径

② 工件槽底圆角半径不宜过大。如图5-24所示,铣削工件底平面时,槽的圆角半径r越大,铣刀端刃铣削平面的能力就越差,效益也越低。当r大到一定程度时,甚至大到必须用球头铣刀加工,是应该尽量避免的。铣刀与铣削平面接触的最大直径d等于$D - 2r$(D为铣刀直径),当D一定时,r越大,铣刀端刃铣削平面的面积越小,加工表面的能力相应减小,工艺性也越差。

③ 用试切法确定刀具的旋转直径,刀具要锋利,刀具带倒锥,采取合理的测量方法。

④ 改善工件的结构,增加工件强度,为了防止振动,可采用填入阻尼材料的方法(橡皮泥、硅橡胶等)。

⑤ 粗、精加工分开,选用合理的切削参数:镗、铣结合,分层加工,从上而下;对称加工;充分利用刀具半径补偿。

(4)采用粗、精加工分开和基准统一的原则,保证加工精度。

(5)充分考虑毛坯的工艺性:首先毛坯要有足够的加工余量,然后要选择合理的装夹方式。

4. 定位基准的选择

1) 应采用统一的基准定位

数控加工工艺特别强调定位加工,尤其是正反两面都采用数控加工的零件,其工艺基准的统一是十分必要的,否则很难保证两次安装加工后两个面上的轮廓位置及尺寸协调,因此为保证两次装夹加工后其相对位置的准确性,应采用统一的基准定位。如果零件上没有合适的基准,可以考虑在零件上增加工艺凸台或工艺孔,在加工成后再将其去除。

2) 应尽量使定位基准与设计基准重合

选择定位基准时,应注意减少装夹次数,尽量做到在一次安装中能把零件上所有要加工的表面都加工出来。多选择工件上不需要数控铣削的平面和孔作为定位基准。对薄板件,选择的定位基准应有利于提高工件的刚性,以减小切削变形。定位基准应尽量与设计基准重合,以减小定位误差对尺寸精度的影响。

5. 顺铣和逆铣

铣削有顺铣和逆铣两种方式,选择的铣削方式不同,进给路线的安排也不同。当工件表面无硬皮、机床进给机构无间隙时,应选用顺铣,按照顺铣安排进给路线。因为采用顺铣加工后零件已加工表面质量好,刀齿磨损小。顺铣常用在精铣,尤其是零件材料为铝镁合金、铁合金或耐热合金时。当工件表面有硬皮、机床的进给机构有间隙时,应选用逆铣,按照逆铣安排进给路线。因为逆铣时,刀齿是从已加工表面切入,不会崩刃,机床进给机构的间隙也不会引起振动和爬行。顺铣和逆铣分别如图 5-25(a)、(b)所示。

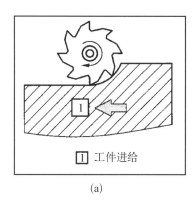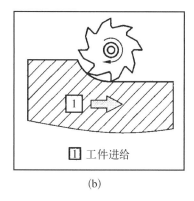

（a）　　　　　　　　　　　　　　（b）

图 5-25　顺铣和逆铣

（a）顺铣　（b）逆铣

5.2.3　工序的划分

数控加工工序设计的主要任务是进一步将本工序的加工内容、进给路线、工艺装备、定位夹紧方式等具体确定下来,为编制加工程序做好充分准备。

1. 工序划分的方式

工序的划分,要根据工件的结构要求、工件的安装方式、工件的加工工艺性、数控机床的性能以及工厂生产组织与管理等因素灵活掌握,力求合理。

对于需要多台不同的数控机床、多道工序才能完成加工的零件,工序划分自然以机床为单位来进行。而对于需要单台或很少的数控机床就能加工完零件全部内容的情况,数控加工工序的划分方法则有所不同,在划分工序时,要根据数控加工的特点以及零件的结构与工艺性,机床的功能,零件数控加工内容的多少,安装次数及本单位生产组织状况等综合考虑。

在数控机床上加工零件与普通机床加工相比,工序可以比较集中。根据数控加工的特点,数控加工工序的划分有以下几种方式:

1) 以一次安装所进行的加工作为一道工序

这种方法一般适用于加工内容不多的工件,主要是将加工部位分为几个部分,每道工序加工其中一部分。如加工外形时,以内腔夹紧;加工内腔时,以外形夹紧。还有,将位置精度要求较高的表面安排在一次安装下完成,以免多次安装所产生的安装误差影响位置精度。例如轴承内圈为例,轴承内圈有一项形位公差要求,即壁厚差(滚道)与内径在一个圆周上的最大壁厚差别。此零件的精车,原采用三台液压半自动车床和一台液压仿形车床加工,需四次装夹,滚道与内径分在两道工序车削(无法在一台液压仿形车床上将两面一次安装同时加工出来),因而造成较大的壁厚差,达不到图纸要求。后改用数控车床加工,两次装夹完成全部精车加工。第一道工序采用如图 5-26(a)所示的以大端面和大外径定位装夹的方案,滚道和内孔的车削及除大外径、大端面、相邻两个倒角外的所有表面均在这次装夹内完成。由于滚道和内径同在此工序车削,壁厚差大为减小,且加工质量稳定。此外,该轴承内圈小端面与内径的垂直度、滚道的角度也有较高要求,因此也在此工序内同时完成。若在数控车床上加工后经实测发现小端面与内径的垂直度误差较大,可以用修改程序内数据的方法来进行校正。第二道工序采用如图 5-26(b)所示的以内孔和小端面定位装夹方案,车削大外圆、大端面及倒角。

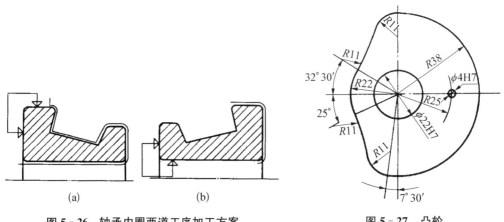

(a)   (b)

图 5-26 轴承内圈两道工序加工方案   图 5-27 凸轮

按定位方式划分工序这种方法一般适合于加工内容不多的工件,加工完后就能达到待检状态。通常是以一次安装、加工作为一道工序。如图 5-27 所示的凸轮,其两端面、$R38$ 外圆面以及 $\phi22H7$ 和 $\phi4H7$ 两孔均在普通机床上进行加工,而在数控铣床上以加工过的两个孔和一个端面定位作为一道工序,铣削凸轮外表面曲线。

2) 以一个完整数控程序连续加工的内容为一道工序

有些零件虽然能在一次安装中加工出很多待加工面,但考虑到程序太长,会受到某些限制,如控制系统的限制(主要是内存容量)、机床连续工作时间的限制(如一道工序在一个工作班内不能结束)等,此外,程序太长会增加出错率,查错与检索困难,因此程序不能太长。这时可以以一个完整的数控程序连续加工的内容为一道工序。在本工序内用多少把刀具、加工多少内容,主要根据控制系统的限制、机床连续工作时间的限制等因素考虑。

3) 以工件上的结构内容组合用一把刀具加工为一道工序

同一把刀具完成的那一部分工艺过程为一道工序,对于工件的待加工表面较多,机床连续工作时间较长的情况,可以采用刀具集中的原则划分工序,在一次装夹中用一把刀完成可以加工的全部加工部位,然后再换第二把刀,加工其他部位,即以同一把刀具加工的内容划分工序。在专用数控机床和加工中心上常用这种方法。

有些零件结构较复杂,既有回转表面也有非回转表面,既有外圆、平面也有内腔、曲面。对于加工内容较多的零件,按零件结构特点将加工内容组合分成若干部分,每一部分用一把典型刀具加工。这时可以将组合在一起的所有部位作为一道工序。然后再将其他组合在一起的部位换另外一把刀具加工,作为新的一道工序。这样可以减少换刀次数,减少空行程时间。

4) 以粗、精加工划分工序

一般来说,在一次安装中不允许将工件的某一表面粗、精不分地加工至精度要求后,再加工工件的其他表面。此时可用不同的机床或不同的刀具进行加工。对于容易发生加工变形的零件,考虑到工件的加工精度、变形等因素,通常粗加工后需要进行矫形,这时粗加工与精加工作为两道工序,即以粗加工中完成的那部分工艺过程为一道工序,精加工中完成的那部分工艺过程为另一道工序,也即先粗后精,可以采用不同的刀具或不同的数控车床加工。对毛坯余量较大和加工精度要求较高的零件,应将粗车和精车分开,划分成两道或更多的工序。将粗车安排在精度较低、功率较大的数控车床上,将精车安排在精度较高的数控车床上。

以车削如图 5-28(a)所示手柄为例,具体工序的划分如下。该零件加工所用坯料为 $\phi32\,mm$ 棒料,批量生产,加工时用一台数控车床,工序划分如下。

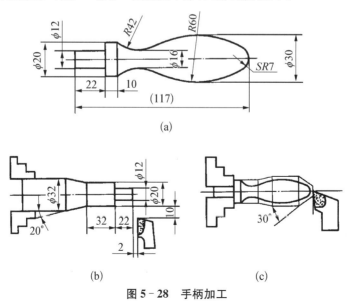

(a)

(b)　　　　　　　　　(c)

图 5-28　手柄加工

第一道工序,如图 5-28(b)所示将一批工件全部车出,包括切断,夹棒料外圆柱面,工序内容为：先车出 $\phi12$ mm 和 $\phi20$ mm 两圆柱面及圆锥面(粗车掉 $R42$ mm 圆弧的部分余量),转刀后按总长要求留下加工余量。

第二道工序,如图 5-28(c)所示,用 $\phi12$ mm 外圆及 $\phi20$ mm 端面装夹,工序内容为：先车削包络 $SR7$ mm 球面的 $30°$圆锥面,然后对全部圆弧表面半精车(留少量的精车余量),最后换精车刀将全部圆弧表面一刀精车成形。

5) 按加工部位划分工序

以完成相同型面的那一部分工艺过程为一道工序。有些零件加工表面多而复杂,构成零件轮廓的表面结构差异较大,可按其结构特点(如内形、外形、曲面或平面等)划分成多道工序。

综上所述,在数控加工划分工序时,一定要视零件的结构与工艺性,零件的批量,机床的功能,零件数控加工内容的多少,程序的大小,安装方式、安装次数及本单位生产组织状况、管理因素灵活掌握。零件宜采用工序集中的原则还是采用工序分散的原则,也要根据实际情况来确定,但一定要力求合理。

2. 非数控车削加工工序的安排

(1) 零件上有不适合数控车削加工的表面,如渐开线齿形、键槽、花键表面等,必须安排相应的非数控车削加工工序。

(2) 零件表面硬度及精度要求均高,热处理需安排在数控车削加工之后,则热处理之后一般安排磨削加工。

(3) 零件要求特殊,不能用数控车削加工完成全部加工要求,则必须安排其他非数控车削加工工序,如喷丸、滚压加工、抛光等。

(4) 零件上有些表面根据工厂条件采用非数控车削加工更合理,这时可适当安排这些非数控车削加工工序,如铣端面打中心孔等。

3. 数控加工工序与普通工序的衔接

数控工序前后一般穿插有其他普通工序,如衔接得不好就容易产生矛盾,最好的办法是相互建立状态要求,如要不要留加工余量,留多少;定位面的尺寸精度要求及形位公差;对矫形工序的技术要求;对毛坯的热处理状态要求等,都需要前后兼顾,统筹衔接。其目的是达到相互能满足加工需要,且质量目标及技术要求明确,交接验收有依据。

这里所说的普通工序是指常规的加工工序、热处理工序和检验等辅助工序。

5.2.4　工序顺序的安排

加工顺序的安排应根据工件的结构和毛坯状况,选择工件的定位和安装方式,重点保证工件的刚度不被破坏,尽量减少变形,因此制定零件数控车削加工工序顺序需遵循下列原则。

(1) 上、下道工序的加工、定位与夹紧不能互相影响。

① 先加工定位面,即上道工序的加工能为后面的工序提供精基准和合适的夹紧表面,不能互相影响。制订零件的整个工艺路线是从最后一道工序开始往前推,按照前工序为后工序提供基准的原则先大致安排。

② 先加工平面,后加工孔,先加工简单的几何形状,再加工复杂的几何形状。

③ 先内后外,先加工工件的内腔,后加工外形。

(2) 根据加工精度要求的情况,可将粗、精加工合为一道工序。对精度要求高,粗精加工需分开进行的,先粗加工后精加工。

(3) 以相同定位、夹紧方式安装的工序或用同一刀具加工的工序,最好接连进行,以减少重复定位次数、夹紧次数、挪动压板/装夹次数、换刀及空行程时间。在一次定位夹紧中尽可能使用较少把刀具加工,尽可能加工更多的表面。

(4) 中间穿插有通用机床加工工序的要综合考虑、合理安排其加工顺序。

(5) 在一次安装加工多道工序中,先安排对工件刚性破坏较小的工序。

上述工序顺序安排的一般原则不仅适用于数控车削加工工序顺序的安排,也适用于其他类型的数控加工工序顺序的安排。

5.2.5　工步顺序和进给路线的确定

数控加工工艺路线设计是下一步工序设计的基础,其设计质量将直接影响零件的加工质量和生产效率。设计数据加工工艺路线时要对零件图、锻件图认真分析,把数控加工的特点和普通加工工艺的一般原则结合起来,才能使数控加工工艺路线设计得更为合理。

数控机床加工工序设计的主要任务:确定工序的具体加工内容、切削用量、工艺装备、定位安装方式及刀具运动轨迹,为编制程序做好准备。其中加工路线的设定是很重要的环节,加工路线是指刀具在切削加工过程中刀位点相对于工件的运动轨迹,它不仅包括加工工序的内容,也反映加工顺序的安排,因而加工路线是编写加工程序的重要依据。确定走刀路线和工步顺序的原则如下。

1. 铣削加工确定走刀路线和工步顺序的原则

划分工步主要从加工精度和效率两方面考虑。合理的工艺不仅要保证加工出符合图样要求的工件,同时应使机床的功能得到充分发挥,因此,在一个工序内往往需要采用不同的刀具和切削用量,对不同的表面进行加工。为了便于分析和描述较复杂的工序,在工序内又细分为工步。确定走刀路线时主要考虑以下几点。

(1) 加工路线应保证被加工工件的精度和表面粗糙度。

(2) 设计最短的走刀路线以减少空行程时间,提高加工效率。

(3) 简化数值计算和减少程序段,减少编程工作量。

(4) 据工件的形状、刚度、加工余量和机床系统的刚度等情况,确定循环加工次数。

(5) 合理设计刀具的切入与切出的方向。采用单向趋近定位方法,避免传动系统反向间隙而产生的定位误差。

(6) 合理选用铣削加工中的顺铣或逆铣方式,一般来说,数控机床采用滚珠丝杠,运动间隙很小,因此顺铣优点多于逆铣。

另外,若加工尺寸精度、加工表面位置精度要求较高时,考虑到零件尺寸、精度、刚性等因素,同一加工表面或全部表面按粗加工、半精加工、精加工依次完成。

对于既有铣面又有镗孔的零件,可以采用"先面后孔"的原则划分工步。先铣面可提高孔的加工精度,因为铣削时切削力较大,工件易发生变形,而先铣面后镗孔,则可使其变形有一段时间恢复,减少由于变形引起的对孔的精度的影响。反之,如先镗孔后铣面,则铣削时极易在孔口产生飞边、毛刺,从而破坏孔的精度。

2. 车削加工工步顺序安排的原则

1) 先粗后细

对粗精加工在一道工序内进行的,先对各表面进行粗加工,全部粗加工结束后再进行半精加工和精加工,逐步提高加工精度。此工步顺序安排的原则要求为:粗车在较短的时间内将工件各表面上的大部分加工余量(见图 5-29 中的双点画线内的部分)切掉,一方面提高金属切除率,另一方面满足精车的余量均匀性要求。若粗车后所留余量的均匀性满足不了精加工的要求时,则要安排半精车,以此为精车做准备。此原则实质是在一个工序内分阶段加工,这样有利于保证零件的加工精度,适用于精度要求高的场合,但可能会增加换刀的次数和加工路线的长度。

2) 先近后远

这里所说的远与近,是按加工部位相对于对刀点(起刀点)的距离远近而言的。在一般情况下,离对刀点远的部位后加工,以便缩短刀具移动距离,减少空行程时间。例如,当加工如图 5-30 所示的台阶轴时,如果按 $\phi38$ mm—$\phi36$ mm—$\phi34$ mm 的次序安排车削,会增加刀具返回对刀点所需的空行程时间,还可能使台阶的外直角处产生毛刺(飞边)。对这类直径相差不大的台阶轴,当第一刀的背吃刀量(图中最大背吃刀量为 3 mm 左右)未超限时,宜按 $\phi34$ mm—$\phi36$ mm—$\phi38$ mm 的次序先近后远地安排车削。

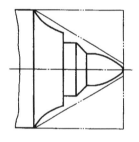

图 5-29 先粗后精

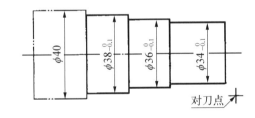

图 5-30 先近后远

3) 内外交叉

对既有内表面(内型、腔)又有外表面需加工的回转体零件,安排加工顺序时,应先进行外、内表面粗加工,后进行外、内表面精加工。切不可将零件上一部分表面(外表面或内表面)加工完毕后,再加工其他表面(内表面或外表面)。

4) 保证工件加工刚度

在一道工序中进行的多工步加工,应先安排对零件刚性破坏较小的工步,后安排对零件刚性破坏较大的工步,以保证零件加工时的刚度要求。即一般先加工离装夹部位较远的、在后续工步中不受力或受力小的部位,本身刚性差又在后续工步中受力的部位一定要后加工。

5) 同一把刀尽量连续加工

此方法的含义是用同一把刀将能加工的内容连续加工出来,以减少换刀次数,缩短刀具移动距离。特别是精加工同一表面时一定要连续切削。该原则与先粗后精原则有时相矛盾,能否选用以能否达到加工精度要求为准。

上述工步顺序安排的一般原则同样适用于其他类型的数控加工工步顺序的安排。

3. 进给路线(进刀和退刀路线)的确定

进给路线是指数控机床加工过程中刀具刀位点相对零件或工件的运动轨迹和方向,也称走刀路线。它泛指刀具从对刀点(或机床参考点)开始运动起,至返回该点并结束加工程序所经过的路径,包括切削加工的路径及刀具切入、切出等非切削空行程。它不但包括了加工中工步的内容,也反映出工步顺序,是编写程序的依据之一,因此,在确定加工路线时最好画出一张工序简图(或走刀路线图),将已经拟定出的进给路线画上去(包括进、退刀路线),这样可为编程带来不少方便。

1) 确定进给路线的主要原则

确定进给路线的工作重点,主要在于确定粗加工及空行程的进给路线,因切削过程的进给路线基本上都是沿零件轮廓顺序进行的。

(1) 进给路线的主要原则。

① 首先按已定工步顺序确定各表面加工进给路线的顺序。

② 所定进给路线(加工路线)应能保证零件轮廓表面加工后的精度和粗糙度要求。

③ 寻求最短加工路线(包括空行程路线和切削路线),减少行走时间以提高加工效率。

④ 要选择零件在加工时变形小的路线,对横截面积小的细长零件或薄壁零件应采用分几次走刀加工到最后尺寸或对称去余量法安排进给路线。

⑤ 在满足工件精度、表面粗糙度、生产率等要求的情况下,简化数值计算和减少程序段,减小编程工作量。

当某段进给路线重复使用时,为了简化编程,缩短程序长度,应使用子程序。

⑥ 据工件的形状、刚度、加工余量和机床系统的刚度等情况,确定循环加工次数,即确定是一次进给还是多次进给,来完成加工。

⑦ 合理设计刀具的切入与切出的方向,和在铣削加工中是采用顺铣还是逆铣等。采用单向趋近定位方法,避免传动系统反向间隙而产生的定位误差。

确定进给路线的工作重点,主要在于确定粗加工及空行程的进给路线,因精加工切削过程的进给路线基本上都是沿零件轮廓顺序进行的。

(2) 确定粗加工进给路线。

① 常用的粗加工进给路线:

a. "矩形"循环进给路线。图 5-31(a)为利用数控系统具有的矩形循环功能安排的"矩形"循环进给路线。

b. "三角形"循环进给路线。图 5-31(b)为利用数控系统具有的三角形循环功能安排的"三角形"循环进给路线。

c. 沿轮廓形状等距线循环进给路线。图 5-31(c)为利用数控系统具有的封闭式复合循环功能控制车刀沿着零件轮廓等距线循环的进给路线。

d. 阶梯切削路线。图 5-32 为车削大余量工件的两种加工路线,图 5-32(a)是错误的阶梯切削路线,图 5-32(b)按 1~5 的顺序切削,每次切削所留余量相等,是正确的阶梯

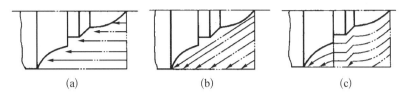

图 5-31 常用的粗加工循环进给路线

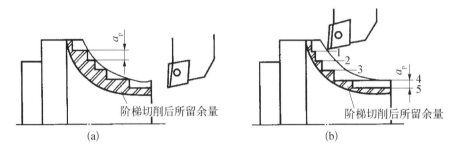

图 5-32 大余量毛坯阶梯切削路线

切削路线。因为在同样背吃刀量的条件下,按图 5-32(a)的方式加工所剩的余量过多。

e. 双向切削进给路线。利用数控车床加工的特点,还可以放弃常用的阶梯车削法,

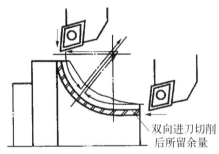

图 5-33 沿零件轮廓双向切削路线示意

改用轴向和径向联动双向进刀,顺工件毛坯轮廓进给的路线(见图 5-33)。

②最短的粗加工切削进给路线。该切削进给路线最短,可有效提高生产效率,降低刀具的损耗等。

图 5-31 为粗车如图 5-29 所示例件三种不同的切削进给路线。对以上三种切削进给路线,经分析和判断后可知矩形循环进给路线的进给长度总和最短。因此,在同等条件下,其切削所需时间(不含空行程)最短,刀具的损耗最少,为常用粗加工切削进给路线,但也有粗加工后的精车余量不够均匀的缺点,所以一般需安排半精加工。

(3)精加工进给路线的确定。

①最终轮廓的进给路线。在安排一刀或多刀进行的精加工进给路线时,其零件的最终轮廓应由最后一刀连续加工而成,并且加工刀具的进刀、退刀位置要考虑妥当,尽量不要在连续的轮廓中切入和切出或换刀及停顿,以免因切削力突然变化而造成弹性变形,致使光滑连接轮廓上产生表面划伤、形状突变或滞留刀痕等缺陷。

②换刀加工时的进给路线。主要根据工步顺序要求决定各刀加工的先后顺序及各刀进给路线的衔接。

③切入、切出及接刀点位置的选择。应选在有空刀槽或表面间有拐点、转角的位置,而曲线要求相切或光滑连接的部位不能作为切入、切出及接刀点位置。

数控车床车削端面加工路线如图 5-34 所示,$A—B—C—O_p—D$,其中 A 为换刀点,B 为切入点,$C—O_p$ 为刀具切削轨迹,O_p 为切出点,D 为退刀点。数控车床车削外圆的加

工路线如图 5 - 35 所示 $A—B—C—D—E—F$,其中 A 为换刀点,B 为切入点,$C—D—E$ 为刀具切削轨迹,E 为切出点,F 为退刀点。

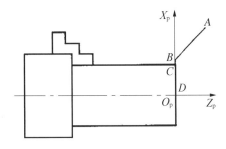

图 5 - 34　数控车床车削端面的加工路线

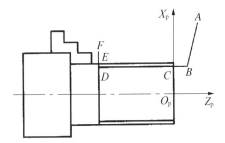

图 5 - 35　数控车床车削外圆的加工路线

④ 各部位精度要求不一致的精加工进给路线。若各部位精度相差不是很大时,应以最严的精度为准,连续走刀加工所有部位;若各部位精度相差很大,则精度接近的表面安排在同一把刀走刀路线内加工,并先加工精度较低的部位,最后再单独安排精度高的部位的走刀路线。

(4) 空行程最短进给路线的确定。

在保证加工质量的前提下,使加工程序具有空行程最短的进给路线,不仅可以节省整个加工过程的执行时间,还能减少机床进给机构滑动部件的磨损等,如选择距离最短的垂直下刀和切入切出。

① 合理设置起刀点。如图 5 - 36(a)所示为采用矩形循环方式进行粗车的一般情况示例。其对刀点 O 的设定是考虑到加工过程中需方便地换刀,故设置在离零件较远处,同时将起刀点与其对刀点重合在一起,粗车的进给路线安排如下:第一刀:$O→1→2→3→O$,第二刀:$O→4→5→6→O$,第三刀:$O→7→8→9→O$。

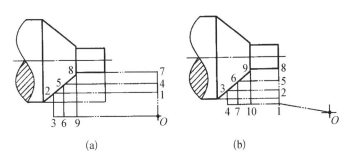

图 5 - 36　合理设置起刀点

如图 5 - 36(b)所示则是将循环加工的起刀点与对刀点分离,并设图示 1 点位置,仍按相同的切削量进行粗车,其进给路线如下。

循环加工的起刀点与对刀点分离的空行程 $O→1$。第一刀:$1→2→3→4→1$,第二刀:$1→5→6→7→1$,第三刀:$1→8→9→10→1$。

显然,如图 5 - 36(b)所示的进给路线短。该方法也可用在其他循环(如螺纹车削)切削加工中。

② 合理设置换(转)刀点。为了考虑换(转)刀的方便和安全,有时也可将换(转)刀点

设在离零件较远的位置处[见图 5-36(a)中的 O 点],那么,当换第二把刀后,进行精车时的空行程路线必然也较长;如果将第二把刀的换刀点也设置在如图 5-36(b)所示的 1 点位置上(因工件已去掉一定的余量),则可缩短空行程距离,但一定要注意换刀过程中不能发生碰撞。

③ 合理应用"回零"路线。当车削比较复杂轮廓的零件而用手工编程时,为使其计算过程尽量简化,既不出错,又便于校核,编程者有时会将每一刀加工完后的刀具终点通过执行"回零"(即返回对刀点)指令返回到对刀点位置,然后再执行后续程序。这样会增加进给路线的距离,从而降低生产效率。因此,在合理安排"回零"路线时,应尽量缩短前一刀终点与后一刀起点间的距离,或者使其为零,即可满足进给路线为最短的要求。另外,在选择返回对刀点指令时,在不发生加工干涉现象的前提下,宜尽量采用 X、Z 坐标轴双向同时"回零"指令,则该指令功能的"回零"路线将是最短的。

(5)特殊的进给路线。

在数控车削加工中,一般情况下,Z 坐标轴方向的进给运动都是沿着负方向进给的,但有时按这种方式安排进给路线并不合理,甚至可能车坏零件。

如图 5-35 所示零件加工,当采用尖头车刀加工大圆弧外表面时,有两种不同的进给路线,其结果大不相同。对于如图 5-37(a)所示的第一种进给路线(沿 Z 轴负方向),因切削时尖头车刀的主偏角为 $100°\sim105°$,这时切削力在 X 向的分力 F_p 将沿着如图 5-38所示的正 X 方向作用,当刀尖运动到圆弧的换象限处,即由负 Z、负 X 向负 Z、正 X 变换时,吃刀抗力 F,马上与传动横拖板的传动力方向相同,若丝杆螺母有传动间隙,就可能使刀尖嵌入零件表面(即"扎刀"),其嵌入量在理论上等于其机械传动间隙量 e(见图 5-38)。即使该间隙量很小,由于刀尖在 X 方向换向时,横向拖板进给过程的位移量变化也很小,加上处于动摩擦与静摩擦之间呈过渡状态的拖板惯性的影响,仍会导致横向拖板产生严重的爬行现象,从而大大降低零件的表面质量。

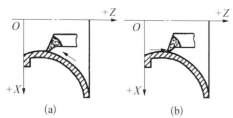
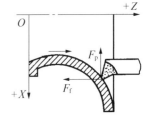

图 5-37　两种不同的进给路线　　图 5-38　嵌刀现象　　图 5-39　合理的进给方案

对于如图 5-37(b)所示的进给方法,因为尖刀运动到圆弧的换象限处,即由正 Z、负 X 向正 Z、正 X 方向变换时,吃刀抗力 F_p 与丝杠传动横向拖板的传动力方向相反(见图 5-39),不会受丝杆螺母传动间隙的影响而产生嵌刀现象,所以如图 5-37(b)所示进给路线是较合理的。

此外,在车削螺纹时,有一些多次重复进给的动作,且每次进给的轨迹相差不大,这时进给路线的确定可采用系统固定循环功能。

2)铣削刀具的下刀、切入与退出

下刀时不能用 G00 指令使刀具快速运动,而应采用 G01 指令,并且进给倍率要尽可能小,当刀具正常切入工件后方可加大进给倍率进行加工。

　　铣削加工时的刀具的切入和退出直接影响到加工质量和加工安全。对于凸台类表面的加工,一般要求从侧面进刀或沿切线方向进刀,这样可以方便地进行刀具补偿,尽量避免垂直下刀,下刀时应离开工件边缘一段距离;退刀方式也是从侧向或切向退刀。

　　用立铣刀的侧刃铣削平面工件的外轮廓时,为减少接刀痕迹,保证零件表面质量,切入、切出部分应考虑外延,对刀具的切入和切出程序要精心设计。如图 5-40 所示,立铣刀侧刃铣削平面零件外轮廓时,避免沿零件外轮廓的法向切入和切出,铣刀的切入和切出点应沿工件外轮廓曲线的延长线上切向切入和切出工件表面,而不应沿法线直接切入工件,以避免刀具在切入或切出时在加工表面产生切削刃切痕,保证零件轮廓光滑、零件曲面的平滑过渡,保证零件表面质量。有些数控系统,为了编程方便备有此特殊功能代码(如切向切入功能代码 G37 指令,切向切出功能代码 G38 指令)。在无此功能的数控机床上,就要由合适的进给路线来解决。

　　用立铣刀铣削内表面轮廓时,切入和切出都无法外延,尤其是空间小时,铣刀只有沿工件轮廓的法线方向切入和切出,并将其切入点和切出点选在工件轮廓两几何元素的交点处。但进给路线不一致,加工结果也将各异。但如果空间上有可能的话,在铣削封闭内轮廓表面时,刀具也要沿轮廓线的切线方向进刀与退刀,如图 5-41 所示,*A—B—C* 为刀具切向切入轮廓轨迹路线,*C—D—C* 为刀具切削工件封闭内轮廓轨迹,*C—E—A* 为刀具切向切出轮廓轨迹路线。

　　图 5-42 表示了切向切入切出进给路线,这尤其适用精铣。

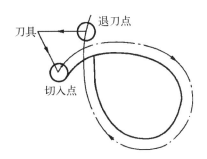

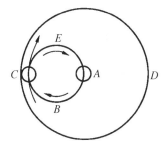

图 5-40　数控铣床外轮廓铣削的切入切出方式　　　**图 5-41　数控铣床内轮廓铣削的加工路线**

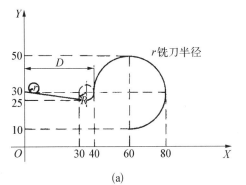

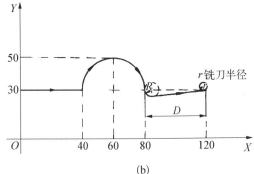

(a)　　　　　　　　　　　　　　　　　　　(b)

图 5-42　切向切入切出进给路线

(a) 切向切入　(b)切向切出

对于型腔类零件的粗铣,一般应先钻一个工艺孔至型腔底面(留一定精加工余量)并扩孔,以便所使用的立铣刀能从工艺孔进刀,进行型腔粗加工,型腔粗加工一般采用从中心向四周扩展的方式。对于三轴联动的机床,可以采用螺旋方式沿工件轮廓方向或切线方向下刀,退刀时也是如此。

如图 5 - 43 所示为加工型腔类零件(凹槽)的三种进给路线。如图 5 - 43(a)和(b)所示,分别是用行切法(即刀具与工件轮廓的切点轨迹在垂直于刀具轴线平面内投影为相互平行的迹线)和环切法(即刀具与工件轮廓的切点轨迹在垂直于刀具轴线平面内投影为一条或多条环形迹线)加工凹槽的进给路线。图(c)则表示先用行切法最后环切一刀精加工轮廓表面。三种方案中,图(a)方案最差,图(c)方案最佳。

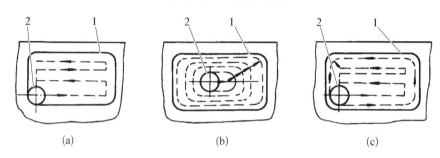

图 5 - 43　凹槽铣削加工进给路线

(a) 行切法　(b) 环切法　(c) 先行切后环切
1—工件凹槽轮廓;2—铣刀

加工过程中,工件、刀具、夹具、机床这一工艺系统会暂时处于动态平衡弹性变形的状态下,若进给停顿,切削力明显减小,会改变系统的平衡状态,刀具会在进给停顿处的工件表面留下划痕,因此在轮廓加工中应避免进给停顿。

铣削曲面时,常用球头刀进行加工。如图 5 - 44 所示,加工边界敞开的直纹曲面可能采取的三种进给路线,即曲面的 Y 向行切,沿 X 向的行切和环切。对于直母线的叶面加工,采用图(b)的方案,每次直线进给,刀位点计算简单,程序段短,而且加工过程符合直纹面的形成规律,可以准确保证母线的直线度。当采用图(a)的加工方案时,符合这类工件表面数据给出情况,便于加工后检验,叶形的准确度高。由于曲面工件的边界是敞开的,没有其他表面限制,所以曲面边界可以外延,为保证加工的表面质量,球头刀应从边界外

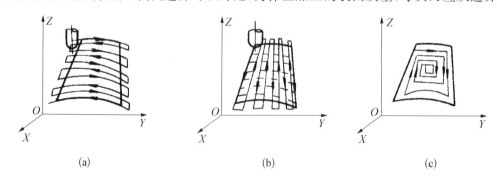

图 5 - 44　加工直纹面的三种进给路线

(a) Y 方向行切　(b) X 方向行切　(c) 环切

进刀和退刀。图(c)所示的环切方案一般应用在凹槽加工中,在型面加工中由于编程烦琐,一般都不用。

铣削加工中是采用顺铣还是逆铣,对加工后表面粗糙度也有影响。究竟采用哪种铣削方法,应视零件图的加工要求、工件材料的性质与特点以及具体机床刀具等条件综合考虑,确定原则与普通机械加工相同。一般说,数控机床传动采用滚珠丝杠,其运动间隙很小,并且顺铣优点多于逆铣,所以应尽可能

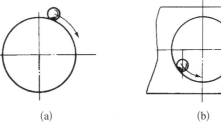

图 5‑45 顺铣加工进给路线
(a) 外轮廓铣削 (b) 内轮廓铣削

采用顺铣。如图 5‑45 所示,在精铣内外轮廓时,为了改善表面粗糙度,应采用顺铣的进给路线加工方案。

对于铝镁合金、铁合金和耐热合金等材料来说,建议也采用顺铣加工,这对于降低表面粗糙度值和提高刀具耐用度都有利。但如果零件毛坯为黑色金属锻件或铸件,表皮硬而且余量一般较大,这时采用逆铣较为有利。

3) 孔加工定位路线

加工位置精度要求较高的孔系时,应特别注意安排孔的加工顺序。合理安排孔加工定位路线能提高孔的位置精度,若安排不当,就可能将坐标轴的反向间隙带入,直接影响位置精度。

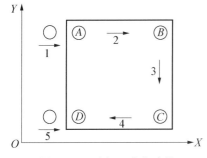

图 5‑46 孔加工定位路线

如图 5‑46 所示,在 XY 平面内加工 A、B、C、D 四孔,安排孔加工路线时一定要注意各孔定位方向的一致性,即采用单向趋近定位方法,完成 C 孔加工后往左多移动一段距离,然后返回加工 D 孔,这样的定位方法可避免因传动系统反向间隙而产生的定位误差,提高了 D 孔与其他孔之间的位置精度。

确定孔加工进给路线加工孔时,只要求定位精度较高,即将刀具在 XY 平面内快速定位运动到对准孔中心线的位置,因此要按空程最短安排进给路线,然后刀具再轴向运动(Z 向)进行加工。所以进给路线的确定要解决好下面两个问题。

(1) 孔位确定及其坐标值的计算。

① 孔距尺寸公差的转换一般在零件图上孔位尺寸都已给出,但有时孔距尺寸的公差或对基准尺寸距离的公差是非对称性尺寸公差,应将其转换为对称性公差。如某零件图上两孔间距尺寸 $L = 90^{+0.055}_{+0.027}$ mm,应转换成 $L' = 90.041$ mm ± 0.014 mm,编程时按基本尺寸 90.041 mm 进行,其实这就是工艺学中讲的中间公差的尺寸。

② 孔位尺寸的两种表示方法孔的位置(坐标)尺寸有两种表示方法,如图 5‑47 所示。如图(a)为绝对值表示方法,以工件坐标系原点为基准。加工精度不受前一孔位置精度的影响。此时孔位坐标尺寸以绝对值表示,编程时也采用绝对值编程。图 5‑47(b)为增量

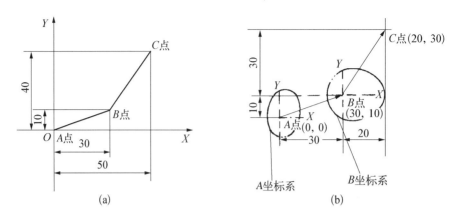

图 5-47 孔位尺寸绝对值与增量值的坐标系

(a) 绝对值方式的坐标系　(b) 增量值方式的坐标系

表示方法，后一孔的位置是以前一孔的位置为基准的。此时孔位尺寸以增量值表示，编程时也采用增量值编程。

（2）孔加工轴向有关距离尺寸的确定　孔加工编程时还需要知道如下两种尺寸数据：刀具快速趋近距离 Z_s 和刀具工作进给距离 Z_f。

① 距离 Z_s 的计算可按下式进行（见图 5-48）。

$$Z_s = Z_0 - (Z_T + Z_d + \Delta Z) \tag{5-1}$$

式中：Z_d 为工件及夹具高度尺寸（mm）；ΔZ 为刀具轴向切入长度（mm）；Z_0 为刀具主轴端面至工作台面的距离尺寸（mm），具体数据按机床说明书规定；Z_T 为刀具长度，数据见刀具卡片。

距离 Z_s 除按上述公式计算外，也可以在加工现场实测确定。

② 刀具工作进给距离 Z_f 的计算可按下式进行（见图 5-49）。

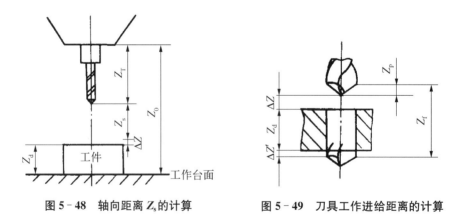

图 5-48　轴向距离 Z_s 的计算　　　图 5-49　刀具工作进给距离的计算

$$Z_f = Z_p + (Z_T + \Delta Z + Z_d + \Delta Z') \tag{5-2}$$

式中：Z_p 为钻头尖端锥度部分长度，一般 $Z_p = 0.3D$（D 为钻头直径），对于平端刀具，$Z_p = 0$；Z_d 为工件孔深（mm）；$\Delta Z'$ 为刀具轴向切出长度（mm），当加工非通透孔时 $\Delta Z' = 0$。ΔZ 与 $\Delta Z'$ 推荐值参如表 5-3 所示。

表 5-3　刀具切入、切出点距离(单位：mm)

加工方式	刀具切入时刀尖距工件表面的距离 ΔZ		刀具切出时刀尖距工件表面的距离 $\Delta Z'$(通孔)	
	已加工表面	毛坯表面	已加工表面	毛坯表面
钻	3～5	在 5～10 之间视毛坯情况任选	$\dfrac{D}{2}\cos\dfrac{\phi}{2}+(2\sim4)$	在已加工表面切出数据基础上加(5～10)视毛坯情况定
扩	3～5		$L+(1\sim3)$	
铰	3～5		$L+(10\sim20)$	
镗	3～5		$2\sim4$	
攻螺纹	3～5		$L+(2\sim4)$	

注：① D 为刀具直径；② ϕ 为钻头刀尖角度；③ L 为毁削刃导向部长度。

4) 走刀路线图

设计好数控加工刀具进给路线是编制合理加工程序的条件之一。另外在数控加工中要经常注意并防止刀具在运动中与工件、夹具等发生意外的碰撞,因此机床操作者要了解刀具运动路线(如从哪里下刀,在哪里抬刀,哪里是斜下刀等),了解并计划好夹紧位置及控制夹紧元件的高度,以避免碰撞事故发生。为此,常常采用进给路线图加以说明。

为了简化进给路线图,一般可采用统一约定的符号来表示,如表 5-4 所示。

表 5-4　数控加工进给路线

数控机床进给路线图		零件图号	ZG03.01	工序号	50	工步号	2	程序编号	ZG03.01-2
机床型号	程序段号	N8301～N8339	加工内容		铣扇形框内外形			共　页	第　页

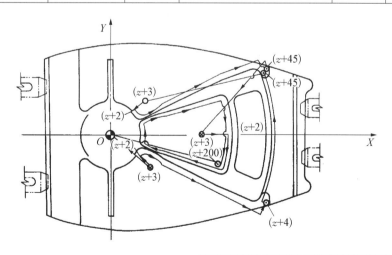

							编程		校对		审核	
符号	⊙	⊗	◐	•→	•—•	⌐•┘	o-----	→o○o	⇨	←•→	⊡	
含义	抬刀	下刀	程编原点	起始	进给方向	进给线相交	爬斜坡	钻孔	行切	轨迹重叠	回切	

5）确定对刀点与换刀点

对刀点就是刀具相对工件运动的起点。在程编时不管实际上是刀具相对工件移动，还是工件相对刀具移动，都是把工件看作静止的而刀具在运动，因此常把对刀点称为程序原点，也称工件编程原点，即工件原点。对刀点的选择应遵循"找正和编程容易、对刀误差小、检查方便"的原则。在实际生产中，对刀误差可以通过试切加工进行调整。对刀点选定后，即确定了机床坐标系和工件坐标系之间的相互位置关系。刀具在机床上的位置是由"刀位点"的位置来表示的。不同的刀具，刀位点不同。

对车刀、镗刀类刀具，刀位点为其刀尖。对刀点找正的准确度直接影响加工精度，对刀时，应使"刀位点"与"对刀点"一致。

对刀点选择的原则，主要是考虑对刀点在机床上对刀方便、便于观察和检测，编程时便于数学处理和有利于简化编程。对刀点可选在零件或夹具上。为提高零件的加工精度，减少对刀误差，对刀点应尽量选在零件的设计基准或工艺基准上，如以孔定位的零件，应将孔的中心作为对刀点；对车削加工，则通常将对刀点设在工件外端面的中心上，如图5-50(b)所示，工件原点即为对刀点。

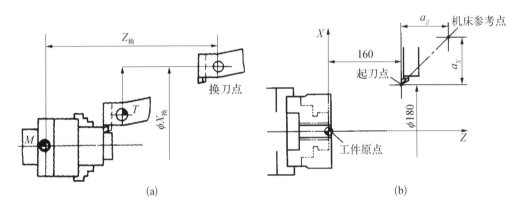

图5-50 数控车床的起刀点和换刀点

换刀点是为加工中心、数控车床等多刀加工的机床程编而设置的，因为这些机床在加工过程中间要进行换刀。为防止换刀时碰伤零件或夹具，换刀点常常设置在被加工零件的外面，并有一定的安全量。

对数控车床、镗铣床、加工中心等多刀加工数控机床，在加工过程中需要进行换刀，故编程时应考虑不同工序之间的换刀位置（即换刀点）。为避免换刀时刀具与工件及夹具发生干涉，换刀点应设在工件的外部，如图5-50(a)所示。通常在数控车床多把刀加工时，起刀点和换刀点重合。

5.2.6 数控机床常用夹具

5.2.6.1 数控车床常用夹具

1. 三爪自定心卡盘

三爪自定心卡盘是车床上最常用的自定心夹具（见图5-51）。它夹持工件时一般不需要找正，夹装速度较快。将其略加改进，还可以方便地装夹方料和其他形状的材料（见

图 5-52);同时还可以装夹小直径的棒料(见图 5-53)。

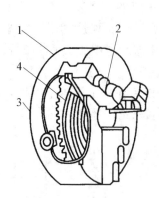

图 5-51　三爪自定心卡盘

1—卡盘体;2—卡爪;3—小锥齿轮;
4—锥齿端面螺纹圆盘

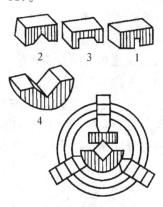

图 5-52　装夹方料

1、3—带其他形状的矩形件;
2—带 V 形槽的矩形件;4—带 V 形槽的半圆件

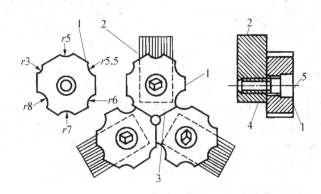

图 5-53　装夹小直径的棒料

1—附加软六方卡爪;2—三爪自定心卡盘的卡爪;3—垫片;4—突起定位键;5—螺栓

2. 四爪单动卡盘

四爪单动卡盘如图 5-54 所示,是车床上常用的夹具,它适用于装夹形状不规则或大型的工件,夹紧力较大,装夹精度较高,不受卡爪磨损的影响,但装夹不如三爪自定心卡盘方便。装夹棒料时,如在四爪单动卡盘内放上一个 V 形架(见图 5-55),装夹就快捷多了。工件找正可用如图 5-56 所示百分表找正法。

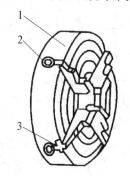

图 5-54　四爪单动卡盘

1—卡盘体;2—螺杆;3—卡爪

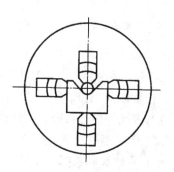

图 5-55　V 形架装夹棒料

163

3. 软爪

由于三爪卡盘定心精度不高,当加工同轴度要求高的工件二次装夹时,常常使用软爪。

软爪是一种具有切削性能的卡爪。通常三爪卡盘为保证刚度和耐磨性要进行热处理,硬度较高,很难用常用刀具切削。软爪是为在使用前配合被加工工件而特别制造的,加工软爪时要注意以下几方面。

(1) 软爪要在与使用时相同的夹紧状态下加工,以免在加工过程中因松动或由于反向间隙而引起定心误差。加工软爪内定位表面时,要在软爪尾部夹紧一根适当的棒料,以消除盘端面螺纹的间隙,如图 5 - 57 所示。

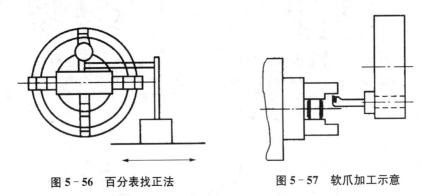

图 5 - 56 百分表找正法   图 5 - 57 软爪加工示意

(2) 当被加工件以外圆定位时,软爪内圆直径应与工件外圆直径相同,略小更好,如图 5 - 58 所示,其目的是消除卡盘的定位间隙,增加软爪与工件的接触面积。软爪内径大于工件外径会导致软爪与工件形成三点接触,如图 5 - 59 所示,此种情况接触面积小,夹紧牢固程度差,应尽量避免。软爪内径过小(见图 5 - 60)会形成六点接触,一方面会在被加工表面留下压痕,同时也使软爪接触面变形。

软爪有机械式和液压式两种。软爪常用于加工同轴度要求较高的工件的二次装夹。

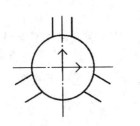   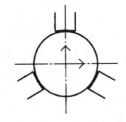   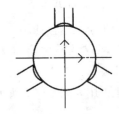

图 5 - 58 理想的软爪内径   图 5 - 59 软爪内径过大   图 5 - 60 软爪内径过小

4. 弹簧夹套

弹簧夹套定心精度高,装夹工件快捷方便,常用于精加工的外面定位。弹簧夹套特别适用于尺寸精度较高、表面质量较好的圆棒料,若配以自动送料器,可实现自动上料。弹簧夹套夹持的内孔是标准系列,不可以夹持任意直径的工件。

5.2.6.2 数控铣床常用夹具及安装

1. 工件安装的基本原则

在数控机床上工件安装的原则与普通机床相同,也要合理地选择定位基准和夹紧方案。为了提高数控机床的效率,在确定定位基准与夹紧方案时应注意以下几点。

(1) 力求设计基准、工艺基准、安装基准与编程计算的工件坐标系的基准统一。

(2) 尽量减少装夹次数,尽可能在一次定位装夹后就能加工出全部待加工表面。

(3) 避免采用占机人工调整式方案,尽可能采用专用夹具,减少占机装夹与调整的时间,以充分发挥数控机床的效能。

2. 夹具的选择

数控加工的特点对夹具提出了两个基本要求:一是要保证夹具的坐标方向与机床的坐标方向相对固定;二是要能协调零件与机床坐标系的尺寸关系,即协调夹具坐标系、机床坐标系与工件坐标系三者的关系。除此之外,还要考虑以下几点。

(1) 当零件加工批量不大时,应尽量采用组合夹具、可调夹具和其他通用夹具,以缩短准备时间、节省生产费用。单件生产中尽量采用台虎钳、压板螺钉等通用夹具。

(2) 在成批生产时,考虑采用专用夹具,并力求结构简单、装卸方便。在使用多把刀批量生产时,优先考虑用组合夹具,其次考虑用可调整夹具,最后考虑用专用夹具和成组夹具。

(3) 夹具上各零部件应不妨碍机床对零件各表面的加工,即夹具要敞开,加工部位开阔,夹具的定位、夹紧机构元件不能影响加工中的进给即刀具的走刀运动(如产生碰撞等)。

设计和选用加工中的夹具时,不能和各工序刀具轨迹发生干涉。如有时在加工箱体时刀具轨迹几乎包容了整个零件外形,为了避免干涉现象发生,可把夹具安置在箱体内部。

(4) 装卸零件要快速、方便、可靠,以缩短准备时间,提高数控加工效率,批量较大时应考虑采用气动或液压夹具、多工位夹具。

数控铣床的装夹方法与普通铣床一样,所使用的夹具往往并不复杂,常用的夹紧装置有:机械夹紧装置、液压夹紧装置、气压夹紧装置和电动夹紧装置。数控铣床和加工中心一般采用机械台虎钳、三爪自定心卡盘以及压板和垫铁等通用夹具,构造如图 5‐61、图 5‐62 和图 5‐63 所示。

图 5‐61　机械台虎钳构造　　　　图 5‐62　高精密 NC 台虎钳的构造

三爪自定心卡盘不仅是车床上最常用的自定心夹具(见图 5‐51),而且在铣床上也常用。

为保证高精度的工件达到要求,采用百分表、量块找正法较好,其具体方法如下。

在粗找正结束后,把百分表装夹(磁性吸头吸)在主轴上,使百分表头与工件的回转轴线相垂直,用手转动卡盘,记下此时百分表的读数值。然后用手将主轴转 180°,再记下百

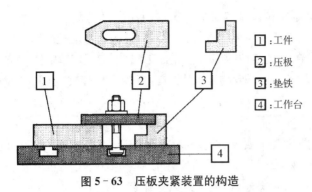

图 5-63　压板夹紧装置的构造

①:工件	
②:压极	
③:垫铁	
④:工作台	

分表的读数值,再转动卡盘到原先位置,比较对应两点的读数值,若两点的读数值不相重合,出现了读数差,则应把其差值除以 2 作为微调量进行微调;若两者读数值重合,则表明工件在这个方向上的回转中心已经与主轴的轴线相重合。应用这种方法,一般只需反复 2~3 次就能达到要求。

3. 装夹工件

在考虑夹紧方案时,夹紧点应尽量靠近主要支承点,或在支承点所组成的三角形内,并力求靠近切削部位以及刚性好的地方,最好不要在被加工孔的上方,同时要考虑各个夹紧部位不与加工部位和所用刀具发生干涉,加工部位要敞开,不能因装夹工件而影响进给和切削加工。夹具必须保证最小的夹紧变形。在粗加工时,由于切削力比较大,所以夹紧力同样也比较大,但是夹紧力不能太大,否则有可能使工件变形。夹具在机床上的安装误差和工件在夹具中的定位、安装误差对加工精度将产生直接影响。即使程序零点和工件本身的基准点相符合,工件对机床坐标轴线上的角度也必须进行准确地调整。操作者在装夹工件时一定要将工件定位面擦干净,否则会造成不同程度的加工误差,并按工艺文件上的要求找正定位面,使其在一定的精度范围内。

在铣床,特别是在加工中心上的夹具必须有大的夹紧力和高的精度。不仅如此,对于某些零件还要考虑到它们会产生小的夹紧变形,若未考虑,工件被松开后恢复变形,会产生不合格品,因此夹具的夹紧点的确定是十分重要的。

有些情况下零件的应力变形和夹紧变形十分严重,不得不采用粗、精加工分开,或二次装夹的方法以减小工件的变形,如低刚性的零件、高精度零件等。此外,是否采用二次装夹的方法还取决于零件加工前后热处理的安排。如需淬火的模具型腔,可采用粗加工→淬火→高速精加工的方法。在现代生产中,还广泛采用液压、气动夹具、电动夹具、磁力夹具等,可根据不同情况做出选择。

5.2.7　数控机床常用刀具

5.2.7.1　刀具选择

1. 刀具选择原则

数控加工对刀具的刚性及寿命的要求比普通加工严格。在选择刀具时,要注意对工件的结构及工艺性认真分析,结合工件材料、毛坯余量及具体加工部位综合考虑。在如何配置刀具、辅具方面应掌握一条原则:质量第一,价格第二。只要质量好,耐用度高,即使价格高些也值得购买。同时数控加工中配套使用的各种刀具、辅具(刀柄、刀套、夹头等)的要求也相对普通加工要严格一些。

与传统加工方法相比,数控加工对刀具的要求更高,尤其在刀具的刚性及耐用度方面较传统加工更为严格。因为刀具若刚性不好,会影响生产效率的提高,在加工中极易出现打刀的事故,会降低加工精度。若刀具耐用度差,则需经常换刀、对刀,从而增加服务时间,并且容易在工件轮廓上留下接刀痕迹,影响工件表面质量。此外,还要求刀具精度高,尺寸稳定,安装调整方便。所以刀具的选择是数控加工工艺中的重要内容之一,要注意对工件的结构及工艺性认真分析,结合机床加工能力、工件材料及工序内容等综合考虑。在确定好刀具之后,要把刀具名称、规格、代号和该刀具所要加工的部位记录下来,并填入有关工艺卡片,供编程时使用。

刀具选择总的原则是:既要求精度高、强度大、刚性好、寿命长,又要求尺寸稳定,安装调整方便。在满足加工要求的前提下,尽量选择较短的刀柄,以提高刀具的刚性。现在广泛使用的金属切削刀具材料主要有五类:高速钢、硬质合金、陶瓷、立方氮化硼(CBN)、聚晶金刚石。

2. 刀具材料及刀片选择

(1) 根据数控加工对刀具的要求,选择刀具材料的一般原则是尽可能选用硬质合金刀具。ISO513—1975(E)规定将切削用硬质合金按用途分为 P、K、M 三类:P 类主要用于加工钢件,包括铸钢;K 类主要用于加工铸铁、有色金属和非金属材料;M 类用于加工钢、铸铁及有色金属。

我国常用硬质合金也有三类:钨钴类(WC‐Co)硬质合金,其硬质相是 WC,黏结相是 Co,代号为 YG,相当于 ISO 标准的 K 类;钨钛钴类(WC‐TiC‐Co)硬质合金,其硬质相除 WC 外,还加有 TiC,黏接相也是 Co,其代号为 YT,相当于 ISO 标准的 P 类;钨钛钽(铌)类(WC‐TiC‐TaC(NbC)‐Co)硬质合金,是在 YT 合金成分中添加有 TaC(NbC)而成的。其代号为 YW,相当于 ISO 标准的 M 类。

在近些年中,又出现了很多硬质合金新品种,使硬质合金刀具在车削、铣削、钻削、铰孔、镗孔、齿轮加工等有着大量的应用,适用的工件材料也非常广泛。因此,凡是加工情况允许选用硬质合金刀具,就不应选用高速钢刀具。必要时还可有针对性地选用性能更好的陶瓷、立方氮化硼和金刚石刀具。

(2) 陶瓷刀具不仅用于加工各种铸铁和不同钢料,也适用于加工有色金属和非金属材料。

单组分氧化铝陶瓷刀一般用于硬度小于 235 HBS 的铸铁和硬度小于 380 HBS 的碳钢、合金钢零件的粗加工及半精加工,但不宜采用切削液;复合氧化铝陶瓷刀可用于加工各种硬度的铸铁及硬度在 340 HBS~650 HBW 的碳钢、合金钢和工具钢等的连续切削,更适用于铸铁和钢的精加工。还可用于马氏体不锈钢、高温耐热合金等零件的加工;增强氧化铝陶瓷刀可以高速(10 倍于硬质合金)切削冷硬铸铁、淬硬钢、工具钢、镍基耐热合金、钨基镍合金等,可进行间断切削;氮化硅型陶瓷刀主要用于铸铁、耐热合金零件的加工,其切削速度可高达硬质合金的 5 倍。

使用陶瓷刀片,无论什么情况都要使用负前角,为了不易崩刃,必要时可将刃口倒钝。

陶瓷刀具用于下列情况效果欠佳:① 短零件的加工;② 冲击大的断续切削和重切削;③ 铍、镁、铝和钛等的单质材料及其合金的加工(易产生亲和力,导致切削刃剥落或崩刃)。

(3) 金刚石和立方氮化硼都属于超硬刀具材料,它们可用于加工任何硬度的工件材料,具有很高的切削性能,加工精度高,表面粗糙度值小。

金刚石有天然金刚石(代号为JT)及人造金刚石(代号为JR)。天然金刚石受条件所限,很多加工已被人造聚晶金刚石刀具所替代。聚晶金刚石刀片在正常的切削加工温度下,与铁、镍或钴的合金会发生反应,所以一般仅用于高效地加工有色金属和非金属材料。其加工对象有锻铝、铝硅合金、铜及合金、镁和锌及其合金、巴氏合金、硬质合金等,还有陶瓷、石墨、塑料、树脂、层压板、填充纤维的复合材料及玻璃钢等非金属材料。

选择聚晶金刚石刀片时应遵循的原则是只用于加工有色金属和非金属材料,选用有足够刚性和功率的机床,采用刚性好的刀柄和紧固装置,可采用较大的前角加工背吃刀量和进给量,刀具失去锋利的刃口后不应继续使用,一般可用切削液。

立方氮化硼刀片,一般适用加工硬度大于450 HBW的冷硬铸铁、合金结构钢、工具钢、高速钢、轴承钢以及硬度远大于350 HBS的镍基合金、钴基合金和高钴粉末冶金零件。使用立方氮化硼刀片时应注意:选择刚性好、功率足够的机床;刀杆的伸出量尽可能小,避免让刀和振动;在任何情况下都采用负前角;一般情况下推荐采用切削液,刃口可以倒钝,尤其是间断切削刃口一定要倒钝;可采用比硬质合金大得多的切削速度和进给量,在刀片开始变钝时立即换刀,听到颤声时要立刻停止切削。

(4) 从刀具的结构应用方面,数控加工应尽可能采用镶块式机夹可转位刀片以减少刀具磨损后的更换和预调时间。

(5) 选用涂层刀具以提高耐磨性和耐用度。

5.2.7.2 数控车削刀具

1. 车刀的种类和用途

由于工件的材料、生产批量、加工精度以及机床类型、工艺方案不同,车刀的种类也非常繁多。按车刀所加工的表面特征来分,有外圆车刀、车槽车刀、螺纹车刀、内孔车刀等,如图5-64所示。

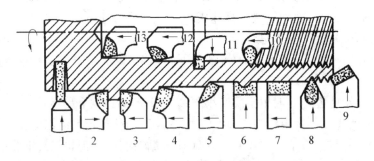

图5-64 焊接式车刀的种类

1—切断刀;2—90°左偏刀;3—90°右偏刀;4—弯头车刀;5—直头车刀;
6—成形车刀;7—宽刃精车刀;8—外螺纹车刀;9—端面车刀;10—内螺纹车刀;
11—内孔割槽刀;12—通孔车刀;13—盲孔车刀

按车刀结构的不同,可分为整体式、焊接式和机械夹固式车刀,如图5-65所示。

1) 焊接式车刀

焊接式车刀是由刀片(一般是硬质合金刀片)和用45#钢制成的刀杆通过焊接连接而成。硬质合金焊接车刀优点是结构简单,制造方便,刚性较好。而且通过刃磨可获得比较理想的形状和角度,使用灵活。缺点是由于存在焊接应力,使刀具性能受到影响,甚至出现裂纹。另外刀杆不能重复使用,造成刀具材料的浪费。

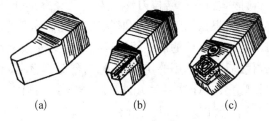

图 5‑65　车刀的结构类型
(a) 整体式　(b) 焊接式　(c) 机械夹固式

2) 机械夹固式车刀

机械夹固式又分为机夹重磨式和机夹可转位式两种。

(1) 机械重磨式车刀。机械重磨式车刀是一种用机械夹固方法,将普通刀片夹固在刀杆上使用的车刀。刀片磨损后可卸下,经过刃磨,又重新装上继续使用。这类车刀具有如下特点:

① 刀片不经过高温焊接,提高了刀具耐用度。

② 由于刀具耐用度的提高,且换刀时间缩短,从而提高了生产效率。

③ 刀杆可以重复使用,节省了制造刀杆的费用。

④ 刀片可多次重复刃磨使用,还可回收利用。

(2) 机夹可转位车刀。可转位车刀就是把有几个刀刃的刀片,用机械夹固的方法,装夹在标准的刀杆(或刀体)上,使用时不需刃磨(或只需稍加修磨),一个刀刃用钝后,只需把夹紧机构松开,把刀片转过一个角度,即可用另一个新的刀刃进行切削。待多角形刀片的各刀刃均已磨钝后,换上新的刀片又可继续使用。与焊接车刀比较有如下的优点:

① 可提高劳动生产率,保证加工精度,减轻工人劳动强度。

② 可节省大量制造刀杆的钢材,提高刀片的利用率,降低刀具成本。

③ 有利于刀具的标准化和集中生产,可充分保证刀具的制造质量。

鉴于以上特点,数控车床刀具主要采用这种机夹可转位车刀。

2. 数控车床刀具(即机夹可转位车刀)

根据数控加工的特点和要求,对数控车床刀具进行了标准化和模块化。从刀具的材料应用方面,数控车床用刀具材料主要是各类硬质合金。从刀具的结构方面讲,数控车床主要采用如图 5‑66 所示的镶嵌式机夹可转位刀片的刀具。因此硬质合金可转位刀片的选择和运用是数控车床操作者必须了解的内容之一。

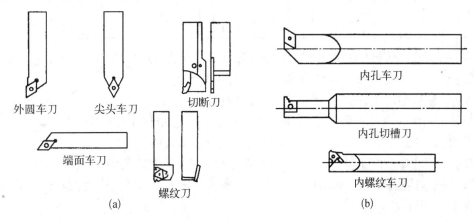

外圆车刀　尖头车刀　切断刀

端面车刀

螺纹刀

(a)

内孔车刀

内孔切槽刀

内螺纹车刀

(b)

图 5‑66　可转位数控车床刀具
(a) 外圆和端面车刀　(b) 内孔车刀

镶嵌式机夹可转位刀片的刀具已经标准化。在选择可转位刀片型号时,要考虑多方面的因素,根据加工零件的形状选择刀片形状代码;根据切削加工的材料选择主切削刃后角代码;根据零件的加工精度选择刀片尺寸公差代码;根据加工要求选择刀片断屑及夹固形式代码;根据选用的切削用量选择刀片切削刃长度代码;此外,还要选择刀片断屑槽型;通过理论公式计算刀片切削刃长度等等。具体说明如下。

1) 可转位刀片型号代码

选用机夹式可转位刀片,首先要了解可转位刀片型号表示规则、各代码的含义。按国际标准 ISO1832—1985,可转位刀片的代码表示方法是由 10 位字符串组成的,其排列如下:

| 1 | 2 | 3 | 4 | 5 | 6 | 7 | 8 - 9 | 10 |

其中每一位字符串代表刀片某种参数的意义:

1 代表刀片的几何形状及其夹角(刀尖角);

2 代表刀片主切削刃后角(法后角);

3 代表刀片尺寸公差代码,表示刀片内接圆 d 与厚度 s 的精度级别;

4 代表刀片形式、紧固方法或断屑槽;

5 代表刀片边长、切削刃长;

6 代表刀片厚度;

7 代表修光刀,刀尖圆角半径 r 或主偏角 K_r,或修光刃后角 α_n;

8 代表切削刃状态,尖角切削刃或倒棱切削刃;

9 代表进刀方向或倒刃宽度,R 表示右进刀,L 表示左进刀,N 表示中间进刀;

10 代表各刀具公司的补充符号或倒刃角度或断屑槽型代码。

在一般情况下第 8 位和第 9 位的代码,在有要求时才填写。此外,各公司可以另外添加一些符号,用"—"将其与 ISO 代码相连接(如,破折号 PF 代表断屑槽槽型)。可转位刀片用于车削、铣削、钻削、镗削等不同的加工方式,其代码的具体内容也略有不同,每一位字符参数的具体含义可参考各公司的刀具样本。例如:

| C | N | M | G | 12 | 04 | 08 | | R | PF |
| 1 | 2 | 3 | 4 | 5 | 6 | 7 | 8 | 9 | 10 |

例:解释车刀可转位刀片 CNMG120408ENUB 公制型号表示的含义。

解:C——80°菱形刀片形状;图 5-67 为刀片形状代码。

N——法后角为 0°;图 5-68 为主切削刃后角代码。

M——刀尖转位尺寸允差(±0.08~0.18)mm,内接圆允差(±0.05~±0.13)mm,厚度允差为±0.13 mm;图 5-69、表 5-5 为刀具尺寸公差代码。

G——圆柱孔双面断屑槽;图 5-70 为刀片断屑及夹固形式代码。

12——内接圆直径 12 mm,图 5-71 为切削刃长度表示方法。内接圆直径尺寸公差 d 如表 5-5 所示。

04——厚度 4.76 mm;图 5-72 为刀片厚度代码。刀片厚度尺寸公差 s 如表 5-5 所示。

08——刀尖圆角半径 0.8 mm;图 5-73 为修光刃代码。

E——倒圆刀刃。

N——无切削方向或中间进刀。

UB——半精加工。

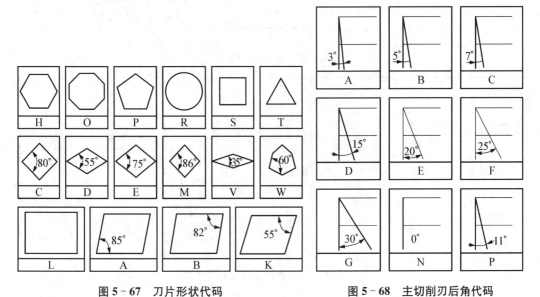

图 5 - 67　刀片形状代码　　　　图 5 - 68　主切削刃后角代码

表 5 - 5　刀片尺寸公差代码

级别符号	公差/mm			公差/in		
	m	s	d	m	s	d
A	±0.005	±0.025	±0.025	±0.000 2	±0.001	±0.001 0
F	±0.005	±0.025	±0.013	±0.000 2	±0.001	±0.000 5
C	±0.013	±0.025	±0.025	±0.000 5	±0.001	±0.001 0
H	±0.013	±0.025	±0.013	±0.000 5	±0.001	±0.000 5
E	±0.025	±0.025	±0.025	±0.001 0	±0.001	±0.001 0
G	±0.025	±0.013	±0.025	±0.001 0	±0.005	±0.001 0
J	±0.005	±0.025	±0.05 ±0.13	±0.000 2	±0.001	±0.002 ±0.005
K	±0.013	±0.025	±0.05 ±0.13	±0.000 5	±0.001	±0.002 ±0.005
L	±0.025	±0.025	±0.05 ±0.13	±0.001 0	±0.001	±0.002 ±0.005
M	±0.08 ±0.18	±0.013	±0.05 ±0.13	±0.003 ±0.007	±0.005	±0.002 ±0.005
N	±0.08 ±0.18	±0.025	±0.05 ±0.13	±0.003 ±0.007	±0.001	±0.002 ±0.005
U	±0.013 ±0.38	±0.013	±0.08 ±0.25	±0.005 ±0.015	±0.005	±0.003 ±0.010

注：表中 s 为刀片厚度，d 为刀片内切圆直径，m 为刀片尺寸参数(见图 5 - 69、图 5 - 72)。

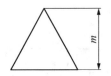 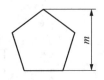

图 5‐69　刀片尺寸参数

A	B	C	F	G	H	J
	70°～90°	70°～90°			70°～90°	70°～90°
M	N	Q	R	T	U	W
		40°～60°		40°～60°	40°～60°	40°～60°

图 5‐70　刀片断屑及夹固形式代码

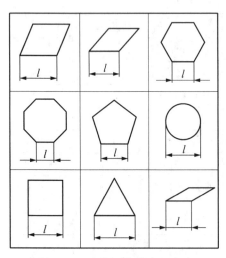

图 5‐71　切削刃长度表示方法

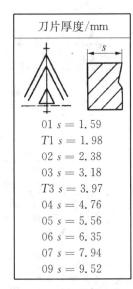

刀片厚度/mm

01 $s = 1.59$
$T1$ $s = 1.98$
02 $s = 2.38$
03 $s = 3.18$
$T3$ $s = 3.97$
04 $s = 4.76$
05 $s = 5.56$
06 $s = 6.35$
07 $s = 7.94$
09 $s = 9.52$

图 5‐72　刀片厚度代码

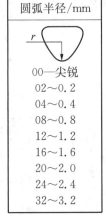

圆弧半径/mm

00—尖锐
02～0.2
04～0.4
08～0.8
12～1.2
16～1.6
20～2.0
24～2.4
32～3.2

图 5‐73　修光刃代码

2) 可转位刀片的断屑槽槽型

为满足切削能断屑、排屑流畅、加工表面质量好、切削刃耐磨等综合性要求,可转位刀片制成各种断屑槽槽型。目前,我国标准 GB2080—87 中所表示的槽型为 V 形断屑槽,槽宽为:$V_0 < 1$ mm、$V_1 = 1$ mm、$V_2 = 2$ mm、$V_3 = 3$ mm、$V_4 = 4$ mm 五种。各刀具制造公司都有自己的断屑槽槽型,选择具体断屑槽代号可参考各公司刀具样本。如表 5‐6 所示,根据切削用量把加工要求分为超精加工、精加工、半精加工、粗加工、重力切削五个等级,分别用代码 A、B、C、D、E 表示。又根据工件材料的切削性能选用合适的刀片断屑

槽型,如表 5-7 所示,刀片断屑槽型的使用性能分成 1～5 级,其中 5 是最佳选择。

表 5-6　加工精度代码表

代　　码	加工要求	进给量 f/(mm·r^{-1})	切削深度 a_p/mm
A	超精加工	0.05～0.15	0.25～2.0
B	精加工	0.1～0.3	0.5～2.0
C	半精加工	0.2～0.5	2.0～4.0
D	粗加工	0.4～1.0	4.0～10.0
E	重力切削	＞1.0	6.0～20.0

表 5-7　刀片断屑槽选用推荐表

断屑槽型	工　件　材　料				
	长屑材料	不锈钢	短屑材料	耐热材料	软材料
	ABCDE	ABCDE	BCDE	ABCD	ABCD
PF	543 - -	543 - -	21 - -	43 - -	21 - -
PMF	353 - -	353 - -	21 - -	54 - -	- 33 -
PM	- 253 -	1552 -	22 - -	2552	- 232
PMR	- 144 -	- 134 -	4554	- 221	- - - -
PR	- 1455	- 1343	1122	- - 22	- 33 -
HF	54 - - -	54 - - -	3 - - -	43 - -	21 - -
HM	- 54 - -	354 - -	21 - -	343 -	344 -
HR	1451 -	2641 -	441 -	1231	2342
31	- - 145	- - 133	4444	- - 11	- - - -
53	54 - - -	54 - - -	3 - - -	43 - -	21 - -
TCGR	54 - - -	54 - - -	3 - - -	43 - -	21 - -
PMR	1442 -	2442 -	322 -	1322	2342
PGR	1442 -	2442 -	322 -	1322	2342
NUN	- 1343	- - - -	4554	- - - -	- - - -
NGN	- 1343	- - - -	4554	- - - -	- - - -
PUN	- 1443	- 3553	4431	- 355	- 222
PGN	- 1443	- 3553	4431	- 355	- 222
11	- 431 -	- 452 -	321 -	- 431	- 421
12	- 342 -	- 243 -	- 353	- 253	- 242
RCMT	13442	13432	3332	- 222	2232
RCMX	- 1343	- 2322	3433	- 222	- 111
RNMG	- 1242	- 221 -	233 -	- 231	- - - -

注:表中断屑槽型为株洲硬质合金厂可转位刀片的断屑槽代码。

3) 可转位刀片的夹紧方式

可转位刀片的刀具由刀片、定位元件、夹紧元件和刀体组成,为了使刀具能达到良好的切削性能,对刀片的夹紧方式有如下要求。

(1) 夹紧可靠,不允许刀片松动或移动。

(2) 定位准确,确保定位精度和重复精度。

(3) 排屑流畅,有足够的排屑空间。

(4) 结构简单,操作方便,制造成本低,转位动作快,缩短换刀时间。

常见的可转位刀片的夹紧方式有以下几种。通常采用杠杆式、楔块上压式、螺钉上压式等多种方式。图 5-74 和图 5-75 列举了各种夹紧方式以满足不同的加工范围。为给定的加工工序选择最合适的夹紧方式,已将它们按照适应性分为 1~3 三个等级,其中 3 级表示最合适的选择(见表 5-8)。

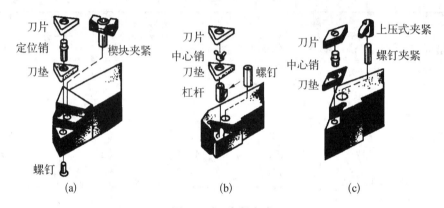

图 5-74 夹紧方式

(a) 楔块上压式夹紧 (b) 杠杆式夹紧 (c) 螺钉上压式夹紧

表 5-8 各种夹紧方式最合适的加工范围

夹紧方式 加工范围	杠杆式	楔块上压式	螺钉上压式
可靠夹紧/紧固	3	3	3
仿形加工/易接近性	2	3	3
重复性	3	2	3
仿形加工/轻负荷加工	2	3	3
断续加工工序	3	2	3
外圆加工	3	1	3
内圆加工	3	3	3

4) 可转位刀片的选择

根据被加工零件的材料、表面粗糙度要求和加工余量等条件来决定刀片的类型。这里主要介绍车削加工中刀片的选择方法,其他切削加工的刀片也可参考选用。

(1) 刀片材料选择。车刀刀片的材料主要有高速钢、硬质合金、涂层硬质合金、陶瓷、

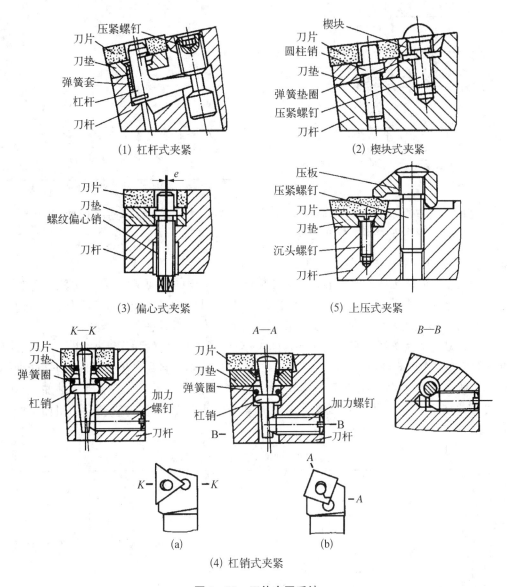

图 5‑75　刀片夹固系统

立方氮化硼和金刚石等。其中应用最多的是硬质合金和涂层硬质合金刀片。选择刀片材料,主要依据被加工工件的材料、被加工表面的精度要求、切削载荷的大小以及切削过程中有无冲击和振动等。

（2）刀片尺寸选择。刀片尺寸的大小取决于必要的有效切削刃长度 L,有效切削刃长度与背吃刀量 a_p、主偏角 K_r 有关（见图 5‑76）。使用时可先推算刀刃的实际长度,然后按下式计算和选用合适的切削刃长度,或查阅有关刀具册选取。

刀片有效切削刃长 L 计算公式为

$$L = a_p / \sin K_r \qquad (5-3)$$

式中:非圆形刀片时, $L_{\max} = (0.25 \sim 0.5)L(\mathrm{mm})$, L 为刀片切削刃长度;圆形刀片时,

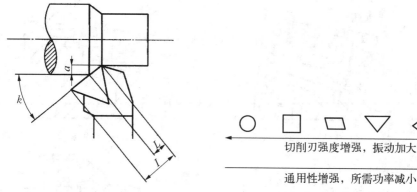

图 5-76　有效切削刃长度 L 与背吃
　　　　　刀量 a_p、主偏角 K_r 的关系

图 5-77　刀尖角度与加工性能的关系

$L_{max} = 0.4d(mm)$，d 为圆形刀片直径。

（3）刀片形状选择。刀片形状主要依据被加工工件的表面形状、切削方法、刀具寿命和刀片的转位次数等因素来选择。刀尖角度与加工性能的关系如图 5-77 所示。被加工表面与刀片形状如表 5-9 所示，具体使用时可查阅有关刀具手册。

（4）刀尖半径选择。刀尖圆弧半径的大小直接影响刀尖的强度及被加工零件的表面粗糙度。刀尖圆弧半径大，表面粗糙度值增大，切削力增大且易产生振动，切削性能变坏，但刀刃强度增加，刀具前后刀面磨损减小。通常在切深较小的精加工、细长轴加工、机床刚度较差情况下，选用刀尖圆弧较小些；而在需要刀刃强度高、工件直径大的粗加工中，选用刀尖圆弧大些。

表 5-9　被加工表面与刀片形状

	主偏角	45°	45°	60°	75°	95°
车削外圆表面	刀片形状及加工示意	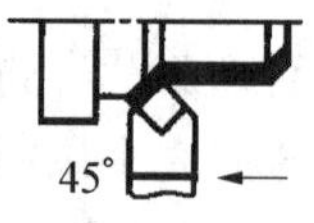 45°	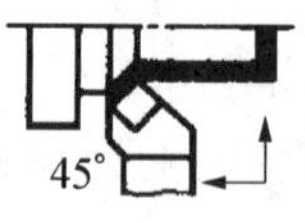 45°	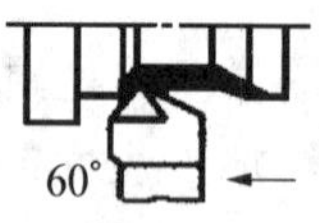 60°	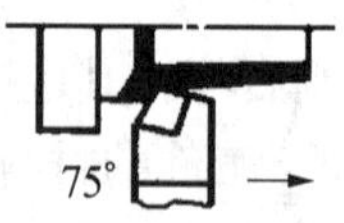 75°	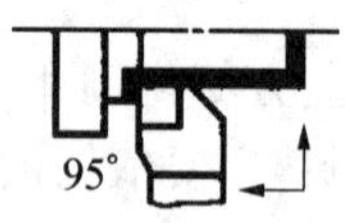 95°
	推荐选用刀片	SCMA SPMR SCMM SNMM-8 SPUN SNMM-9	SCMA SPMR SCMM SNMG SPUN SPGR	TCMA TNMM-8 TCMM TPUN	SCMM SPUM SCMA SPMR SNMA	CCMA CCMM CNMM-7

	主偏角	75°	90°	90°	95°	
车削端面	刀片形状及加工示意	75°	90°	90°	95°	
	推荐选用刀片	SCMA SPMR SCMM SPUR SPUN CNMG	TNUN TNMA TCMA TPUM TCMM TPMR	CCMA	TPUN TPMR	
	主偏角	15°	45°	60°	90°	
车削成形面	刀片形状及加工示意	15°	45°	60°	90°	
	推荐选用刀片	RCMM	RNNG	TNMM‐8	TNMG	

　　国家标准 GB2077—87 规定刀尖圆弧半径的尺寸系列为 0.2 mm、0.4 mm、0.8 mm、1.2 mm、1.6 mm、2.0 mm、2.4 mm、3.2 mm。图 5‐78 为刀尖圆弧半径与表面粗糙

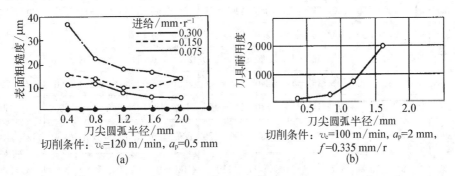

图 5‐78　刀尖圆弧半径与表面粗糙度、刀具耐用度关系

度、刀具耐用度关系。刀尖圆弧半径一般适宜选取进给量的 2～3 倍。

刀具圆弧半径与刀具走刀量之间的关系可用经验公式表达如下：

① 粗加工时,按刀尖圆弧半径选择刀具最大走刀量,如表 5－10 所示,或通过经验公式计算。

表 5－10　最大走刀量

刀尖圆弧半径/mm	0.4	0.8	1.2	1.6	2.4
最大走刀量/(mm·r^{-1})	0.25～0.35	0.4～0.7	0.5～1.0	0.7～1.3	1.0～1.8

$$f_粗 = 0.5R \tag{5-4}$$

式中：R 为刀具圆弧半径,单位 mm；$f_粗$ 为粗加工走刀量,单位 mm。

② 精加工时,根据表面粗糙度理论公式,由轮廓深度、精加工进给量推算刀尖圆弧半径。

$$R = f^2/8t \times 1\,000 \tag{5-5}$$

式中：R 为刀具圆弧半径,单位 mm；f 为进给量,单位 mm/r；t 为轮廓深度,单位 μm。

（5）刀片材料牌号。国际 ISO 标准把硬质合金刀片材料分为 P、K、M 三类,分别主要用于加工钢、铸铁、合金钢以及不易加工的材料。表 5－11、表 5－12 和表 5－13 为株洲硬质合金厂生产的可转位刀片材料牌号。根据车削工件的材料及其硬度、选用的切削用量来选择可转位刀片材料的牌号。

表 5－11　ISO 标准 P 类常用刀片牌号

材料	硬度/HB	耐磨性		基 本 牌 号		强度	
		TN315	TN325	YB415	YB425	YB435	YB235
		走 刀 量/(mm·r^{-1})					
		0.05-0.1-0.2	0.05-0.1-0.3	0.1-0.4-0.8	0.1-0.4-0.8	0.2-0.5-1.0	0.1-0.4-0.6
		切 削 速 度/(m·min^{-1})					
碳素钢	125	640-530-430	490-410-290	480-345-250	440-300-205	380-230-165	180-130-110
	150	580-490-390	450-380-260	440-315-230	400-275-190	300-210-150	165-120-100
	200	510-430-340	390-330-230	385-216-200	350-250-165	260-185-130	145-105-90
合金钢	180	445-370-300	315-265-180	380-265-195	320-220-170	200-140-100	155-110-90
	275	305-250-205	215-160-125	260-180-130	215-150-115	140-100-70	105-75-60
	300	280-235-190	200-165-115	240-165-120	200-135-105	125-90-60	95-70-50
	350	245-205-165	175-145-100	210-145-105	170-120-90	110-75-55	85-60-45
高合金钢	200	400-330	280-235-165	350-230-170	280-185-135	175-115-80	145-100-80
	325	195-150	145-115-80	170-110	120-80-60	85-55-40	65-45-35

续　表

材料	硬度/HB	耐磨性		基 本 牌 号		强度	
		TN315	TN325	YB415	YB425	YB435	YB235
		走 刀 量/(mm·r⁻¹)					
		0.05-0.1-0.2	0.05-0.1-0.3	0.1-0.4-0.8	0.1-0.4-0.8	0.2-0.5-1.0	0.1-0.4-0.6
		切 削 速 度/(m·min⁻¹)					
不锈钢	200	345-285	290-145-180	295-240-190	275-210-165	225-180-145	130-110-90
铸钢	180	270-225	190-155	260-185-145	230-160-120	135-105-75	100-85-60
	200	270-225	190-155	255-180-95	190-125-85	120-90-80	90-75-55
	225	200-180	150-120	190-130-95	170-115-80	95-70-55	80-60-45

表 5-12　ISO 标准 M 类常用刀片牌号

材料	硬度/HB	耐磨性	基 本 牌 号　　强度			备　注
		TN325	YB325	YL10.1	YL10.2	
		走 刀 量/(mm·r⁻¹)				
		0.05-0.1-0.2	0.2-0.4-0.6-0.8	0.2-0.5-1.0	0.3-0.6-1.2	
		切 削 速 度/(m·min⁻¹)				
不锈钢	180	220-205-180	120-105-90-80	100-70		奥氏体
耐热合金	200			63-32-15	45-27-12	退火铁基
	280			46-23-9	30-19	时效铁基
	280			27-14	17	退火镍基
	350			17	10	时效处理
	320			15	10	铸造钴基

表 5-13　ISO 标准 K 类常用刀片牌号

材　料		硬度/HB	耐磨性	基 本 牌 号	强度
			YB3015	YB435	YL10.1
			走 刀 量/(mm·r⁻¹)		
			0.1-0.4-0.8	0.2-0.5-1.0	0.2-0.5-1.0
			切 削 速 度/(m·min⁻¹)		
淬火钢	淬火钢 锰钢	55 250	(HRC)		

材 料		硬度/HB	耐磨性	基本牌号	强度
			YB3015	YB435	YL10.1
			走 刀 量/(mm·r⁻¹)		
			0.1-0.4-0.8	0.2-0.5-1.0	0.2-0.5-1.0
			切 削 速 度/(m·min⁻¹)		
可锻铸铁	铁素体	130	315-270-210	175-145-100	105-75-45
	珠光体	230	225-155-95	120-85-50	80-60-30
低强度铸铁		180	475-290-185	225-150-90	135-95-60
高强度铸铁		260	270-175-110	155-95-55	95-65-40
球墨铸铁	铁素体	160	285-200-140	165-110-70	115-80-45
	珠光体	250	210-145-100	120-90-55	80-50-30
冷硬铸铁		400			17-11
铝合金	未热处理	60			1 750-1 280-800
	热处理	100			510-370-250
铸铝合金	未热处理	75			460-285-175
	热处理	90			300-180-110
铜合金	铅合金	110			610-430-295
	黄铜、紫铜	90			310-250-195
	青铜、电解铜	100			225-160-115
其他材料	硬塑料				380-240
	纤维材料				190-120
	硬橡胶				225-160

5.2.7.3 数控铣床刀具及其选择

1. 铣刀的选择

数控铣床切削加工具有高速、高效的特点,与传统铣床切削加工相比较,数控铣床对切削加工刀具的要求更高,铣削刀具的刚性、强度、耐用度和安装调整方法都会直接影响切削加工的工作效率;刀具的本身精度、尺寸稳定性都会直接影响工件的加工精度及表面的加工质量,合理选用切削刀具也是整个加工工艺中的重要内容之一。

1) 铣刀选择的原则

由于加工性质不同,刀具的选择重点也不一样。粗加工时,要求刀具有足够的切削能力快速去除材料;而在精加工时,由于加工余量较小,主要是要保证加工精度和形状,要使用较小的刀具,保证加工到每个角落。当工件的硬度较低时,可以使用高速钢刀具,而切削高硬度材料的时候,就必须要用硬质合金刀具。在加工中要保证刀具及刀柄不会与工件相碰撞或者挤擦,避免造成刀具或工件的损坏。

选择刀具时还要考虑安装调整的方便程度、刚性、寿命和精度。在满足加工要求的前提下,刀具的悬伸长度尽可能短,以提高刀具系统的刚性。同时要考虑刀具经济性。

选择铣刀时,要使刀具的尺寸与被加工工件的表面尺寸和形状相适应。

2) 数控铣削刀具的分类

根据用途即加工表面、加工特征的不同,数控铣刀可分为:

(1) 平面铣刀,这种铣刀主要有圆柱铣刀和端面铣刀两种形式。

(2) 沟槽铣刀,最常用的沟槽铣刀有立铣刀、三面刃盘铣刀、键槽铣刀和角度铣刀。

(3) 模具铣刀,模具铣刀切削部分有球形、凸形、凹形和 T 形等各种形状。

(4) 组合成形铣刀,用多把铣刀组合使用,同时加工一个或多个零件,不但可以提高生产率,还可以保证零件的加工质量。

根据刀具结构大体可分为整体式、镶嵌式、机夹式、特殊型式刀具等。根据制造刀具所用的材料可分为高速钢刀具、硬质合金刀具、金刚石刀具以及其他材料刀具,如立方氮化硼刀具、陶瓷刀具等。根据铣刀形状可分为盘铣刀、端铣刀、成型铣刀、球头铣刀、鼓型铣刀等。所以在进行数控铣削加工时,要根据零件的结构特点和加工工艺选择合适的铣刀类型,为了适应数控机床对刀具寿命、稳定、易调、可换等的要求。近几年机夹式可转位刀具得到广泛的应用,在数量上达到整个数控刀具的 $60\%\sim70\%$,金属切除量占总数的 90% 以上,在数控加工中被最广泛地应用。

3) 数控铣刀的选用

(1) 生产中,平面铣削应选用不重磨硬质合金端铣刀、立铣刀或可转位面铣刀。粗铣平面时,因切削力大,故宜选较小直径的铣刀,以减少切削扭矩;精铣时,可选大直径铣刀,并尽量包容工件加工面的宽度,以提高效率和加工表面质量。当加工余量大且余量不均匀时,刀具直径选小一些,否则,会造成因铣刀刀痕过深而影响工件的加工质量。

(2) 对一些立体型面和变斜角轮廓外形的加工,常采用球头铣刀、环形铣刀、鼓形刀、锥形刀和盘形刀,如图 5-79 所示。

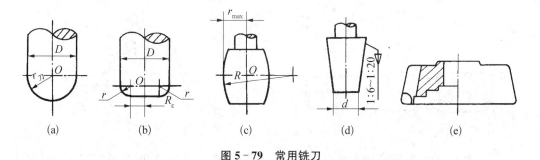

图 5-79　常用铣刀

(a) 球头刀　(b) 环形刀　(c) 鼓形刀　(d) 锥形刀　(e) 盘形刀

(3) 曲面加工常采用球头铣刀,但加工曲面较平坦部位时,刀具以球头顶端刃切削,切削条件较差,因而应采用环形刀。当曲面形状复杂时,为了避免干涉,建议使用球头刀,调整好加工参数也可以达到较好的加工效果。

(4) 加工平面零件周边轮廓(内凹或外凸轮廓),常采用高速钢立铣刀;加工凸台、凹槽时,可选用高速钢平底立铣刀;如果加工余量较小,表面粗糙度要求较高时,可选用镶立方氮化硼刀片或镶陶瓷刀片的端面铣刀。

（5）加工精度要求较高的凹槽，可选用直径比槽宽小的立铣刀，先铣槽的中间部分，然后利用刀具半径补偿功能铣削槽的两边。

（6）加工毛坯表面时可选镶硬质合金的玉米铣刀或波纹立铣刀；粗加工孔时，可选用镶硬质合金波纹立铣刀进行强力切削。

数控刀具的基本的选用方法，如图5-80所示。

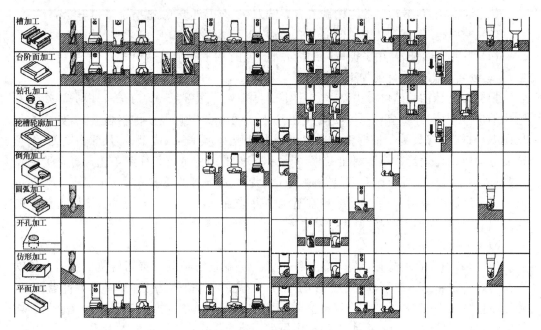

图5-80 立铣刀的选用方法

选择立铣刀加工时，刀具的有关参数，推荐按下述经验数据选取，如图5-81所示。

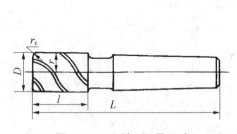

图5-81 立铣刀刀具尺寸

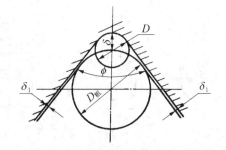

图5-82 粗加工内凹轮廓面铣刀直径的估算

① 铣内凹轮廓时，铣刀半径γ应小于内凹轮廓面的最小曲率半径ρ，一般取$\gamma = (0.8 \sim 0.9)\rho$。铣外凸轮廓时，铣刀半径尽量选得大些，以提高刀具的刚性和耐用度。

② 零件的加工厚度$H \leqslant (l/4 \sim l/6)$，以保证刀具有足够的刚性。

③ 对不通凹槽（或孔）的加工，选取刀具的$l = H + (5 \sim 10)\text{mm}$（$l$为切削部分长度，$H$为零件加工厚度）。

④ 对通槽或外形的加工，选取$l = H + f_e + (5 \sim 10)\text{mm}$（$f_e$为刀尖圆角半径）。

⑤ 粗加工内凹轮廓面时，铣刀最大直径D粗可按下式进行估算，如图5-82所示。

$$D_{粗} = \frac{2(\delta\sin\phi/2 - \delta_1)}{1 - \sin\phi/2} + D \qquad (5-6)$$

式中：D 为轮廓的最小圆角直径；δ 为圆角邻边夹角等分线上最大的精加工余量；δ_1 为单边精加工余量；ϕ 为圆角两邻边的夹角。

⑥ 加工肋时，刀具直径为 $D = (5 \sim 10)b$（b 为肋的厚度）。

2. 铣刀刀柄的选择

铣刀刀具是通过刀柄与数控铣床主轴连接，数控铣床刀柄一般采用 7：24 锥面与主轴锥孔配合定位，通过拉钉使刀柄与及其尾部的拉刀机构固定连接，常用的刀柄规格有 BT30、BT40、BT50 等。在高速加工中心则使用 HSK 刀柄。刀柄的强度、刚性、耐磨性、制造精度以及夹紧力等对加工都有直接的影响，进行高速铣削的刀柄还有动平衡、减振等要求。在满足加工要求的前提下，刀柄的长度尽量选择短一些，目前，常用的刀柄按其夹持形式及用途可分为钻夹头刀柄、莫氏锥度刀柄、侧固式刀柄、面铣刀刀柄、弹簧夹头刀柄、强力夹头刀柄、特殊刀柄等，各种刀柄的形状如图 5-83 所示。

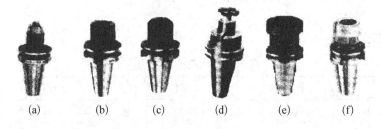

(a)　　　(b)　　　(c)　　　(d)　　　(e)　　　(f)

图 5-83　数控铣刀的刀柄

（a）钻夹头刀柄　（b）侧固式刀柄　（c）面铣刀刀柄　（d）莫氏锥度刀柄
（e）弹簧夹刀柄　（f）强力夹刀柄钻

3. 孔加工刀具的选择

孔加工刀具有：① 中心钻，用于孔加工定位；② 麻花钻，主要用于钻孔；③ 阶梯钻，是一种高效的复合刀具，用于钻削阶梯孔；④ 铰刀，主要用于孔的精加工；⑤ 镗刀，主要用于扩孔和孔的精加工。

（1）钻孔时，要先用中心钻或球头刀打中心孔，以引导钻头。可分两次钻削，先用小一点型号的钻头钻孔至所需深度，再用所需的钻头进行加工，以保证孔的精度。

数控钻孔一般无钻模，钻孔刚度和切削条件差，应使钻头直径 D 满足 $L/D \leqslant 5$（L 为钻孔深度）。钻大孔时，可采用刚度较大的硬质合金扁钻；钻浅孔时（$L/D \leqslant 2$）宜采用硬质合金的浅孔钻，以提高效率和加工质量。

在进行较深的孔加工时，特别要注意钻头的冷却和排屑问题，一般利用深孔钻削循环指令进行编程，可以工进一段后，钻头快速退出工件进行排屑和冷却再工进，再进行冷却和排屑，直至孔深钻削完成。

（2）应选用大直径钻头或中心钻先锪一个内堆坑，作为钻头切入时的定心锥面，再用钻头钻孔，所锪的内锥面也是孔口的倒角，有硬皮时，可用硬质合金铣刀先铣去孔口表皮，再锪锥孔和钻孔。

（3）精铰孔可采用浮动铰刀，但铰前孔口要倒角。

（4）镗孔一般是悬臂加工，应尽量采用对称的两刃或两刃以上的镗刀头进行切削，以平衡径向力，减轻镗削振动。对阶梯孔的镗削加工采用组合镗刀，以提高镗削效率。精镗宜采用微调镗刀。选择镗刀主偏角接近90°，大于75°。精加工采用正切削刃（正前角）刀片，粗加工采用负-正切削刃刀片。

（5）镗孔加工除刀片与刀具选择，主要的问题是镗杆的刚度，应尽可能选择较粗（接近镗孔直径）的刀杆，尽可能选短的刀杆臂，以防止或消除振动。当刀杆臂小于4倍刀杆直径时，可用钢制刀杆，加工要求较高的孔时最好选用硬质合金制刀杆。当刀杆臂为4～7倍刀杆直径时，小孔用硬质合金制刀杆，大孔用减振刀杆。当刀杆臂为7～10倍的刀杆直径时，需采用减振刀杆。此外，在加工中心上，各种刀具分别装在刀库上，按程序规定随时进行选刀和换刀工作。

因此必须有一套连接普通刀具的刀柄或接杆，以便使钻、镗、扩、铰、铣削等工序用的标准刀具，迅速、准确地装到机床主轴或刀库上。

选择刀具应根据机床的加工能力、工件材料的性能、加工工序、切削用量以及其他相关因素进行综合考虑来选用刀具及刀柄。

4. 填写刀具卡

刀具选择好之后，可根据表5-14的要求填写刀具卡。

表5-14　数控加工刀具卡

产品名称		零件名称		零件图号		程序号	
序号	刀具号	刀具名称	数量	刀柄型号	加工表面	刀具直径	备注
编制		审核		批准		共　　页	第　　页

5. 刀具系统

数控铣床与加工中心使用的刀具种类很多，主要分铣削刀具和孔加工刀具两大类，所用刀具正朝着标准化、通用化和模块化的方向发展，为满足高效和特殊的铣削要求，又发展了各种特殊用途的专用刀具。

工具系统是指连接数控机床与刀具的系列装夹工具，由刀柄、连杆、连接套和夹头等组成。数控机床工具系统能实现刀具的快速、自动装夹。随着数控工具系统的应用与日俱增，我国已经建立了标准化、系列化、模块式的数控工具系统。数控机床的工具系统分整体式和模块式两种形式。

1）整体式数控刀具系统 TSG

整体式数控刀具系统种类繁多，其标准为 JB/GQ5010—1983《TSG 工具系统型式与尺寸》。TSG 工具系统中的刀柄的代号由四部分组成，如：JT-45-Q32-120。这里，JT表示刀具的型号，如表5-15所示；45表示刀具的圆锥柄锥度规格或圆柱柄直径；Q32表示刀具的工具用途及规格，如表5-16所示；120表示刀具的刀柄工作长度。

上述代号表示的工具为：自动换刀机床用 7∶24 圆锥工具柄，锥柄号 45 号，前部为弹簧夹头，最大夹持直径 32 mm，刀柄工作长度 120 mm。

铣刀的柄部 7∶24 圆锥柄不会自锁，换刀方便，具有较高的定位精度和较好的刚性。

表 5‑15　工具柄部型式代号

代　号	工具柄部型式	
JT	自动换刀机床用 7∶24 圆锥工具柄	GB10944—89
BT	自动换刀机床用 7∶24 圆锥 BT 型工具柄	JISB6339
ST	手动换刀机床用 7∶24 圆锥工具柄	GB3837.3—83
MT	带扁尾莫氏圆锥工具柄	GB1443—85
MW	无扁尾莫氏圆锥工具柄	GB1443—85
ZB	直柄工具柄	GB6131—85

表 5‑16　工具的用途代号及规格

用途代号	用途（或名称）	规格参数表示的内容
J	装直柄接杆工具	装接杆孔直径-刀柄工作长度
Q	弹簧夹头	最大夹持直径-刀柄工作长度
XP	装削平型直柄工具	装刀孔直径-刀柄工作长度
Z	装莫氏短锥钻夹头	莫氏短锥号-刀柄工作长度
ZJ	装贾氏锥度钻夹头	贾氏锥柄号-刀柄工作长度
M	装带扁尾莫氏圆锥柄工具	莫氏锥柄号-刀柄工作长度
MW	装无扁尾莫氏圆锥柄工具	莫氏锥柄号-刀柄工作长度
MD	装短莫氏圆锥柄工具	莫氏锥柄号-刀柄工作长度
JF	装浮动铰刀	铰刀块宽度-刀柄工作长度
G	攻螺纹夹头	最大攻螺纹规格-刀柄工作长度
TQW	倾斜型微调镗刀	最小镗孔直径-刀柄工作长度
TS	双刃镗刀	最小镗孔直径-刀柄工作长度
TZC	直角型粗镗刀	最小镗孔直径-刀柄工作长度
TQC	倾斜型粗镗刀	最小镗孔直径-刀柄工作长度
TF	复合镗刀	小孔直径/大孔直径-小孔工作长度/大孔工作长度
TK	可调镗刀头	装刀孔直径-刀柄工作长度
XS	装三面刃铣刀	刀具内孔直径-刀柄工作长度
XL	装套式立铣刀	刀具内孔直径-刀柄工作长度
XMA	装 A 类面铣刀	刀具内孔直径-刀柄工作长度
XMB	装 B 类面铣刀	刀具内孔直径-刀柄工作长度
XMC	装 C 类面铣刀	刀具内孔直径-刀柄工作长度
KJ	装扩孔钻和铰刀	1∶30 圆锥大端直径-刀柄工作长度

如图 5-84 所示整体式数控刀具系统按连接杆的形式分为锥柄(连杆代码 JT)和直柄(连杆代码 ZB)两种类型。该系统结构简单,使用方便,装夹灵活,更换迅速。由于工具的品种、规格繁多,给生产、使用和管理带来不便。

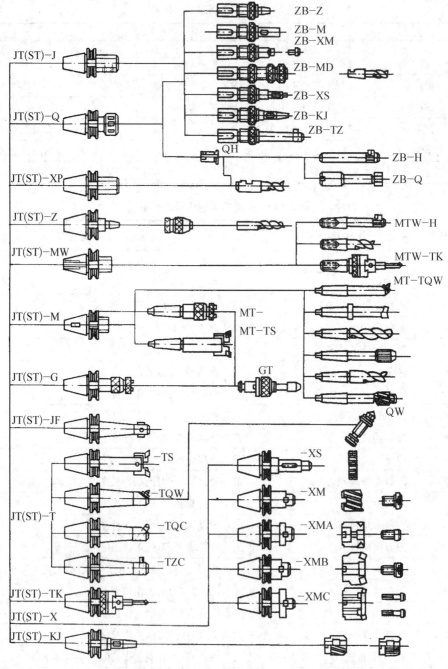

图 5-84 镗铣数控机床工具系统

2) 模块式数控工具系统 TMG

铣刀的结构分为三部分:切削部分、导入部分和柄部。

所谓"模块式"是将整体式刀杆分解成柄部(主柄)、中间连接块(连接杆)、工作部(工作头)三个主要部分(即模块),即主柄模块、中间模块和工作模块,然后通过各种联结结构,在保证刀杆联结精度、刚性的前提下,将这三部分联结成一整体,如图 5‑85 所示。

模块式工具系统 TMG,如图 5‑85 所示,有下列三种结构形式:在主柄模块中,圆柱连接系列 TMG21,轴心用螺钉拉紧刀具;在中间模块中,短圆锥定位系列 TMG10,轴心用螺钉拉紧刀具;在工作模块中,长圆锥定位系列 TMG14,用螺钉锁紧刀具。模块式工具系统以配置最少的工具来满足不同零件的加工需要,因此,该系统增加了工具系统的柔性,它是工具系统发展的高级阶段。

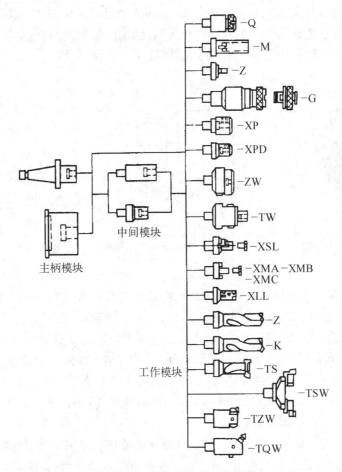

图 5‑85　模块式数控工具系统

5.2.8　切削用量的选择

5.2.8.1　零件表面的形成和车床切削运动

任何机器零件的表面均可看成是由曲面和平面(外圆面、内圆面、平面或成形面等)组成。因此,只要能对这些基本表面进行加工,就能完成所有零件的加工。而上述基本表面可以用一定的运动组合来形成。例如,外(内)圆表面可由旋转运动和直线运动的组合来形成;平面可由直线运动和直线运动的组合来形成。所以,要完成零件表面的切削加工,必须了解刀具与工件(零件)之间的基本相对运动。

1. 切削运动

切削运动是指在切削过程中刀具相对于工件的运动,即在切削过程中,刀具和工件应具备形成零件表面的基本运动。按其在切削过程中所起的作用,可分为主运动和进给运动,如图 5-86 所示。

1) 主运动

指直接切除工件上的切削层,使之转变为切屑,以形成工件新表面的主要运动,用切削速度(V)来表示。通常主运动的速度较高,消耗的切削功率也较大。主运动可以由工件完成,也可以由刀具完成。根据加工方法的不同,主运动的形态也不相同。例如,车削时工件的回转运动(还有铣削时铣刀的回转运动,钻削时钻头的旋转运动)为主运动。在金属切削过程中,无论哪种切削运动,主运动都只有一个。

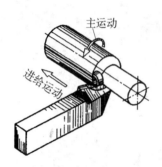

图 5-86 切削运动

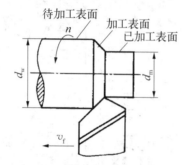

图 5-87 工件上的三个表面

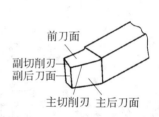

图 5-88 切削车刀角度

2) 进给运动

指使新的切削层不断投入切削的运动。它分为吃刀运动(如车削外圆时车刀的横向进给运动)和走刀运动(如车削外圆时车刀的纵向进给运动)。吃刀运动是控制刀刃切入深度的运动,多数情况下是间歇性的;若在切削过程中同时吃刀则变为走刀运动。进给运动通常的速度较低,消耗功率较小。又如钻削过程中,钻头的向下运动就属于进给运动。根据零件表面形成的需要,进给运动可以是一个、两个或多个。

在切削过程中,切削速度 $(V_c = V + V_f)$ 当进给速度 (V_f) 较小时(见图 5-87),加工中常以主运动速度 V 作为切削速度。

一定厚度[吃刀深度 $= (d_w - d_m)/2$]的切屑正是在上述主运动(转速为 n 的回转运动)和进给运动(沿轴线的移动即进给运动)这两种相对运动中产生的,如图 5-87 所示。

2. 切削过程中的三个表面

工件在切削过程中形成了三个不断变化着的表面(见图 5-88)。

① 已加工表面。已切除多余金属后形成的新表面。

② 加工表面。刀刃正在切削的表面。

③ 待加工表面。即将被切去金属层的表面。

5.2.8.2 确定切削用量

合理选择切削用量与提高劳动生产率、提高加工质量及经济性有着密切的关系。

切削用量的选择原则与通用机床加工相似,具体数值应根据数控机床使用说明书和金属切削原理中规定的方法及原则,结合实际加工经验来确定。切削用量的确定除了遵循切削用量的选择有关规定外,还应考虑如下因素。

(1)刀具差异。不同厂家生产的刀具质量差异较大,因此切削用量须根据实际所用刀具和现场经验加以修正。

(2)机床特性。切削用量受机床电动机的功率和机床刚性的限制,必须在机床说明书规定的范围内选取。避免因功率不够而发生闷车、刚性不足而产生大的机床变形或振动,影响加工精度和表面粗糙度。

(3)数控机床的生产率。数控机床的工时费用较高,刀具损耗费用所占比重较低,应尽量用高的切削用量,通过适当降低刀具寿命来提高数控机床的生产率。

1. 数控车削加工切削用量的选择

数控车削加工的切削用量包括:吃刀深度、主轴转速或切削速度(用于恒线速切削)、进给速度或进给量。数控车床切削用量的定义如下所述。

1)切削速度 V

切削速度是刀具切削刃上的某一点相对于加工表面上该点在主运动方向上的瞬时速度,即主运动的线速度,单位为 m/s 或 m/min。

(1)车光轴时的切削速度(或主轴转速)。

车光轴时主轴转速应根据零件上被加工部位的直径,并按零件和刀具的材料及加工性质等条件所允许的切削速度来确定。切削速度除了计算和查表选取外,还可根据实践经验确定。如表 5-17 所示为硬质合金外圆车刀切削速度的参考值,可参考选用。

表 5-17 硬质合金外圆车刀切削速度的参考值

工件材料	热处理状态	$a_p = 0.3 \sim 2$ mm $f = 0.08 \sim 0.3$ mm/r V_c/m·min^{-1}	$a_p = 2 \sim 6$ mm $f = 0.3 \sim 0.6$ mm/r V_c/m·min^{-1}	$a_p = 6 \sim 10$ mm $f = 0.6 \sim 1$ mm/r V_c/m·min^{-1}
低碳钢 易切钢	热轧	140~180	100~120	70~90
中碳钢	热轧	130~160	90~110	60~80
	调质	100~130	70~90	50~70
合金工具钢	热轧	100~130	70~90	50~70
	调质	80~110	50~70	40~60
工具钢	退火	90~120	60~80	50~70
灰铸铁	<190(HBS)	90~120	60~80	50~70
	190~225(HBS)	80~110	50~70	40~60
高锰钢			10~20	
铜及铜合金		200~250	120~180	90~120
铝及铝合金		300~600	200~400	150~200
铸铝合金		100~180	80~150	60~100

注:表中刀具材料切削钢及灰铸铁时寿命约为 60 min。由于各个刀具厂家生产的刀具质量不一,很难以一种刀具的参数来说明整体情况,一般来讲,实际选用可高于表中值。

需要注意的是交流变频调速数控车床低速输出力矩小,因而切削速度不能太低。当主运动为旋转运动时(如车削加工运动),切削速度按下式计算

$$V_c = \frac{\pi d n}{1\ 000} \tag{5-7}$$

式中:V_c 为切削速度,m/min;n 为工件或刀具转速,r/min;d 为工件待加工表面直径或刀具的最大直径(即切削刃选定点处所对应的工件或刀具的回转直径),mm。

切削速度确定之后,用下式计算主轴转速

$$n = 1\ 000 V_c / \pi d \tag{5-8}$$

(2) 车螺纹时的主轴转速。

在车削螺纹时,车床的主轴转速将受到螺纹螺距(或导程)大小、驱动电动机的升降频特性及螺纹插补运算速度等多种因素的影响,故对于不同的数控系统,推荐不同的主轴转速选择范围。大多数普通数控车床数控系统推荐车螺纹时的主轴转速如下

$$n \leqslant \frac{1\ 200}{P} - k \tag{5-9}$$

式中:P 为工件螺纹的螺距或导程,mm;k 为保险系数,一般取为 80;n 为主轴转速,r/min。

2) 进给速度 V_f 和进给量 f

进给速度是指在单位时间内,刀具沿进给方向移动的距离(单位为 mm/min)。有些数控车床规定可以用进给量(单位为 mm/r)来表示进给速度。而进给量是工件或刀具每转一转(或往复一次或刀具每转过一齿)时,工件与刀具在进给方向上的相对位移。车削时,f 为工件每转一转,刀具沿着进给方向的移动量,单位为 mm/r。

(1) 确定进给速度的原则。

① 当工件的质量要求能够得到保证时,为提高生产率,可选择较高(2 000 mm/mim 以下)的进给速度。

② 切断、车削深孔或精车时,宜选择较低的进给速度。

③ 刀具空行程,特别是远距离"回零"时,可以设定尽量高的进给速度。

④ 进给速度应与主轴转速和背吃刀量相适应。

(2) 进给速度的计算。

进给速度包括纵向进给速度和横向进给速度,其值按式(5-9)计算。

$$v_f = n f \tag{5-10}$$

式中:V_f 为进给速度,mm/min;f 为进给量,mm/r;n 为工件的转速,r/min。

式(5-9)中的进给量,粗车时一般取为 0.3～0.8 mm/r,精车时常取 0.1～0.3 mm/r,切断时常取 0.05～0.2 min/r。如表 5-18、表 5-19、表 5-20 所示分别为按表面粗糙度选择半精车、精车进给量的参考值、硬质合金车刀粗车外圆、端面的进给量参考值和常用螺纹切削的进给次数与背吃刀量,供参考选用。

表 5‑18　按表面粗糙度选择半精车、精车进给量的参考值

工件材料	表面粗糙度 $R_a/\mu m$	切削速度范围 V_c(m/min)	刀尖圆弧半径 r_ε/mm		
			0.5	1.0	2.0
			进给量 f/(mm/r)		
铸铁 青铜 铝合金	>5~10	不限	0.25~0.40	0.40~0.50	0.50~0.60
	>2.5~5		0.15~0.25	0.25~0.40	0.40~0.60
	>1.25~2.5		0.10~0.15	0.15~0.20	0.20~0.35
碳钢 合金钢	>5~10	<50	0.30~0.50	0.45~0.60	0.55~0.70
		>50	0.40~0.55	0.55~0.65	0.65~0.70
	>2.5~5	<50	0.18~0.25	0.25~0.30	0.30~0.40
		>50	0.25~0.30	0.30~0.35	0.30~0.50
	>1.25~2.5	<50	0.10	0.11~0.15	0.15~0.22
		50~100	0.11~0.16	0.16~0.25	0.25~0.35
		>100	0.16~0.20	0.20~0.25	0.25~0.35

注：$r_\varepsilon = 0.5$ mm，一般选择刀杆截面为 20×20 mm^2；

　　$r_\varepsilon = 1$ mm，一般选择刀杆截面为 30×30 mm^2；

　　$r_\varepsilon = 2$ mm，一般选择刀杆截面为 30×45 mm^2。

表 5‑19　硬质合金车刀粗车外圆、端面的进给量

工件材料	刀杆尺寸 $B \times H$/mm^2	工件直径 d/mm	切削深度 a_p/mm				
			≤3	>3~5	>5~8	>8~12	>12
			进给量 f/(mm·r^{-1})				
碳素结构钢 合金结构钢 耐热钢	16×25	20	0.3~0.4	—	—	—	—
		40	0.4~0.5	0.3~0.4	—	—	—
		60	0.5~0.7	0.4~0.6	0.3~0.5	—	—
		100	0.6~0.9	0.5~0.7	0.5~0.6	0.4~0.5	—
		400	0.8~1.2	0.7~1.0	0.6~0.8	0.5~0.6	—
	20×30 25×25	20	0.3~0.4	—	—	—	—
		40	0.4~0.5	0.3~0.4	—	—	—
		60	0.5~0.7	0.5~0.7	0.4~0.6	—	—
		100	0.8~1.0	0.7~0.9	0.5~0.7	0.4~0.7	—
		400	1.2~1.4	1.0~1.2	0.8~1.0	0.6~0.9	0.4~0.6
铸铁 铜合金	16×25	40	0.4~0.5	—	—	—	—
		60	0.5~0.8	0.5~0.8	0.4~0.6	—	—
		100	0.8~1.2	0.7~1.0	0.6~0.8	0.5~0.7	—
		400	1.0~1.4	1.0~1.2	0.8~1.0	0.6~0.8	—
	20×30 25×25	40	0.4~0.5	—	—	—	—
		60	0.5~0.9	0.5~0.8	0.4~0.7		

工件材料	刀杆尺寸 $B \times H$/mm²	工件直径 d/mm	切削深度 a_p/mm				
			≤3	>3～5	>5～8	>8～12	>12
			进给量 f/(mm·r⁻¹)				
铸铁 铜合金	20×30 25×25	100	0.9～1.3	0.8～1.2	0.7～1.0	0.5～0.8	—
		400	1.2～1.8	1.2～1.6	1.0～1.3	0.9～1.1	0.7～0.9

注：① 断续加工和加工有冲击的工件，表内进给量应乘系数 $k = 0.75 \sim 0.85$；

② 加工无外皮工件，表内进给量应乘系数 $k = 1.1$；

③ 加工耐热钢及其合金，进给量不大于 1 mm/r；

④ 加工淬硬钢，应减少进给量。当钢的硬度为 44～56 HRC，应乘系数 $k = 0.8$；当钢的硬度为 57～62 HRC 时，应乘系数 $k = 0.5$。

表 5‑20　常用螺纹切削的进给次数与吃刀量（直径值）（单位：mm）

公　制　螺　纹							
螺距	1.0	1.5	2.0	2.5	3.0	3.5	4.0
牙深	0.649	0.974	1.299	1.624	1.949	2.273	2.598
吃刀量及切削次数 1次	0.7	0.8	0.9	1.0	1.2	1.5	1.5
2次	0.4	0.6	0.6	0.7	0.7	0.7	0.8
3次	0.2	0.4	0.6	0.6	0.6	0.6	0.6
4次		0.16	0.4	0.4	0.4	0.6	0.6
5次			0.1	0.4	0.4	0.4	0.4
6次				0.15	0.4	0.4	0.4
7次					0.2	0.2	0.4
8次						0.15	0.3
9次							0.2

英　制　螺　纹							
牙/in	24牙	18牙	16牙	14牙	12牙	10牙	8牙
牙深	0.678	0.904	1.016	1.162	1.355	1.626	2.033
背吃刀及切削次数 1次	0.8	0.8	0.8	0.8	0.9	1.0	1.2
2次	0.4	0.6	0.6	0.6	0.6	0.7	0.7
3次	0.16	0.3	0.5	0.5	0.6	0.6	0.6
4次		0.11	0.14	0.3	0.4	0.4	0.5
5次				0.13	0.21	0.4	0.5
6次						0.16	0.4
7次							0.17

3) 背吃刀量 a_p

背吃刀量是工件上已加工表面和待加工表面之间的垂直距离,单位为 mm。吃刀深度是根据余量确定的。在工艺系统刚性和机床功率允许的条件下,尽可能选取较大的吃刀深度,以减少进给次数。一般当毛坯直径余量小于 6 mm 时,根据加工精度考虑是否留出半精车和精车余量,剩下的余量可一次切除。当零件的精度要求较高时,应留出半精车、精车余量,半精车余量一般为 0.5 mm 左右,所留精车余量一般比普通车削时所留余量少,常取 0.1~0.5 mm。

车外圆时,背吃刀量 a_p 按下式计算:

$$a_p = \frac{d_w - d_m}{2} \tag{5-11}$$

式中: d_w 为待加工表面直径,mm; d_m 为已加工表面直径,mm。

背吃刀量 a_p 的大小直接影响刀具主切削刃的工作长度,可以反映出切削负荷大小。

2. 数控铣床切削用量的选择

数控铣床的切削用量包括切削速度 V_c、进给速度 V_f、背吃刀量 a_p 和侧吃刀量 a_c。

切削用量确定原则与普通机械加工相似。合理选择切削用量与提高劳动生产率、提高加工质量及经济性有着密切的关系。

选择切削用量的原则是,粗加工时,一般以提高生产率为主,但也应考虑经济性和加工成本;半精加工和精加工时,应在保证加工质量的前提下,兼顾切削效率、经济性和加工成本。从刀具寿命出发,切削用量的选择原则是:先选取背吃刀量或侧吃刀量,其次确定进给速度,最后确定切削速度。

切削用量的确定除了遵循切削用量的选择有关规定外,还应考虑如下因素。

(1) 刀具差异。

(2) 机床特性。必须在机床说明书规定的范围内选取,避免因功率不够而发生闷车、刚性不足而产生大的机床变形或振动,影响加工精度和表面粗糙度。

(3) 数控机床的生产率。数控机床的工时费用较高,刀具损耗费用所占比重较低,应尽量用高的切削用量,通过适当降低刀具寿命来提高数控机床的生产率。

在选择时,具体数值应根据机床说明书、刀具说明书、切削用量手册、金属切削原理中规定的方法及原则,结合实际加工经验来确定。

切削用量的选择方法一般是考虑刀具的耐用度,先选取背吃刀量或侧吃刀量,其次确定进给速度,最后确定切削速度。

对于不同的加工方法,需要选择不同的切削用量,并编入程序单内。

1) 背吃刀量 a_p(端铣)或侧吃刀量 a_c(圆周铣)

确定背吃刀量 a_p(mm)主要依据机床、夹具、刀具和工件的刚度来决定。在刚度允许的情况下, a_p 相当于加工余量,应以最少的进给次数切除这一加工余量,最好一次切净余量,以提高生产效率。为了保证加工精度和表面粗糙度,一般都要留一点余量最后精加工。在数控机床上,精加工余量可小于普通机床。

如图 5-89 所示,背吃刀量 a_p 为平行于铣刀轴线测量的切削层尺寸,单位为 mm,端铣时 a_p 为切削层深度,圆周铣削时 a_p 为被加工表面的宽度。侧吃刀量 a_c 为垂直于铣刀轴线测量的切削层尺寸,单位为 mm,端铣时 a_c 为被加工表面宽度,圆周铣削时 a_c 为切削层深度。端铣背吃刀量和圆周铣侧吃刀量的选取主要由加工余量和对表面质量要求决定。

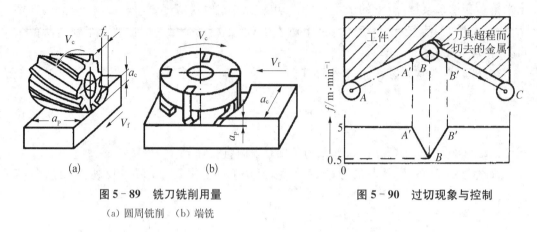

图 5-89　铣刀铣削用量
(a) 圆周铣削　(b) 端铣

图 5-90　过切现象与控制

在机床、工件和刀具刚度允许的情况下,使 a_p 等于加工余量是提高生产率的一个有效措施。为了保证零件的加工精度和表面粗糙度,一般应留一定的余量进行精加工。选择原则有以下 3 条。

(1) 在工件表面粗糙度要求为 $12.5\sim25\ \mu m$ 时,如果圆周铣削的加工余量小于 5 mm,端铣的加工余量小于 6 mm,则粗铣一次进给就可以达到要求。但在余量较大,工艺系统刚性较差或机床动力不足时,可分两次或 3 次进给完成。

(2) 在工件表面粗糙度要求为 $3.2\sim12.5\ \mu m$ 时,可分粗铣和半精铣两步进行铣削加工。粗铣时背吃刀量或侧吃刀量选取同前。粗铣后留 0.5~1.0 mm 的余量,在半精铣时切除。

(3) 在工件表面粗糙度要求为 0.8~3.2 mm 时,可分粗铣、半精铣、精铣 3 步进行铣削加工。半精铣时背吃刀量或侧吃刀量取 1.5~2 mm;精铣时圆周铣侧吃刀量取 0.3~0.5 mm,面铣(即端铣)刀背吃刀量取 0.5~1 mm。

2) 进给量 f(或进给速度 V_f)

进给量 f(或进给速度 U_f)(mm/r 或 mm/min)的选择 f 是数控机床切削用量中的重要参数,主要根据零件的加工精度和表面粗糙度要求以及刀具和工件材料来选择。当加工精度要求高,表面粗糙度值要求低时,进给量数值应选择小些。最大进给量则受机床刚度和进给系统性能限制,并与脉冲当量有关。一般数控机床进给量是连续变化的,各档进给量可在一定范围内进行无级调整,也可在加工过程中根据控制面板上的进给速度倍率开关由操作者设定。

在选择进给速度时,还要注意零件加工中的某些特殊因素。例如轮廓加工中,应考虑由于惯性或工艺系统的变形而造成轮廓拐角处的“超程”或“欠程”。如图 5-90 所示,铣刀由 A 处向 B 处运动,当进给速度较高时,由于惯性作用,在拐角 B 处可能出现“超程过切”现象,即将拐角处的金属多切去一些,使轮廓表面产生误差。解决的办法是选择变化的进给速度。编程时,在接近拐角前适当地降低进给速度,过拐角后再逐渐增速。

进给速度 V_c 是指单位时间内工件与铣刀沿进给方向的相对位移,单位为 mm/min。它与铣刀转速 n、铣刀齿数 Z 及每齿进给量 f_z(单位为 mm/z)有关。

进给速度的计算公式为

$$V_f = nzf_z \tag{5-12}$$

式中,每齿进给量 f_z 的选用主要取决于工件材料的力学性能、刀具材料的机械性能、工件表面粗糙度等因素。当工件材料的强度和硬度高、工件表面粗糙度的要求高、工件刚性差或刀具强度低时,f_z 取小值。(即工件材料的强度和硬度越高 f_z 越小,反之则越大。工件表面粗糙度要求越高 f_z 就越小。工件刚性差或刀具强度低时,应取小值。)每齿进给量的确定可根据刀具厂家提供的参数来选取。硬质合金铣刀的每齿进给量高于同类高速钢铣刀的选用值,每齿进给量的选用参考表如表 5-21 所示。

表 5-21　铣刀每齿进给量

工件材料	每齿进给量 f_z/(mm/z)			
	粗　　铣		精　　铣	
	高速钢铣刀	硬质合金铣刀	高速钢铣刀	硬质合金铣刀
钢	0.10～0.15	0.10～0.25	0.02～0.05	0.10～0.15
铸铁	0.12～0.20	0.15～0.30		

3) 主轴转速(或切削速度)

确定主轴转速 n(r/min)主要根据允许的切削速度 V_c(m/min)选取

$$n = 1\,000V_c/\pi D \tag{5-13}$$

式中:n 为铣刀主轴转速(r/min);V_c 为切削速度(m/min);D 为工件或刀具的直径(mm)。

切削速度高,也能提高生产率,但是应先考虑尽可能采用大的背吃刀量来提高生产率。因为切削速度 V_c 与刀具耐用度关系比较密切,随着 V_c 的加大,刀具耐用度将急剧降低,故 V_c 的选择主要取决于刀具耐用度。

铣削的切削速度与刀具寿命 T、每齿进给量 f_z、背吃刀量 a_p、侧吃刀量 a_e 以及铣刀齿数 Z 成反比,与铣刀直径 d 成正比。其原因是 f_z、a_p、a_e、Z 增大时,使同时工作齿数增多,刀刃负荷和切削热增加,加快刀具磨损,因此,刀具寿命限制了切削速度的提高。如果加大铣刀直径则可以改善散热条件,相应提高切削速度。

V_c 的选择主要取决于刀具寿命。一般好的刀具供应商都会在其手册或者刀具说明中提供刀的切削速度推荐参数。另外,切削速度 V_c 值还要根据工件的材料的硬度来做适当的调整。表 5-22 列出了铣削切削速度的参考值。

主轴转速 n 要根据计算值在编程中给予规定。有的数控机床控制面板上备有转数倍率开关,由操作者随时调整具体的主轴转速。

表 5-22　铣削时的切削速度参考值

工 件 材 料	硬度(HBS)	切削速度 v_c/(m/min)	
		高速钢铣刀	硬质合金铣刀
钢	<225	18～42	80～300
	225～325	12～36	54～300
	325～425	6～21	40～120
铸铁	<190	21～36	66～220
	190～260	9～18	45～150
	160～320	4.5～10	30～80

5.2.9　数控加工工艺文件的编制

在本节中,学生可以掌握加工工艺文件的编制的方法,并具有正确编写工艺卡和刀具卡的技能。

数控加工工艺文件不仅是进行数控加工和产品验收的依据,也是需要操作者遵守和执行的规程,同时还为产品零件重复生产积累了必要的工艺资料,做技术储备。它是编程员在编制加工程序单时会同工艺人员作出的与程序单相关的技术文件。文件包括了编程任务书、数控加工工序卡、数控机床调整单、数控刀具调整单、数控加工进给路线图、数控加工程序单等。

在数控加工中,常常要注意并防止刀具在运动中与夹具、工件等发生碰撞,为此,必须设法告诉操作者关于程编中的刀具运动路线的情况(如从哪里下刀,在哪里抬刀,哪里是斜下刀等),使操作者在加工前就对刀具运动路线有所了解并计划好被加工零件的夹紧位置及控制夹紧元件的高度,这样可以减少上述事故的发生。此外,对有些被加工零件,由于工艺性问题,必须在加工过程中挪动夹紧位置,也需要事先告诉操作者:在哪个程序段前挪动,夹紧点在零件的什么地方,然后更换到什么地方,需要在什么地方事先备好夹紧元件等,以防届时手忙脚乱或出现安全问题。

1. 数控加工工序卡片

这种卡片是数控加工的关键,是编制数控加工程序的主要依据和操作人员配合数控程序进行数控加工的主要指导性文件。主要包括:工步顺序、工步内容、各工步所用刀具及切削用量等。当工序加工内容十分复杂时,也可把工序简图画在工序卡片上。通常如表 5-23 所示数控加工工序卡片。

2. 数控加工刀具卡片

刀具卡片是组装刀具和调整刀具的依据。内容包括刀具号、刀具名称、刀柄型号、刀具直径和长度等。数控车床和数控铣床的刀具卡片分别如表 5-24、表 5-25 所示。

表 5 - 23 数控加工工序卡片

工厂	数控加工工序卡片			产品名称或代号	零件名称	材料	零件图号
工序号	程序编号	夹具名称		夹具编号	使用设备		车间
工步号	工步内容	加工面	刀具号	刀具规格 /mm	主轴转速 /r·min⁻¹	进给速度 /mm·min⁻¹	背吃刀量 /mm	备注
编制		审核		批准		共 页 第 页	

表 5 - 24 数控车床刀具卡片

产品名称或代号			零件名称		零件图号		
序号	刀具号	刀具规格名称	数量	加工表面	刀尖半径/mm	备注
编制		审核		批准		共 页 第 页

表 5 - 25 数控铣床刀具卡

产品名称或代号		零件名称		零件图号		程序号	
工步号	刀具号	刀具名称	刀柄型号	刀 具		补偿量/mm	备注
				直径/mm	刀长/mm		
编制		审核		批准		共 页 第 页	

3. **数控加工走刀路线图**

走刀路线(进给路线)主要反映加工过程中刀具的运动轨迹,其作用一方面是方便编程人员编程,另一方面是帮助操作人员了解刀具的进给轨迹,以便确定夹紧位置和夹紧元件的高度。用数控加工工序卡片和数控加工刀具卡片难以说清楚或表达清楚的,为简化走刀路线,一般可采取统一约定的符号来表示。当前,数控加工工序卡片、数控加工刀具卡片及数控加工进给路线图还没有统一的标准格式,都是由各个单位结合具体情况自行确定。不同的机床可以采用不同图例与格式(见图 5-91)。

数控加工走刀路线图		零件图号	NC01	工序号		工步号		程序号	O100
机床型号	XK5032	程序段号	N10～N170	加工内容	铣轮廓周边		共1页	第	页

程序说明:

编程	
校对	
审核	

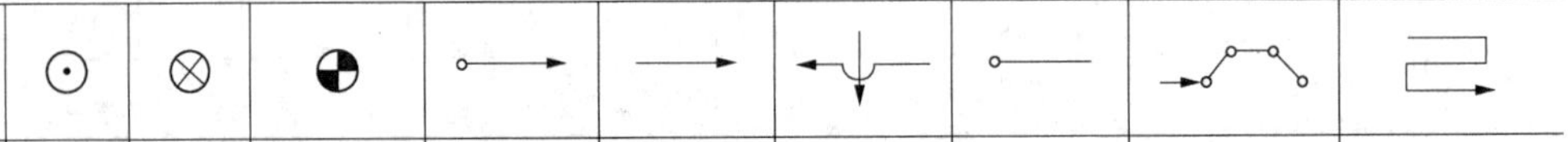

符号	⊙	⊗	◓	•→	↙	↓	•—	⌒	⊐→
含义	抬刀	下刀	程编原点	起刀点	走刀方向	走刀线相交	爬斜坡	铰孔	行切

图 5-91 数控加工进给路线

5.3 数控系统的功能指令

为了使数控机床按要求动作并对工件进行切削加工,首先就必须运用必要的程序指令正确编写数控加工程序,程序符合相应的数控机床(数控系统),否则就无法工作。

不同数控机床(数控系统)的功能指令有其共性也有其不同之处。

数控系统的准备功能和辅助功能是程序段的基本组成部分,是指定工艺过程中各种运动和动作的核心,目前国际上广泛使用 ISO1056—1975(E)标准,我国也制定了 JB3208—1983 标准。

目前社会上流行的数控系统有几十种之多,这些数控系统相互间存在一些差异,这给学习者带来了一些麻烦。各种不同的数控系统都是因为生产实际需要而设立,只是在具体的工作形式上或代码表达上有所不同而已。因此,学习中应该从本质上去理解各指令功能的意义,从而做到触类旁通。

　　FANUC 系统是较早进入中国市场的数控品牌,我国在"六五"期间就开始引进,通过消化、吸收、合作生产并推广应用。FANUC 系统的特点是其指令系统与国际标准兼容性较好,因此,系统间的兼容性较好,学习较为容易。FANUC‐0i 是 FANUC 新近推出的一种普及型机床数控系统,其高的可靠性和良好的性能价格比为其赢得市场奠定了基础,在我国教学或培训领域也有较高的市场占有率,并具有较好的市场发展前景。

5.3.1　数控系统的准备功能

　　准备功能也称 G 功能或 G 代码,由地址符 G 加两位数值构成该功能的指令。不同的数控系统 M 代码的含义是有差别的,表 5‐26 是 FANUC 数控系统的 G 代码。

表 5‐26　FANUC 数控系统的准备功能 G 代码及其功能

G 代码	组别	用于数控车床的功能	用于数控铣床的功能	附注
◢ G00	01	快速定位	相同	模态
G01		直线插补	相同	模态
G02		顺时针圆弧插补	相同	模态
G03		逆时针圆弧插补	相同	模态
G04	00	暂停	相同	非模态
G10		数据设置	相同	模态
G11		数据设置取消	相同	模态
G17	16	XY 平面选择	相同(缺省状态)	模态
G18		ZX 平面选择(缺省状态)	相同	模态
G19		YZ 平面选择	相同	模态
G20	06	英制(in)	相同	模态
G21		米制(mm)	相同	模态
◢ G22	09	行程检查功能打开	相同	模态
G23		行程检查功能关闭	相同	模态
◢ G25	08	主轴速度波动检查关闭	相同	模态
G26		主轴速度波动检查打开	相同	非模态
G27	00	参考点返回检查	相同	非模态
G28		参考点返回	相同	非模态
G30		第二参考点返回	×	非模态
G31		跳步功能	相同	非模态
G32	01	螺纹切削	×	模态

G 代码	组别	用于数控车床的功能	用于数控铣床的功能	附注
G36	00	X 向自动刀具补偿	×	非模态
G37		Z 向自动刀具补偿	×	非模态
◢ G40	07	刀尖半径补偿取消	刀具半径补偿取消	模态
G41		刀尖半径左补偿	刀具半径左补偿	模态
G42		刀尖半径右补偿	刀具半径右补偿	模态
G43	01	×	刀具长度正补偿	模态
G44		×	刀具长度负补偿	模态
G49			刀具长度补偿取消	模态
G50	00	工件坐标原点设置,最大主轴速度设置		非模态
G52		局部坐标系设置	相同	非模态
G53		机床坐标系设置	相同	非模态
◢ G54	14	第一工件坐标系设置	相同	模态
G55		第二工件坐标系设置	相同	模态
G56		第三工件坐标系设置	相同	模态
G57		第四工件坐标系设置	相同	模态
G58		第五工件坐标系设置	相同	模态
G59		第六工件坐标系设置	相同	模态
G65	00	宏程序调用	相同	非模态
G66	12	宏程序模态调用	相同	模态
◢ G67		宏程序模态调用取消	相同	模态
G68	04	双刀架镜像打开	×	
◢ G69	04	双刀架镜像关闭		
G70	00	精车循环	×	非模态
G71		外圆/内孔粗车循环	×	非模态
G72		端面粗车循环	×	非模态
G73		仿形车削循环	高速深孔钻孔循环	非模态
G74		端面啄式钻孔循环	左旋攻螺纹循环	非模态
G75		外径/内径啄式钻孔循环	×	非模态
G76		螺纹车削多次循环	精镗循环	非模态
◢ G80	10	钻孔固定循环取消	相同	模态

G 代码	组别	用于数控车床的功能	用于数控铣床的功能	附注
G81		×	钻孔循环	
G82		×	钻孔循环	
G83		端面钻孔循环	深孔钻循环	模态
G84		端面攻螺纹循环	攻螺纹循环	模态
G85	10	×	镗孔循环	
G86		端面镗孔循环	镗孔循环	模态
G87		侧面钻孔循环	背镗循环	模态
G88		侧面攻螺纹循环	镗孔循环	模态
G89		侧面镗孔循环	镗孔循环	模态
G90		外径/内径车削循环	绝对坐标编程	模态
G91	01	×	增量坐标编程	模态
G92		单次螺纹车削循环	工件坐标原点设置	模态
G94		端面车削循环	×	模态
G96	02	恒表面速度设置	×	模态
◤ G97		恒表面速度设置取消	×	模态
G98	05	每分钟进给	固定循环中,返回到初始点	模态
◤ G99		每转进给	固定循环中,返回到 R 点	模态
G107		圆柱插补	×	
G112		极坐标插补	×	
◤ G113		极坐标插补取消	×	
◤ G250		多棱柱车削取消	×	
G251		多棱柱车削	×	

由表可见,G 功能指令用来规定坐标平面、坐标系、刀具和工件的相对运动轨迹、刀具补偿、单位选择、坐标偏置等多种操作。

5.3.1.1　模态与非模态指令

G 功能指令分若干组(指令群),有模态功能指令和非模态功能指令之分。非模态 G 功能指令(也称非续效指令)只在所在程序段中有效,与上段相同的非模态指令不能省略不写,因此也称作一次性代码。模态功能指令(也称续效指令)可被同组 G 功能指令互相注销,一经程序段中指定,便一直有效,与上段相同的模态指令可省略不写,直到以后程序中重新指定同组指令时才失效。模态 G 功能指令一旦被执行,则一直有效,直至被同组 G 功能指令注销为止。

例如:G01 X30;

    Z - 10；(在 G00 之前 G01 均有效)

    X35；

   G00 X35 Z2；

  另外，不同组的 G 指令可放在同一程序段中；在同一程序段中有多个同组的代码时，以最后一个为准。

5.3.1.2　数控机床的初始状态

  所谓数控机床的初始状态是指数控机床通电后所具有的状态，也称数控系统内部默认状态。一般在首次开机进行数控车床的编程时，默认状态的指令可以省略不写，如取消刀具补偿的指令 G40、G49，米制长度单位量纲指令 G21，绝对坐标编程、冷却液关闭以及主轴停转等。另外，还有要说明的有以下几点：

  (1) 数控车床的 G 代码是 FANUC0 - T 系列数控系统的 A 系列，可选的 B 和 C 系列的某些 G 代码的含义与 A 系列的有差别。

  (2) 当机床电源打开或按重置键时，标有"▲"符号的 G 代码被激活，即缺省状态。

  (3) 由于电源打开或重置，使系统被初始化，已指定的 G20 或 G21 代码保持有效。

  (4) 由于电源打开使系统被初始化时，G22 代码被激活；由于重置使机床被初始化时，已指定的 G22 或 G23 代码保持有效。

  (5) 数控车床 A 系列的 G 代码用于钻孔固定循环时，刀具只返回钻孔初始平面。

  (6) 表中"×"符号表示该 G 代码不适用这种机床。

5.3.2　数控系统的辅助功能

  辅助功能也称 M 功能，它是指令机床做一些辅助动作的代码。辅助功能由地址字 M 和其后的一或两位数字组成，主要用于控制零件程序的走向，以及机床各种辅助功能的开关动作。例如：主轴的旋转、冷却液的开和关等。ISO 标准中 M 功能从 M00～M99，共有 100 种。

  不同的数控系统 M 代码的含义是有差别的，配有同一系列数控系统的机床，由于生产厂家不同，某些 M 代码的意义可能不相同，表 5 - 27 是 FANUC 数控系统的 M 代码，表中"×"符号表示该 M 代码不适用这种机床。常用代码有以下几种：

  (1) M00：程序停止，且执行 M00 指令之后，主轴停转、进给停止、冷却液关闭、程序停止。若欲再继续执行下一程序段，只要按下循环启动(CYCLE START)键即可。

  (2) M01：选择停止，即选择性程序停止指令(M01)。此 M01 指令必须配合操作面板上的选择性停止功能键(OPT STOP)一起使用，若此键"灯亮"时，表示"ON"，则执行至 M01 时，功能与 M00 相同；若此键"灯熄"时，表示"OFF"，则执行至 M01 时，程序不会停止，继续往下执行。

  (3) M02：程序结束指令。

  (4) M03，M04，M05 分别为主轴顺时针旋转、主轴逆时针旋转及主轴停止指令。

  (5) M06：换刀指令，该指令用于具有刀库的数控机床(如加工中心)的换刀功能。

  (6) M08 或 M07：冷却液开指令。

  (7) M09：冷却液关指令。

（8）M30：程序结束并返回指令。

如表 5-27 所示，M 功能有非模态 M 功能和模态 M 功能两种形式。非模态 M 功能
（当段有效代码）只在书写了该代码的程序段中有效，而模态 M 功能一旦指定，只要不注
销则一直有效。

表 5-27　FANUC 数控系统的辅助功能 M 代码及其功能

M 代码	用于数控车床的功能	用于数控铣床的功能	附　注
M00	程序停止	相同	非模态
M01	程序选择停止	相同	非模态
M02	程序结束	相同	非模态
M03	主轴顺时针旋转	相同	模态
M04	主轴逆时针旋转	相同	模态
M05	主轴停止	相同	模态
M06	×	换刀	非模态
M08	切削液打开	相同	模态
M09	切削液关闭	相同	模态
M10	接料器前进	×	模态
M11	接料器退回	×	模态
M13	1 号压缩空气吹管打开	×	模态
M14	2 号压缩空气吹管打开	×	模态
M15	压缩空气吹管关闭	×	模态
M17	两轴变换	×	模态
M18	三轴变换	×	模态
M19	主轴定向	×	模态
M20	自动上料器工作	×	模态
M30	程序结束并返回	相同	非模态
M31	旁路互锁	相同	非模态
M38	右中心架夹紧	×	模态
M39	右中心架松开	×	模态
M50	棒料送料器夹紧并送进	×	模态
M51	棒料送料器松开并退回	×	模态
M52	自动门打开	相同	模态
M53	自动门关闭	相同	模态
M58	左中心架夹紧	×	模态
M59	左中心架松开	×	模态
M68	液压卡盘夹紧	×	模态

M 代码	用于数控车床的功能	用于数控铣床的功能	附　注
M69	液压卡盘松开	×	模态
M74	错误检测功能打开	相同	模态
M75	错误检测功能关闭	相同	模态
M78	尾架套筒送进	×	模态
M79	尾架套筒退回	×	模态
M80	机内对刀器送进	×	模态
M81	机内对刀器退回	×	模态
M88	主轴低压夹紧	×	模态
M89	主轴高压夹紧	×	模态
M90	主轴松开	×	模态
M98	子程序调用	相同	模态
M99	子程序调用返回	相同	模态

5.3.3　M 指令功能及其有效性

M 指令功能有效性指在同一程序段中 M 指令功能与其他指令功能有效的顺序,与指令在程序段中排列次序无关。有的 M 指令功能在其他指令功能执行前有效,如主轴回转指令 M03、M04 与 G01 指令;有的 M 指令功能在其他指令功能执行后有效,如 M05、M30、M02 与 G00 指令。

M00:程序停止,即程序中若使用 M00 指令,则执行至 M00 指令时,程序即停止执行,且主轴停止、切削液关闭,若欲再继续执行下一程序段,只要按下循环启动(CYCLE START)键即可。

M01:选择停止,此 M01 指令必须配合操作面板上的选择性停止功能键(OPT STOP)一起使用,若此键"灯亮"时,表示"ON",则执行至 M01 时,功能与 M00 相同;若此键"灯熄"时,表示"OFF",则执行至 M01 时,程序不会停止,继续往下执行。

另外,辅助功能(M 功能)也有模态与非模态之分,除了像 M00、M01、M02、M06 等个别指令外,一般都为模态指令,如 M03、M04 等。

辅助功能的几点说明:

(1) 在一个程序段中只能指令一个 M 代码,如果在一个程序段中指令了两个或两个以上的 M 代码时,只有最后一个 M 代码有效,其余的 M 代码均无效。

(2) M 指令有前指令代码和后指令代码之分,移动指令和 M 指令在同一程序段中时,则前指令代码与移动指令同时执行,后指令代码在同段的移动指令执行完成后再执行。

思考与练习

5-1　数控编程有哪几个步骤?

5-2　有哪几种数控编程方法?

5-3　什么是回零操作?回零的意义是什么?

5-4　请画出下列机床的机床坐标系:(1)卧式车床,(2)立式铣床。

5-5　在数控机床上 X、Y、Z 坐标轴是怎样设定的?

5-6　机床坐标系的设定原则有哪些?

5-7　什么是模态?模态与非模态指令的区别在哪里?

5-8　什么是初始状态?

5-9　数控程序由哪几部分组成?

5-10　子程序和主程序有什么区别?

5-11　如何区分绝对坐标和相对坐标?

5-12　什么叫工件坐标系?设定工件坐标系的原则是什么?

5-13　程序编制中有哪些误差?

5-14　数控加工常用的刀具材料有哪些?如何合理选用刀具材料?

5-15　数控铣刀的种类有哪些?怎样选用?

5-16　试述数控铣床加工工艺的特点。

5-17　数控铣削加工的工艺性分析包括哪些方面?

5-18　确定数控铣床加工走刀路线要考虑哪些问题?

5-19　如何选用数控铣床切削加工的切削用量三要素即转速、进给量和切削深度?

5-20　数控铣床加工常用哪些装夹方式?

5-21　在选择切削用量时,如何注意在某些情况下防止"超程过切"?

5-22　数控铣削加工文件通常有哪几种?

5-23　试述 M 指令有效性的含义。

5-24　试述 M00 与 M01 的区别。

5-25　试分析如图 5-92 所示的法兰外轮廓铣削加工工艺(这里,假定其他表面都已加工完毕,外形轮廓主要由四段圆弧和四段直线组成,需要用两轴联动以上的数控机床加工)。

要求:图纸工艺分析;

　　　确定装夹方案;

　　　确定加工顺序及加工进给路线;

　　　选择切削刀具;

　　　选择切削用量。

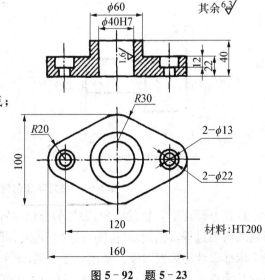

图 5-92　题 5-23

第6章 数控车床程序编制

6.1 数控车床编程基础

数控车床主要加工轴类零件和法兰类零件,使用四脚卡盘和专用夹具加工出复杂的零件。装在数控车床上的工件随同主轴一起作回转运动,数控车床的刀架在 X 轴和 Z 轴组成的平面内运动,主要加工回转零件的端面、内孔和外圆。由于数控车床配置的数控系统不同,使用的指令在定义和功能上有一定的差异,但其基本功能和编程方法还是相同的。在前面章节已介绍了数控编程的相关基础知识,在此仅介绍主要用于数控车床编程的一些编程基础。

6.1.1 车床的前置刀架与后置刀架

数控车床刀架布置有两种形式:前置刀架和后置刀架。

如图6-1所示,前置刀架位于 Z 轴的前面,与传统卧式车床刀架的布置形式一样,刀架导轨为水平导轨,使用四工位电动刀架。使用前置刀架,即车床刀架位于主轴中心的前方时,X 轴的正方向是垂直于主轴向下,此时主轴正转用于切削。

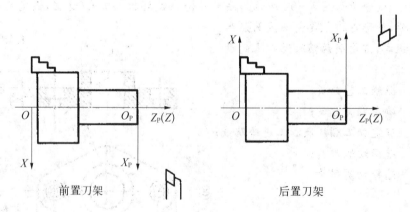

前置刀架　　　　　　　　　　　　后置刀架

图6-1 数控车床前置刀架与后置刀架

后置刀架位于 Z 轴的后面,刀架的导轨位置与正平面倾斜,这样的结构形式便于观察刀具的切削过程,切屑容易排除,后置空间大,可以设计更多工位的刀架,一般全功能的数控车床都设计为后置刀架。使用后置刀架,即车床刀架位于主轴中心的后方时,X 轴的正方向是垂直于主轴向上,此时主轴反转用于切削。

6.1.2　绝对、增量尺寸输入制式

在数控车床编程时,可采用绝对值编程、增量值编程或两者混合编程。

1) 绝对值编程

绝对值编程是根据预先设定的编程原点计算出绝对值坐标尺寸进行编程的一种方法。即采用绝对值编程时,首先要指出编程原点的位置,并用地址 X、Z 进行编程(X 为直径值)。

2) 增量值编程

增量值编程是根据与前一个位置的坐标值增量来表示位置的一种编程方法。即程序中的终点坐标是相对于上一点坐标而言的。采用增量值编程时,用地址 U、W 代替 X、Z 进行编程。U、W 的正负由行程方向确定,行程方向与机床坐标系方向相同时为正,反之为负。

3) 混合编程

绝对值编程与增量值编程混合起来进行编程的方法叫混合编程。编程时也必须先设定编程原点。

例如,如图 6-2 所示,采用上述三种不同方法编程。

(1) 绝对值编程:

N04 G01 X30.0 Z0 F0.1;

N05 X40.0 Z-25.0;

N06 X60.0 Z-40.0;

(2) 增量值编程:

N04 G01 X30.0 Z0 F0.1;

N05 G01 U10.0 W-25.0;

N06 U20.0 W-15.0;

(3) 混合编程:

N04 G01 X30.0 Z0 F0.1;

N05 G01 U10.0 Z-25.0 F0.1;

N06 X60.0 W-15.0;

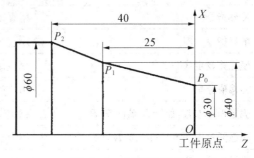

图 6-2　坐标编程说明

由上可知,虽然三个程序中的坐标尺寸不同,但都表示从 P_0 点经 P_1 运动到 P_2 点。

6.1.3　直径编程

数控车床有直径编程和半径编程两种方法。前一种方法是为了编程方便,将径向尺寸均以直径值来表示,即被加工工件的径向尺寸在图样上的标注以及测量都是以直径值表示,我们把这种 X 坐标值表示为回转零件的直径值的编程称为直径编程。用这种方法编程比较方便,X 坐标值与回转零件直径尺寸保持一致,不需要尺寸换算;另一种方法把 X 坐标值表示为回转零件的半径值,称为半径编程,这种表示方法符合直角坐标系的表示方法。

不过,考虑使用上方便,一般采用直径编程的方法。直径编程主要是针对回转体而言。在数控车床编程中,当用绝对值编程时,径向尺寸就以图样上的直径值来表示;当用

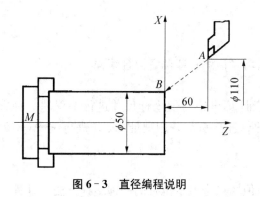

图 6-3 直径编程说明

增量值编程时径向尺寸以径向实际位移量的两倍来表示,如图 6-3 所示。

在图 6-3 中,刀具从 A 点到 B 点,用绝对值编程和增量值编程有所不同。

绝对值编程时,相对于坐标原点的终点 B 的坐标为 $(50,0)$,即 $X=50$,$Z=0$。

增量值编程时,相对于起点 A 的终点 B 的坐标为 $(-60,-60)$,即沿坐标轴负方向的增量为

$$\Delta X = 50 - 110 = -60, \quad \Delta Z = 0 - 60 = -60。$$

用增量坐标表示为 U−60,W−60。

半径编程或直径编程由 1006 号参数的第 3 位(DIA)设定。使用直径编程注意事项时,注意如表 6-1 中所示的条件。

表 6-1 关于指令直径值的注意事项

项　　　目	注　　　释
X 轴指令	用直径值指定
增量指令	用直径值指定。
坐标系设定(G50)	用直径值指定坐标值
刀偏值分量	由 5004 号参数的第 1 位决定是直径值或半径值
固定循环参数,如沿 X 轴切深(R)	指定半径值
圆弧插补中的半径(R, l, K 等)	指定半径值
沿轴进给速度	指定半径的变化/转或半径的变化/分
轴位置显示	按直径值显示

6.1.4　S功能(主轴转速功能S指令等)

S功能用于指定主轴转速,它有恒速度控制和恒转速控制两种指令方式,并可限制主轴最高转速。

1. 主轴恒线速度指令(G96)

指令格式: G96 S−;恒线速度有效,即恒线速度功能 G96 时,S指定切削线速度,它使车削不同回转直径工件时的切削速度保持不变,S 后的数值单位为 m/min。例如: G96 S200 M03;表示主轴正转,使切削点的线速度为 200 m/min。

把切削工件时刀具和工件的相对速度称为切削速度,如图 6-4 所示。切削速度 V_c 和主轴转速 n 有如下关系:

$$n = \frac{1\,000V_c}{\pi D} \,(\text{r/min}) \tag{6-1}$$

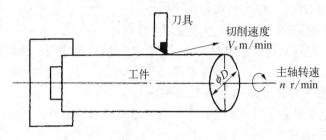

图 6 - 4　切削速度

式中：V_c 为切线速度(m/min)；D 为切削点的直径(mm)。

该指令在车削端面或工件直径变化较大时使用。车削加工时，由数控装置自动控制主轴的转速变化以保持恒定的线速度。当工作直径(切削点的直径 D)变化时主轴每分钟转数也随之变化，这样就可保证切削速度恒定不变，从而提高了切削质量。

2. 主轴恒转速指令(G97)

指令格式：G97 S-：取消主轴线速度恒定 G96 代码。S-：设定主轴转速(r/min)，指令范围：0～9999。

G97 取消恒线速度并恢复为主轴转速。例如 G97 S600 M03 表示取消线速度恒定功能，主轴以 600 r/min 的转速正转。恒转速控制一般在车螺纹或车削工件直径变化不大时使用。

所编程的主轴转速 S 可以借助机床控制面板上的主轴倍率开关来控制。

注意：G96 是模态 G 代码。若指令了 G96，则以后均为恒速控制状态(G96)。当由 G96 转为 G97 时，应对 S 码赋值，未指令时，将保留 G96 指令的最终值。当由 G97 转为 G96 时，若没有 S 指令，则按前一个 G96 所赋 S 值进行恒线速度控制。

3. 主轴最高转速限制(G50)

指令格式：G50 S-；G50 为主轴最高转速设定 G 代码，S-表示主轴最高转速 (r/min)。

注意：在恒线速度 G96 控制状态时，当工件直径越来越小时，主轴转速会越来越高，离心力愈来愈大，会产生危险及影响机床寿命，如果超过机床允许的最高转速时，工件有可能从卡盘中飞出。为防止发生事故，有时必须限制主轴的最高转速。这时可使用 G50 S-指令。

例如：

G96 S200 M03；　　表示主轴恒线速度正转，线速度为 200 m/min；

G50 S2000；　　　　表示主轴最高转速被限制为 2 000 r/min。

6.1.5　程序暂停(G04)及其在车削中的应用

所谓程序延时就是程序暂停，用程序延时指令，经过被指令时间的暂停之后，再执行下一个程序段。

格式：

G04 X-；G04 U-；G04 P-；(FANUC 系统)

其中，X-表示暂停时间，单位为 s(可使用小数点)；

U-表示暂停时间,单位为 s(可使用小数点);

P-表示暂停时间,单位为 ms(不能使用小数点)。

功能:该指令控制系统按指定时间暂时停止执行后续程序段。暂停时间结束则继续执行。

该指令为非模态指令,只在本程序段有效。

注意:在用地址 P 表示暂停时间时单位为 ms,不能用小数点。例如,若要暂停 2 s,则可写成如下几种格式。

　　G04 X2.0;

或　G04 U2.0;

或　G04 P2000。

G04 的主要应用如下:

(1) 车削沟槽或钻孔时,为使槽底或孔底得到准确的尺寸精度及光滑的加工表面,在加工到槽底或孔底时,应该暂停一段时间,使工件回转一周以上。

(2) 使用 G96(主轴以恒线速度回转)车削工件轮廓后,改成 G97(主轴以恒定转速回转)车削螺纹时,指令暂停一段时间,使主轴转速稳定后再执行车削螺纹,以保证螺距加工精度要求。

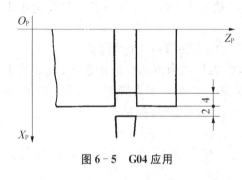

图 6-5　G04 应用

该指令可使刀具作短时间的无进给光整加工,常用于车槽、镗平面等场合,以提高表面光洁度。如图 6-5 所示为车槽加工,采用 G04 指令时主轴不停,刀具进给停留数秒,程序为:

……

G01 U-12.0 F0.15;　　车槽

G04 X2.0;　　　　　　槽底刀具停留 2 s

G00 U12.0;　　　　　 退出

……

6.1.6　数控车床编程坐标系设定及选择

数控车床坐标系统分为机床坐标系和工件坐标系(编程坐标系)。无论哪种坐标系都规定与车床主轴轴线平行的方向为 Z 轴,且规定从卡盘中心至尾座顶尖中心的方向为正方向。在水平面内与车床主轴轴线垂直的方向为 X 轴,且规定刀具远离主轴旋转中心的方向为正方向。

6.1.6.1　机床坐标系

如图 6-6 所示,以机床原点为坐标原点建立起来的 X 轴、Z 轴直角坐标系称为机床坐标系。一般情况下,数控车床的机床原点为主轴旋转中心与卡盘后端面之交点(见图 6-6 中的 O 点)。

机床原点可以根据机床参考点在机床坐标系中的坐标值间接确定。在机床接通电源后,通常都要做回零操作。回零操作又称为返回参考点操作,当返回参考点的工作完成后,显示器即显示出机床参考点在机床坐标系中的坐标值,表明机床坐标系已自动建立。

可以说回零操作是对基准的重新核定,可消除由于种种原因产生的基准偏差。

数控车床的机床原点与机床参考点位置如图 6-7 所示。但有些数控机床的机床原点与机床参考点重合。

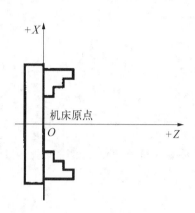

图 6-6　数控车床机床原点

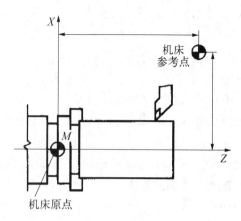

图 6-7　数控车床参考点与机床原点的关系

6.1.6.2　工件坐标系(编程坐标系)

数控编程时,应该首先确定工件坐标系和工件原点。在编制加工程序的过程中,要尽可能将工艺基准与设计基准统一,并将工件原点设定在该基准点。

工件坐标系为编程人员在零件图上建立的坐标系,该坐标系与所使用的机床坐标系一致。在数控车床上工件原点的选择如图 6-8 所示,Z 向应取在工件的回转中心,即主轴轴线上;X 向可选在主轴回转中心与工件右端面的交点 W 上,如图 6-8(b)所示,也可选在主轴回转中心与工件左端面的交点 M 上,如图 6-8(a)所示。

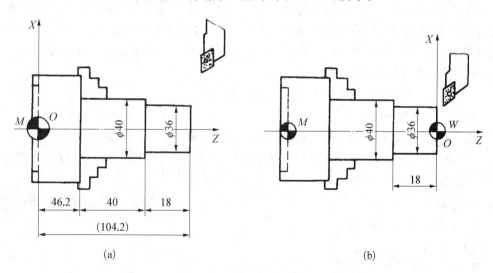

(a)　　　　　　　　　　　　　　　　　(b)

图 6-8　数控车床工件原点

上述两种工件坐标系都可以用来编程,但由于工件坐标系原点的位置不同,编程的方便程度也有所不同。下面以编写车削台阶轴的程序为例加以说明。

使用如图 6-8(a)所示的工件原点,车削 $\phi36$ 端面和车削 $\phi36\times18$ 台阶的程序如下。

车削 $\phi36$ 端面的程序：

……

N40 G00 X42.0 Z104.2；

N50 G01 X－1.0 Z104.2；

……

车削 $\phi36\times18$ 台阶的程序：

……

N40 G00 X36.0 Z106.2；

N50 G01 X36.0 Z86.2；

……

使用如图 6－10(b)所示的工件原点，车削 $\phi36$ 端面和车削 $\phi36\times18$ 台阶的程序如下。

车削 $\phi36$ 端面的程序：

……

N40 G00 X42.0 Z0.0；

N50 G01 X－1.0 Z0.0；

……

车削 $\phi36\times18$ 台阶的程序：

……

N40 G00 X36.0 Z2.0；

N50 G01 X36.0 Z－18.0；

……

通过对上述不同工件原点程序的比较可见，用机床的零点 M 编程时，程序要进行烦琐的计算，而且编程时需明确零件在机床上的安装位置；而将工件编程零点 M 偏置到 $\phi36$ 端面 W 时，编程时工件的安装位置与编程无关，而且便于程序的检查，因为当 Z 为负值时，刀具已经进入工件加工区域。

6.1.6.3 设定数控车床工件原点的指令及其方法

数控车床工件坐标系及其原点位置在上面已经做了介绍。在此以 FANUC－0i TB 系统为例，就建立数控车床工件坐标系及其原点的几种不同方法进行介绍。

工件坐标系是加工工件所使用的坐标系，也是编程时使用的坐标系，所以又称为编程坐标系。数控编程时，应该首先确定工件坐标系和工件原点。

工件坐标系和工件零点可在程序中用指令设定，下面介绍三种设定工件原点的方法。

1. 工件坐标系选择(G54～G59)

指令格式：

G54； 工件坐标系选择 1

G55； 工件坐标系选择 2

G56； 工件坐标系选择 3

G57； 工件坐标系选择 4

G58； 工件坐标系选择 5

G59；　工件坐标系选择 6

该方法是通过设置工件原点相对于机床坐标系的坐标值，来设定工件坐标系的。一般数控车床的机床原点主轴旋转中心（车床主轴轴线）与卡盘后端面之交点，如图 6-9(a) 所示。也有的数控车床，将机床原点直接设在参考点处（即正向极限处），这样机床原点与机床参考点重合，所以这种情况下，回参考点操作就等同于回零操作，如图 6-9(b) 所示。

将工件装在车床卡盘上，机床坐标系为 XOZ，坐标原点处于参考点位置，工件坐标系为 $X_POP_PZ_P$，如图 6-9(b) 所示，显然两者并不重合。假设工件零点 O_P 相对于机床坐标系的坐标值为 $(\phi\alpha, L)$，加工前，需先测出工件原点相对于机床坐标原点的偏置量 $(\phi\alpha, L)$，并通过控制面板预置输入到与程序对应的偏置寄存器中（如 G54）指令，偏置寄存器激活预置值，从而确定工件原点的位置，在机床上建立了工件坐标系。

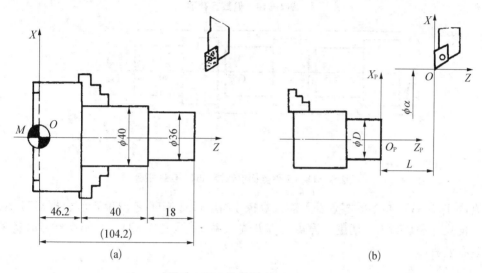

图 6-9　设定工件坐标系方法

数控车床根据需要，最多可设置 G54～G59 共 6 个加工坐标系。这 6 个加工坐标系的位置可通过在程序中编入变更加工坐标系 G10 指令来设定；也可以选择用 MDI 设定 6 个工件坐标系，其坐标原点可设在便于编程的某一固定点上，然后通过程序指令 G54～G59，可以选择工件坐标系 1～6 个中的任意一个。偏置寄存器在控制面板上的显示如图 6-10 所示。

如前所述，所谓零点偏置，是指工件原点相对于机床原点的偏置。使用 G54～G59 指令可以在 6 个预设的工件坐标系中选择一个作为当前工件坐标系。这 6 个工件坐标系的坐标原点在机床坐标系中的坐标值（称为零点偏置值），在程序运行前，从"零点偏置"输入界面输入。

在数控车床使用 G54～G59 指令编程时，该程序段必须放在第一个程序段，否则执行下边的程序时，刀具会按机床坐标原点运动，从而可能会引起碰撞。

如图 6-11 所示，在 ϕ30 mm 棒料上一次装夹车削 3 个工件。若这 3 个工件的坐标原点分别设为 G54、G55、G56 位置，则它们的零点偏置值计算方法如下。

在运行程序前，手动对刀操作确定第一个工件的工件原点 O 在机床坐标系的绝对坐

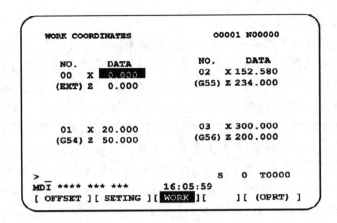

图 6-10 偏置寄存器

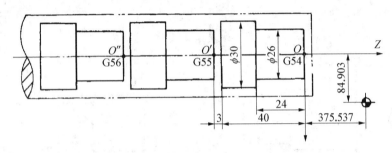

图 6-11 工件坐标系选择 G54~G59 指令

标值,并作为 G54 指令的零点偏置输入数控系统。G55、G56 零点偏置值根据 G54 值、工件 Z 向尺寸和切断刀主切削刃宽度计算并输入系统(见表 6-2)。本例在对刀时将工件右端面车平。

表 6-2 图 6-11 工件加工零点偏置值(mm)

	G54	G55	G56
X	−169.806	−169.806	−169.806
Z	−375.537	−418.537	−461.537

2. 工件坐标系设定 G50

用 G50 设定工件坐标系及坐标原点的过程就是设置刀具刀尖起点的过程。

指令格式:

G50 X- Z-;

其中,X、Z 表示刀尖(假想刀尖)起始点相对工件原点的 X 向和 Z 向坐标,X 应为直径值。

如图 6-12 所示,假设刀尖的起始点(起刀点)距离工件原点的 X 向尺寸和 Z 向尺寸分别为 180 mm(直径值)和 160 mm,工件坐标系的设定指令为:

G50 X180.0 Z160.0;

执行以上程序段后,系统内部即对 X 值、Z 值进行记忆,并且显示在显示器上,这就相当于系统内部建立了一个以工件原点为坐标原点的工件坐标系。执行该程序段,刀架不作任何移动,只是建立工件坐标系。

这里,执行程序段 G50 X180.0 Z160.0 后,系统内部即对 X、Z 值(180.0,160.0)进行记忆,认定刀具刀尖离开工件原点的距离就是该数值,并显示在显示器上。所以这时,要求该 X、Z 坐标值(180.0,160.0)必须为刀具开始移动前其

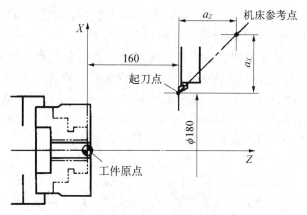

图 6-12　数控车床工件坐标系及起刀点的设定

刀尖(假想刀尖)相对于工件原点即坐标原点的距离,或者说要求刀具(即刀尖的程序起刀点)必须放在距新设定坐标原点的距离为(180.0,160.0)的位置。

同时,为保证在加工过程中工件坐标系(工件原点位置不变)的一致性,要求每把刀具加工结束后,必须返回换刀点。此时的换刀点即起刀点。

如图 6-12 所示工件位置,用 G50 建立工件坐标系的程序段:

O0001;　　　　　　　　程序名称

N10 G50 X180.0 Z160.0;　用 G50 设定工件坐标系,起刀点或换刀点(180.0,160.0)

N20 T0101;　　　　　　用 1 号刀加工,调用已存的 1 号刀具补偿量

N30 S1000 M03;

……　　　　　　　　　编写加工程序

……

N100 G00 X180.0 Z160.0;快速返回换刀点

N110 T0100;　　　　　取消 1 号刀具补偿

N120 T0202;　　　　　换 2 号刀加工,调用已存的 2 号刀具补偿量

……　　　　　　　　　编写加工程序

……

N200 G00 X180.0 Z160.0;快速返回换刀点

N210 T0200;　　　　　取消 2 号刀具补偿

N220 M05;

N230 M30;

显然,当改变刀具的当前位置时,所设定的工件坐标系的工件原点位置也不同。也就是说,假若刀具不在指定位置,如距新设定的坐标原点的距离为(180.0,160.0)的位置,或者靠近工件(小于指定位置)或者远离工件(大于指定位置),那么当执行该 G50 程序段后,工件原点也将不再是原来的工件原点,或是进入工件内部或是远离工件。这时,如果执行返回工件坐标原点操作,即执行 G00 X0 Z0,那么刀具将或是与工件碰撞或是刀具停在工件外面某位置。

因此,在执行 G50 程序段前,必须先进行对刀,通过调整机床,将刀尖放在程序所要

求的起刀点位置上。对具有刀具补偿功能的数控机床,其对刀误差还可以通过刀具偏移来补偿,所以调整机床时的要求并不严格。

实际上利用 G50 进行对刀建立坐标系是通过设置刀具起点相对于工件坐标系的坐标值,来设定工件坐标系的。而刀具起点是加工开始时刀尖所处的位置,即刀具相对工件运动的起始点。刀具起始点必须与工件的定位基准有一定坐标尺寸关系。如图 6-13 所示,在 FANUC 系统某车床上,将刀具刀尖(即刀具起点)放在工件外一点 A 处,分别设 O_1,O_2,O_3 为工件零点,那么其关系如下:

设 O_1 为工件原点时,坐标设定为:G50 X70. Z70. ;

设 O_2 为工件原点时,坐标设定为:G50 X70. Z60. ;

设 O_3 为工件原点时,坐标设定为:G50 X70. Z20. 。

注意:不论是将工件原点设定在哪一点,在用此方法设定工件坐标系之前,都应使刀具位于刀具起点,如图 6-13 所示的 A 点。当然,根据前面的讨论,从方便编程的角度考虑,设置在工件右端面与主轴轴线的交点 O_3 点上为工件原点最为合适。

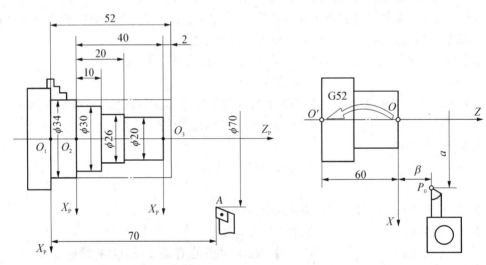

图 6-13 工件零点设定示例

A—刀具起点;O_1,O_2,O_3—工件原点

图 6-14 局部坐标系设定 G52 指令

3. 局部坐标系的设定 G52

为了方便编程,有时需要用 G52 指令将上述指令建立的工件坐标系平移,以建立新的所谓局部坐标系。在数控车床上,其原点一般取在 Z 轴上。

程序段格式:

G52 X-Z-;

其中,X、Z 值为局部坐标系原点在工件坐标系中的绝对坐标值。

如图 6-16 所示,工件原点在 O 点,执行 G52 X0 Z-60.0 后,工件坐标系原点从 O 点平移到 O' 点;如要恢复到 O 点,再执行程序段 G52 X0 Z0 即可。

6.1.6.4 程序起点(始点)、对刀点和换刀点

1. 程序起点及其设定方法

程序起点是指刀具(或工作台)按加工程序执行时的起点。程序起点的设定主要用前

述的 G50 指令。如图 6-15(a)所示,将工件原点设置在卡盘端面,并使用 G50 X85.0 Z210.0 设定刀尖起刀点时,刀尖当前位置的坐标值则为工件坐标系中的点(85.0,210.0),该点即程序起点;同理,如图 6-15(b)所示,工件原点设置在零件右端面,并用 G50 X85.0 Z90.0 设定刀尖起刀点时,程序起点坐标则为(85.0,90.0)。这里,(85.0,210.0)和(85.0,90.0)为程序起点相对于工件原点的 X 向和 Z 向的距离。

用 G50 之外的其他两种方式设定工件坐标系时,程序起点的位置要求不严,只要适当离开工件,便于切削工件即可。

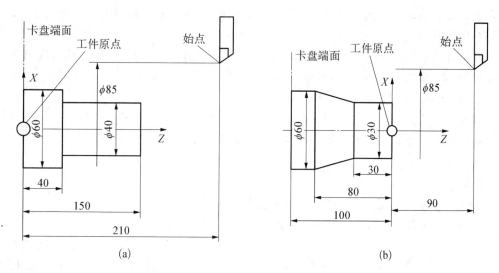

图 6-15　程序起点的设置方法

2. 对刀点

对刀点是零件程序加工的起始点,但不是程序起点,是加工的起点。对刀的目的是确定程序原点在机床坐标系中的位置,对刀点可与程序原点(工件原点)重合,也可选在任何便于对刀之处,但该点与程序原点之间必须有确定的坐标关系,最简单的坐标关系就是对刀点与工件原点重合。

3. 换刀点

换刀点是为加工中心、数控车床等多刀加工的机床编程而设置的。刀具的伸出长度各有不同,所以设置换刀点应考虑到防止换刀时碰伤零件或夹具,避免换刀时刀具与工件及夹具发生干涉,同时又能保证换刀时的辅助时间最短。在多把刀加工时,数控车床常用程序起点作为换刀点。

6.1.6.5　返回参考点 G27/G28/G29/G30

参考点是数控机床上的固定点。利用参考点返回指令可以将刀架自动返回到参考点。系统可以设置最多三个参考点,各参考点的位置可以利用参数事先设置。接通电源后必须先进行第一参考点的返回,以便建立起机床坐标系,然后才能进行其他操作。

返回参考点有两种方法,手动参考点返回和自动参考点返回。后者一般用于接通电源已进行手动参考点返回后,在程序中需要执行换刀等操作时使用。

自动返回参考点有以下三种指令:

1. 参考点返回检验(G27)指令

G27 用于检查刀架是否按程序正确地返回第一参考点。其编程的指令格式如下：

G27 X - Z -；

或　G27 U - W -；

其中,X、Z 表示参考点的绝对坐标值；

U、W 表示到参考点所移动的相对坐标值。

在机床通电后已进行过一次返回参考点(手动返回或用 G28 自动返回)后,可以使用检验机床能否准确地返回参考点。如果能准确地返回,则面板上的参考点返回指示灯亮,否则将出现报警。

如果在刀具偏移方式下执行 G27,刀架到达的位置加上了刀具偏移值,将导致刀架不能正确回到参考点位置,机床将报警。因此在执行 G27 指令前,应当取消刀具偏移。

2. 自动返回参考点指令(G28/G30)

G28 用于刀架从当前位置以快速定位(G00)移动方式,经过中间点回到第一参考点。指定中间点的目的是使刀具沿着一条安全路径回到参考点。其指令格式为：

G28 X - Z -；

或　G28 U - W -；

其中,X,Z 表示刀具经过中间点的绝对值坐标；

U,W 表示刀具经过的中间点相对起点(当前位置)的增量坐标。

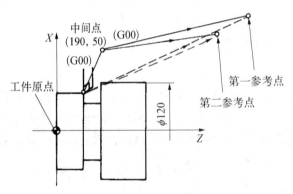

图 6-16　中间点设置和自动返回参考点

如图 6-16 所示,若刀具从当前位置经过中间点(190.0,50.0)返回参考点,则可用指令"G28 X190.Z50."。

注意 1：若刀具从当前位置直接返回参考点,这时相当于中间点与刀具当前位置重合,则可用增量方式指令为"G28 U0 W0"。返回参考点既可以是 X 向,Z 向的合成,也可以分别沿 X 向,Z 向。

注意 2：① 这种功能用于接通电源已进行手动参考点返回之后；② 常用于在程序中需要使用自动返回参考点功能进行换刀的场合；③ 中间点不能超过参考点。

另外,过中间点返回第二、第三和第四参考点时,可以使用 G30 指令,其编程格式为：

G30 Pn(2、3、4)X - Z -；

或　G30 Pn(2、3、4)U - W -；

其中,X - Z -或 U - W -的含义与 G28 中的相同,回第二参考点时,P2 可以省略。

如图 6-16 所示,G30 X190.0 Z50.0;即为过中间点(190.0,50.0)返回第二参考点。如果如图 6-16 所示的虚线路径,即 G30 U0 W0;不经过中间点,刀具将与工件碰撞,引起事故。

3. 从参考点返回(G29)指令

G29 指令使刀具以快速移动速度,从机床参考点经过 G28 指令设定的中间点,快速移动到 G29 指令设定的返回点。如图 6-17 所示,指令格式为:

G29 X- Z-;

或 G29 U- W-;

其中,X,Z 表示返回点在工件坐标系中的绝对坐标值;

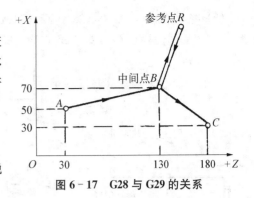

图 6-17 G28 与 G29 的关系

U,W 表示返回点相对于参考点的增量坐标值。

当然,从参考点返回时,也可以使用 G00、G01。此时,不经过 G28 设置的中间点,而直接运动到返回点。

6.2 坐标运动指令

6.2.1 快速点定位(G00)指令

G00 指令是在工件坐标系中以快速移动速度移动刀具到达由绝对或增量定位(G00)指令指定的位置。在绝对指令中,用终点坐标值编程,在增量指令中用刀具移动的距离编程。

编程格式:

G00 X(U)- Z(W)-;

其中,X、Z 表示目标点绝对值坐标,即采用绝对坐标编程时;

U、W 表示目标点相对前一点的增量坐标,即采用增量坐标编程。

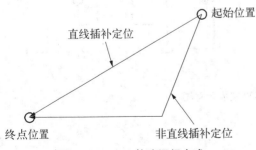

图 6-18 G00 轨迹运行方式

快速点定位的移动轨迹可以用 1401 号参数的第 1 位,设置非线性插补定位或线性插补定位,两种刀具轨迹中选择一种。两种轨迹如图 6-18 所示,非线性插补定位刀具以每轴的快速移动速度定位,刀具轨迹通常不是直线。线性插补定位刀具轨迹与直线插补(G01)相同,刀具以不大于每轴的快速移动速度在最短的时间内定位。

例如,当轨迹运行为非线性插补定位时,刀具快速移动到指定位置用 G00 编程如下,轨迹如图 6-19 所示:

(a)绝对值编程:G00 X50.0 Z6.0;

增量值编程:G00 U-70.0 W-84.0;

（b）绝对值编程：G00 X38.0 Z2.0；（A→B→C）

增量值编程：G00 U-22.0 W-23.0；

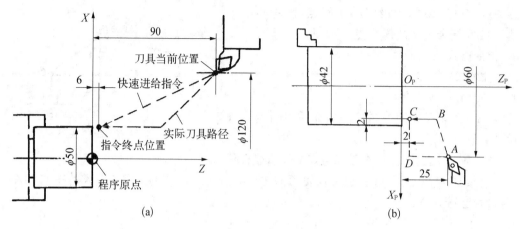

图 6-19　G00 指令的应用

G00 快速点定位的几点说明：

（1）G00 一般用于加工前快速定位或加工后快速退刀。

（2）使用 G00 指令时应考虑刀具是否与工件、夹具干涉。忽略这一点，就容易发生碰撞，如图 6-20 所示，在快速状态下的碰撞就更加危险。

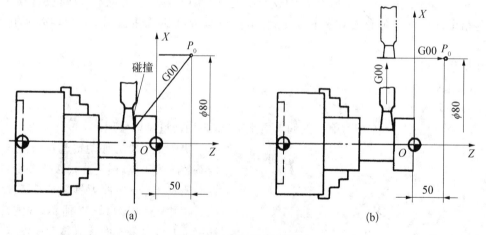

图 6-20　G00 碰撞示意图

6.2.2　直线插补(G01)指令

直线插补 G01 指令使刀具以 F 指定的进给速度沿直线移动到指定的位置。

编程格式：

G01 X(U)-Z(W)-F-；

其中，X、Z 表示目标点绝对值坐标，即采用绝对坐标编程；

U、W 表示目标点相对前一点的增量坐标，即采用增量坐标编程；

F 表示进给量，若在前面已经指定，可以省略。F 是合成进给速度，在程序执行时还可以通过倍率开关按比例进行修调。F 是模态代码,在新的 F 指令替代前一直有效。如果没有指令 F 代码,进给速度被当作 0。

G01 是模态代码,可由 G00、G02、G03 或 G32 指令注销。

例如,如图 6-21(a)所示零件,用 G01 指令加工时,编程如下。

绝对值编程：G01 X40.0 Z20.1 F0.1；(S→E)

增量值编程：G01 U20.0 W-25.9 F0.1；

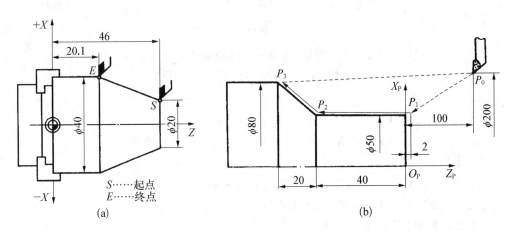

图 6-21　G01 指令的应用举例

如图 6-21(b)所示零件,用 G01 指令加工时,编程如下。

绝对值编程：

无省略格式形式	一般(省略)形式	注释说明
N10 G50 X200.0 Z100.0；	G50 X200.0 Z100.0；	设 O_P 为工件原点
N20 S800 M04；	S800 M04；	主轴反转,转速 800 r/min
N30 G00 X50.0 Z2.0；	G00 X50.0 Z2.0；	P_0→P_1 点用 G00 快速定位
N40 G01 X50.0 Z-40.0 F0.1；	G01 Z-40.0 F0.1；	刀尖从 P_1→P_2 点,F0.1 mm/r
N50 G01 X80.0 Z-60.0 F0.1；	X80.0 Z-60.0；	刀尖从 P_2→P_3 点,F0.1 mm/r
N60 G00 X200.0 Z100.0；	G00 X200.0 Z100.0；	从 P_3 快回到起刀点 P_0 点

增量值编程：

N10 G50 X200.0 Z100.0；	G50 X200.0 Z100.0；	
N20 S800 M04；	S800 M04；	
N30 G00 U-150 W-98.0 F0.1；	G00 U-150 W-98.0；	
N40 G01 U0.0 W-42.0 F0.1；	G01 Z-42.0 F0.1；	
N50 G01 U30.0 W-20.0 F0.1；	U30.0 W-20.0；	
N60 G00 X200.0 Z100.0；	G00 X200.0 Z100.0；	

通常,G01 在车削中一般用于如图 6-22 所示的几种加工情况(内孔略),在车削端面、沟槽等与 X 轴平行的加工时,只需单独指定 X(或 U)坐标；在车外圆、内孔等与 Z 轴平行的加工时,只需单独指定 Z(或 W)值。

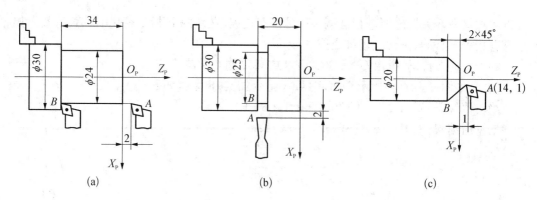

图 6-22 G01 指令的应用

(a) 车外圆 　(b) 车槽 　(c) 车圆锥面或倒角

（a）车外圆：

绝对值方式：G01 X24.0 Z-34.0 F0.1;(A→B)

增量值方式：G01 U0.0 W-36.0 F0.1;

（b）车槽：

绝对值方式：G01 X25.0 Z-20.0 F0.1;(A→B)

增量值方式：G01 U0.0 W-9.0 F0.1;

（c）车圆锥面（倒角）：

绝对值方式：G01 X20.0 Z-2.0 F0.1;(A→B)

增量值方式：G01 U6.0 W-3.0 F0.1;

6.2.3　圆弧插补指令 G02、G03

圆弧插补指令是切削圆弧时使用的指令，即 G02/G03 指令表示刀具在给定平面内以 F 进给速度从圆弧起点向圆弧终点进行圆弧插补，属于模态指令。圆弧插补分顺时针圆弧插补 G02 和逆时针圆弧插补 G03。圆弧顺逆的判断方式为：沿圆弧所在平面的垂直坐标轴反方向看去，顺时针方向为 G02，逆时针方向为 G03，如图 6-23 所示。

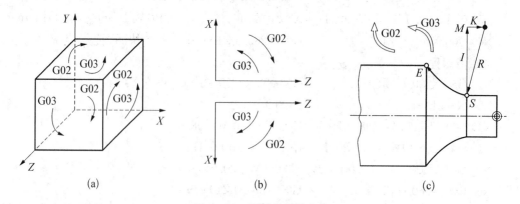

图 6-23　圆弧的顺逆方向

编程格式：

G02(G03) X(U) Z(W) I K(R) F;

其中，X，Z表示圆弧终点绝对值坐标，即采用绝对坐标编程；

U，W表示圆弧终点相对圆弧起点增量坐标，即用增量坐标编程；

I，K表示圆心相对圆弧起点增量坐标（I、K编程），即 I、K 为圆心在 X、Z 轴方向上相对圆弧起点的坐标增量（用半径值表示），如图 6 - 24(a)、(b)所示，I、K 为零时可以省略；

R表示圆弧半径，当圆弧所对圆心角为 $0°\sim180°$ 时，R 取正值；圆心角为 $180°\sim360°$ 时，R 取负值，如图 6 - 24(c)所示，但该方式不能用于整圆加工；

F表示圆弧插补的进给量。

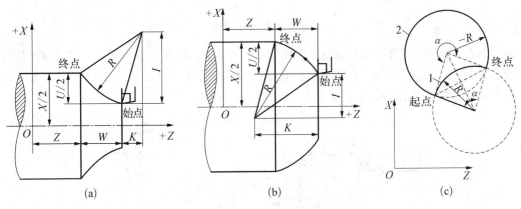

图 6 - 24　圆心编程或半径编程

如图 6 - 25 所示为从 A 点到 B 点的圆弧插补，编程（用 G02 编程）如下。

绝对值编程：

(1) I、K 编程：G02 X46.0 Z - 15.078 I22.204 K6.0 F0.1；

(2) R 编程：G02 X46.0 Z - 15.078 R23.0 F0.1；

增量值编程：

(1) I、K 编程：G02 U26.0 W - 15.078 I22.204 K6.0 F0.1；

(2) R 编程：G02 U26.0 W - 15.078 R23.0 F0.1；

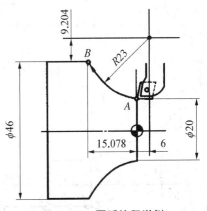

图 6 - 25　圆弧编程举例

6.3　刀尖圆弧半径自动补偿

数控机床是按假想刀尖运动位置进行编程，如图 6 - 26(a)所示的 A 点和图 6 - 26(b)所示的 O 点，实际刀尖部位是一个小圆弧，切削点是刀尖圆弧与工件的切点，如图 6 - 26所示。

在车削圆柱面和端面时，切削刀刃轨迹与工件轮廓一致，但按假想刀尖点编出的程序

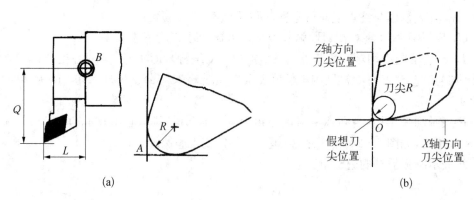

(a)

(b)

图 6-26　假想刀尖

在车削右端面、锥度及圆弧时会发生少切或过切的现象,如图 6-27 所示。切削刃刀具轨迹会引起工件表面的位置与形状误差[图 6-28(a)中 δ 值为加工圆锥面时产生的加工误差值],直接影响工件的加工精度。

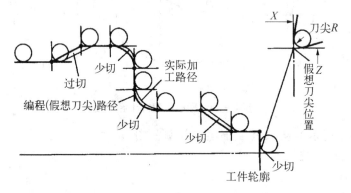

图 6-27　按假想刀尖点编程造成的过切与少切

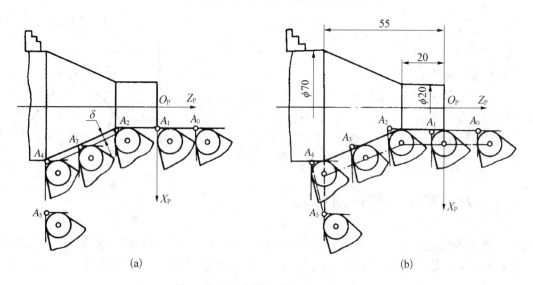

(a)

(b)

图 6-28　刀尖圆弧半径补偿的含义

(a) 无刀具半径补偿　(b) 刀具半径右补偿 G42

　　为了在不改变程序的情况下使刀具切削路径与工件轮廓相吻合,就必须使用刀尖圆弧半径补偿指令。所谓刀具半径自动补偿功能,就是在编程时不必计算上述刀具中心的运动轨迹,而只需直接按零件轮廓编程,并在加工前输入刀具半径值,通过在程序中使用刀具半径补偿指令,数控装置可以自动计算出刀具中心偏置轨迹,并使刀具中心按此轨迹运动。

　　如果采用刀尖圆弧半径补偿方法,把刀尖圆弧半径和刀尖圆弧位置等参数输入刀具数据库内,如图 6-30 所示,这样可以按工件轮廓编程,数控系统自动计算刀心轨迹,控制刀心轨迹进行切削加工,如图 6-28(b)所示,通过刀尖圆弧半径补偿的方法消除由刀尖圆弧而引起的加工误差。

　　精加工或刀具磨损后,可以采用刀具半径补偿,从而避免误差,简化程序。刀具半径补偿指令如下:

　　G41:刀具半径左补偿,指顺着刀具路径向切削前进方向看,刀具在工件的左方;

　　G42:刀具半径右补偿,指顺着刀具路径向切削前进方向看,刀具在工件的右方;

　　G40:取消刀具半径补偿,即按程序路径进给。

　　上述原则适合于沿刀具运动平面的第三轴反方向判断,如图 6-29 所示的后置刀架机床,沿与 XZ 平面垂直的 Y 轴反方向观察,图 6-29(a)为刀具左补偿 G41,图 6-29(b)为刀具右补偿 G42。

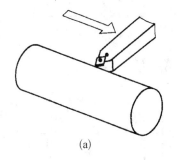
(a)

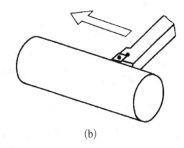
(b)

图 6-29　刀具半径左、右补偿

(a) 刀具左补偿 G41　(b) 刀具右补偿 G42

　　注意事项如下:

　　(1) G41 或 G42 指令必须和 G00 或 G01 指令一起使用,而不允许与 G02、G03 等其他指令结合使用,否则会报警。当切削完成轮廓后,用指令 G40 取消补偿,且在取消时也必须和 G00 或 G01 指令一起使用。

　　(2) 在用 G41 或 G42 建立刀补和用 G40 取消刀补时,即在编入 G40、G41、G42 的 G00 与 G01 前后的两个程序段中,X、Z 值至少有一个值变化,否则会产生报警。

　　(3) 在调用新的刀具前,必须取消刀具补偿,否则会产生报警。

　　(4) 工件有锥度、圆弧时,必须在精车锥度或圆弧前一程序段建立刀尖圆弧半径补偿,一般在切入工件时或之前的程序段开始使用刀尖圆弧半径补偿。

　　(5) 必须在刀具补偿参数设定页面的刀尖半径处填入该把刀具的刀尖半径值[见图 6-30(a)中的 RADIUS 项],则 CNC 装置会自动计算应该移动的补偿量,作为刀尖半径补偿的依据。

（6）必须在刀具补偿参数设定页面的假想刀尖方向处［见图 6-30(a)中的 TIP 项］填入该把刀具的假想刀尖号码，以作为刀尖半径补正之依据。

（7）假想刀尖方向是指假想刀尖点与刀尖圆弧中心点的相对位置关系，用 0～9 共 10 个号码来表示，如图 6-30(b)所示，0 与 9 的假想刀尖点与刀尖圆弧中心点重叠。常用车刀的假想刀尖号如图 6-31 所示。

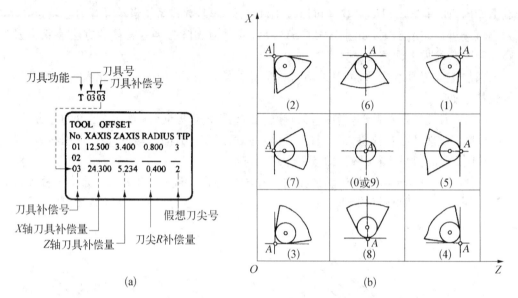

(a)   (b)

图 6-30 刀具补偿参数的输入

(a) 刀具补偿参数输入   (b) 假想刀尖点方位号

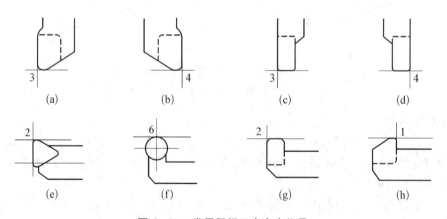

图 6-31 常用假想刀尖点方位号

(a) 外圆、端面车刀(右偏刀)   (b) 外圆、端面车刀(左偏刀)   (c) 切槽刀(右偏刀)   (d) 切槽刀(左偏刀)   (e) 内孔车刀(一)   (f) 内孔车刀(二)   (g) 内孔、切槽车刀   (h) 内孔车刀(左偏刀)

应用举例：用刀具刀尖半径补偿车削如图 6-32 所示工件，编程如下。

O0003；

N10 G54；   建立工件坐标系

N20 G40 G97 S800 M04；   取消旧刀补，设定主轴正转，转速 800 r/min

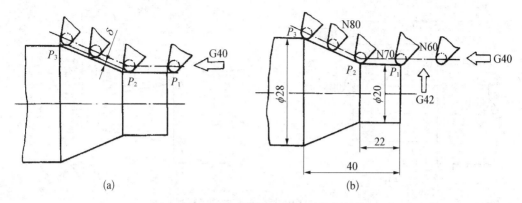

图 6 - 32　刀具刀尖圆弧半径补偿应用实例

(a) 无刀具补偿　(b) 刀具右补偿 G42

N30 G00 X100.0 Z80.0 T0101；	快速移动到换刀点,启用 1 号刀具,1 号位刀补
N40 X20.0 Z5.0 M08；	快速移动到切入点(20,5),冷却液打开
N50 G96 S200；	设定恒线速加工,速度 200 m/min
N55 G50 S2000；	设定最高转速 2 000 r/min
N60 G42 G01 Z2.0 F0.2；	建立刀具半径右补偿,Z 反向移动 3 mm
N70 Z - 22.0；	切削 $\phi 20$ 圆柱面
N80 X28.0 Z - 40.0；	切削圆锥面 $P_2 \rightarrow P_3$
N90 G40 G97 G01 X80.0 Z - 40.0；	取消刀补,刀具离开工件,取消恒线速加工
N100 T0100 M09；	取消刀具补偿号,冷却液关闭
N110 M05；	主轴停转
N120 M30；	程序结束,并返回程序开头

6.4　固定循环

　　固定循环是预先给定一系列操作,用来控制机床各坐标轴位移和主轴运转以完成一定的加工。采用固定循环,可以有效缩短程序长度,减少程序所占内存,并简化编程。

6.4.1　单一固定循环

　　对几何形状简单、单一的切削路线,如:外径、内径、端面的切削,若加工余量较大,刀具常常要反复地执行相同的动作,才能达到工件要求的尺寸。要完成上述加工,在一个程序中就要写入很多的程序段,为了简化程序,减少程序所占内存,数控机床设有各种固定循环指令,只需用一个指令,一个程序段,便可完成一次乃至多次重复的切削动作。

　　1. 轴向单一车削循环指令 G90

　　如图 6 - 33 所示,刀具从循环起点 A 开始按矩形循环,其加工顺序按 1→2→3→4 进行,最后又回到循环起点。图中虚线表示按 R 快速移动,点划线表示按 F 指定的工件进给速度移动。如图 6 - 33(a)、(b)所示分别为圆柱和圆锥切削循环示意。

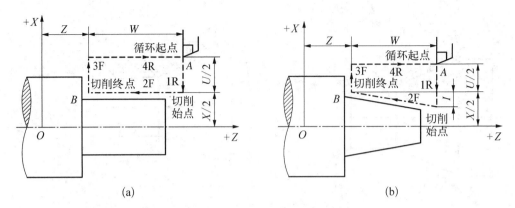

图 6-33 G90 轴向单一车削循环过程

编程格式：

G90 X(U)- Z(W)- I(R)- F-；

其中：X、Z 表示切削终点 B 坐标；

U、W 表示切削终点 B 相对于循环起点坐标值的增量；

$I(R)$ 表示锥面大小端半径差，其符号与刀具轨迹间的关系如图 6-34 所示；

F 表示切削进给速度。

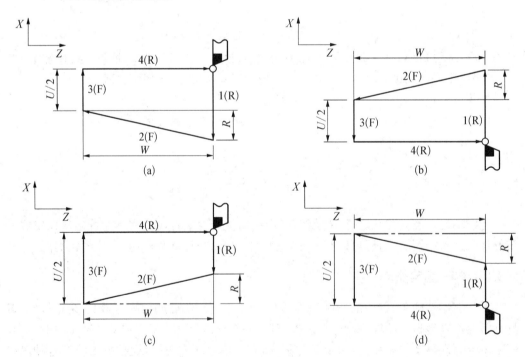

图 6-34 G90 轴向锥面切削循环 U、W 及 R 值符号

(a) $U<0$, $W<0$, $R<0$ (b) $U>0$, $W<0$, $R>0$

(c) $U<0$, $W<0$, $R>0$($|R|\leqslant|U/2|$)   (d) $U>0$, $W<0$, $R<0$($|R|\leqslant|U/2|$)

注意事项如下：

(1) 使用循环切削指令，刀具必须先定位至循环起点 A，再执行循环切削指令，且完成一循环切削后,刀具仍回到此循环起点。

(2) G90 是模态指令。一旦规定,以下程序段一直有效,在完成固定切削循环后,用同组的另一个 G 代码来取消。格式中的 I(R)＝0 时为圆柱切削,可以省略。

如图 6 - 35(a)所示,毛坯为 $\phi40$ 的棒料,如果分 3 次切削至 $\phi25$ 的圆柱面。设循环起点为 P_0 点(50,52)。则用循环方式编制的粗车圆柱面的切削加工程序如下:

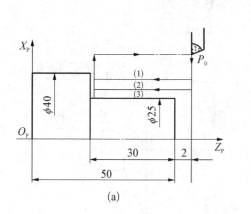 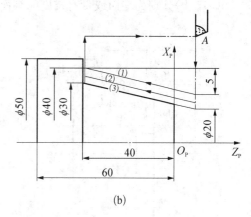

(a)　　　　　　　　　　　　　　　　　　(b)

图 6 - 35　G90 轴向单一车削循环指令应用

程序	说明
N10 G50 X100. Z200. ;	设定加工坐标系
N20 S600 M04;	主轴反转(后置刀架)
N30 G00 X50. Z52. ;	快速到达循环起点 P_0
N40 G90 X35. Z20. F0.3;	第一次循环
N50 X30. ;	第二次循环
N60 X25. ;	第三次循环
N70 G00 X100. Z200. ;	取消 G90,快速返回起刀点
N80 M05;	主轴停转
N90 M30;	程序结束

如图 6 - 35(b)所示,毛坯为圆锥面径向余量为 15 mm 的锻件,假设加工循环起始点 $A(60,2)$, $I＝-5$,分三次循环,第一次切削终点坐标为(40,-40);第二次为(35,-40);第三次为(30,-40)。则用循环方式编制的粗车圆锥面的切削加工程序如下。

程序	说明
N10 G50 X100. Z100. ;	设定工件坐标系
N20 G96 S120 M04;	主轴反转
N25 G50 S2000;	设置最高转速 2 000 r/min
N30 G00 X60. Z2. ;	快速到达循环起点 A
N40 G90 X40. Z-40. I-5. F0.3;	圆锥面循环第一次
N50 X35. ;	圆锥面循环第二次
N60 X30. ;	圆锥面循环第三次
N70 G00 X100. Z100. ;	取消 G90,快速返回起刀点

N80 M05;   主轴停
N90 M30;   程序结束

2. 径向单一车削循环指令 G94

如图 6-36 所示，刀具从循环起点开始按矩形循环，其加工顺序按 1→2→3→4 进行，最后又回到循环起点。图中 R 表示快速移动，F 表示按指定的工件进给速度移动。图 6-36(a)、(b)分别为端面或带有锥度的端面切削循环示意图。

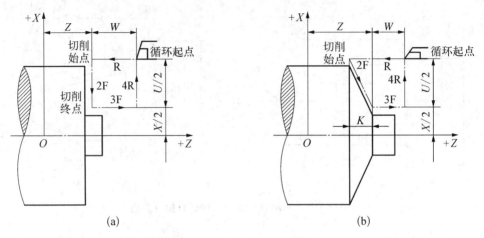

图 6-36　G94 径向切削循环过程

编程格式：

G94 X(U)-Z(W)-R-F-;

其中：X、Z 表示切削终点坐标；

　　U、W 表示切削终点相对于循环起点坐标值的增量；

　　R 表示刀具路径起点和终点的 Z 坐标之差，正负号的确定如图 6-37 所示；

　　F 表示切削进给速度。

注意事项如下：

(1) 刀具从起始点开始，经所规定的路线，以 F 代码所规定的进给速度切削工件，然后快速返回到起始点。

(2) G94 是模态指令，一旦规定，以下程序段一直有效，在完成固定切削循环后，用同组的另一个 G 代码来取消。格式中的 K 值在圆柱切削时是不用的，在圆锥切削时才要用。

(3) 一般在固定循环切削过程中，M、S、T 等功能都不变更，但如有必要变更时，必须在 G00 或 G01 的指令下变更，然后再指令固定循环。

6.4.2　复合固定循环指令

复合固定循环与单一固定循环指令一样，调用一次可以完成多个操作，用于需要多次重复加工才能加工到规定尺寸形状的结构零件。但是单一固定循环指令只能完成一个面的去材料重复加工，而零件一般由连续的多个表面构成，利用复合固定循环功能，只要给出最终零件精加工路线、精加工余量、循环次数等参数，系统会自动计算出粗加工路线和加工次数。因此，复合固定循环能够实现更为复杂的零件加工，编程效率也更高。

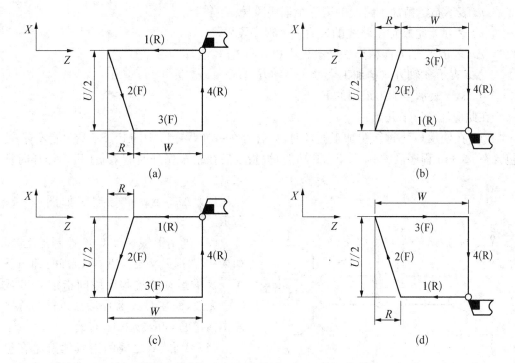

图 6 - 37　G94 径向切削循环 U、W 及 R 值符号

(a) $U < 0, W < 0, R < 0$　　(b) $U > 0, W < 0, R > 0$

(c) $U < 0, W < 0, R > 0(|R| \leqslant |W|)$　　(d) $U > 0, W < 0, R < 0(|R| \leqslant |W|)$

6.4.2.1　轴向粗车复合循环 G71

G71 用于圆柱毛坯料的外径或圆筒毛坯料的内孔粗车。FANUC - 0i 系统车加工中有两种粗车加工循环：类型Ⅰ和类型Ⅱ。如图 6 - 38 所示表达了类型Ⅰ循环的加工路径，其中 A 点为编程中循环的起点，一般为毛坯外径与端面交点(再留 1～2 mm 比较安全)；C 点为通过程序中参数设定后自动计算出的循环起点；B 点为轮廓加工终点。

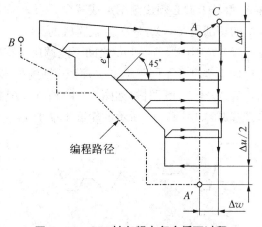

图 6 - 38　G71 轴向粗车复合循环过程

编程格式：

G71 U(Δd) R(e)；

G71 P(ns) Q(nf) U(Δu) W(Δw) F(f) S(s) T(t)；

N(ns)……　；

……；N(ns)到 N(nf)间程序段定义 $A \to A' \to B$ 的运行轨迹

N(nf)……　；

其中，Δd 表示切削深度(半径值，不指定正负号)；

　　e 表示退刀量(半径值，不指定正负号)；

ns 表示指定精加工路线的第一个程序段号；

nf 表示指定精加工路线的最后一个程序段号；

Δu 表示 X 轴方向精加工余量大小和方向（直径值）；

Δw 表示 Z 轴方向精加工余量大小和方向；

f、s、t 表示粗加工采用的 F、S、T 值。

在此应注意以下几点：

（1）在使用 G71 进行粗加工循环时，只有含在 G71 程序段中的 F、S、T 功能才有效。包含在 ns→nf 程序段中的 F、S、T 功能，被指定后在精车循环时有效，在粗车循环时被忽略。

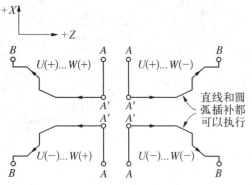

图 6 - 39　G71 轴向粗车复合循环过程
Δu、Δw 符号规定

（2）Δu、Δw 符号规定如图 6 - 39 所示。

（3）当用恒线速度 G96 控制加工时，如果在程序段 N(ns) 到 N(nf) 间，即 $A \rightarrow A' \rightarrow B$ 的运动轨迹程序段间指定 G96 或 G97 无效，而在 G71 程序段或以前的程序段中指定的 G96 或 G97 有效。

（4）A 和 A' 之间的刀具轨迹是在包含 G00 或 G01 顺序号为"ns"的程序段中指定，并且，在这个程序段中，不能指定 Z 轴的运动指令。A' 和 B 之间的刀具轨迹在 X 和 Z 方向必须逐渐增加或减少。当 A 和 A' 之间的刀具轨迹用 G00/G01 编程时，沿 AA' 的切削是在 G00/G01 方式完成的。

（5）在程序段 ns 到 nf 之间不能调用子程序。

G71 类型Ⅱ不同于类型Ⅰ，沿 X 轴的外形轮廓不必单调递增或单调递减，并且最多可以有 10 个凹面（凹槽）如图 6 - 40 所示。但是，要注意，沿 Z 轴的外形轮廓必须单调递增或递减，如图 6 - 41 所示的轮廓不能加工。

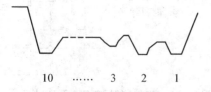

图6 - 40　G71 粗车的凹槽数（类型Ⅱ）

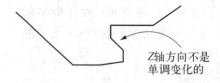

图6 - 41　G71 不能粗车加工的图形（类型Ⅱ）

第一刀不必垂直，如果沿 Z 轴为单调变化的形状，就可进行加工。车削后的退刀量 e 在 R 中指定，也可以设定在 5133 号参数中。如图 6 - 42 所示，给示出了 G71 类型Ⅱ粗车轨迹实例。

G71 类型Ⅰ和类型Ⅱ的区别在于：类型Ⅰ中 N(ns) 的程序段只规定一个轴，类型Ⅱ中 N(ns) 的程序段规定两个轴。类型Ⅱ中，如果 $W = 0$ 也必须指定，否则，刀尖会切入工件侧面。

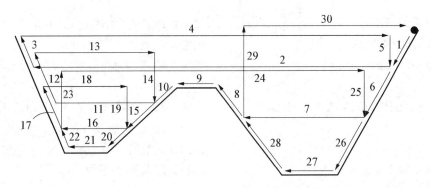

图 6-42　G71 表面加工时的粗切轨迹(类型 II)

类型 I 　　　　　　　　　　　类型 II

G71U10.0R5.0；　　　　　　　G71U10.0R5.0；

G71P100Q200……；　　　　　G71P100Q200……；

N100X(U)__；　　　　　　　　N100X(U)__Z(W)__；

　　　:　　　　　　　　　　　　　:

N200……；　　　　　　　　　　N200……；

编程示例：如图 6-43 所示零件，按图中的尺寸编写粗车循环加工程序。

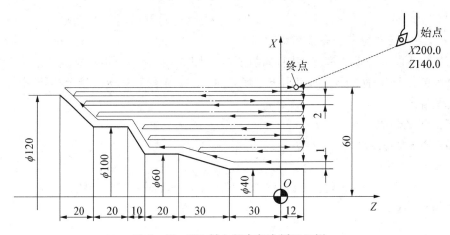

图 6-43　G71 轴向粗车复合循环示例

程序如下：

%

O1001；　　　　　　　　　　　程序名称

N10 G50 X200.0 Z140.0；　　　使用 G50 指令建立工件坐标系

N15 G00 X200. Z140. T0101；　快速移动到换刀点,选择 1 号刀具 1 号补
　　　　　　　　　　　　　　　偿号

N20 G40 G97 S240 M04；　　　取消刀补,设定恒转速,转速 240 r/min,主
　　　　　　　　　　　　　　　轴反转

N30 G00 G42 X120.0 Z10.0 M08；　快速定位至循环起点,建立右刀具半径补
　　　　　　　　　　　　　　　偿,打开一号切削液

N40 G96 S120;	设定恒线速功能,单位 m/min
N45 G50 S2000;	设定最高转速 2 000 r/min
N50 G71 U2.0 R0.1;	设定 G71 多次循环,背吃刀量 2 mm,退刀 量 0.1 mm
N60 G71 P70 Q140 U2.0 W2.0 F0.3;	设定 G71 多次循环,循环 70～130 程序段, X 向精加工余量 2 mm,Z 向精加工余量 2.0 mm,粗加工进给量 0.3 mm/r
N70 G00 X40.0;	(ns)循环起始程序段
N80 G01 Z-30.0 F0.15 S150;	
N90 X60.0 Z-60.0;	
N100 Z-80.0;	
N110 X100.0 Z-90.0;	
N120 Z-110.0;	
N130 X120.0 Z-130.0;	
N140 X125.0 G40;	(nf)循环结束程序段,取消刀补,
N150 G00 X200.0 Z140.0 T0100 M09;	刀具快速返回起刀点,取消刀补号,切削液关闭
N160 M05;	主轴停转
N160 M30;	程序结束,并返回程序开头

6.4.2.2　径向粗车复合循环 G72

G72 指令含义与 G71 基本相同,如图 6-44、图 6-45 所示,不同之处在于 G72 的切削方向为平行于 X 轴方向。一般用于直径方向的切除余量比轴向余量大的情况。

编程格式:

G72 W(△d) R(e);

G72 P(ns) Q(nf) U(△u) W(△w) F(f) S(s) T(t);

N(ns)……;

……;　　　　　　　N(ns)到 N(nf)间程序段定义 $A \rightarrow A' \rightarrow B$ 的运行轨迹

N(nf)……;

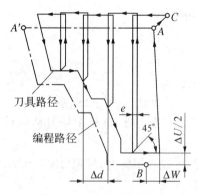

图 6-44　G72 径向粗车复合循环过程

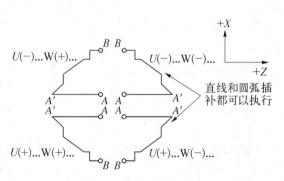

图 6-45　G72 径向粗车复合循环 △u、△w 符号规定

6.4.2.3　仿形粗车复合循环 G73

所谓仿形切削循环就是按照工件毛坯轮廓形状进行循环切削,如图 6-46 所示。这种方式对于铸造、锻造毛坯或已经粗车成型的工件是一种效率很高的方法。

编程格式:

G73 U(Δi) W(Δk) R(d);

G73 P(ns) Q(nf) U(Δu) W(Δw) F(f) S(s) T(t);

N(ns)……;

……;　　　　　　　N(ns)到 N(nf)间程序段定义 $A \to A' \to B$ 的运行轨迹

N(nf)……;

其中,Δi 表示 X 方向粗加工余量大小和方向(半径值);

Δk 表示 Z 方向粗加工余量大小和方向;

d 表示粗加工重复次数;

其余各参数的含义参考 G71。

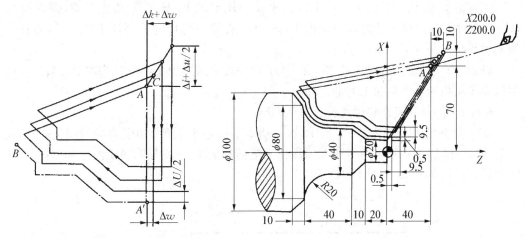

图 6-46　G73 仿形粗车复合循环过程　　　　图 6-47　G73 仿形粗车复合循环示例

编程示例:如图 6-47 零件,采用 G73 进行粗车,粗加工 3 次循环,各面留精车余量 0.5 mm,编制数控程序如下:

O1003;

N10 G50 X200.0 Z200.0 T0101;

N20 G97 G40 S200 M04;

N30 G00 X140.0 Z40.0 M08;

N40 G96 S120;

N45 G50 S2000;

N50 G73 U9.5 W0.0 R3;

N60 G73 P70 Q130 U1.0 W0.5 F0.3;

N70 G00 X20.0 Z2.0;　　　　　　　　(ns)

N80 G01 Z-20.0 F0.15 S150;

N90 X40.0 Z-30.0;

N100 Z‐50.0；

N110 G02 X80.0 Z‐70.0 R20.0；

N120 G01 X100 Z‐80.0；

N130 G01 X105.0；   (nf)

N140 G00 X200.0 Z200.0 T0100 M05；

N150 M30；

6.4.2.4 精加工循环指令(G70)

G71：G72 或 G73 粗切后，用 G70 指令实现精加工，切削 G71，G72 或 G73 循环留下的余量，使工件达到编程路径所要求的尺寸。

编程格式：

G70 P(ns) Q(nf)；

其中，ns 表示开始精车程序段号；

nf 表示完成精车程序段号。

G70 精加工时在 G71，G72，G73 程序段中规定的 F，S 和 T 功能无效，但在执行 G70 时顺序号"ns"和"nf"之间指定的 F，S 和 T 有效。当 G70 循环加工结束时，刀具返回到循环起点并读下一个程序段。

以如图 6‐47 所示的程序为例，在 N130 程序段之后再加上：N135 G70 P70 Q130，就可以完成从粗加工到精加工的全过程。

6.4.2.5 端面复合切槽或钻孔循环 G74

G74 指令其动作如图 6‐48 所示，这一功能本来是外形断续切削功能，若把指令格式中的 X(U)和 I 值省略，则可以用来做深孔钻削循环加工，其实 G74 多用于钻孔加工。这方法较直接用 G01 加工孔时，编程简捷、方便。

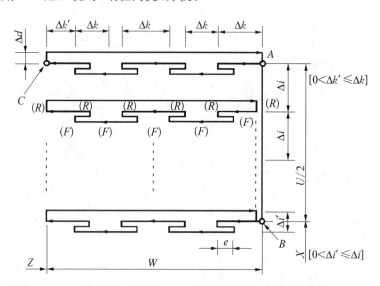

图 6‐48 G74 端面复合切槽或钻孔循环过程

编程格式：

G74 R(e)；

G74 X(U) Z(W) P(△i) Q(△k) R(△d) F(f);

其中,e 表示断屑回退距离 e,模态有效,也可以由参数设定;

　　X(U)表示切削终点 B 点的 X 绝对坐标或增量坐标值;

　　Z(W)表示切削终点 C 点的 Z 绝对坐标或增量坐标值;

　　$△i$ 表示 X 方向的移动量,无符号值,方向由系统进行判断,半径值指定,不支持小数点输入,而以最小设定单位编程;

　　$△k$ 表示 Z 方向的每次切深,无符号值,不支持小数点输入,而以最小设定单位编程;

　　$△d$ 表示切削到底部时的退刀量,正值指定。但如果 X(U)和 $△i$ 省略的场合,需指定退刀方向的符号;

　　f 表示进给速度或进给量。

如图 6 - 49 所示是用深孔钻削循环 G74 指令加工孔示例,其程序如下:

O1004;

N10 G50 X50.0 Z100.0;

N20 M03 S800 T0101;

N30 G00 X0 Z68.0 M08;

N40 G74 R2.0;

N50 G74 X0 Z8.0 P0 Q5000 F0.1;

N60 G00 X50.0 Z100.0 M09;

N70 M30;

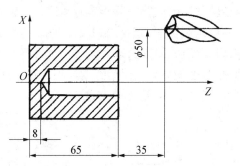

图 6 - 49　用 G74 深孔钻削循环指令加工孔示例

6.4.2.6　内外径复合切槽或钻孔循环 G75

G75 是内外径复合切槽或钻孔循环外径切槽指令,其动作如图 6 - 50 所示。

编程格式:

G75 R(e);

G75 X(U)- Z(W)- P(△i) Q(△K) R(△d) F(f);

其中,各参数的含义与工作过程参考 G74。

6.4.3　螺纹的切削加工

在数控车床上加工螺纹,可以分为单行程螺纹切削、螺纹切削单次循环和螺纹切削多次循环。如图 6 - 51 所示的圆柱螺纹、锥螺纹、端面螺纹和变螺距螺纹均可在数控车床上加工。

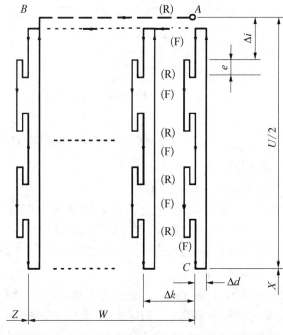

图 6 - 50　G75 内外径复合切槽或钻孔循环过程

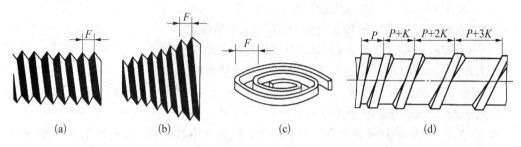

图 6‑51　常见的几种螺纹

（a）圆柱螺纹　（b）锥螺纹　（c）端面螺纹　（d）变螺距螺纹

6.4.3.1　恒螺距螺纹切削指令 G32

采用 G32 可以切削恒螺距螺纹,包括圆柱螺纹、圆锥螺纹和端面螺纹。螺纹加工时,与主轴联接的位置编码器实时地读取主轴转速,并通过系统转换为刀具的进给量,从而保证螺纹螺距精度。螺纹加工是在主轴位置编码器每转输出一个零位脉冲信号开始的,以保证每次沿着同样的刀具轨迹重复进行切削,避免乱牙。螺纹加工期间,主轴转速必须保持恒定,否则将无法保证螺纹螺距的正确性。G32 是单一行程螺纹车削,其切削轨迹如图 6‑52 虚线所示,退刀等其他轨迹需配合 G00。

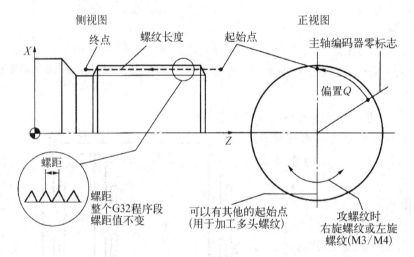

图 6‑52　G32 起始点偏移角及其他编程数据

编程格式:

G32 X(U) Z(W) F Q;

其中,X,Z 表示车削到达之终点坐标,即螺纹切削终点的绝对坐标;

　　U,W 表示切削终点相对起点的增量坐标;

　　F 表示长轴方向螺纹导程,单位为 mm/r,当加工锥螺纹时,取 X、Z 方向中分量较大者即可;

　　Q 表示起始点偏移,不能指定小数,以最小单位计量。

　　Q 为起始点偏移,用于指定主轴一转零位脉冲信号与螺纹切削起点的偏移角度,便于切削多头螺纹,如图 6‑54 所示。Q 为非模态代码,每次使用必须指定,如果不指定则作 0 处理。

编程注意事项：

（1）为主轴恒转速指令 G97：防止螺纹出现乱牙现象，主轴应指令恒转速指令。

（2）螺纹切削中不能停止进给：一旦停止进给切削便急剧增加，很危险。因此进给暂停在螺纹切削中无效。

（3）牙深方向按递减规律分配每次进给的背吃刀量：螺纹加工有直进法和斜进法，直进法刀具双面切削，如图 6-53(a)所示，斜进法刀具单面切削，如图 6-53(b)所示。无论使用哪种切削方式，因为螺纹螺距较大、牙型较深，走刀次数和进刀量（切削深度）会直接影响螺纹的加工质量，所以在牙深方向可分数次进给，每次进给的背吃刀量用螺纹深度减精加工背吃刀量所得的差按，如图 6-53(c)所示，也可以按递减规律设定常量。

G32 车圆柱螺纹、圆锥螺纹的车削常用直进刀法，而且切深分配方式为常量式。

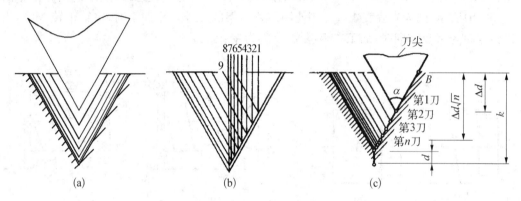

图 6-53　螺纹加工进刀方法

(a) 直进法　(b) 斜进法　(c) 递减规律分配方法

（4）两端设置升速进刀段 δ_1 和降速退刀段 δ_2：在车削螺纹时，沿螺距方向(Z 向)进给速度与主轴转速有严格的匹配关系，为避免在进给机构加、减速过程中切削，为防止加工螺纹螺距不均匀，所以螺纹切削应注意：在两端即切入和切出段，设置足够的升速进刀段 δ_1(或 L_1)和降速退刀段 δ_2(或 L_2)，如图 6-54 所示。其数值与导程、主轴转速和伺服系统的特性有关。

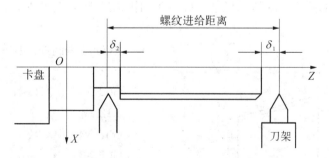

图 6-54　螺纹加工的升、降速段

同时，当螺纹收尾处没有退刀槽时，可按 45°退刀收尾，如图 6-55 所示。

（5）右旋螺纹或左旋螺纹设定：车削螺纹时，其螺纹的左右旋向由刀具的安装位置配合进给方向决定。如图 6-56 所示的后置刀架数控车床，为确保刀具能正常加工，主轴为

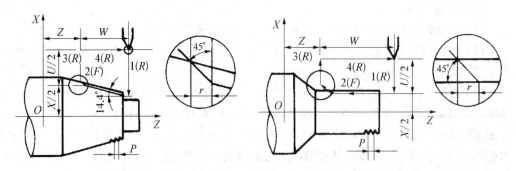

图 6-55 在没有退刀槽时退刀收尾

反转 M04,当进给方向如图 6-56(a)所示,则加工螺纹为左旋螺纹,反之进给方向如图 6-56(b)所示,则为右旋螺纹。当使用前置刀架的数控车床加工时,主轴正转 M03,当进给方向为 Z 反方向时,加工右旋螺纹,反之为左旋螺纹。

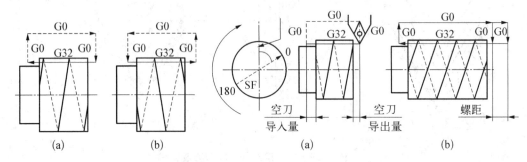

图 6-56 后置刀架车削左旋或右旋螺纹

(a) 车左旋螺纹 (b) 车右旋螺纹

图 6-57 车多头螺纹的方法

(a) 周向起点偏移法 (b) 轴向起点偏移法

(6) 车多头螺纹的设定方法:多头螺纹的加工可以采用周向起点偏移法或轴向起点偏移法,如图 6-57 所示。周向起点偏移法车多头螺纹时,不同螺旋线在同一轴向起点切入,利用 Q 值周向错位 $360°/n(n$ 为螺纹头数)的方向分别进行车削。轴向起点偏移法车多头螺纹时,不同螺旋线在轴向错开一个螺距位置切入,采用相同的 Q 值。

编程实例,如图 6-58 所示切削左旋双头圆锥螺纹,螺纹导程为 4 mm,$\delta_1 = 3$ mm,$\delta_2 = 2$ mm。

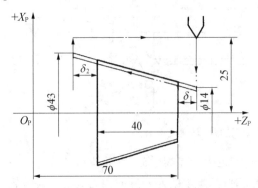

图 6-58 螺纹切削指令 G32 加工示例

用 G32 编制加工程序如下:

......;

G00 X50.0 Z73.0;

X12.0;

G32 X41.0 Z28.0 F4.0 Q0;

G00 X50.0;

Z73.0;

X12.5;

......;　　　　继续车第一螺旋线

G00 X12.0 Z73.0;

G32 X41.0 W－45.0 F4.0 Q180000;

……;　　　　　　　　　继续车第二螺旋线

6.4.3.2　变螺距螺纹切削指令 G34

采用 G34 加工变螺距螺纹,如图 6－61 所示,通过对每一螺距指令一个增加值或减少值即可。

编程格式:

G34 X(U) Z(W) F K;

其中,X,Z 表示车削到达之终点坐标,即螺纹切削终点的绝对坐标;

U,W 表示切削终点相对起点的增量坐标;

F 表示长轴方向螺纹起点导程;

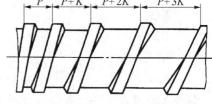

图 6－59　G34 变螺距螺纹

K 表示主轴每转螺距的增加量,范围在 ±0.000 1～±500.000 0 mm/r。

6.4.3.3　螺纹单一切削循环 G92

采用 G92 可以完成圆柱螺纹和圆锥螺纹的循环切削,如图 6－60 所示。螺纹切削循环 G92 可简化编程。

编程格式:

G92 X(U) Z(W) R F;

其中,X、Z 表示螺纹切削终点绝对值坐标;

U、W 表示螺纹切削终点坐标相对于循环起点的增量坐标。

R(或 I)表示圆锥螺纹起点和终点的半径差。加工圆柱螺纹时,R(或 I)为零,可省略。R 值的符号判断与 G90 相同;

F 表示轴向螺距。

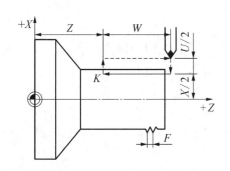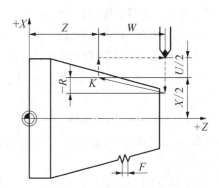

图 6－60　G92 螺纹单一切削循环过程

注意事项如下:

(1) 刀具从循环起点开始按矩形或梯形循环,最后回到循环起点。

(2) G92 是模态代码,一旦规定,之后程序段继续有效,在完成固定螺纹循环后,用同组的其他 G 代码注销。

G92 车圆柱螺纹、圆锥螺纹的车削常用直进刀法,而且切深分配方式为常量式。其他编程注意事项与 G32 中相同。

按编程实例如图 6-60 所示零件图的要求,用 G92 编螺纹加工程序,则程序如下:

……;

G00 X50.0 Z73.0 G97 M04 S120;

G92 X41.0 Z28.0 R-14.5 F4.0;

    X40.0;

    X39.2;

    X38.6;

    X38.2;

    X37.8;   完成第一螺旋线锥螺纹的加工,刀具回到 X50.0 Z73.0 处

G00 X50.0 Z75.0;   用轴线起点偏移法车削第二螺旋线

G92 X41.0 Z28.0 R-14.5 F4.0;

    X40.0;

    X39.2;

    X38.6;

    X38.2;

    X37.8;   完成第二螺旋线锥螺纹的加工,刀具回到 X50.0 Z75.0 处

……;

6.4.3.4　螺纹车削复合循环 G76

G76 螺纹车削复合循环可以在循环中一次指定多个参数,通过循环自动完成螺纹加工。循环工作过程如图 6-61 所示。

编程格式:

G76 P(m)(r)(a) Q(Δd_{min}) R(d);

G76 X(U) Z(W) R(i)P(k) Q(Δd) F(L);

其中,m 表示螺纹精车削重复次数(01～99);

    r 表示螺纹末端倒角量(斜向退刀量),用 00～99 之间的两位整数乘以 0.1,再乘以螺纹的螺距来表示,所以单位系数应为 0.1;即当螺距(导程)由 L 表示时,该值大小可设置在 $00 \sim 99 \times 0.1 \times L = 0.1L \sim 9.9L$ 之间,即该值应为 0.1L 的整数倍,其整数为 00～99 之间的两位整数;

    α 表示刀尖角度,也必须用两位数表示,可以选择 80°、60°、55°、30°、29° 和 0° 六种之中的一种;

    m、r 和 α 用地址 P 一次同时指定,例如当 $m = 2$,$r = 1.2L$ 和 $\alpha = 60°$ 时,可以指令 P021260;

    Δd_{min} 表示最小切削深度(用半径值指定),单位 μm。车削过程中每次切深由第一刀切深按设定规律逐渐递减,如图 6-61(b)所示,计算的切深比 Δd_{min} 还小时,车削深度便锁定在此值;

    d 表示精车余量,半径值指定;

    X,Z 表示切削终点绝对坐标;

    U,W 表示切削终点相对于起点坐标值的增量坐标;

i 表示圆锥螺纹半径差，$i = 0$ 为圆柱螺纹；

k 表示螺纹深度（牙高），以半径表示，单位 μm；

Δd 表示第一刀切削深度，以半径值表示，单位 μm；

L 表示螺纹导程。

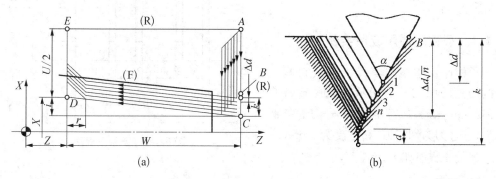

图 6 - 61　G76 螺纹车削复合循环过程

G76 一般用于大导程螺纹，使用斜进法，单边切削，如图 6 - 61(b)所示，其他编程注意事项同 G32。

编程举例，如图 6 - 62 所示为零件轴上的一段右旋圆柱螺纹 M39×4，精车削次数 1 次，斜向退刀量取 10（即一个导程），刀尖角为 60°，第一次车削深度 0.7 mm，最小车削深度 0.1 mm，精车余量 0.1 mm，螺纹半径差为 0，螺纹计算得螺纹深度为 2.40 mm，导程即螺距为 4 mm，螺纹小径为 33.80 mm，螺纹终点坐标（33.80，−60.0），螺纹车削前先精车削外圆柱面，其数控程序如下：

O1028；

N01 G50 X60.0 Z10.0；

N02 G28 U0 W0；

N04 G96 S200 T0101 M03；

N05 G50 S2000；

N06 G00 X38.6 Z10.0；

N07 G42 G01 Z2.0 F0.2 M08；

N08 Z - 60.0；

N09 G40 G00 U10.0；

N10 G28 U0 W0；

N12 G97 S300 T0202 M03；

N14 G00 X60.0 Z10.0；

图 6 - 62　螺纹车削复合循环 G76 应用

T0101 为一号外圆车刀，一号位刀补

T0202 为二号螺纹车刀，二号位刀补

N16 G76 P011060 Q100 R100；

N18 G76 X33．80 Z－60．0 P2400 Q700 F4.0；

N20 G28 U0 W0 M09；

N22 M30；

6.4.4 子程序调用应用实例

子程序用于编写零件上需要重复进行的加工,如图 6-63 所示,已知:毛坯直径ϕ32 mm,长度为 77 mm,一号刀为外圆车刀,三号刀为切断刀,其宽度为 2 mm。

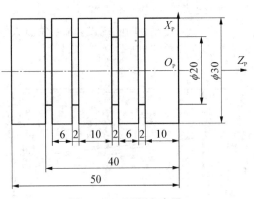

图 6-63 子程序应用

加工主程序如下:

O1005；   主程序名称

N001 G50 X150.0 Z100.0；   设置工件坐标系

N002 M03 S800 T0101；   1 号刀具 1 号刀补

N003 G00 X35.0 Z0 M08；

N004 G01 X－1.0 F0.3；   端面加工

N005 G00 Z2.0；

N006 G00 X30.0；

N007 G01 Z－55.0 F0.3；

N008 G00 X150.0 Z100.0 T0303；   3 号刀具 3 号刀补

N009 X32.0 Z0；

N010 M98 P020015；   调用子程序 O0015 两次

N011 G00 W－12.0；

N012 G01 X0 F0.12；

N013 G04 X2.0；   N011-N013 为割断工件加工

N014 G00 X150.0 Z100.0 M09 T0300；

N015 M30；   主程序结束,并返回程序开头

子程序如下:

O0015；   子程序名称

N101 G00 W－12.0；

N102 G01 U－12.0 F0.15；

N103 G04 X1.0；

N104 G00 U12.0；

N105 W－8.0；

N106 G01 U－12.0 F0.15；

N107 G04 X1.0；

N108 G00 U12.0；

N109 M99；　　　　　　　子程序结束,返回主程序中

6.5　数控车削综合编程示例

加工零件如图 6-64 所示,原材料毛坯为 $\phi20$ mm,材料为 45 号钢的棒料。

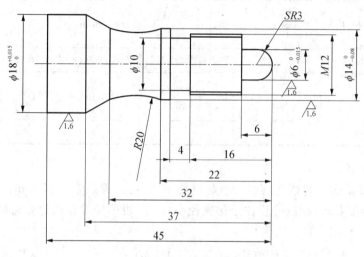

图 6-64　轴类零件数控加工示例

1. 工艺分析

图中所示零件为阶梯轴,所用的毛坯为棒料,考虑精加工后切断,这样可以节省装夹料头,并保证各加工表面间具有较高的相互位置精度。装夹时注意毛坯外伸量不要太长,以提高装夹刚性。

由于阶梯轴的零件径向尺寸变化较大,可以考虑恒线数度切削功能,以提高加工质量和生产效率。由于零件中的螺纹为右旋普通螺纹,可以考虑使用前置刀架数控车床加工该零件。

2. 工艺安排

确定编程原点,制订加工工艺过程如表 6-3 所示。

表 6-3　加工工艺卡片

程序编号	夹具名称	工件材料	毛坯尺寸	编程原点				
O2010	三爪卡盘	45 号钢	$\phi20$ mm 棒料	工件右端面圆心				

工序号	工步号	工步内容	刀具号	刀具名称	主轴转速	进给量 /(mm/r)	背吃刀量 /mm	备注
1	1	粗车外圆表面,留精车单边余量 0.2 mm	T01	90°外圆车刀	100 m/min	0.3	2	G71
	2	精车零件外圆轮廓至尺寸要求	T01	90°外圆车刀	180 m/min	0.1	0.2	G70

程序编号	夹具名称	工件材料	毛坯尺寸	编程原点		
O2010	三爪卡盘	45 号钢	$\phi20$ mm 棒料	工件右端面圆心		

工序号	工步号	工步内容	刀具号	刀具名称	主轴转速	进给量/(mm/r)	背吃刀量/mm	备注
	3	割 4 mm 槽至 $\phi10$ mm	T02	4 mm 宽割槽刀	800 r/min	0.1	4	左刀尖对刀
	4	车螺纹	T03	60°螺纹车刀	500 r/min	1.75	递减	G92
	5	割断	T02	4 mm 宽割槽刀	800 r/min	0.1	4	
2	1	修毛刺						

3. 数值分析

零件 M12 的螺距为粗牙螺纹,查《标准件手册》可得螺距为 1.75 mm。在加工中,按照螺纹三级精度要求,螺纹外径比公称直径小 $0.1p$,可用经验公式计算得螺纹大径 d 和螺纹小径 d_1:

$$螺纹外径\ d = 公称直径 - 0.1p = 12 - 0.1 \times 1.75 = 11.825\ \text{mm}$$
$$螺纹小径\ d_1 = 公称直径 - 1.3p = 12 - 1.3 \times 1.75 = 9.725\ \text{mm}$$

为保证零件的尺寸加工精度,需将图中的非对称公差换算成对称公差:

$$\phi18^{+0.015}_{0} = \phi18.007 \pm 0.007$$
$$\phi6^{0}_{-0.015} = \phi5.993 \pm 0.007$$
$$\phi14^{0}_{-0.08} = \phi13.96 \pm 0.04$$

4. 数控程序编制

%
O2010;
N100 G54;　　　　　　　　　　工件坐标系设定
N110 M03 S800;　　　　　　　　主轴正转,转速 800 r/min
N120 G00 X100.0 Z100.0 T0101;　　刀架快移至 X100,Z100;启用 1 号刀 1 号刀补

N125 G96 S100;
N128 G50 S2000;
N130 G00 X22.0 Z2.0;　　　　　设定固定循环的起点坐标(毛坯外 2 mm)

N140 G71 U2.0 R1.0;　　　　　　设定固定循环粗加工的背吃刀量和退刀量

N150 G71 P160 Q270 U0.4 W0.2 F0.3;　设定精加工余量和粗加工的进给速度

```
N160 G00 X0. ;              ⎫
N170 G01 Z0 F0. 1 S180;     ⎪
N180 G03 X5. 993 Z-3. R3. ; ⎪
N190 G01 Z-6. ;             ⎪
N200 X11. 825;              ⎪
N210 Z-20. ;                ⎬    零件轮廓加工程序
N220 X13. 96;               ⎪
N230 Z-22;                  ⎪
N240 G02 Z-32. R20. ;       ⎪
N250 G01 X18. 007 Z-37. ;   ⎪
N260 Z-50. ;                ⎪
N270 X22. ;                 ⎭
```

N280 M00;	程序停止(可以检查零件尺寸)
N290 G70 P160 Q270;	精加工零件
N300 G00 X100. Z100. ;	快速离开工件准备换刀
N310 T0202;	换 2 号割槽刀,启用 2 号刀补
N320 G97 S800;	恢复主轴恒转速,800 r/min
N330 G00 Z-20. X16. M08;	打开切削液,快速接近割槽位置
N340 G01 X10. ;	割槽
N350 G04 X1. ;	暂停 1 秒,保证圆度
N360 G00 X100. ;	X 方向快速退刀
N370 Z100. ;	Z 方向快速退刀
N380 T0303;	换 3 号螺纹刀,启用 3 号刀补
N390 M03 S500;	主轴正转,转速 500 r/min
N400 G00 X16. Z-4. ;	快速接近工件,设定螺纹固定循环的起点
N410 G92 X11. 0 Z-18. F1. 75;	设定螺纹固定循环第一刀的终点坐标以及螺距值
X10. 4;	第二刀的终点坐标
X10. 1;	第三刀的终点坐标
X9. 9;	第四刀的终点坐标
X9. 725;	第五刀的终点坐标
N420 G00 X100 Z100;	快速离开工件准备换刀
T0202;	换 2 号割槽刀,启用 2 号刀补
M03 S800;	主轴正转,转速 800 r/min
N430 G00 X22 Z-49;	快速接近割槽位置
G01 X-1 F0. 1;	工进速度切换,割槽
N440 G00 X100. 0 M09;	关切削液,X 方向离开工件

Z100.0；	Z方向离开工件
N450 M05；	主轴停转
N460 M30；	程序结束，光标回程序头
%	（ISO代码中的程序结束符）

思考与练习

6-1 什么是绝对坐标编程、增量坐标编程和混合编程？

6-2 数控车床的 S 功能有哪些表达方式？各适用于哪些加工状态？如何切换？

6-3 数控车床的 F 功能有哪些表达方式？如何切换？

6-4 G04 的作用是什么？一般用在哪些加工中？

6-5 试述 G50 指令代码的应用方法。

6-6 试述 G54～G59 指令代码的应用方法。

6-7 试述数控车刀对刀的意义和方法。

6-8 回参考点的方法有哪些？有何区别？

6-9 坐标移动指令有哪些？各指令的编程注意事项有哪些？

6-10 圆弧插补指令的顺逆判断方式是什么？

6-11 刀尖圆弧半径自动补偿的方法有哪些？在加工中如何使用？

6-12 试述复合固定循环 G71 的应用方法。

6-13 试述复合固定循环 G73 的应用方法。

6-14 数控车床中螺纹加工的指令有哪些？各有何特点？

6-15 数控车床螺纹加工时有哪些注意事项？

6-16 螺纹旋向不同时，与哪些加工因素有关？如何配合？

6-17 用哪些方式可以加工多头螺纹？

6-18 对如图 6-65 所示的零件，按绝对和增量坐标编程方式，编写数控加工程序。

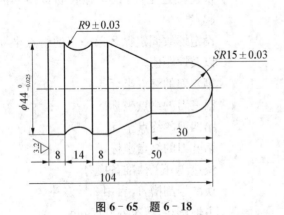

图 6-65 题 6-18

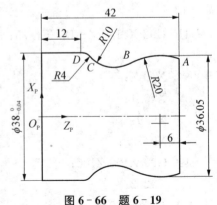

图 6-66 题 6-19

6-19 对如图 6-66 所示零件，编写数控精加工程序。

6-20 试分别用螺纹加工 G92 和 G76 指令编写如图 6-67 所示的螺纹加工程序。

6-21 试用调用子程序方式对如图 6-68 所示零件编写割槽加工程序。

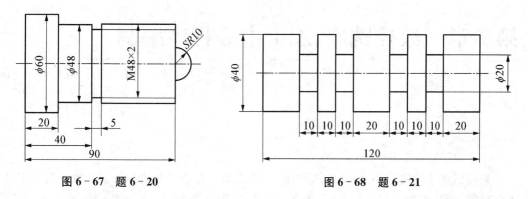

图 6‑67　题 6‑20　　　　　　　　　　　图 6‑68　题 6‑21

6‑22　对如图 6‑69 所示零件,先粗车去掉大量的毛坯余量后再进行精车削,试编写工艺卡片和数控加工程序。

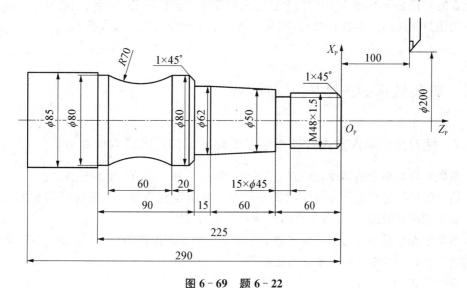

图 6‑69　题 6‑22

第7章 数控铣床、加工中心程序编制

数控铣床主要能铣削平面、沟槽和曲面,还能加工复杂的型腔和凸台。数控铣床主轴安装铣削刀具,在加工程序控制下,安装工件的工作台沿着 X、Y 坐标轴的方向运动,通过不断改变铣削刀具与工件之间的相对位置,加工出符合图纸要求的工件。由于数控铣床配置的数控系统不同,使用的指令在定义和功能上就有一定的差异,但其基本功能和编程方法还是相同的。本章节以 FANUC 0M 系统为例介绍有关编程指令。

7.1 数控铣床、加工中心编程基础

7.1.1 绝对坐标输入方式 G90 指令与增量坐标输入方式 G91 指令

编程时作为指令轴移动量的方法,有绝对值指令和增量值指令两种方法。

绝对值编程是根据预先设定的编程原点计算出绝对值坐标尺寸进行编程的一种方法。即采用绝对值编程时,首先要指出编程原点的位置。

增量值编程是根据与前一位置的坐标值增量来表示位置的一种编程的方法。即程序中的终点坐标是相对于起点坐标而言的。

指令格式:G90/G91。

指令功能:设定坐标输入方式。

指令说明:

(1) G90 指令建立绝对坐标输入方式,移动指令目标点的坐标值 X、Y、Z 表示刀具离开工件坐标系原点的距离;即 G90 写入程序中时,其后所有编入的坐标值全部以编程零点为基准。

(2) G91 指令建立增量坐标输入方式,移动指令目标点的坐标值 X、Y、Z 表示刀具离开当前点的坐标增量。即 G91 写入程序中时,其后所有编入的坐标值均以前一个坐标位置作为起始点来计算运动的位置矢量。这里的所谓位置矢量即为移动位置和移动方向的综合。

另外,G90 和 G91 是一对模态指令,在同一程序段内只能用一种,不能混用;系统通电时,机床处于 G90 状态。

如图 7-1 所示,轴快速从始点移动到终点,用绝对值指令编程和增量值指令编程的情况如下:

（1）绝对值输入 G90 指令应用：G90 G00 X50.0 Y60.0；

（2）增量值输入 G91 指令应用：G91 G00 X-70.0 Y40.0。

这里，用增量值指令编程，坐标值有正负值之分，终点坐标值大于始点坐标值为正值，终点坐标值小于始点坐标值为负值。

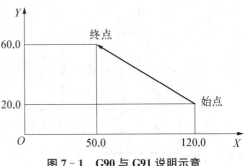

图 7-1　G90 与 G91 说明示意

7.1.2　T 功能与加工中心换刀指令

格式：T-M06，T 代码以地址 T 后面接两位数字组成。数控铣床上因为只能装一把刀具进行加工，所以无须特别指定某把刀具。而加工中心则需要在一个程序中，根据需要调用多把刀具，所以必须指定刀具号码。换言之，T 指令是加工中心换刀加工才用到的指令。加工中心刀库及换刀方式等内容见前述。

在加工中心换刀时，T 指令在换刀指令 M06 之前设定，这样也可节省换刀时等待刀具的时间，换刀程序指令常书写如下：

T01；　　　　1 号刀转至换刀位置
⋮
M06 T03；　　将 1 号刀换到主轴上，3 号刀转至换刀位置
⋮
M06 T05；　　将 3 号刀换到主轴上，5 号刀转至换刀位置
⋮
M06；　　　　将 5 号刀换到主轴上

执行刀具交换时，并非刀具在任何位置均可交换，各制造厂家设计不同，但均在一安全位置实施刀具交换动作，以避免与工作台、工件发生碰撞。Z 轴的机床参考点位置是远离工件最远的安全位置，故一般以 Z 轴先返回机床参考点后（可用 G28），才能执行换刀指令。除此之外，还要注意换刀前主轴准停、冷却液关闭。换刀结束后，必须安排重新启动主轴指令，否则无法加工。G28 等返回机床参考点指令相关内容见前述。

7.1.3　数控铣削平面选择指令（G17，G18，G19）

（1）坐标平面选择指令用于选择圆弧插补平面和刀具补偿平面。如图 7-2 所示，G17 选择 XOY 平面，G18 选择 XOZ 平面，G19 选择 YOZ 平面。

（2）移动指令与平面选择无关，例如 G17 Z-，Z 轴不存在于 XOY 平面上，但这条指令可使机床在 Z 轴方向上产生移动。

（3）该组（G17，G18，G19）指令为模态指令，在数控铣床上，数控系统初始状态一般默认为 G17 状态。若要在其他平面上加工则应使用坐标平面选择（G18 和 G19）指令。

如图 7-3 所示为半径 SR50 mm 的球面，球心位于坐标原点，则刀心轨迹 $A \rightarrow B \rightarrow C \rightarrow A$ 的圆弧插补程序如表 7-1 所示。

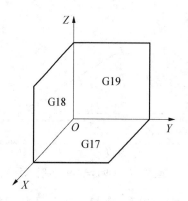

图 7 - 2　插补平面选择

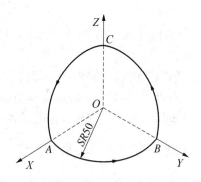

图 7 - 3　G17,G18,G19 的应用

表 7 - 1　G17、G18、G19 应用举例

程　序	说　明
N10 G17 G90 G03 X0 Y50.0 R50.0 F100；	在 XOY 平面 $A \rightarrow B$
N20 G19 G03 Y0 Z50.0 R50.0；	在 YOZ 平面 $B \rightarrow C$
N30 G18 X50.0 Z0 R50.0；	在 XOZ 平面 $C \rightarrow A$

7.1.4　工件坐标系的设定或选择

7.1.4.1　设定工件坐标系 G92

G92 先确定刀具的换刀点位置,然后由 G92 指令根据换刀点位置设定工件坐标系的原点,如图 7 - 4 所示。

编程格式:G92 X - Y - Z -;

其中,X、Y、Z 坐标表示刀位点在工件坐标系 X_P、Y_P、Z_P 中的坐标值。

指令说明:

(1) 如图 7 - 4 所示,刀位点 A 也称起刀点或换刀点,其坐标值 X、Y、Z 为刀具刀位点在工件坐标系中的坐标值。

(2) 操作者必须在工件安装后检查或调整刀具刀位点,以确保机床上设定的工件坐标系与编程时在零件上所规定的编程坐标系在位置上重合一致。

(3) 在机床上建立工件坐标系。该指令只是设定坐标系,机床(刀具或工作台)并未产生任何运动。

(4) G92 需要单独一个程序段指定,其后的位置指令值与刀具的起始位置有关。

(5) G92 建立的工件坐标系在机床重开机时消失。

(6) G92 指令执行前的刀具位置,须放在程序所要求的位置上,如果刀具在不同的位置,所设定出的工件坐标系的坐标原点位置也会不同。

G92 设定工件坐标系应用举例说明如下:

① 如图 7 - 4 所示,刀具起刀点在 A 点,工件坐标系原点在 O_P 时,工件坐标系程序段为:

G92 X30.0 Y40.0 Z20.0。

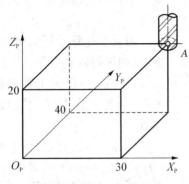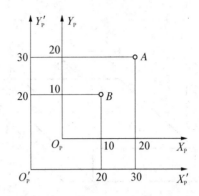

图 7 - 4 　G92 设定工件坐标系　　　　　图 7 - 5 　G92 工件坐标系的变换

② 而如图 7 - 5 所示,若保持 $Z = 20.0$,刀具起刀点在 A 点时,工件坐标系原点可通过 G92 变换:

G92 X20.0 Y20.0 Z20.0; 　　　　　设定工件坐标原点为 O_P

G92 X30.0 Y30.0 Z20.0; 　　　　　设定工件坐标原点为 O'_P

若将刀具起刀点从 A 点移至 B 点时,即保持 $Z = 20.0$,则程序段应改为:

G92 X20.0 Y20.0 Z20.0; 　　　　　设定工件坐标原点为 O'_P

G92 X10.0 Y10.0 Z20.0; 　　　　　设定工件坐标原点为 O_P

由此可见,可以使用 G92 任意设定工件坐标系,而设定工件坐标系时,所设定的工件原点与当前刀具所在位置有关。

(7) 对于尺寸较复杂的工件,为了计算简单,在编程中可以任意改变工件坐标系的程序零点。

(8) 在用 G92 指令设定工件坐标系时,要求将 G92 程序段写入程序中,写在为了编程方便需要改变程序原点的程序内容或程序段前。

7.1.4.2　选择工件坐标系(G54~G59)

指令格式:G54(或 G55~G59)。

功能:设定工件坐标系(或称程序零点偏置)。

指令说明:

(1) 若在工作台上同时加工多个相同零件或不同的零件或同一零件上不同部位的不同形状特征,它们都有各自的尺寸基准,在编程过程中,有时为了避免尺寸换算,可以建立 6 个工件坐标系,其坐标原点设在便于编程的某一固定点上。

(2) 当加工某个零件[不同部位的不同或相同形状特征(相同形状时可用子程序调用)]时,只要选择相应的工件坐标系 G54(或 G55~G59)编制加工程序即可。

(3) 在机床坐标系中,确定 6 个工件坐标系的坐标原点的坐标值后,通过 CRT/MDI 方式输入设定。

(4) G54 等 6 个工件坐标系坐标原点的坐标值的确定方法,如图 7 - 6 所示,建立原点在 O_P 的 G54 工件坐标系,原点 O_P 在机床坐标系 O-XYZ 中坐标值为:$X = -60.0$,$Y = -60.0$,$Z = -10.0$,即$(-60.0, -60.0, -10.0)$,将其利用 CRT/MDI 方式用 G54 设定坐标系时,只要将该点坐标值:$X = -60.0$,$Y = -60.0$,$Z = -10.0$ 输入到数控机床的

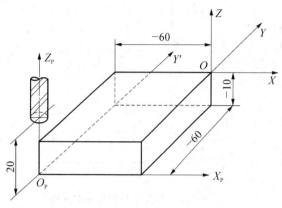

图 7-6 设定工件坐标系

偏置寄存器(见图 7-7)对应位置处即可。

刀具快速移动到图 7-6 所示位置时,则执行以下指令:

N10 G54;设定工件坐标系 O_P-$X_PY'Z_P$,原点在 O_P 点,该点成为程序零点

(实际上,屏幕显示 O_P 坐标 $X = -60.0$,$Y = -60.0$,$Z = -10.0$,该数值输入在偏置寄存器)

N20 G90 G00 X0 Y0 Z20.0;
刀具沿 Z 向快速向上移动 20 mm

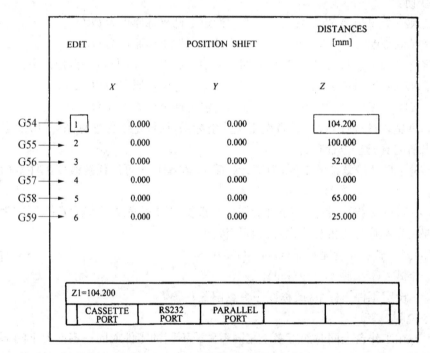

图 7-7 偏置寄存器显示

G54—工件坐标系 1;G55—工件坐标系 2;G56—工件坐标系 3;
G57—工件坐标系 4;G58—工件坐标系 5;G59—工件坐标系 6

以上程序也可合并成一段:

N10 G54 G90 G00 X0 Y0 Z20.0;

以上程序执行后,所有坐标字指定的尺寸,即坐标尺寸都是选定的工件坐标系中的位置值。G54～G59 指令是通过 CRT/MDI 在设置参数的方式下设定工件坐标系的,一经设定,工件坐标原点在机床坐标系中的位置是不变的,它与刀具的当前位置无关,除非更改,在系统断电后并不破坏,再次开机回参考点后仍有效。

例 7-1:如图 7-8 所示的四个图形,图形为铣刀中心走刀轨迹,切深为 -1 mm。用

选择工件坐标系来编程如下。

将 G54～G57 工件加工坐标系的坐标原点分别设在 01,02,03,04,设起刀点与 O_1 点重合时,机床坐标系的坐标值分别为 $X-300.0,Y-100.0,Z-60.0$,机床坐标系的 G17 平面 XOY 如图 7-8 所示(图中 Z 轴略),G54～G57 设置如下:

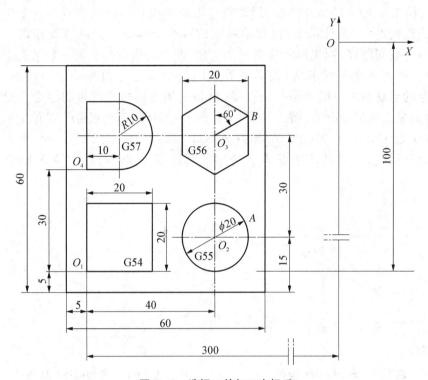

图 7-8　选择工件加工坐标系

如图 7-8 所示,XOY 为机床参考点原点,工件坐标原点偏置尺寸如图,若加工工件中的四个图形,为编程方便,可用选择工件坐标系方法来编程,四个图形分别选用不同的工件坐标系,在机床偏置寄存器中输入对应的工件坐标系数据如下:

G54 设置 X-300.0 Y-100.0 Z-60.0;　　G55 设置 X-260.0 Y-90.0 Z-60.0;
G56 设置 X-260.0 Y-60.0 Z-60.0;　　G57 设置 X-300.0 Y-70.0 Z-60.0。

7.2　坐标运动指令

坐标移动指令中坐标值的表达有绝对坐标方式和增量坐标方式,数控铣床中用指令 G90 表示绝对坐标方式,用指令 G91 表示增量坐标方式。两指令是一对模态指令,在同一程序段内只能用一种,不能混用。系统通电时,机床处于 G90 状态。

7.2.1　快速点定位指令 G00

点定位 G00 指令为刀具相对于工件分别以各轴系统规定速度快速移动由当前所在

位置快速移动到目标点位置,只能用于快速定位,不能用于切削。

指令格式:

G00 X - Y - Z - ;

其中,X、Y、Z 表示目标点坐标。

点定位指令 G00 的运动速度、运动轨迹由系统决定。运动轨迹在一个坐标平面内是先按比例沿 45°斜线移动,再移动剩下的一个坐标方向上的直线距离。如果要求移动一个空间距离,则先同时移动三个坐标,即空间位置的移动一般是先走一段空间的直线,再走一条平面斜线,最后沿剩下的一个坐标方向移动达到终点。可见,G00 指令的运动轨迹一般不是一条直线,而是三条或两条直线段的组合。忽略这一点,就容易发生碰撞,相当危险。如图 7 - 9 所示,刀具的起始点位于工件坐标系的 A 点,当程序为"G90 G00 X60.0 Y30.0;或 G91 G00 X40.0 Y20.0;"时,则刀具的进给路线为一折线,即刀具从始点 A 先沿斜线移动至 B 点,然后再沿 X 轴移动至终点 C。

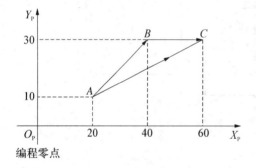

图 7 - 9　点定位 G00 指令

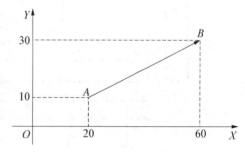

图 7 - 10　直线插补 G01 指令

7.2.2　直线插补指令 G01

直线插补 G01 指令用于控制刀具以规定的进给速度,从当前点向终点(目标点)进行直线插补移动。

指令格式:

G01 X - Y - Z - F - ;

其中,X、Y、Z 表示目标点坐标;F 表示进给量。

如图 7 - 10 所示,刀具从 A 点直线插补至 B 点,使用绝对坐标与增量坐标方式编程如下:

G90 G01 X60.0 Y30.0 F200;

或　G91 G01 X40.0 Y20.0 F200。

7.2.3　圆弧插补指令(G02 或 G03)

数控铣床圆弧插补指令主要为控制刀具在指定平面内以给定的进给速度从当前位置(圆弧起点)沿圆弧轨迹到指定的目标位置(圆弧终点)进行圆弧插补。圆弧轨迹的指定方式有两种表达方式:一种是圆心法,即用 I、J、K 编程的方法;另一种是半径法,即用半径

R 编程的方法。

按圆弧所在的不同平面,指令格式分三种情况:

(1) XOY 平面圆弧插补指令,如图 7 - 11 所示。

$$G17 \begin{Bmatrix} G02 \\ G03 \end{Bmatrix} X\_ Y\_ \begin{Bmatrix} R\_ \\ I\_J\_ \end{Bmatrix} F\_$$

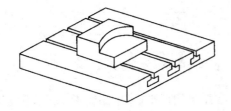

图 7 - 11　XOY 插补平面

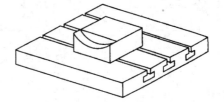

图 7 - 12　XOZ 插补平面

(2) XOZ 平面圆弧插补指令,如图 7 - 12 所示。

$$G18 \begin{Bmatrix} G02 \\ G03 \end{Bmatrix} X\_ Z\_ \begin{Bmatrix} R\_ \\ I\_K\_ \end{Bmatrix} F\_$$

(3) YOZ 平面圆弧插补指令,如图 7 - 13 所示。

$$G19 \begin{Bmatrix} G02 \\ G03 \end{Bmatrix} Y\_ Z\_ \begin{Bmatrix} R\_ \\ J\_K\_ \end{Bmatrix} F\_$$

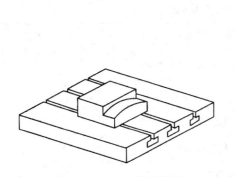

图 7 - 13　YOZ 插补平面

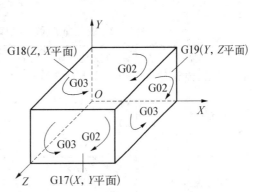

图 7 - 14　顺、逆圆弧的区分

指令说明:

(1) 圆弧顺、逆方向的判断:沿着圆弧所在平面的垂直坐标轴负方向看去,顺时针方向为 G02,逆时针方向为 G03,如图 7 - 14 所示。

(2) 式中 X、Y、Z 为圆弧终点坐标值。

(3) I、J、K 用于圆弧中心,表示圆弧圆心相对于圆弧起点,分别是在 X、Y、Z 各坐标轴方向上的增量,与 G90 或 G91 的定义无关,如图 7 - 15 所示,它是带正负号的增量值,圆心坐标值大于圆弧起点的坐标值为正值,圆心坐标值小于圆弧起点坐标值为负值。I、J、K 的值为零时可以省略。

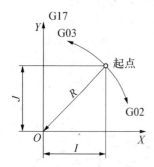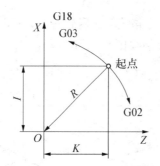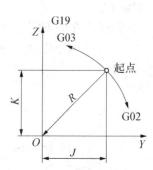

图 7-15　用 I, J, K 指定圆心

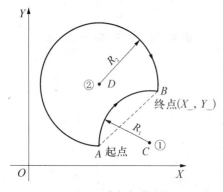

图 7-16　用半径 R 指定圆心

（4）R 是圆弧半径，也用于指定圆弧中心，在 G02、G03 指令的程序段中，在相同半径的条件下，从圆弧起点到终点有两个圆弧的可能性，当圆弧所对应的圆心角小于等于 180° 时，R 取正值；圆心角大于 180° 时，R 取负值，如图 7-16 所示。如果是整圆，则不能直接用半径法 R 编程，而应用圆心法 I、J、K 编程。

（5）F 为沿圆弧切向的进给速度。

（6）在同一程序段中，如果 I、J、K 与 R 同时出现时，则 R 有效，I、J、K 无效。

表 7-2　圆弧加工（圆心编程）有关指令的概括说明

条　件		指　令	说　　明
平面选择		G17	圆弧在 XY 平面上
		G18	圆弧在 ZX 平面上
		G19	圆弧在 YZ 平面上
旋转方向		G02	顺时针方向
		G03	逆时针方向
终点位置	G90 时	X、Y、Z	终点数据是工件坐标系中的坐标值
	G91 时	X、Y、Z	指定从起点到终点的距离
圆心的坐标		I、J、K	起点到圆心的距离

如表 7-2 所示为圆弧加工（圆心编程）有关指令的概括说明。

如图 7-17 所示的圆弧轨迹，设 Z 向深 -1.0 mm，则利用圆心法或半径法编制的程序如表 7-3 和表 7-4 所示。

表 7-3 与表 7-4 分别为利用绝对和增量坐标编制的程序。

表 7－3　圆弧绝对方式编程（FANUC）

程　　序	说　　明
N10 G54；	工件坐标系零点为 O_P
N20 M03 S1000；	主轴正转
N30 G90 G00 Z10.；	绝对编程,快速移动 Z 为 10 mm 处
N40 X0 Y0；	点定位 O_P
N50 G00 X120. Y40.；	点定位 O_P→A
N60 G01 Z－1. F100；	直线进给 Z 为－1 mm
N70 G03 X60. Y100. I－60.（或 R60）；	圆弧插补 A→B(使用绝对、圆心或半径编程)
N80 G02 X40. Y60. I－50.（或 R50）；	圆弧插补 B→C(使用绝对、圆心或半径编程)
N90 G01 Z3.；	Z 向退出
N100 G00 Z10.；	Z 向快速退回
N110 X0 Y0；	移至工件坐标原点
N120 M05；	主轴停转
N130 M30；	程序结束

表 7－4　圆弧增量方式编程（FANUC）

程　　序	说　　明
N10 G54；	工件坐标系零点为 O_P
N20 M03 S1000；	主轴正转
N30 G90 G00 Z10.；	绝对编程,快速移动 Z 为 10 mm 处
N40 X0 Y0；	点定位 O_P
N50 G91 G00 X120. Y40.；	点定位 O_P→A,增量编程
N60 G01 Z－11. F100；	直线进给 Z 为－1 mm
N70 G03 X－60. Y60. I－60.（或 R60）；	圆弧插补 A→B(使用增量、圆心或半径编程)
N80 G02 X－20. Y－40. I－50.（或 R50）；	圆弧插补 B→C(使用增量、圆心或半径编程)
N90 G01 Z4.；	Z 向退出,增量编程
N100 G90 G00 Z10.；	Z 向快速退回,绝对编程
N110 X0 Y0；	移至工件坐标原点
N120 M05；	主轴停转
N130 M30；	程序结束

　　例 7－2：如图 7－18 所示,分别以 A、B、C、D 作为刀具的起始点时,编制整圆的加工程序如下。

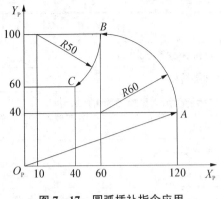

图 7-17 圆弧插补指令应用   图 7-18 整圆编程举例

解：圆弧起始点为 A：G02(或 G03) I20. F100；

　　　圆弧起始点为 B：G02(或 G03) J-20. F100；

　　　圆弧起始点为 C：G02(或 G03) I-20. F100；

　　　圆弧起始点为 D：G02(或 G03) J20. F100；

这里,由于这些圆,都是分别以 A、B、C、D 作为刀具起刀点和返回点,所以终点坐标 X、Y、Z 可以省略。选择 G02 还是 G03 方式与顺铣和逆铣方式有关。

7.3　数控铣床刀具补偿

7.3.1　刀具长度补偿(G43,G44,G49)

1. 长度补偿的目的

刀具长度补偿功能(tool length compensation)用于在 Z 轴方向的刀具补偿,它可使刀具在 Z 轴方向的实际位移量大于或小于编程给定位移量(即程序中 Z 坐标值),即刀具长度补偿使刀具垂直于走刀平面方向(如 XOY 平面,由 G17 指定)偏移一个刀具长度修正值,如图 7-19(a)所示。

有了刀具长度补偿功能,当加工中刀具因磨损、重磨、换新刀而长度发生变化时,可不必修改程序中的坐标值,只要修改存放在寄存器中刀具长度补偿值即可。其次,若加工一个零件需用几把刀,各刀的长度不同,编程时不必考虑刀具长短对坐标值的影响,只要把其中一把刀设为标准刀,其余各刀相对标准刀设置长度补偿值即可,如图 7-19(b)所示。

一般而言,刀具长度补偿对于两坐标和三坐标联动数控加工是有效的,但对于刀具摆动的四、五坐标联动的数控加工,刀具长度补偿则无效。

2. 长度补偿的格式

　　格式：G01/G00 G43 Z-H-；

或：　　　G01/G00 G44 Z-H-；

　　　　……

　　　　G00/G00 G49；

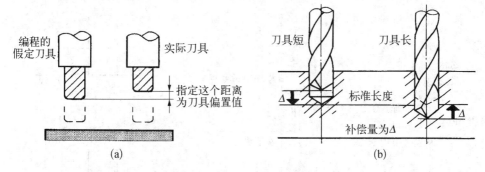

图 7-19　刀具长度补偿

指令说明：G43、G44、G49 均为模态指令。

其中：

G43 表示指令偏置方向，为刀具长度正补偿；

G44 表示指令偏置方向，为刀具长度负补偿；

G49 表示取消刀具长度补偿。指令 G49 或者 H00 都用于取消偏置，一旦设定了就立刻取消偏置；

Z 表示程序中 Z 轴移动坐标值；

H 表示偏置号，后面一般用两位数字表示代号。

关于 H 偏置号的几点说明：

（1）H 代码中放入刀具的长度补偿值作为偏置量，程序中 Z 轴的指令值减去或加上与指定偏置号相对应的偏置值，偏置值由 CRT/MDI 操作面板预先输入在偏置量存储器中。

（2）偏置号可以指令为 H00-H200，这个号码与刀具半径补偿共用。

（3）H00 相对应的偏置量，始终为零。

（4）变更偏置号及偏置量时，仅变更新的偏置量，并不把新的偏置量加到旧的偏置量上。

　如：H01……；设偏置量为 20.0，则 G90 G43 Z100.0 H01；Z 移到 120.0；

　　　H02……；设偏置量为 30.0，则 G90 G44 Z100.0 H02；Z 移到 70.0；

（5）偏置量可以为正，也可以为负。偏置量为负值时，则与上述反方向偏置。

3. 长度补偿的使用

无论是采用绝对方式还是增量方式编程，对于存放在 H 中的数值，在 G43 时是加到 Z 轴坐标值中，在 G44 时是从原 Z 轴坐标中减去，从而形成新的 Z 轴坐标。

当如图 7-20(a)所示，执行 G43 时：$Z_{实际值} = Z_{指令值} + H\times\times$；

而如图 7-20(b)所示，执行 G44 时：$Z_{实际值} = Z_{指令值} - H\times\times$；

可见，当偏置量是正值时，G43 指令是在正方向移动一个偏置量，G44 是在负方向上移动一个偏置量。偏置量可以为正，也可以为负，偏置量是负值时，则与上述反方向移动。

如图 7-21 所示 H01＝160 mm，当程序段为 G90 G00 G44 Z30.0 H01；

执行时，指令为 A 点，实际到达 B 点。G43、G44 是模态 G 代码，在遇到同组其他 G 代码之前均有效。

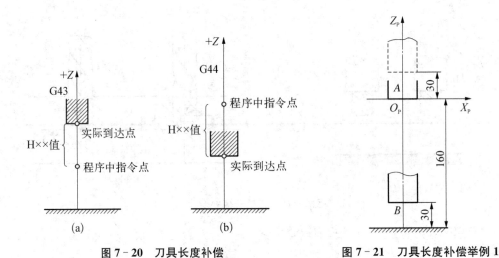

图 7 - 20　刀具长度补偿

图 7 - 21　刀具长度补偿举例 1

例 7 - 3：如图 7 - 22 所示，图中 A 点为刀具起点，加工路线为 1→2→3→4→5→6→7→8→9。由于换了新刀具，实际刀具刀位点在刀具起点 A 点下方偏移 3 mm，按增量坐标方式编程。这里在寄存器中地址码即偏置号 H01 处，设置偏置量为 3 mm。

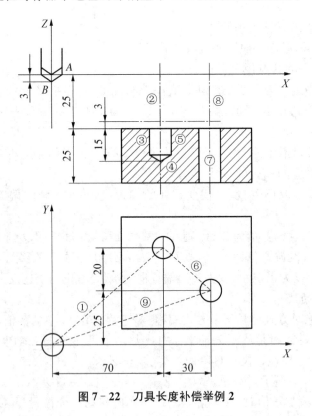

图 7 - 22　刀具长度补偿举例 2

加工程序：

O2002；

N01 G92 X0 Y0 Z0；　　　　　　　设定工件坐标系原点为(0，0，0)

N02 S800 M03；　　　　　　　　　主轴正转，转速 800 r/min

N03 G91 G00 X70. Y45. ；	增量编程,刀具快速定位到(70,45)
N04 G43 Z－22. H01;	刀具下移,刀具实际移至离工件上表面 3 mm
N05 G01 Z－18. F100 M08;	刀具向下移动量 18 mm,孔深 15 mm;冷却液打开
N06 G04 X5.0;	暂停 5 秒钟
N07 G00 Z18.;	刀具快速返回至(70,45,3)
N08 X30. Y－20.;	刀具快速移至(100,25,3),坐标变化(30,－20)
N09 G01 Z－33. F100;	刀具向下移动量 33 mm,通孔 25 mm,刀具伸出量 5 mm
N10 G00 G49 Z55. M09;	快速回工件上表面 25 mm 处,取消刀具长度补偿,关闭冷却液
N11 X－100. Y－25.;	刀具返回至(0,0,25)处
N12 M30;	程序结束并返回至程序开头

7.3.2　刀具半径补偿(G40，G41，G42)

7.3.2.1　刀具半径补偿的目的

在数控铣床进行轮廓加工时,因为铣刀具有一定的半径,所以刀具中心轨迹和工件轮廓不重合(见图 7－23)。如不考虑刀具半径,直接按照工件轮廓编程是比较方便的,而加工出的零件尺寸比图样要求小了一圈(外轮廓加工时)或大了一圈(内轮廓加工时),如图 7－24 所示。

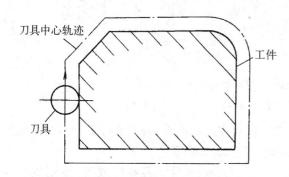

图 7－23　刀具中心轨迹与工件轮廓的关系

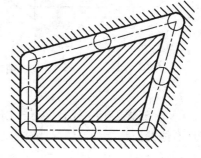

图 7－24　内、外轮廓的加工结果

如果数控机床不具备刀具半径补偿功能时,编程前需要根据工件轮廓及刀具半径值来计算刀具中心的轨迹,即程序执行的不是工件轮廓轨迹,而是刀具的中心轨迹。计算刀具中心轨迹有时非常复杂,而且当刀具磨损、重新刃磨或更换刀具时,还要根据刀具半径的变化重新计算刀心轨迹,工作量很大。为此近年数控机床均具备了刀具半径补偿功能,这时只需按工件轮廓轨迹进行编程,然后将刀具半径值储存在数控系统中,执行程序时,系统会自动计算出刀具中心轨迹,进行刀具半径补偿,从而加工出符合要求的工件形状。当刀具半径发生变化时,也无须更改加工程序,使编程工作大大简化。这种通过数控装置使刀具沿工件轮廓的法向偏移一个刀具半径的功能就是刀具半径补偿功能。

7.3.2.2　半径补偿的格式

指令功能:数控系统根据工件轮廓和刀具半径自动计算刀具中心轨迹,控制刀具沿刀具中心轨迹移动,加工出所需要的工件轮廓,编程时避免计算复杂的刀心轨迹。

指令格式：

$$G17\begin{Bmatrix}G00\\G01\end{Bmatrix}\begin{Bmatrix}G41\\G42\end{Bmatrix}X-Y-D-(F-);$$

$$\vdots$$

$$G17\begin{Bmatrix}G00\\G01\end{Bmatrix}G40\ X-Y-(F-);$$

指令说明：G41、G42、G40 均为模态指令。

G41：左偏刀具半径补偿，是指沿着刀具运动方向向前看（假设工件不动），刀具位于工件左侧的刀具半径补偿。这时相当于顺铣，如图 7-25(a)所示。

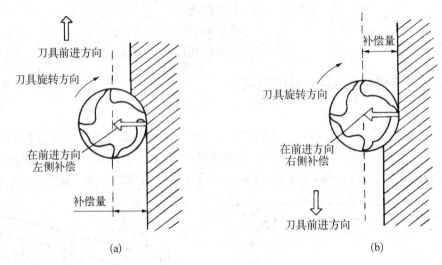

(a)   (b)

图 7-25 刀具补偿方向

(a) 左刀补   (b) 右刀补

G42：右偏刀具半径补偿，是指沿着刀具运动方向向前看（假设工件不动），刀具位于工件右侧的刀具半径补偿。此时为逆铣，如图 7-25(b)所示。

G40：刀具半径补偿取消，使用该指令后，使 G41，G42 指令无效。

G17：XOY 平面内指定，其他 G18，G19 平面形式虽然不同，但原则一样，在此省略。

X,Y：建立与撤销刀具半径补偿直线段的终点坐标值。

D：刀具半径补偿寄存器的地址字，在对应刀具补偿号码的寄存器中存有刀具半径补偿值。该半径值可以是实际的刀具半径值，也可以是虚拟的刀具半径值，所谓虚拟的刀具半径值可以称为刀具偏置量，如粗加工时，输入的偏置量等于实际刀具半径加上精加工余量，即 $r+\Delta$，见图 7-26。

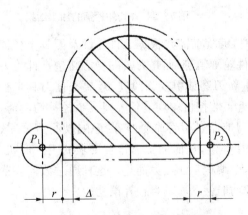

图 7-26 利用刀具补偿值进行粗精加工

P_1—粗加工刀具中心位置；
P_2—精加工刀具中心位置

数控机床上因具有滚珠丝杠副间隙补偿的功能,所以在不考虑丝杠间隙影响的前提下,从刀具寿命、加工精度、表面粗糙度而言,一般顺铣[所谓顺铣,就是铣刀的旋转方向(与工件相切时的切向)和工件的进给方向相同的铣削加工,如图 7 - 27 所示。顺铣时,作用于工件上的垂直切削分力 F_{fN} 始终压下工件,这对工件的夹紧有利]效果较好,因而 G41 使用较多,如图 7 - 28 所示为内侧切削和外侧切削时刀具补偿的应用。

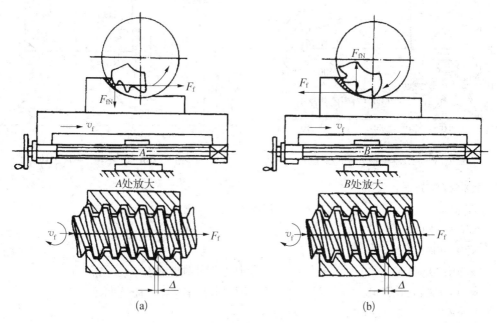

图 7 - 27　逆铣和顺铣对进给机构的影响

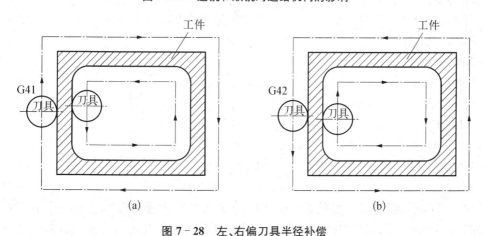

图 7 - 28　左、右偏刀具半径补偿

(a) 左偏刀具半径补偿　(b) 右偏刀具半径补偿

7.3.2.3　刀具半径补偿过程

刀具半径补偿过程分为三个部分:刀具补偿的建立、刀具补偿进行和刀具补偿撤销。现以如图 7 - 29 所示的程序来介绍刀具半径补偿过程。

例 7 - 4:用刀具半径补偿的方法编制如图 7 - 29 所示的加工程序,选用 $\phi8$ mm 的立铣刀,Z 向向下切深 3 mm。XY 平面的工件坐标系如图所示,Z 方向 O 平面为工件上表面。

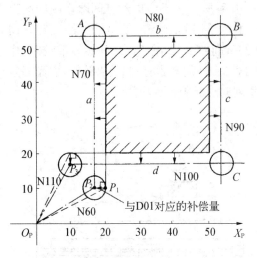

图 7 - 29　刀具半径补偿的编程　　　　　图 7 - 30　刀具半径补偿过切

数控程序如下：

O2003；　　　　　　　　　　　程序名

N10 G54 G90 G17；

N20 M03 S1000；

N30 G00 X0 Y0 Z20.；　　　　刀具中心移动到工件坐标系原点(0，0)

N40 G43 Z5.0 H01；　　　　　　建立刀具长度补偿，刀补号 H01

N49 G01 Z - 3.0 F300；

N50 G41 X20. Y10. D01；　　　建立左刀具半径补偿，刀补号 D01

N60 G01 Y50. F100；　　　　　刀具补偿进行状态，进入切削

N70 X50.；

N80 Y20.；

N90 X10.；　　　　　　　　　　切线方向切出工件

N100 G40 G00 X0 Y0；　　　　撤销刀具半径补偿，刀位点回复到原点

N110 G49 Z20.0；　　　　　　　撤销刀具长度补偿

N120 M05；　　　　　　　　　　主轴停转

N130 M30；　　　　　　　　　　程序结束

说明：

(1) 刀具补偿的建立。数控系统启动时，总是处在补偿撤销状态，上述程序中 N50 程序段指定了 G41 后，刀具就进入偏置状态，刀具从无补偿状态 O_P 点，运动到补偿开始点 P_2 点。

当系统运行到 N50 指定了 G41 和 D01 指令的程序段后，运算装置即同时先行读入 N60，N70 两段，在 N60 段的程序终点 P_1 做出一个矢量，该矢量的方向与下一段 N60 的前进方向垂直向左，大小等于刀具补偿值(D01 的值)。也就是说刀具中心在执行 N50 中的 G41 的同时，就与 G00 直线移动组合在一起完成了该矢量的移动，终点为 P_2 点。由此可见，尽管 N50 程序段的坐标为 P_1 点，而实际上刀具中心移至 P_2 点，左偏一个刀具半径值，

这就是 G41 与 D01 的作用。

注意：G41 或 G42 只能用 G01,G00 来实现,不能用 G02 和 G03 及指定平面以外轴的移动来实现。

(2) 刀具补偿进行状态。G41,G42 都是模态指令,一旦建立便一直维持该状态,直到 G40 撤销刀具补偿。N60 开始进入刀具补偿状态,直到 N90 程序段,刀具中心运动轨迹始终偏离程序轨迹一个刀具半径的距离。

在刀具补偿进行状态中,G01,G00,G02,G03 都可以使用。它也是每段都先行读入两段,自动按照启动阶段的矢量做法线,做出每个沿前进方向左侧(G42 则为右侧),加上刀具补偿的矢量路径,如图 7-29 中的点划线所示。

(3) 刀具补偿撤销。当刀具偏移轨迹完成后,就必须用 G40 撤销补偿,使刀具中心与编程轨迹重合。当 N100 中指令了 G40 时,刀具中心由 N90 的终点 P_3 点开始,一边取消刀具补偿一边移向 N100 指定的终点 O_P 点,这时刀具中心的坐标与编程坐标一致,无刀具半径的矢量偏移。

注意：G40 必须与 G41 或 G42 成对使用,两者缺一不可。另外,G40 的实现也只能用 G01 或 G00,而不能用 G02 或 G03 及非指定平面内的轴的移动来实现。

另外,若刀具补偿的偏置号为 0,则也会产生取消刀具补偿的结果,其程序段为：

G00/G01 X- Y- D00;

7.3.2.4　使用刀具补偿的几点说明

在数控铣床上使用刀具补偿时,必须特别注意其执行过程的原则,否则往往容易引起加工失误甚至报警,使系统停止运行或刀具半径补偿失效等。

1. 过切现象

在刀具半径补偿中,需要特别注意的是,在刀具补偿建立后的刀具补偿状态中,如果存在有连续两段以上没有移动指令或存在非指定平面轴的移动指令段,则有可能产生过切现象。现仍以如图 7-29 所示的例子来加以说明,若建立刀具半径补偿不当,如以下程序段：

```
……
N40 G00 X0 Y0;              刀具中心移至工件坐标系原点
N50 G41 X20.Y10.D01;        刀具半径左补偿建立,刀具补偿 D01
N60 Z5.;                    刀具补偿进行状态,连续两段 Z 轴移动
N70 G01 Z-3.F100;
N80 Y50.;
N90 X50.;
……
```

以上程序在运行 N90 时,产生过切现象,如图 7-30 所示。其原因是当从 N50 刀具补偿建立后,进入刀具补偿进行状态后,系统只能读入 N60,N70 两段,但由于 Z 轴是非刀具补偿平面的轴,而且又读不到 N80 以后程序段,也就做不出偏移矢量,刀具确定不了前进的方向,此时刀具中心未加上刀具补偿而直接移动到了无补偿的 P_1 点。当执行完 N60,N70 后,再执行 N80 段时,刀具中心从 P_1 点移至交点 A,于是发生过切。

2．切向切入、切向退出

在铣削内、外轮廓时，如图 7－31(a)所示，当铣刀从工件中心起刀，以加工进给速度向下到 B 点，从 B 点开始铣圆，铣刀运动一周铣整圆再到 B 点，再从 B 点向上退出到起刀点，由于铣刀在 B 点停留的时间较长（过渡时间较长），会在 B 点产生明显的刀痕。为避免刀痕的产生，通常使用切入圆弧和切出圆弧，如图 7－31(b)所示，切入、切出圆弧的半径需小于工件的圆弧半径，并使之接近工件的圆弧半径。刀具从工件中心起刀到切入圆弧的起点 A，沿切入圆弧铣削到 B 点，从 B 点开始铣削整圆再回到 B 点，从 B 点沿切出圆弧的终点 C，再回到工件中心点。

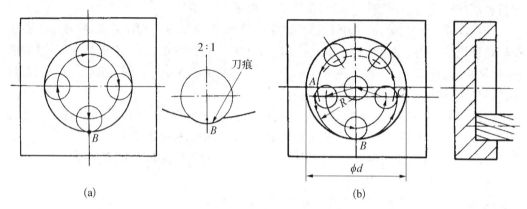

(a)　　　　　　　　　　　　(b)

图 7－31　内轮廓的切向切入与切向退出

（a）直接进退刀　（b）过渡圆弧切出切入

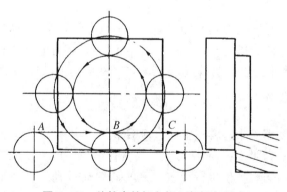

图 7－32　外轮廓的切向切入与切向退出

当铣削圆凸台时，则可使用与圆相切的切入、切出直线（见图 7－32）。从 A 铣到 B，开始铣整圆又回到 B，沿 BC 退出。

综上所述，当进行轮廓铣削时，应避免法向切入工件轮廓和法向从工件轮廓退刀，建议使用切线方向切入、切出的辅助轮廓段。

3．刀具补偿建立与撤销轨迹的要求

刀具补偿建立时程序轨迹与刀具补偿进行状态开始的前进方向密切有关。如图 7－33 所示，P_0 为刀具补偿建立的终点，P_1P_2 为轮廓在 P_2 点的切向延长线。如图 7－33(a)、图 7－33(b)所示，建立（或撤销）刀具补偿的程序轨迹 P_0P_1 应向轮廓表面的外侧略微偏移，即图中 $\alpha \leqslant 180°$。而 $\alpha > 180°$ 时，有可能发生过切与碰撞，如图 7－34 所示。

另外，由于刀具补偿的矢量是与补偿开始的第一程序段开始的方向垂直，所以刀具补偿的建立与撤销不能取法向，即 $\alpha \neq 90°$，应从切向建立与撤销刀具补偿，才能更好地满足加工要求。

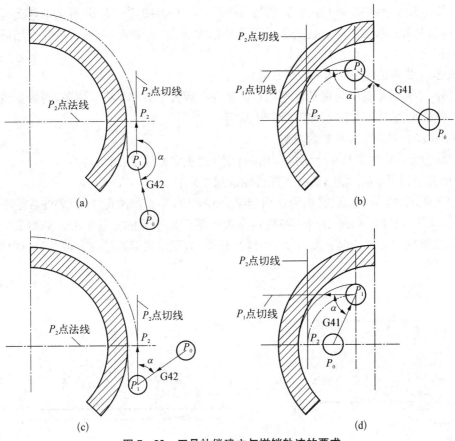

图 7‑33　刀具补偿建立与撤销轨迹的要求

（a）外轮廓　（b）内轮廓　（c）错误　（d）错误

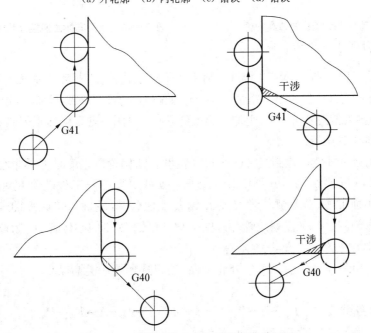

图 7‑34　刀具补偿建立与撤销轨迹的过切

还要引起注意的是，α 不能小于 90°。如图 7-33(c)、图 7-33(d)所示的情况是错误的，可能引起刀具补偿失败。这是由于刀具补偿的建立(或撤销)方向与补偿开始后的前进方向相反。

总之，α 要满足的条件为 $90° < \alpha \leqslant 180°$。

另外，刀具补偿建立与撤销轨迹的长度距离必须大于刀具半径补偿值，否则系统会产生刀具补偿无法建立的情况，有时会产生报警。

7.3.2.5 刀具半径补偿的应用

刀具半径补偿在数控铣床上的应用相当广泛，主要有以下几个方面：

(1) 避免计算刀心轨迹，直接用零件轮廓尺寸编程。

(2) 刀具因磨损、重磨、换新刀而引起半径改变后，不必修改程序，只要在数控系统面板上用 CRT/MDI 方式输入新的偏置量，其大小等于改变后的刀具半径。如图 7-35 所示，1 为未磨损刀具，2 为磨损后刀具，两者半径不同，只需将偏置量由 r_1 改为 r_2，即可适用于同一程序。

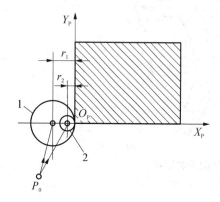

图 7-35 刀具半径变化的刀具补偿
1—未磨损刀具；2—磨损后刀具

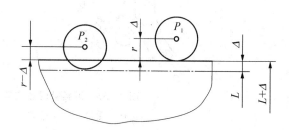

图 7-36 用刀具补偿值控制尺寸精度

(3) 用同一程序、同一尺寸的刀具，利用刀具补偿值，可进行粗精加工。如图 7-36 所示，刀具半径 r，精加工余量 Δ。粗加工时，输入偏置量等于 $r+\Delta$，则加工出点划线轮廓，同一刀具，但输入偏置量等于 γ，则加工出实线轮廓。图中，只为粗加工刀具中心位置，P_2 为精加工刀具中心位置。

(4) 利用刀具补偿值控制工件轮廓尺寸精度。因偏置量也就是刀具半径的输入值具有小数点后 2~4 位(0.01~0.000 1)的精度，故可用来控制工件轮廓尺寸精度。如图 7-36 所示，单面加工，若实测得到尺寸 L 偏大 Δ 值(实际轮廓)，将原来的偏置量 r 改为 $(r-\Delta)$，即可获得尺寸 L(点划线轮廓)，图中 P_1 为原来刀具中心位置，P_2 为修改刀具补偿值后的刀具中心位置。

例 7-5： 如图 7-37 所示零件外轮廓面，用刀具半径补偿编程。

解：

(1) 加工路线：$P_0 \rightarrow P_1 \rightarrow A \rightarrow B \rightarrow C \rightarrow D+E \rightarrow F \rightarrow G \rightarrow A \rightarrow P_2 \rightarrow P_0$。

(2) 工件坐标系如图 7-37 所示 $X_P O_P Y_P$。

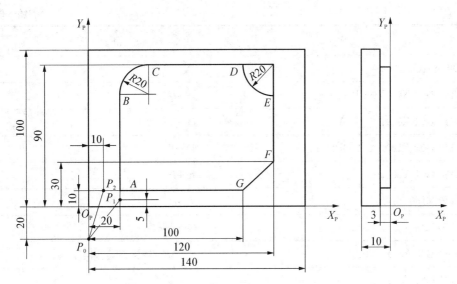

图 7-37　刀具补偿编程举例 1

(3) 轨迹点计算,坐标如表 7-5 所示。

(4) 采用左刀具补偿,程序如表 7-6 所示。

表 7-5　轨迹点坐标

轨迹点	X 坐标值	Y 坐标值	轨迹点	X 坐标值	Y 坐标值
P_0	0	−20	D	100	90
P_1	20	5	E	120	70
A	20	10	F	120	30
B	20	70	G	100	10
C	40	90	P_2	10	10

表 7-6　数控程序(FANUC)

程　　　序	说　　　明
O1122;	程序名
N10 G54;	设定加工坐标系
N20 G90;	
N30 M03 S1000;	主轴正转
N40 G00 Z10.;	
N50 X0 Y−20.;	移到 P_0
N60 Z3.;	
N70 G01 Z−3. F100;	
N80 G41 X20. Y5. D01;	建立左刀具补偿 $P_0 \rightarrow P_1$

程　　序	说　　明
N90 Y70.；	$P_1 \rightarrow A \rightarrow B$
N100 G02 X40. Y90. R20.；	$B \rightarrow C$
N110 G01 X100；	$C \rightarrow D$
N120 G03 X120. Y70. R20.；	$D \rightarrow E$
N130 G01 Y30.；	$E \rightarrow F$
N140 X100 Y10.；	$F \rightarrow G$
N150 X10.；	$G \rightarrow A \rightarrow P_2$
N160 G40 X0 Y - 20.；	$P_2 \rightarrow P_0$，撤销刀具补偿
N170 G01 Z3.；	
N180 G00 Z10.；	
N190 M05；	主轴停止
N200 M30；	程序结束

例 7 - 6：加工如图 7 - 38 所示零件内轮廓面，刀具直径 $\phi 8$ mm，用刀具半径补偿编程。

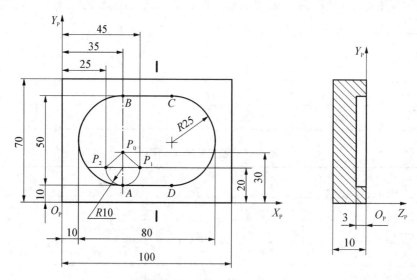

图 7 - 38　刀具补偿编程举例 2

解：

（1）加工路线：$P_0 \rightarrow P_1 \rightarrow A \rightarrow B \rightarrow C \rightarrow D \rightarrow A \rightarrow P_2 \rightarrow P_0$。

（2）工件坐标系如图 $X_P O_P Y_P$。

（3）轨迹点计算，坐标如表 7 - 7 所示。

（4）采用右刀具补偿，程序如表 7 - 8 所示。

表 7 - 7　轨迹点坐标

轨迹点	X 坐标值	Y 坐标值	轨迹点	X 坐标值	Y 坐标值
P_0	35	30	C	65	60
P_1	45	20	D	65	10
A	35	10	P_2	25	20
B	35	60			

表 7 - 8　数控程序(FANUC)

程　　　　序	说　　　　明
O2233；	程序名
N10 G54；	设定加工坐标系
N20 G90；	主轴正转
N30 M03 S1000；	
N40 G00 Z10.；	
N50 X35. Y30.；	刀具快移至 P_0
N60 G01 Z-3. F100；	刀具轴向进刀至 3 mm
N70 G42 X45. Y20. D01；	在 P_1 点建立刀具补偿
N80 G02 X35. Y10. R10；	$P_1 \to A$
N90 G02 Y60. R25.；	$A \to B$
N100 G01 X65.；	$B \to C$
N110 G02 Y10. R25.；	$C \to D$
N120 G01 X35.；	$D \to A$
N130 G02 X25. Y20. R10.；	$A \to P_2$
N140 G40；	撤销刀具补偿指令
N150 G01 X35. Y30.；	撤销刀具补偿 $\to P_0$
N160 G01 Z3.；	
N170 G00 Z10.；	Z 向快速退回
N180 M05；	主轴停止
N190 M30；	程序结束

7.4　固定循环功能

固定循环通常是用含有 G 功能的一个程序段完成用多个程序段指令才能完成的加

工动作,使程序得以简化。固定循环主要是指加工孔的固定循环和铣削型腔的固定循环。

7.4.1 孔的固定循环功能概述

1. 孔加工固定循环指令

孔加工的固定循环指令如表 7-9 所示。

表 7-9 孔加工的固定循环指令

G 代码	孔加工行程(-Z)	孔底动作	返回行程(+Z)	用 途
G73	间歇进给		快速进给	高速深孔往复排屑钻
G74	切削进给	主轴正转	切削进给	攻左螺纹
G76	切削进给	主轴定向刀具移位	快速进给	精镗
G80	—	—	—	取消指令
G81	切削进给	—	快速进给	钻孔
G82	切削进给	暂停	快速进给	钻孔
G83	间歇进给	—	快速进给	深孔排屑钻
G84	切削进给	主轴反转	切削进给	攻右螺纹
G85	切削进给	—	切削进给	镗削
G86	切削进给	主轴停转	切削进给	镗削
G87	切削进给	刀具移位主轴起动	快速进给	背镗
G88	切削进给	暂停,主轴停转	手动操作后快速返回	镗削
G89	切削进给	暂停	切削进给	镗削

2. 孔加工固定循环的运动与动作

在工件孔加工时,根据刀具的运动位置可以分为四个平面,如图 7-39 所示:初始平面、R 平面、工件平面和孔底平面。而在孔加工过程中,刀具的运动即固定循环如图 7-40 所示,由 6 个动作组成。

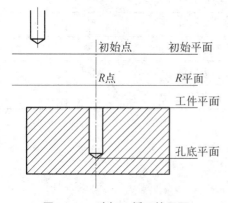

图 7-39 孔加工循环的平面

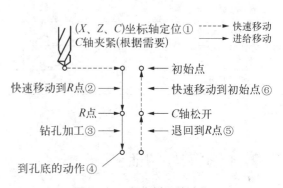

图 7-40 固定循环的动作

固定循环的 6 个动作:

(1) 动作①——X 轴和 Y 轴快速定位至初始点,刀具从起刀点→孔位正上方即初始点。

(2) 动作②——快速移到 R 点。

(3) 动作③——以切削进给的方式,执行孔加工(钻孔或镗孔等)动作,该动作为切削进给,所以进给率由 F 决定。

(4) 动作④——孔底的相应动作(暂停、主轴准停、刀具移位等),为了保证孔加工的加工质量,有的孔加工固定循环指令需要主轴准停、刀具移位等。

(5) 动作⑤——退回到 R 点,在同一平面继续孔加工时刀具返回到 R 点平面,移动的进给率按固定循环规定决定。

(6) 动作⑥——快速运行到初始点位置,孔加工完成后返回初始点平面。

应该注意:在固定循环中,刀具偏置 G45~G48 无效。刀具长度补偿 G43、G44、G49 有效,它们在动作②中执行。

还应说明几个平面:

(1) 初始平面——定位刀具的平面,G98 使刀具返回到此面。初始平面是为安全操作而设定的定位刀具的平面。初始平面到零件表面的距离可以任意设定。若使用同一把刀具加工若干个孔,当孔间存在障碍需要跳跃或全部孔加工完成时,用 G98 指令使刀具返回到初始平面,否则,在中间加工过程中可用 G99 指令使刀具返回到 R 点平面,这样一来缩短加工辅助时间。

(2) R 平面——距工件表面距离,一般为 2~5 mm,G99 刀具回到此面。R 点平面又叫 R 参考平面。这个平面表示刀具从快进转为工进的转折位置,R 点平面距工件表面的距离主要考虑工件表面形状的变化,一般可取 2~5 mm。

(3) 孔底平面——孔底位置所在的平面。

3. 选择加工平面及孔加工轴线

选择加工平面有 G17、G18 和 G19 三条指令,这三条指令对应 XOY、XOZ 和 YOZ 三个加工平面,对应三条孔加工轴线 Z 轴、Y 轴和 X 轴。立式数控铣床孔加工时,只能在 XOY 平面内使用 Z 轴作为孔加工轴线,与平面选择无关。

7.4.2　固定循环功能及编程格式

编程格式:

$$\begin{Bmatrix} G90 \\ G91 \end{Bmatrix} \begin{Bmatrix} G99 \\ G98 \end{Bmatrix} G\times\times \quad X\text{-} Y\text{-} Z\text{-} R\text{-} Q\text{-} P\text{-} F\text{-} K\text{-};$$

可见,组成一个固定循环,要用到以下三组 G 代码和一组 M 代码:

(1) 数据格式代码:G90/G91。

(2) 返回点代码:G98(返回初始点)/G99(返回 R 点)。

(3) 孔加工方式代码:G73~G89。

(4) 在使用固定循环编程时一定要在前面程序段中指定 M03/M04,使主轴起动。

指令功能:

孔加工固定循环。当孔加工方式建立后，一直有效，而不需要在执行相同孔加工方式的每一个程序段中指定，直到被新的孔加工方式所更新或被撤销。

指令说明：

① G90 和 G91 表示绝对和增量坐标方式，X、Y 坐标尤其是孔底位置 Z 坐标会区别很大。

② G99 和 G98 为返回点平面选择指令，在返回动作中，G99 指令表示刀具返回到 R 点平面，G98 指令表示返回到初始点平面（见图 7 - 41）。通常，最初的孔加工用 G99，最后加工用 G98，可减少辅助时间。用 G99 状态加工孔时，初始点平面也不变化。

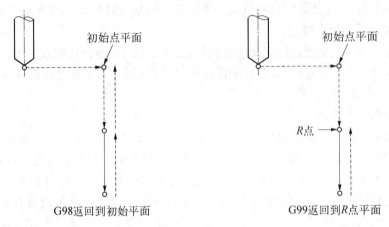

图 7 - 41　初始平面 R 和点平面

③ G×× 为孔加工方式 G73～G89 指令，如表 7 - 9 所示。如 G81 表示定点钻孔循环；G83 表示深孔钻削循环。

④ X，Y 表示孔位置坐标，用绝对值或增量值指定孔的位置，刀具以快速进给方式到达 $(X，Y)$ 点；Z 表示指定孔底平面的位置，即孔加工轴方向切削进给最终位置坐标值，与 G90 或 G91 指令选择有关：在采用绝对值方式 G90 时，Z 值为孔底坐标值；采用增量值方式 G91 时，Z 值规定为 R 点平面到孔底的增量距离，如图 7 - 42 所示。

⑤ R 表示指定 R 点平面的位置，与 G90 或 G91 指令的选择有关：在绝对方式 G90 时，为 R 点平面的绝对坐标；在增量方式 G91 时，为初始点到 R 点平面的增量距离，如图 7 - 42 所示。

⑥ Q 表示在用于深孔钻削加工 G83 及 G73 方式中，被规定为每次切削深度，它始终是一个增量值；在 G76 或 G87 指令中定义位移量，是增量值，与 G90 或 G91 指令的选择无关。

⑦ P 表示规定在孔底的暂停时间，用整数表示，以毫秒(ms)为单位。

⑧ F 表示切削进给速度，以 mm/min 为单位，为模态指令，即使取消了固定循环，在其后的加工程序中仍然有效。

⑨ K 表示用 K 或 L 值指定固定循环重复加工次数，执行一次可省略不写，当 $K=0$ 时，则系统存储加工数据，但不执行加工。如果程序中选 G90 指令，则刀具在原来位置重复加工，如果选择 G91 指令，则用一个程序段对分布在一条直线上的若干个等距孔进行

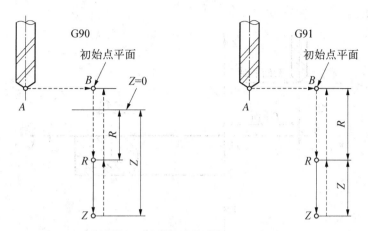

图 7‑42　*Z* 轴的绝对值指令和增量值指令

加工。*K* 或 *L* 指令仅在被指定的程序段中有效。

上述孔加工数据,不一定全部都写,根据需要可省去若干地址和数据。

另外这里,固定循环指令是模态指令,一旦指定,就一直保持有效,直到用 G80 取消指令为止。此外,G00、G01、G02、G03 也起取消固定循环指令的作用。

在固定循环方式中,如果指令了刀具长度补偿(G43,G44,G49),则 *R* 点的位置在平面定位时进行偏移,如图 7‑40 所示的动作②。

7.4.3　两种孔加工循环的说明

1. 定点钻孔循环(G81)

定点钻孔循环是一种常用的钻孔加工方式,其循环动作如图 7‑43 所示。

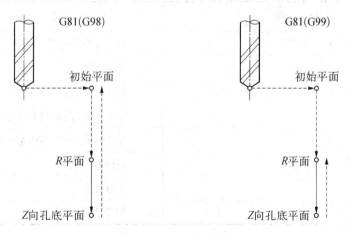

图 7‑43　G81 钻孔循环

例 7‑7:用定点钻孔加工指令 G81,编程加工如图 7‑44 所示零件上的 3 个直径为 $\phi5$ mm 的孔,钻削孔深为 8 mm。

解:现设主轴转速为 1 000 r/min,进给速度为 80 mm/min,确定起刀点平面为初始点平面,其坐标值 *Z*=15 mm,定 *R* 点平面坐标值为 3 mm,编写零件加工程序如表 7‑10、

表 7 - 11 所示。

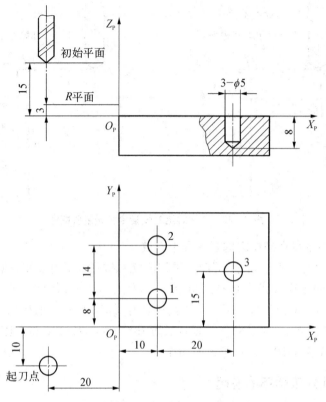

图 7 - 44　例 7 - 7 点钻(G81)编程举例

表 7 - 10　例 7 - 7 绝对方式编程(G81)

程　序	说　明
N10 G92 X - 20. Y - 10. Z15. ；	设定工件坐标系
N20 M03 S1000；	主轴正转
N30 G90 G81 G99 X10. Y8. Z - 8. R3. F80；	钻 1 号孔,返回到 R 平面
N40 Y22. ；	钻 2 号孔,返回到 R 平面
N50 G98 X30. Y15. ；	钻 3 号孔,返回到初始平面
N60 G00 X - 20. Y - 10. ；	返回起刀点
N70 M05；	主轴停
N80 M30；	程序结束

表 7 - 11　例 7 - 7 增量方式编程(G81)

程　序	说　明
N10 G92 X - 20. Y - 10. Z15. ；	设定工件坐标系
N20 M03 S1000；	主轴正转

程　　序	说　　明
N30 G91 G81 G99 X30. Y18. Z - 11. R - 12. F80;	钻 1 号孔，返回到 R 平面
N40 Y14. ;	钻 2 号孔，返回到 R 平面
N50 G98 X20. Y - 7. ;	钻 3 号孔，返回到初始平面
N60 G00 X - 50. Y - 25. ;	回起刀点
N70 M05;	主轴停
N80 M30;	程序结束

例 7 - 8： 加工如图 7 - 45 所示零件，三个孔在 X 向等距，在 Y 向也等距离分布，用 G81 指令编程。

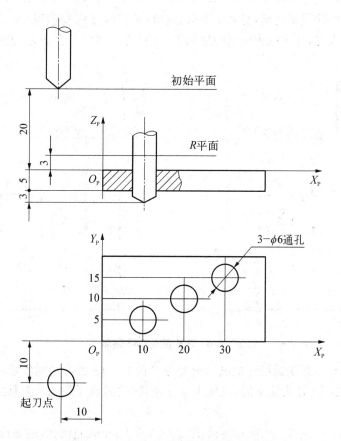

图 7 - 45　例 7 - 8 斜线孔 G81 编程举例

解： 加工程序如表 7 - 12 所示。

表 7-12　例 7-8 斜线孔的编程(G81)

程　序	说　明
N10 G92 X-10. Y-10. Z20. ;	设定工件坐标系
N20 M03 S1000 ;	主轴正转
N30 G90 G00 X0 Y0 ;	刀具移至 O_P 点上方
N40 G91 G81 G99 X10. Y5. Z-11. R-17. K3. ;	刀具加工 3 个孔,每次返回 R 平面
N50 G90 G00 Z20. ;	返回到初始平面
N60 X-10. Y-10. ;	回起刀点
N70 M05 ;	主轴停
N80 M30 ;	程序结束

2. 深孔钻削循环 G83

深孔钻削循环指令 G83 如图 7-46 所示。其中有一个加工数据 Q,即为每次切削深度,当钻削深孔时,须间断进给,有利于断屑、排屑,钻削深度到 Q 值时,退回到 R 点平面,当第二次以后切入时,先快速进给到距刚加工完的位置 d 处,然后变为切削进给。

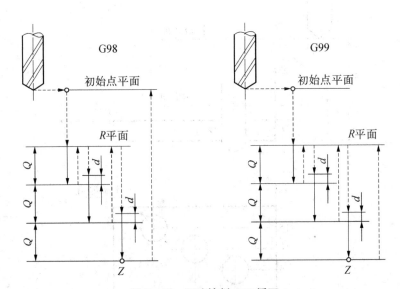

图 7-46　深孔钻削 G83 循环

钻削到要求孔深度的最后一次进刀量是进刀若干个 Q 之后的剩余量,它小于或等于 Q。Q 用增量值指令,必须是正值,即使指令了负值,符号也无效。d 用系统参数设定,不必单独指令。

例 7-9:加工如图 7-47 所示零件图,钻削 2 个 $\phi5$ mm 的深孔,用深孔钻削循环指令 G83 编程。

解:设定 $Q = 15$ mm,R 点的 Z 向绝对坐标值为 2 mm,d 由系统参数设定为 2 m,加工程序如表 7-13、表 7-14 所示。

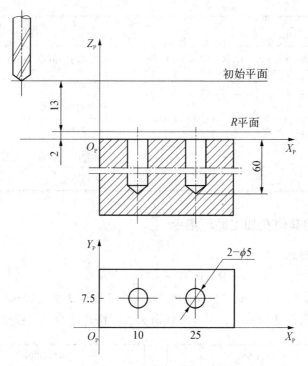

图 7 - 47　例 7 - 9 编程举例(G83)

表 7 - 13　例 7 - 9 绝对方式编程(G83)

程　　序	说　　明
N10 G54；	设定工件坐标系
N20 M03 S1000；	主轴正转
N30 G90 G83 G99 X10. Y7.5 Z - 60. R 2. Q15. F80；	钻左边孔,间断钻削,每次返回 R 平面
N40 X25. ；	钻右边孔,间断钻削,每次返回 R 平面
N50 G00 Z15. ；	返回初始平面
N60 X0 Y0；	返回工件原点
N70 M05；	主轴停
N80 M30；	程序结束

表 7 - 14　例 7 - 9 增量方式编程(G83)

程　　序	说　　明
N10 G54；	设定工件坐标系
N20 M03 S1000；	主轴正转
N30 G90 G00 X - 20. Y0 Z15.	

程　　序	说　　明
N40 G91 G83 G99 X30. Y7.5 Z-62. R-13. Q15. F80；	钻左边孔,间断钻削,每次返回 R 平面
N50 X15. ；	钻右边孔,间断钻削,每次返回 R 平面
N60 G00 Z13. ；	返回初始平面
N70 X-45. Y-7.5；	
N80 M05；	主轴停
N90 M30；	程序结束

7.4.4　简单介绍其他孔加工循环指令

1. **钻孔 G82 循环**

指令格式：G82 X-Y-Z-R-P-F-；

动作示意如图 7-48 所示,与 G81 相同,只是刀具在孔底位置执行暂停及光切后退回,以改善孔底的粗糙度和精度。图中虚线箭头表示快速进给,实线进给表示切削进给。

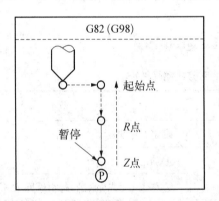
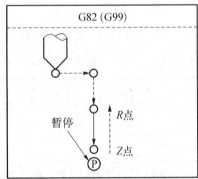

图 7-48　G82 循环

2. **高速深孔往复排屑钻 G73 循环**

指令格式：G73 X-Y-Z-R-Q-F-；

动作示意如图 7-49 所示,图中虚线箭头表示快速进给,实线进给表示切削进给。

进刀量 d 是用参数(No. 5114)设定。设定一个小的退刀量,使在钻深孔时间歇进给便于排屑,退刀是以快速进给速度执行。

3. **攻左旋螺纹 G74 循环**

指令格式：G74 X-Y-Z-R-F-；

动作示意如图 7-50 所示。在孔底位置主轴正转执行攻左旋螺纹。

在 G74 指定攻左旋螺纹时,进给率调整无效。即使用进给暂停,在返回动作结束之前循环不会停止。

4. **攻右旋螺纹 G84 循环**

指令格式：G84 X-Y-Z-R-F-；

动作示意如图 7‑51 所示。在孔底位置主轴反转退刀。

在 G84 指定攻右旋螺纹循环中,进给率调整无效,即使用进给暂停,在返回动作结束之前不会停止。

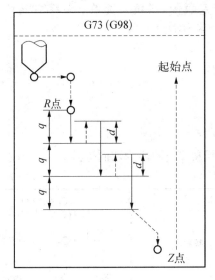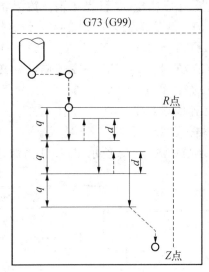

图 7‑49　G73 循环

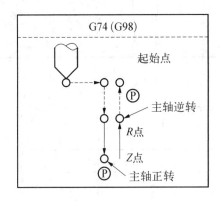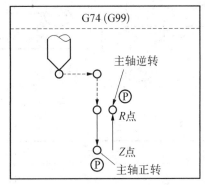

图 7‑50　G74 左螺纹循环

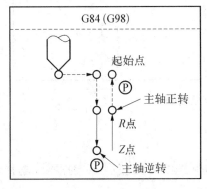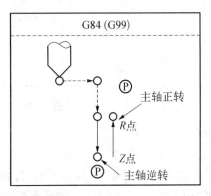

图 7‑51　G84 右螺纹循环

5. 精镗 G76 循环

指令格式：G76 X－Y－Z－R－Q－P－F－;

动作示意如图 7－52 所示，主轴在孔底位置准停，刀具让刀快速退回。

平移量用 Q 指定，Q 值是正值。如果指定负值，则负号无效。平移方向可用参数 RD1($No. 5101 \sharp 4$)、RD2($No. 5101 \sharp 5$)设定如下方向之一。

G17(XOY 平面)：$+X$、$-X$、$+Y$、$-Y$;

G18(ZOX 平面)：$+Z$、$-Z$、$+X$、$-X$;

G19(YOZ 平面)：$+Y$、$-Y$、$+Z$、$-Z$。

6. 镗削 G85 循环

指令格式：G85 X－Y－Z－R－F－;

动作示意如图 7－53 所示，与 G81 类似，但从 $Z{\rightarrow}R$ 段为切削进给。

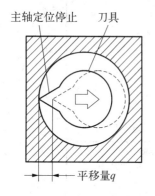
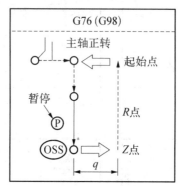
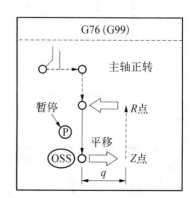

图 7－52　G76 精镗循环

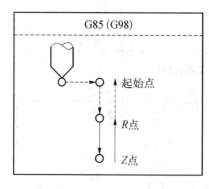
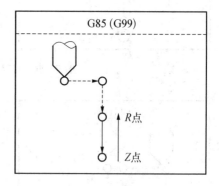

图 7－53　G85 镗削循环

7. 镗削 G86 循环

指令格式：G86 X－Y－Z－R－F－;

动作示意如图 7－54 所示，与 G81 类似，但进给到孔底后，主轴停转，返回到 R 点（G99 方式）或初始点（G98）后，主轴再重新起动。

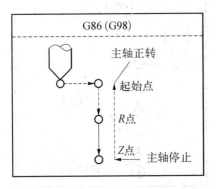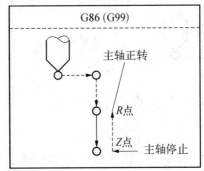

图 7‑54　G86 镗削循环

8. 反镗(背镗)G87 循环

指令格式：G87 X‑Y‑Z‑R‑Q‑F‑；

动作示意如图 7‑55 所示，刀具沿 X、Y 轴定位后，主轴准停。主轴让刀以快速进给率在孔底位置定位(R 点)，主轴正转。从 Z 轴的方向到 Z 点进行加工。在这个位置，主轴再度准停，刀具退出。刀具返回到起始点后，只进刀。主轴正转，刀具执行下一个程序段。该让刀量及方向与 G76 相同(方向设定和 G76 及 G87 相同)。

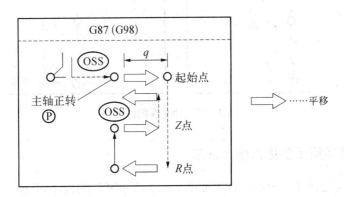

图 7‑55　G87 背镗循环

9. 镗削 G88 循环

指令格式：G88 X‑Y‑Z‑R‑P‑F‑；

动作示意如图 7‑56 所示，X、Y 轴定位后，以快速进给移动到 R 点，接着由 R 点进行钻孔加工。钻孔加工结束后，则暂停后主轴停止，再手动由 Z 点向 R 点退出刀具。

由 R 点向起始点，主轴正转快速进给返回。

10. 镗削 G89 循环

指令格式：G89 X‑Y‑Z‑R‑P‑F‑；

动作示意如图 7‑57 所示，与 G85 类似，从 Z→R 段为切削进给，但在孔底时有暂停动作。

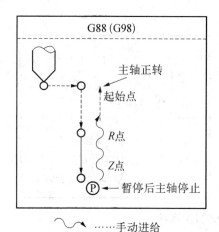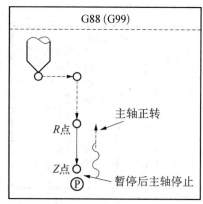

图 7‑56　G88 镗削循环

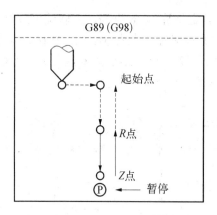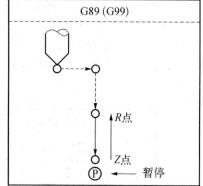

图 7‑57　G89 镗削循环

7.4.5　固定循环用于多把刀综合加工

例 7‑10：编写在加工中心上加工如图 7‑58 所示零件的程序,其中♯12～♯13 号孔已粗加工。

在补偿号 No.11 设定补偿量为＋200.0,在补偿号 No.15 设定补偿量为＋190.0,在补偿号 No.31 设定补偿量为＋150.0。φ10、φ20、φ95 三种孔分别用 G81、G82、G85 三种固定循环指令进行加工,程序如下:

O0010；

N10 G92 X0 Y0 Z0；

N20 G90 G00 Z250.0 T11 M06；

N30 G43 Z0 H11；

N40 S300 M03；

N50 G99 G81 X400.0 Y‑350.0 Z‑153.0 R‑97.0 F120；

N60 Y‑550.0；

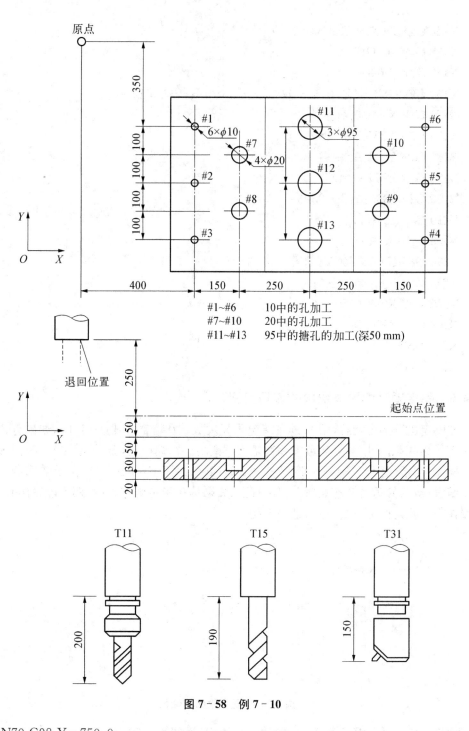

#1~#6 10中的孔加工
#7~#10 20中的孔加工
#11~#13 95中的镗孔的加工(深50 mm)

图 7 - 58 例 7 - 10

N70 G98 Y - 750. 0；
N80 G99 X1200. 0；
N90 Y - 550. 0；
N100 G98 Y - 350. 0；
N110 G49 Z250. 0 M05；

N120 G28 Z350.0 T15 M06；

N130 G43 Z0 H15；

N140 S200 M03；

N150 G99 G82 X550.0 Y－450.0 Z－130.0 R－97.0 F300；

N160 G98 Y－650.0；

N170 G99 X1050.0；

N180 G98 Y－450.0；

N190 G49 Z250.0 M05；

N200 G28 Z350.0 T31 M06；

N210 G43 Z0 H31；

N220 S100 M03；

N230 G85 G99 X 800Y－350.0 Z－158.0 R－47 F50；

N240 G91 Y－200.0 K2；

N250 G28 X0 Y0 M05；

N260 G49 Z350.0；

N270 G80；

N280 M30；

7.4.6　固定循环中重复次数的使用实例

在固定循环指令最后，用 K 地址指定重复次数。在增量方式(G91)时，如果有孔距相同的若干相同孔，采用重复次数来编程是很方便的。在编程时，要采用 G91、G90 方式。

例如，当指令为 G91 G81 X50.0 Z－20.0 R－10.0 K6 F200 时，由于采用增量方式 G91 编程，所以其运动轨迹如图 7－59 所示；如果是在绝对值方式中，则不能钻出 6 个孔，仅仅在第一孔处往复 6 次，结果是一个孔。

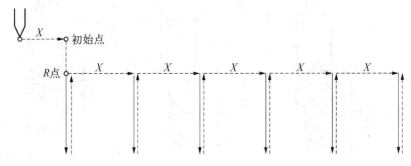

图 7－59　重复次数的使用

例 7－11： 试采用重复固定循环方式，加工如图 7－60 所示各孔。刀具：T01 为 ϕ10 mm 的钻头，长度补偿号为 H01。零件厚度 $t = 10$ mm。

程序如下：

O00010

N10 G54 G17 G80 G90 G21 G49 T01；

N20 M06；
N30 M03 S800；
N40 G43 G00 Z20.0 H01；
N50 G00 X10.0 Y51.963 M08；
N60 G91 G81 G99 X20.0 Z-18.0 R17.0 K4；
N70 X10.0 Y-17.321；
N80 X-20.0 K4；
N90 X-10.0 Y-17.321；
N100 X20.0 K5；
N110 X10.0 Y-17 321；
N120 X-20.0 K6；
N130 X10.0 Y-17.321；
N140 X20.0 K5；
N150 X-10.0 Y-17.321；
N160 X-20.0 K4；
N170 X10.0 Y-17.321；
N180 X20.0 K3；
N190 G80 M09；
N200 G49 G90 G00 Z300.0；
N210 G28 X0 Y0 M05；
N220 M30；

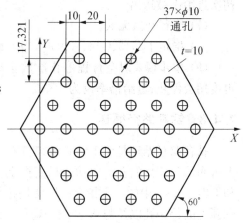

图 7-60　重复固定循环加工实例

7.4.7　使用孔的固定循环信息注意事项

（1）指令前要用 M03/M04，使主轴转动；M05 在后也同样。

（2）循环钻孔，必须包含 X、Y、Z、R 等信息，否则不钻孔。
G04 P（或 X）后，无论何种情况都不转。

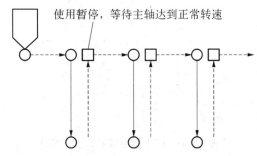

图 7-61　G04 在孔的固定循环中的应用

（3）Q、P 作为模态指令，须在钻孔程序段中指定后，否则不保存为模态。

（4）在循环中主轴旋转（G74、G84、G86）控制时，到下次加工或启动到加工时间间距很短时，可在每个钻孔动作中插入 G04，如图 7-61 所示，以使主轴达到正常转速。

注意：暂停时不用 K 指定重复次数。

（5）循环指令代码前、后，出现 01 组代码时，X、Y、Z 按 01 组代码移动，R、P、Q 被忽略，F 被记忆。

G00(G01/G02/G03) G×× X-Y-Z-R-Q-P-F-K-

或　G×× G00(G01/G02/G03) X-Y-Z-R-Q-P-F-K-

（6）如循环指令和 M 功能在同一程序段中，定位前执行了 M 功能，这时，M 码只在初次进给中被送出。

（7）半径补偿无效。

（8）指定了 G43、G44、G49 时，当刀具位于 R 点时生效。

（9）单步模式时空行程停止次数会增多。在 G74、G84 时，进给暂停只能使用一次，再度用会停止；进给倍率设为 100%。

7.4.8 钻孔路径循环

钻孔路径循环是用于钻有规律分布的孔的循环。如法兰盘上的等分孔、圆弧或斜线上分布的等距离的孔。此功能只能指定孔的位置，但能与固定循环（G73、G74、G76、G77 和 G81～G89）中的一个指令一同使用来加工孔。使用此功能可以加工圆周上的等分孔、圆弧上的等距孔以及与 X 轴成一定角度的直线即斜线上的等距离的孔。

1. 圆周孔系加工循环（G70）

用此指令可以在半径为 I 的圆周上完成对间距为 L 的等间距分布（均布）的孔进行精确的定位，与孔加工固定循环配合，完成圆周上均布孔系的加工。

指令格式：G70 X－Y－I－J－L－；

式中：X、Y 表示圆弧中心坐标，用 G90 或 G91 方式均可；

　　　I 表示孔分布圆的半径，用正值编程；

　　　J 表示第一个孔和 X 轴的夹角；

　　　L 表示圆周分布的孔数，逆时针的顺序用正值编程。

图 7－62 为用 G70 循环的示意。其程序如下：

G81 G98 G90 Z－50.0 R－20.0 F20 L0；　　　钻孔固定循环，返回到初始点

G70 X90.0 Y30.0 I40.0 J20.0 L6；　　　圆周钻孔循环

G80 G00 X0 Y0；　　　取消固定循环，回到零点

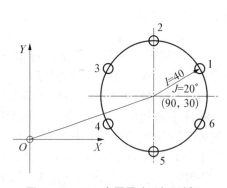

图 7－62　G70 在圆周孔系加工循环

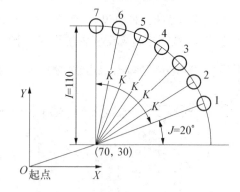

图 7－63　G71 在圆弧孔系加工循环

2. 圆弧孔系加工循环（G71）

G71 是在圆弧上加工等间距孔的循环指令。用此指令刀具会自动定位于指定圆弧的各等间距点上，并与孔加工固定循环配合，完成圆弧上的均布孔系的加工。

指令格式：G71 X－Y－I－J－K－L－；

式中：X、Y 表示圆弧中心坐标，用 G90 或 G91 方式均可；

I 表示孔所分布的圆弧半径,用正值编程;

J 表示第一个孔和 *X* 轴的夹角;

K 表示孔间距夹角,正值指令逆时针方向;

L 表示圆弧上所分布的孔数,应为正值。

图 7 - 63 为用 G71 在圆弧上钻孔路径循环的示意。其程序如下:

G81 G98 G90 Z - 50 R - 20 F20 L0;　　　　钻孔固定循环,返回到初始点

G71 X70 Y30 I110 J20 K15.2 L7;　　　　圆弧钻孔路径循环

G80 G00 X0 Y0;　　　　取消固定循环,刀具回到零点

3. 斜线孔系加工循环(G72)

G72 是在斜线上钻等间距孔的循环指令。用此指令刀具会自动定位于与 *X* 轴成夹角 *J* 的斜线上分布的等间距的点上,并与孔加工固定循环配合,完成圆弧上的均布孔系的加工。

指令格式:G72 X - Y - I - J - L -;

式中:*X*、*Y* 表示钻孔起点坐标,用 G90 或 G91 方式均可;

I 表示孔间距,当 *I* 为负值时,刀具将定位于斜线的负方向;分布圆的半径,用正值编程;

J 表示斜线与 *X* 轴的夹角,*J* 为正值时,用于正向定位;

L 表示斜线上分布的孔数,应为正值。

图 7 - 64 为用 G72 在斜线上钻孔循环的示意。其程序如下:

G81 G98 G90 Z - 50 R - 20 F20 L0;　　　　钻孔固定循环,返回到初始点

G72 X70 Y30 I25 J15.5 L6;　　　　斜线上钻孔路径循环

G80 G00 X0 Y0;　　　　取消固定循环,刀具回到零点

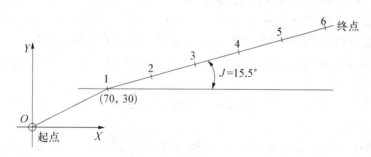

图 7 - 64　G72 在斜线上钻孔循环

4. 网孔的循环

1) X 轴优先

G113　I -　J -　P - K -　(E - E -);　　　　如图 7 - 65 所示

例如:G113　I(I_0 值)　J(J_0 值)　P4 K3 E4 E9;如图 7 - 65 所示

2) Y 轴优先

G114　I -　J -　P - K -　(E - E -);　　　　如图 7 - 66 所示

式中,*I*/*J*:孔分布范围(*XOY* 坐标系中最远点的坐标值);

　　P:*X* 轴向孔的个数;

K：Y 轴向孔的个数；

E：不加工孔的位置(按顺序号)。

注：分别按 X 轴向和 Y 轴向的连续顺序编号,并以此序号孔加工。

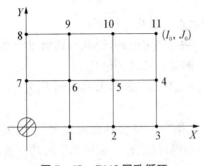

图 7-65　G113 网孔循环

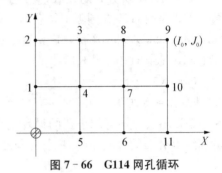

图 7-66　G114 网孔循环

7.4.9　型腔固定循环

型腔加工循环为非标准加工循环功能,不同 CNC 系统型腔加工功能和指令格式有很大区别。有的系统矩形型腔固定循环用 G87;圆形型腔固定循环用 G88,取消型腔固定循环仍用 G80,现分别介绍如下。

1. G87 矩形型腔固定循环指令

G87 的编程格式如下：

G87 G98(或 G99) X-Y-Z-J-K-B-C-D-H-L-N-F-;

指令说明：

(1) G98/G99 的含义与钻削固定循环相同。X、Y 为图形对称中心坐标,用 G90 为绝对坐标值,用 G91 为增量坐标值,编入 G00 时,刀具快速移到图形对称中心点,编入 G01 时,刀具以进给速度移到图形对称中心点,此点也可以用极坐标编程。

(2) Z 为起始平面到 R 平面的距离,以 G00 的速度执行,G90 时 Z 时为绝对值,用 G91 时为增量值。

(3) I 定义加工深度,当编入 G90 时,I 为绝对值,编入 G91 时 I 为增量值,即以 R 平面为基准。

(4) J 是图形中心沿相应轴(G17 为 Z 轴、G18 为 X 轴、G19 为 Y 轴)到型腔边缘的距离。正、负决定铣削走向。

(5) K 是图形中心沿另一轴,从图形中心到型腔边缘的距离,前边不冠正、负号。

(6) B 定义型腔深度方向每一次切去金属的深度。

(7) C 为相邻的刀具中心轨迹间的距离,不带正、负号,若未编入 C 值,则数控装置自动取值为刀具半径的 3/4。

(8) D、R 为平面与工件表面之间的距离,当刀具垂直于主平面快速移到 R 平面之后,接着以工进速度切入第一层要切削的深度,此时移动的距离为($D+B$),以后各层切入均为 B,当 D 取负值时,第一层切入值小于 B,即($B-D$)。

(9) H 为最后一刀精切时的进给速度。

（10）L 为最后一切精切的余量，L 为正值表示方角过渡，L 为负值表示圆角过渡。

（11）N 为本程序执行的次数，用 G91 编程时使用。

图 7-67 为各地址符含义的示意。从图中可以看出每切完一层，刀具轴向退出 1 mm 后再快速退到图形中心，再轴向进刀切削第二层，如此反复进行。

图 7-68 是使用 G87 进行编程的例子。矩形型腔尺寸为 105 mm×75 mm，深 40 mm。R 平面与工件表面距离为 2 mm，起刀点为 (X_0, Y_0, Z_0)，铣刀编程号 T01，铣刀直径 ϕ15 mm。编程如下：

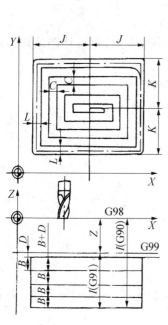

图 7-67　G87 地址符含义

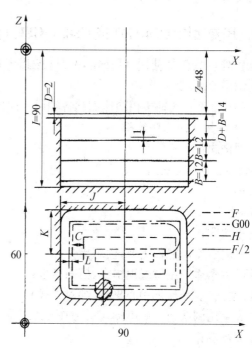

图 7-68　G87 应用实例

N0 G87 G98 G00 G90 X90 Y60 Z-48 I-90 J52.5 K37.5 B12 C10 D2 H100 L5 F300 S1000 T01 M03；

N5 G80 X0 Y0；

N10 M30；

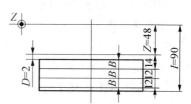

2. G88 圆形型腔固定循环指令

G88 的编程格式如下：

G88 G98(或 G99) X-Y-Z-J-B-C-D-H-L-N-F-；

地址符含义的定义与 G87 相同（不需 K 值），若铣削一个 ϕ140 mm 深 40 mm 的圆形型腔（见图 7-69），起刀点为 (X_0, Y_0, Z_0)，R 平面距工件表面 2 mm，刀具编号 T01，铣刀直径 ϕ15 mm。编程如下：

N0 G88 G98 G00 G90 X90 Y80 Z-48 I-90 J70

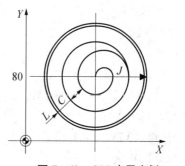

图 7-69　G88 应用实例

B12 C10 D2 H100 L5 F300 S1000 T01 M03；

 N5 G80 X0 Y0；

 N10 M30；

7.5 几种特殊编程指令

7.5.1 图形比例(G50、G51 或 G50.1、G51.1)

这一对 G 代码的使用，可使编程尺寸按指定比例缩小或放大，也可让图形按指定规律产生镜像变换。

比例功能有：各轴按相同比例和各轴以不同比例两种。

1. 各轴按相同比例编程

编程格式：

G51 X_ Y_ Z_ P_ ；

······

G50；

指令说明：

G51 表示比例编程指令，模态指令；

G50 表示撤销比例编程指令，模态指令；

X、Y、Z 表示比例中心坐标(绝对方式)；

P 表示比例系数。最小输入量为 0.001，比例系数的范围：0.001~999.999。P 值对补偿量无影响；

G51 指令以后的移动指令，从比例中心点开始，实际移动量为原数值的 P 倍。

如图 7-70 所示，将图形放大一倍进行加工，其加工程序如下：

O0002(主程序)

N10 G59 T01；

N20 G90 X0 Y0 M06；

N30 G51 X15 Y15 P2；

N40 M98 P0200；

N50 G50；

N60 M30；

O0200(子程序)

N10 S1500 F100 M03；

N20 G43 G01 Z-10 H01；

N30 G00 Y10；

N40 G42 D01 G01 X5；

N50 G01 X20；

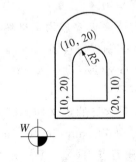

图 7-70 以给定点为缩放中心进行编程

N60 Y20；

N70 G03 X10 R5；

N80 G01 Y10；

N90 G40 G00 X0 Y0；

N100 G49 G00 Z300；

N110 M99；

2. 各轴以不同比例编程

编程格式：

G51 X－Y－Z－I－J－K－；

……

G50；

指令说明：

G51 表示比例编程指令，模态指令；

G50 表示撤销比例编程指令，模态指令；

X、Y、Z 表示比例中心坐标(绝对方式)；

I、J、K 表示对应 X、Y、Z 轴的比例系数，比例系数在：$\pm 0.001 \sim \pm 9.999$ 范围内。本系统设定 I、J、K 不能带小数点，比例为 1 时，应输入 1000，并在程序中都应输入，不能省略。比例系数与图形的关系如图 7-71 所示。其中：b/a 为 X 轴系数，d/c 为 Y 轴系数，O 为比例中心。

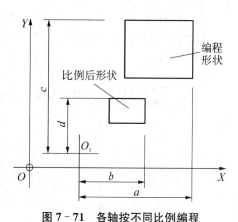

图 7-71　各轴按不同比例编程

7.5.2　坐标轴的旋转

该指令可使编程图形按指定旋转中心及旋转方向将坐标系旋转一定的角度。

指令格式：

G68 X－Y－R－；

……

G69；

指令说明：

G68 表示坐标系旋转指令，模态指令；

G69 表示撤销旋转功能，模态指令；

X、Y 表示旋转中心的坐标值(可以是 X、Y、Z 中的任意两个，由当前平面选择指令确定)。当 X、Y 省略时，G68 指令认为当前的位置即为旋转中心；

R 表示旋转角度，逆时针旋转定义为正，一般为绝对值。旋转角度范围：$-360.0° \sim +360.0°$，单位为 $0.001°$。当 R 省略时，按系统参数确定旋转角度。

1. 确定旋转中心的编程举例

(1) 当程序用绝对值时，G68 程序段后的第一个程序段必须使用绝对值指令，才能确定旋转中心，如图 7-72 所示的旋转中心(7, 3)，否则，(7, 3)将不能成为旋转中心。

（2）如果这一程序段为增量值，那么系统将以当前位置为旋转中心，按 G68 给定的角度旋转坐标系，如图 7 - 72 所示的起刀点（-5，-5）。

程序如下：

O100；

N10 G92 X - 5 Y - 5；

N20 G68 G90 X7 Y3 R60（G90 编程）

N30 G90 G01 X0 Y0 F200；

　　（G91 X5 Y5）；

N40 G91 X10；

N50 G02 Y10 R10；

N60 G03 X - 10 I - 5 J - 5；

N70 G01 Y - 10；

N80 G69 G90 X - 5 Y - 5；

N90 M30；

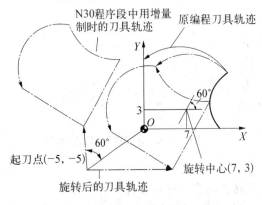

图 7 - 72　坐标系的旋转（旋转中心的区别）

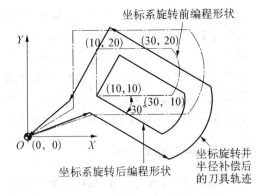

图 7 - 73　坐标系旋转与刀具半径补偿

2. 坐标旋转功能

坐标系旋转功能与其他功能的旋转平面，一定要在刀具半径补偿平面，如图 7 - 73 所示。

假定选用半径为 R5 的立铣刀时，设置刀具补偿偏置号 D01 的数值为 5。程序如下：

O110；

N10 G92 X0 Y0；

N20 G68 R - 30（并非 G90 编程）

　　（当 X、Y 省略时）

N30 G42 G90 X10 Y10 F100 D01；

N40 G91 X20；

N50 G03 Y10 I - 10 j5；

N60 G01 X - 20；

N70 Y - 10；

N80 G40 G90 X0 Y0；

N90 G69 M30；

3. 坐标系旋转与比例编程方式的关系

在比例模式时，再执行坐标旋转指令，旋转中心坐标也执行比例操作，但旋转角度不受影响。

这时各指令的排列顺序如下：

G51······

G68······

G41/G42······

G40······

G69······

G50······

4. 坐标系旋转的应用（旋转指令的重复）

可储存一个程序作为子程序，用变换角度的方法即旋转一定角度后调用该子程序进行编程。

例如，将如图 7 - 70 所示图形按如图 7 - 74 所示旋转 60°进行加工时，其加工程序如下：

O0004（主程序）

N10 G59 T01；

N20 G00 G90 X0 Y0 M06；

N30 G68 X15 Y15 R60；

N40 M98 P0200；

N50 G69 G90 X0 Y0；

N60 M30；

O0200（子程序）

N10 S1500 F100 M03；

N20 G43 G01 Z－10 H01；

N30 G00 Y10；

N40 G42 D01 G01 X5；

N50 G01 X20；

N60 Y20；

N70 G03 X10 R5；

N80 G01 Y10；

N90 G40 G00 X0 Y0；

N100 G49 G00 Z300；

N110 M99；

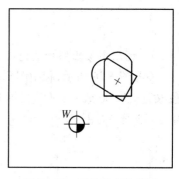

图 7-74　以给定点为旋转
中心进行编程

297

7.5.3 镜像功能

当工件具有相对于某一轴对称的图形时,即当加工某些对称图形时,如图 7-75(a)、图 7-75(b)、图 7-75(c)所示,分别是 Y 轴、X 轴和原点对称图形,为了避免重复编制相类似的程序,缩短加工程序,可采用镜像加工功能和子程序的方法,只对工件的一部分进行编程,就能加工出工件的整体,这就是镜像功能。

编程轨迹为一半图形,另一半图形可通过镜像加工指令完成,有时可由外部开关来设定镜像功能。

不同的系统用不同的指令,有的用 M 代码,有的用 G 代码,甚至利用图形比例功能也可以实现镜像加工。

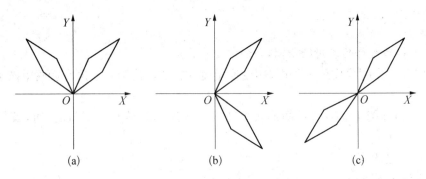

图 7-75 对称图形

(a) Y 轴对称 (b) X 轴对称 (c) 原点对称

1. 利用图形比例功能进行镜像加工

如图 7-76 所示,利用图形比例功能进行镜像加工时,设刀具起始点在 O 点,比例系数取为 $+1\,000$ 或 $-1\,000$,根据各个轴的正方向选择 $+1\,000$ 和 $-1\,000$ 来设定第一到第四象限,则程序如下:

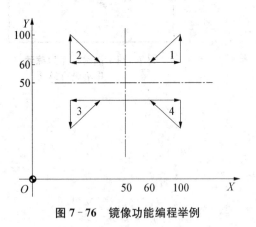

图 7-76 镜像功能编程举例

子程序: O9000;

N10 G00 X60 Y60;

N20 G01 X100 Y60 F100;

N30 X100 Y100;

N40 X60 Y60;

N50 M99;

主程序: O100;

N10 G92 X0 Y0;

N20 G90;

N30 M98 P9000;

N40 G51 X50 Y50 I−1000 J+1000;

N50 M98 P9000;

N60 G51 X50 Y50 I−1000 J−1000;

N70 M98 P9000;

N80 G51 X50 Y50 I＋1000 J－1000；

N90 M98 P9000；

N100 G50；

N110 M30；

2. 利用图形比例编程指令 G51.1、G50.1 进行镜像加工

G51.1 表示镜像编程设定；G50.1 表示镜像取消。

X,Y,Z 坐标轴上的镜像的取得，如同在坐标轴位置上放一面镜子一样。如程序段 G51.1 X0 为程序对于 X 坐标轴的值对称，其对称轴为 $X=0$ 的直线，即 Y 轴。

当工作形状对于一个坐标轴对称时，可以利用镜像与子程序，只对对称零件的一部分进行编程，来实现对整个零件的加工。

用镜像功能指令加工如图 7-77 所示对称图形，刀具用 ϕ2 mm 的中心钻，切深 1 mm，编程如下。

解：计算 A,B 两点坐标。A 点：$X=30$，$Y=30-18=12$；B 点：$X=30-18=12$，$Y=30$。程序如表 7-15 所示。

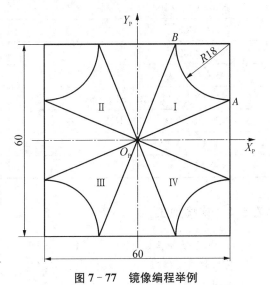

图 7-77　镜像编程举例

表 7-15　镜像编程(FANUC)

程　序	说　明
O100	主程序名
N10 G54；	设定工件坐标系
N20 M03 S1000；	主轴正转
N30 G90 G00 Z10. ；	
N40 X0 Y0；	
N50 Z2. ；	
N60 G01 Z－1. F100；	Z 向切削进给
N70 M98 P6000；	调用子程序
N80 G51.1 X0；	镜像加工图形Ⅱ
N90 M98 P6000；	调用子程序
N100 G51.1 Y0；	镜像加工图形Ⅲ
N110 M98 P6000；	调用子程序
N120 G50.1 X0；	镜像加工只取消 X 轴

程　　序	说　　明
N130 M98 P6000；	调用子程序
N140 G50.1 Y0；	镜像加工取消 Y 轴
N150 G01 Z3.；	
N160 G00 Z10.；	Z 向快退
N170 M05；	主轴停止
N180 M30；	程序结束
O6000	子程序名
N10 G01 X30. Y12. F100；	$O{\rightarrow}A$
N20 G03 X12. Y30. R18.；	$A{\rightarrow}B$
N30 G01 X0 Y0	$B{\rightarrow}O$
N40 M99	

7.5.4　转移加工

1. 跳转移加工(G25)

书写格式：G25 N×××× ×××× ××；

说明：

(1) N 后为两个程序段号和循环次数，两个程序段号各要求写满四位，循环次数为两位数。前四位为开始程序段号，后四位为结束程序段号。

(2) G25 功能执行完毕后的下一段加工程序为跳转移加工指令中给出的结束段号的下一段。

(3) G25 程序段中不得出现其他指令。

例如：

N0005 G25 N0010.0020.02；

N0010 G91 X10 Y10 F200；

N0015 X20；

N0020 G90 X0 Y0；

N0025 M02；

此程序的加工顺序是：

N0005→N0010→N0015→N0020→N0010→N0015→N0020→N0025

2. 转移加工(G26)

书写格式：G26 N×××× ×××× ××；

说明：

(1) N 后第一分隔点前为转移加工开始的程序段号，分隔点后为结束时的程序段号，要求它们都写满四位数。第二个分隔点后两位数为循环次数。

（2）转移加工执行完毕，下一个加工段为 G26 定义段的下一段，这是与 G25 的区别之处，其余相同。

例如：

N0005 G26 N0010.0020.02；

N0010 G91 X20 Y20 F100；

N0015 X30；

N0020 G90 X0 Y0；

N0025 M02；

以上程序的加工顺序是：

N0005→N0010→N0015→N0020→N0010→N0015→N0020→N0010→N0015→N0020→N0025

加工如图 7-78 所示的零件，要求：用立铣刀铣图五个 ϕ20 mm 圆孔，铣刀直径 ϕ10 mm。

编程如下：O0030

N0010 G00 Z3.0 T01 S800 M03；

N0020 G00 X0 Y0；

N0030 G91 G01 Z-6.0 F100；

N0040 G42 G01 X10.0 Y0.0；

N0050 G02 X0 Y0 I-10.0 J0；

N0060 G40 G01 X-10.0；

N0070 G90 G00 Z3.0；

N0080 G00 X25.0 Y25.0；

N0090 G26 N0030.0070；

N0100 G00 X-25.0 Y25.0；

N0110 G26 N0030.0070；

N0120 G00 X-25.0 Y-25.0；

N0130 G26 N0030.0070；

N0140 G00 X25.0 Y-25.0；

N0150 G26 N0030.0070；

N0160 M05；

N0170 M30；

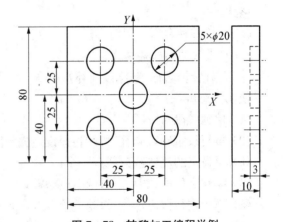

图 7-78 转移加工编程举例

7.5.5 极坐标编程

格式：G16……

　　　……

　　　G15……

这里，G16 表示极坐标系设定指令；

　　　G15 表示极坐标系取消指令。

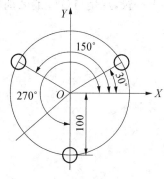

图 7-79 极坐标钻孔循环加工

在选定的平面的第一轴上确定极径,第二轴上确定角度。X 轴表示极径,Y 轴表示极角;极径、极角可用绝对值 G90 或增量值 G91 确定;极坐标的中心为特定坐标系的原点。

如图 7-79 所示为 G16 指令的钻孔循环加工示意图,其程序如下:

N10 G17 G90 G16;

N20 G81 X100 Y30 Z-20 R-5 F200;

N30 X100 Y150;

N40 X100 Y270;

N50 G15 G80;

7.5.6 柱坐标编程(G07.1)

格式:

G7.1 旋转轴名称 圆筒半径

……(进入圆筒插补模式)

G7.1 旋转轴名称(解除该插补)

使用注意事项:

(1) 单独成段;

(2) 再行设定圆筒插补时,须将原设定先解除;

(3) 可设定的旋转轴只能有一个;

(4) G00 定位模式中,不可设定该插补;

(5) 不可进行快速定位、快速进给,如,G28/G53/G73/G74/G76/G80~G89 等;

(6) 长度补偿要写模式在之前,半径补偿的使用与取消须在模式之内;

(7) 分度机能使用中不可进行该插补。

加工如图 7-80 所示零件,刀具 T01 为 ϕ8 mm 的刀具,半径补偿号为 D01。程序如下:

O0001;

N10 G00 G90 Z100 C0;

N20 G01 G91 G18 Z0 C0;

N30 G7.1 C57.299;

N40 G90 G01 G42 Z120 D01 F250;

N50 C30;

N60 G02 Z90 C60 R30;

N70 G01 Z70;

N80 G03 Z60 C70 R10;

N90 G01 C150;

N100 G03 Z70 C190 R75;

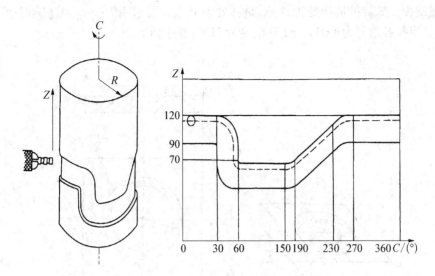

图 7-80　柱坐标循环加工

N110 G01 Z110 C230；
N120 G02 Z120 C270 R75；
N130 G01 C360；
N140 G40 Z100；
N150 G07.1 C0；
N160 M30；

7.5.7　螺旋线切削与螺纹加工

螺旋线插补指令与圆弧插补指令 G02、G03 相同；只是垂直于插补平面的坐标同步运动，构成螺旋线插补运动，如图 7-81 所示。

指令格式：

$$G17\begin{Bmatrix}G02\\G03\end{Bmatrix}X-Y-Z-\begin{pmatrix}I-J-\\R-\end{pmatrix}K-;$$

$$G18\begin{Bmatrix}G02\\G03\end{Bmatrix}X-Y-Z-\begin{pmatrix}I-K-\\R-\end{pmatrix}J-;$$

$$G19\begin{Bmatrix}G02\\G03\end{Bmatrix}X-Y-Z-\begin{pmatrix}J-K-\\R-\end{pmatrix}I-;$$

说明：

X、Y、Z 表示螺旋线的终点坐标；

I、J 表示圆心在 X/Y 轴上相对于螺旋线起点的坐标；

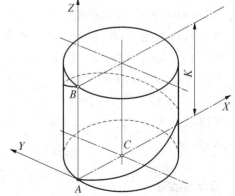

图 7-81　螺旋线插补

A—起点；B—终点；C—圆心；K—导程

R 表示螺旋线在 XY 平面上的投影半径；

K 表示螺旋线的导程（单头即为螺距），取正值。

编程实例：如图 7-82 所示螺旋槽由两个螺旋面组成，前半圆为左旋螺旋面，后半圆为右旋螺旋面。螺旋槽最深处为 A 点,最浅处为 B 点。要求用 $\phi8$ mm 的立铣刀加工该螺旋槽,刀具半径补偿号为 D01,长度补偿号为 H01,程序如下:

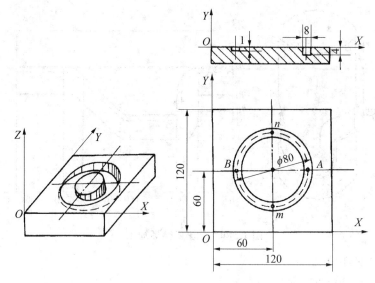

图 7-82 螺旋槽加工实例

O0001

N10 G54 G90 G21 G17 T01;

N20 M06;

N30 G00 G43 Z50. H01;

N40 G00 X24. Y60. ;

N50 G00 Z2. ;

N60 M03 S1500;

N70 G01 Z-1. F50 M08;

N80 G03 X96. Y60. Z-4. I36. J0 K6. ;

N90 G03 X24. Y60. Z-1. I-36. J0 K6. ;

N100 G01 Z1.5 M09;

N110 G49 G00 Z150. M05;

N120 X0 Y0;

N130 M30;

思考与练习

7-1 试述数控铣床工件坐标设定的方法有哪些?

7-2 如何对整圆进行编程?

7-3 试述刀具长度补偿的目的及使用方法。

7-4 试述刀具半径补偿的目的及使用方法。

7-5 刀具半径补偿有哪些应用?

7-6　加工如图 7-83 所示零件的外轮廓面,采用刀具补偿功能编程,说明所使用刀具。

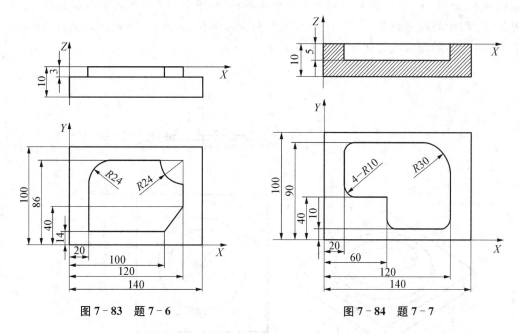

图 7-83　题 7-6　　　　　　　　　图 7-84　题 7-7

7-7　加工如图 7-84 所示零件的内轮廓面,采用刀具补偿功能编程,说明所使用刀具。

7-8　加工如图 7-85 所示的零件,已知工件外轮廓厚度 15 mm,试用调用子程序方式每 5 mm 分层加工外轮廓。工件矩形槽深 5 mm,试编制内腔加工程序。孔为通孔,试用固定循环方式编写加工程序,并编制刀具卡片。

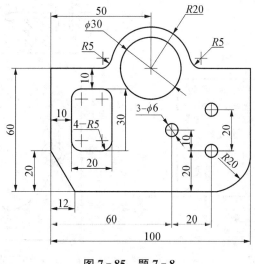

图 7-85　题 7-8

其他编程题：

如图 7 - 86 所示的内外轮廓、如图 7 - 87 所示的转移加工、如图 7 - 88 所示的螺纹循环孔加工、如图 7 - 89 所示的不同平面孔加工循环、如图 7 - 90 所示的方形型腔加工、如图 7 - 91 所示的镜像加工、如图 7 - 92 所示的极坐标编程、如图 7 - 93 所示的坐标旋转、如图 7 - 94 所示的螺旋线切削加工。

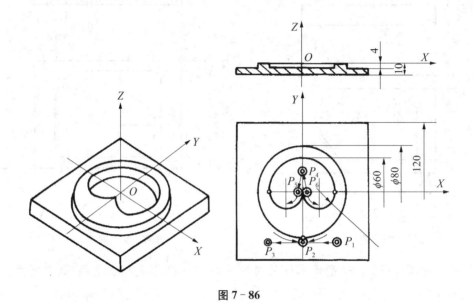

图 7 - 86

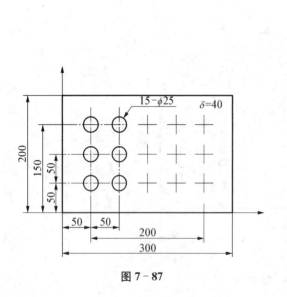

图 7 - 87

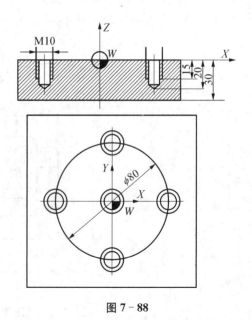

图 7 - 88

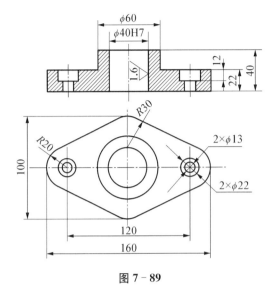

图 7－89

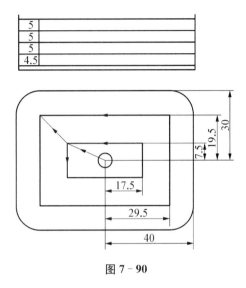

图 7－90

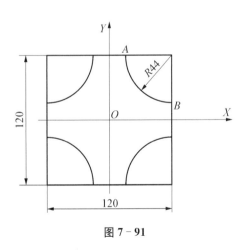

图 7－91

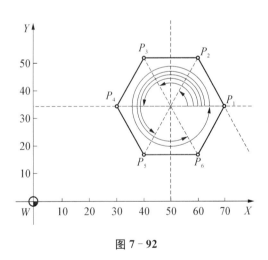

图 7－92

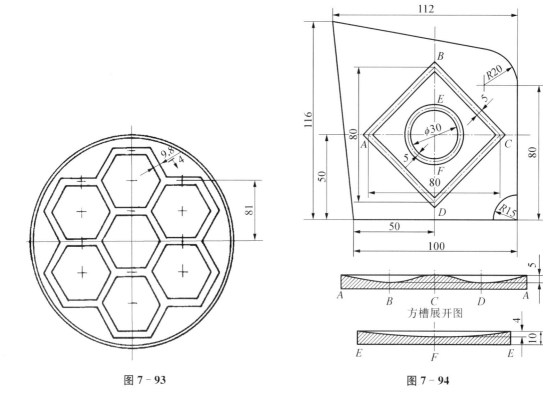

图 7 - 93   图 7 - 94

第8章 用户宏程序

8.1 宏程序的概念

将一组实现某种功能的指令,像子程序一样预先存储在系统存储器中,再把这些功能用一个命令作为代表,执行时只需写出这个代表命令,就可以执行其功能。

像这样一组以子程序的形式存储并带有变量的程序称为用户宏程序(或用户宏主体),简称宏程序,也称用户宏(custom macro)指令。而代表这一群命令的代表命令称为用户宏命令,即调用宏程序的指令称为用户宏程序指令,也称作宏程序调用命令(简称宏指令)。

使用时,操作者只需会使用用户宏命令即可,而不必去理会用户宏主体。

例如,在下述程序流程中,可以这样使用用户宏:

主程序　　　　　　　　　　　　　　用户宏
　　　　　　　　　　　　　　　　　O9011

G65 P9011 A10 I5;　　　　　　　　······

　　　　　　　　　　　　　　　　　X♯1 Y♯4;

在这个程序的主程序中,用 G65P9011 调用用户宏程序 09011,并且对用户宏中的变量赋值:♯1＝10、♯4＝5(A 代表♯1,I 代表♯4)。而在用户宏中未知量用变量♯1 及♯4 来代表。

用户宏的最大特征有以下几个方面:

(1) 可以在用户宏主体中使用变量。

(2) 可以进行变量之间的运算。

(3) 可以用用户宏命令对变量进行赋值。

使用用户宏时的主要方便之处,在于可以用变量代替具体数值,因而在加工同一类的工件时,只需将实际的值赋与变量既可,而不需要对每一个零件都编一个程序。

下面再以一个示意性的例子来说明用户宏的概念。

当如图 8－1 所示的 A、B、U、V 的尺寸分别为

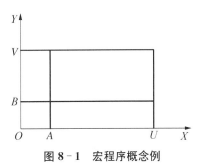

图 8－1 宏程序概念例

$A = 20$，$B = 20$，$U = 40$，$V = 20$ 时，

其程序为：

O1；

G91 G00 X20.0 Y20.0；

G01 Y20.0；

X40.0；

Y-20.0；

X-40.0；

G00 X-20.0 Y-20.0；

但是当图中 A、B、U、V 值变化时则又需要编一个程序。

实际上，我们可以将程序写为：

O1；

G91 G00 XA YB；

G01 Y V；

    X U；

    Y-V；

    X-U；

G00 X-A Y-B；

此时可以将其中变量，用用户宏中的变量#i来代替，字母与#i的对应关系为：

A：#1

B：#2

U：#21

V：#22

则用户宏主体即可写成如下形式：

O9801；

G91 G00 X#1 Y#2；

G01 Y#22；

X#21；

Y-#22；

X-#21；

G00 X-#1 Y-#2；

使用时就可以用下述用户宏命令来调用：

G65 P9801 A20.0 B20.0 U40.0 V20.0；

实际使用时，一般还需要在这一指令前再加上 F、S、T 指令及进行坐标系设定等。

如上述所示，当加工同一类，尺寸不同的工件时，只需改变用户宏命令的数值即可，而没有必要针对每一个零件都编一个程序。

用户宏程序和与普通程序存在一定的区，认识和了解这些区别，将有助于宏程序的学习理解和掌握运用，表 8-1 为用户宏程序和普通程序的简要对比。

表 8-1　用户宏程序和普通程序的简要对比

普　通　程　序	宏　程　序
只能使用常量	可以使用变量,并给变量赋值
一个程序只能描述一个几何形状	给变量不同的赋值,加工尺寸不同的工件
常量之间不可以运算	变量之间可以运算
程序只能顺序执行,不能跳转	程序运行可以跳转

　　宏程序与 CAD/CAM 软件生成程序的加工性能对比,任何数控加工只要能够用宏程序完整地表达,即使再复杂,其程序篇幅都比较精炼,可以说任何一个合理、优化的宏程序,极少会超过 60 行,换算成字节数,至多不过 2 KB。一方面,宏程序天生短小精悍,即使是最廉价的机床数控系统,其内部程序存储空间也会有 10 KB 左右(FANUC 0i 系统的标准配置一般为 128 KB 或 256 KB,其他常见的数控系统也与此大体相仿),完全容纳得下任何复杂的宏程序,因此根本无须考虑机床与外部电脑的传输速度对实际加工速度的影响(事实上还没有什么数控系统或 DNC 软件能够支持以 DNC 方式运行宏程序来进行在线加工)。

8.2　自定义用户宏概括

8.2.1　一般概括

　　一般意义上所讲的数控指令其实是指 ISO 代码指令编程,即每个代码的功能是固定的,由系统生产厂家开发,使用者只需(只能)按照规定编程即可。但有时候这些指令满足不了用户的需要,系统因此提供了用户宏程序功能,即自定义用户宏,使用户可以对数控系统进行一定的功能扩展,实际上是数控系统对用户的开放,也可视为用户利用数控系统提供的工具,在数控系统的平台上进行二次开发,当然这里的开放和开发都是有条件和有限制的。

　　如 FANUC 0i 系统提供两种用户宏程序,即用户宏程序功能 A 和用户宏程序功能 B。用户宏程序功能 A 可以说是 FANUC 系统的标准配置功能,任何配置的 FANUC 系统都具备此功能,而用户宏程序功能 B 虽然不算是 FANUC 系统的标准配置功能,但是绝大部分的 FANUC 系统也都支持用户宏程序功能 B。

　　一般情况下,在一些较老的 FANUC 系统(如 FANUC OMD)中,采用 A 类宏程序,而较为先进的系统(如 FANUC 0i)中,则采用 B 类宏程序。

　　在 FANUC OMD 等老型号的系统面板上,没有“＋”“－”“×”“/”“＝”“［］”等符号。故不能进行这些符号的输入,也不能用这些符号进行赋值及数学计算。所以在这类系统中,只能按 A 类宏程序进行编程。而在 FANUC 0i 及其之后的系统中(如 FANUC 18i 等),则可以输入这些符号并运用这些符号进行赋值及数学运算,即按 B 类宏程序进行编程。

8.2.2　A类、B类用户宏程序(本体)的形式及其区别

1. A类用户宏程序的一般表达形式

主程序	举例
程序名	O0001;
程序开始,定位原点	G54 G90 G00 X0 Y0 Z20;
定义主轴转速、转向	M03 S1000;
调用用户宏程序(如O1122)	M98 P9100;(也有别的形式)
程序结束(M30)	M30;

用户宏程序(本体)(类似子程序)	举例
用户宏程序名	O9100;
运算指令(包括赋值)	G65 H05……;
……	……
条件转移指令	G65 H82……;
……	……
宏程序结束(M99)	M99;

或者不分主、次程序,直接使用用户宏程序本身完成所有任务,如下所示(只有M99和M30的不同)。

用户宏程序名	O9100;
运算指令(包括赋值)	G65 H05……;
……	……
条件转移指令	G65 H82……;
……	……
宏程序结束(M30)	M30;

2. B类用户宏程序的一般表达形式

主程序	举例
程序名	O0001;
定义主轴转速、转向	M03 S1000;
程序开始,定位原点	G54 G90 G00 X0 Y0 Z20;
(定义局部坐标系)	G52 X－30 Y0;
调用用户宏程序(如O1122)	G65 P1122 A18 B19 C10 Q0.95 F300;
(取消局部坐标系)	G52 X0 Y0;
程序结束(M30)	M30;

自变量赋值	举例
……	#1=(A);
……	#2=(B);

······	······
用户宏程序(本体)(类似子程序)	举例
用户宏程序名	O1122;
赋值	#5=[#1-#4]/2;
······	Z[-#4+1];
加工循环(使用控制指令)	WHILE ······;
······	······
······	END;
宏程序结束(M99)	M99;

3. A 类、B 类用户宏程序(本体)的主要区别

首先,由上可见,B 类宏程序的运算和条件转移等指令与 A 类宏程序的运算和条件转移指令有很大区别,B 类宏程序的运算相似于数学运算,仍用数学符号来表示,而 A 类宏程序则采用 G 码 H 码。A 类宏程序的条件转移等指令也采用 G 码 H 码,而 B 类宏程序则采用 IF 语句和 WHILE 语句等。详见后续章节。

8.2.3　A 类、B 类用户宏程序循环的调用方法及其区别

用户宏指令是调用用户宏程序的指令,调用方法可概括为以下两种。

1) 用户宏程序功能 A 调用宏程序的方法

(1) 宏程序模态调用(G66,G67);

(2) 子程序调用(M98);

(3) 用 M 代码调用子程序(M⟨m⟩);

(4) 用 T 代码调用子程序。

2) 用户宏程序功能 B 调用宏程序的方法

(1) 非模态调用(G65);

(2) 模态调用(G66,G67);

(3) 用 G 代码调用宏程序(G⟨g⟩);

(4) 用 M 代码调用子程序(M⟨m⟩或 M98);

(5) 用 T 代码调用子程序。

可见,调用用户宏程序本体的方法基本相似,但用户宏程序功能 B 还可以使用非模态调用(G65)进行调用和使用 G 代码进行调用。

除以上几点外,主要还表现在:

(1) B 类宏程序除了可采用 A 类宏程序的变量表示方法外,还可以用表达式表示。

(2) 在 B 类宏程序中,变量可以以等式直接赋值,赋值为带小数点的值,而在 A 类宏程序中,变量采用 G 码 H 码进行赋值。

详见后续章节。

8.3 变量与变量运算

8.3.1 变量及其分类

1. 变量的表示形式

变量是用符号"♯"后面加上变量号码所构成的,即

♯i(i=1, 2, 3, …)

例如:♯11、♯109、♯1005

也可用♯[表达式]的形式来表示,即表达式可以用于指定变量号,只是这时表达式必须封闭在括号中。如:

♯[♯100]、♯[♯1001-1]、♯[♯6/2]、♯[♯11+♯12-123]等。

2. 赋值

变量是指可以在宏主体的地址上代替具体数值,在调用宏主体时再用引数进行赋值的符号:♯i(i=1, 2, 3, …)。

赋值是指将一个数据赋予一个变量。例如:♯1=0,则表示♯1的值是0。其中♯1代表变量,"♯"是变量符号(注意:根据数控系统的不同,它的表示方法可能有差别),0就是给变量♯1赋的值。这里的"="是赋值符号,起语句定义作用。

赋值的规律有:

(1) 赋值号"="两边内容不能随意互换,左边只能是变量,右边可以是表达式、数值或变量。

(2) 一个赋值语句只能给一个变量赋值。

(3) 可以多次给一个变量赋值,新变量值将取代原变量值(即最后赋的值生效)。

(4) 赋值语句具有运算功能,它的一般形式为:变量=表达式。

在赋值运算中,表达式可以是变量自身与其他数据的运算结果,如:♯1=♯1+1,则表示♯1的值为♯1+1,这一点与数学运算是有所不同的。

需要强调的是:"♯1=♯1+1"形式的表达式可以说是宏程序运行的"原动力",任何宏程序几乎都离不开这种类型的赋值运算,而它偏偏与人们头脑中根深蒂固的数学上的等式概念严重偏离,因此对于初学者往往造成很大的困扰,但是,如果对计算机高级语言有一定了解的话,对此应该更易理解。

(5) 赋值表达式的运算顺序与数学运算顺序相同。

(6) 使用用户宏程序时,数值可以直接指定或用变量指定,当用变量时,变量值可用程序或由MDI设定或修改。如:

♯11=♯22+123;

G01 X♯11 F500;

使用变量可以使宏程序具有通用性。宏主体中可以使用多个变量,以变量号码进行识别。

（7）辅助功能（M 代码）的变量有最大值限制，例如，将 M30 赋值为 300 显然是不合理的。

3. 小数点的省略

当在程序中定义变量值时，整数值的小数点可以省略。例如：当定义♯11＝123；变量♯11 的实际值是 123.000。

4. 变量的引用

在地址符后的数值可以用变量置换。

如：若写成 F♯33，则当♯3345 时，与 F15 相同。

Z－♯18，当♯18＝20.0 时，与 Z－20.0 指令相同。

在程序中使用变量值时，应指定后跟变量号的地址。当用表达式指定变量时，必须把表达式放在括号中。例如：G01X[♯11＋♯22]F♯3。

被引用变量的值根据地址的最小设定单位自动地舍入。

例如：当 G00X♯11；以 1/1000 mm 的单位执行时，CNC 把 12.3456 赋值给变量♯11，实际指令值为 G00X12.346。

改变引用变量的值的符号，要把负号（－）放在♯的前面。例如：G00X－♯11。

不能用变量代表的地址符即不能引用变量有：程序号 O，顺序号 N，任选程序段跳转号／。例如以下情况不能使用变量：

O♯11；／O22G00X100.0；N♯33Y200.0；N♯1 等，都是错误的。

另外，使用 ISO 代码编程时，可用"♯"代码表示变量，若用 EIA 代码，则应用"&"代码代替"♯"代码，因为 EIA 代码中没有"♯"代码。

5. 未定义变量

尚未被定义的变量，被称为〈空〉。变量♯0 经常被用作〈空〉变量使用。

当引用未定义的变量时，变量及地址都被忽略。

未定义的变量有以下性质：

（1）在引用未定义变量时，地址符也被无视。

如♯1＝〈空〉时，G90 X100 Y♯1 与 G90 X100 相同。当变量♯11 的值是 0，并且变量♯22 的值是空时，G00X♯11Y♯22 的执行结果为 G00X0。

注意：从这个例子可以看出，所谓"变量的值是 0"与"变量的值是空"是两个完全不同的概念，可以这样理解："变量的值是 0"相当于"变量的数值等于 0"，而"变量的值是空"则意味着"该变量所对应的地址根本就不存在，不生效"。

（2）在运算式中，除了被〈空〉置换的场合以外，与数值 0 相同，如表 8－2 所示。

（3）在如表 8－3 所示条件式中，只有 EQ、NE 的场合，〈空〉与零不同。

6. 变量的种类

变量从功能上主要可归纳为两类，即系统变量和用户变量。它们的变量号码不同。

FANUC 0i 系统的变量类型如表 8－4 所示。其用途和性质都是不同的。

1）用户变量

用户变量如表 8－4 所示，包括局部（local）变量、公共（common）变量，用户可以单独使用。

表 8－2　〈空〉与 0 相同

♯1＝〈空〉时	
若♯2＝♯1	则♯2＝(空)
若♯2＝♯1＊5	则♯2＝0
若♯2＝♯1＋♯1	则♯2＝0
♯1＝0 时	
若♯2＝♯1	则♯2＝0
若♯2＝♯11＊5	则♯2＝0
若♯2＝♯1＋♯1	则♯2＝0

表 8－3　〈空〉与 0 不同

♯1＝〈空〉时	
♯1 EQ ♯0	成立
♯1 NE 0	成立
♯1 GE 0	成立
♯1 GT ♯0	不成立
♯1＝0 时	
♯1 EQ ♯0	不成立
♯1 NE 0	不成立
♯1 GE 0	不成立
♯1 GT ♯0	不成立

表 8－4　FANUC 0i 变量类型

变量名		类型	功　能
♯0		空变量	该变量总是空,没有值能赋予该变量
用户变量	♯1～♯33	局部变量	局部变量只能在宏程序中存储数据,例如运算果。断电时,局部变量清除(初始化为空) 可以在程序中对其赋值
	♯100～♯199 ♯500～♯999	公共变量	公共变量在不同的宏程序中的意义相同(即公共变量对于主程序和从这些主程序调用的每个宏程序来说是公用的) 断电时,♯100～♯199 清除(初始化为空),通电时复位到"0" 而♯500～♯999 数据,即使在断电时也不清除
	♯1000 以上	系统变量	系统变量用于读和写 CNC 运行时各种数据变化,例如,刀具当前位置和补偿值等

（1）局部变量：♯1～♯33

所谓局部变量,就是在用户宏中局部使用的变量。换句话说,在某一时刻调出的用户宏中所使用的局部变量♯i 和另一时刻调用的用户宏(也不论与前一个用户宏相同还是不同)中所使用的♯i 是不同的。因此,在多重调用时,当用户宏 A 调用用户宏 B 的情况下,也不会将 A 中的变量破坏。

例如,用 G 代码(或 G65 时)调用宏时,局部变量级会随着调用多重度的增加而增加。即存在下述的关系：

上述关系说明了以下几点：

① 主程序中具有♯1～♯33 的局部变量(0 级)。

② 用 G65 调用宏(第 1 级)时,主程序的局部变量(0 级)被保存起来。再重新为用户宏(第 1 级)准备了另一套局部变量♯1～♯33(第 1 级),可以再向它赋值。

③ 下一用户宏(第 2 级)被调用时,其上一级的局部变量(第 1 级)被保存,再准备出新的局部变量♯1～♯33(第 2 级),如此类推。

④ 当用 M99 从各用户宏回到前一程序时,所保存的局部变量(第 0、1、2 级),以被保存的状态出现。

对于没有赋值的局部变量,其初期状态为〈空〉,用户可自由使用。

(2) 公共变量

与局部变量相对,公共变量是在主程序以及调用的子程序中通用的变量,因此,在某个用户宏中运算得到的公共变量的结果♯i,可以用到别的用户宏中。

公共变量主要由♯1～♯149 及♯500～♯531 构成。其中前一组是非保持型(操作型),即断电后就被清零,后一级是保持型,即断电后仍被保存。

2) 系统变量

系统变量(system)用于系统内部运算时各种数据的存储,是根据用途而固定的变量。主要有以下各种,具体如表 8 - 5 所示。

表 8 - 5　系统变量

变量号码	用　　途	变量号码	用　　途
♯1000～♯1035	接口信号 DI	♯3007	镜像
♯1100～♯1135	接口信号 DO	♯4001～♯4018	G 代码
♯2000～♯2999	刀具补偿量	♯4107～♯4120	D, E, F, H, M, S, T 等
♯3000, ♯3006	P/S 报警,信息	♯5001～♯5006	各轴程序段终点位置
♯3001, ♯3002	时钟	♯5021～♯5026	各轴现时位置
♯3003, ♯3004	单步,连续控制	♯5221～♯5315	工件偏置量

系统变量用于读和写内部数据,例如,刀具偏置值和当前位置数据。无论是用户宏程序功能或用户宏程序功能,系统变量的用法都是固定的,而且某些系统变量为只读,用户必须严格按照规定使用。系统变量是自动控制和通用加工程序开发的基础,只是由于篇幅有限,具体的每一个或一种系统变量及其用途在此不能加以展开。具体内容请参阅各种数控系统的介绍。

8.3.2　变量的算术和逻辑运算

不管是 A 类用户宏程序,还是 B 类用户宏程序,如表 8 - 6 所示,列出的运算可以在变量中运行。等式右边的表达式可包含常量或由函数或运算符组成的变量。表达式中的变量♯j 和♯k 可以用常量赋值。等式左边的变量也可以用表达式赋值。其中算术运算主要是指加、减、乘、除函数等,逻辑运算可以理解为比较运算。

以下是算术和逻辑运算指令的详细说明。

1) 反正弦运算♯i＝ASIN[♯j]

(1) 取值范围:当参数(No. 6004♯0)NAT 位设置为 0 时,在 270°～90°范围内取值;当参数(No. 600♯0)NAT 位设置为 1 时,在 -90°～90°范围内取值。

表 8 - 6　FANUC 0i 算术和逻辑运算一览表

功　　能		格　　式	备　　注
定义、置换		#i＝#j	
算术运算	加法	#i＝#j＋#k	
	减法	#i＝#j－#k	
	乘法	#i＝#j＊#k	
	除法	#i＝#j/#k	
	正弦	#i＝SIN[#j]	
	反正弦	#i＝ASIN[#j]	
	余弦	#i＝COS[#j]	三角函数及反三角函数的数值均以度为单位来指定。如,90°30′应表示为 90.5°
	反余弦	#i＝ACOS[#j]	
	正切	#i＝TAN[#j]	
	反正切	#i＝ATAN[#j]/[#k]	
	平方根	#i＝SQRT[#j]	
	绝对值	#i＝ABS[#j]	
	舍入	#i＝ROUND[#j]	
	指数函数	#i＝EXP[#j]	
	(自然)对数	#i＝LN[#j]	
	上取整	#i＝FIX[#j]	
	下取整	#i＝FUP[#j]	
逻辑运算	与	#i AND#j	
	或	#I OR#j	
	异或	#I XOR#j	
从 BCD 转为 BIN		#I＝BIN[#j]	用于与 PMC 的信号交换
从 BIN 转为 BCD		#I＝BCD[#j]	

(2) 当#j 超出－1 到 1 的范围时,触发程序错误 P/S 报警 No.111。

(3) 常数可替代变量句。

2) 反余弦运算#i＝ACOS[#j]

(1) 取值范围:180°～0°。

(2) 当#j 超出－1 到 1 的范围时,触发程序错误 P/S 报警 No.111。

(3) 常数可替代变量#j。

3) 反正切运算#i＝ATAN[#j]/[#k]

(1) 采用比值的书写方式(可理解为对边/邻边)。

(2) 取值范围如下:当参数(No.6004#0)NAT 位设置为 0 时,取值范围为 0°～

$360°$。例如,当指定 $\sharp 1 = ATAN[-1]/[-1]$ 时,$\sharp 1 = 225°$。

当参数(No. 6004 $\sharp 0$)NAT 位设置为 1 时,取值范围为 $-180° \sim 180°$。例如,当指定 $\sharp 1 = ATAN[-1]/[-1]$ 时,$\sharp 1 = -135°$。

(3) 常数可替代变量 $\sharp j$。

4) 自然对数运算 $\sharp i = LN[\sharp j]$

(1) 相对误差可能大于 10^{-8}。

(2) 当反对数($\sharp j$)为 0 或小于 0 时,触发程序错误 P/S 报警 No. 111。

(3) 常数可替代变量 $\sharp j$。

5) 指数函数 $\sharp i = EXP[\sharp j]$

(1) 相对误差可能大于 10^{-8}。

(2) 当运算结果超过 3.65×10^{47}(j 大约是 110)时,出现溢出并触发程序错误 P/S 报警 No. 111。

(3) 常数可替代变量 $\sharp j$。

6) 上取整和下取整运算

上取整 $\sharp i = FIX[\sharp j]$ 和下取整 $\sharp i = FUP[\sharp j]$ CNC 处理数值运算时,无条件地舍去小数部分称为上取整;小数部分进位到整数称为下取整(注意与数学上的四舍五入对照)。对于负数的处理要特别小心。

例如:假设 $\sharp 1.3$,$\sharp 2 = -1.3$。当执行 $\sharp 3 = FUP[\sharp 1]$ 时,2.0 赋予 $\sharp 3$;当执行 $\sharp 3 = FIX[\sharp 1]$ 时,1.0 赋予 $\sharp 3$;当执行 $\sharp 3 = FUP[\sharp 2]$ 时,-2.0 赋予 $\sharp 3$;当执行 $\sharp 3 = FIX[\sharp 2]$ 时,-1.0 赋予 $\sharp 3$。

7) 算术与逻辑运算指令的缩写

程序中指令函数时,函数名的前两个字符可以用于指定该函数。

例如:ROUND→RO   FIX→FI

8) 混合运算时的运算顺序

上述运算和函数可以混合运算,即涉及运算的优先级,其运算顺序与一般数学上的定义基本一致,优先级顺序从高到低依次:

函数运算

↓

乘法和除法运算($*$、/、AND)

↓

加法和减法运算($+$、$-$、OR、XOR)

例: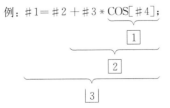

9) 括号嵌套

用"[ ]"可以改变运算顺序,最里层的[ ]优先运算。括号[ ]最多可以嵌套 5 级(包括函数内部使用的括号)。当超出 5 级时,触发程序错误 P/S 报警 No. 118。

例：#6＝COS[[[#5＋#4]＊#3＋#2]＊#1];(三重嵌套)

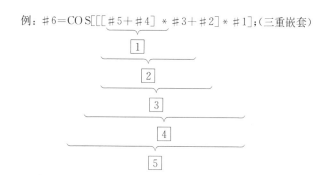

10）运算精度

同任何数学计算一样,运算的误差是不可避免的,用宏程序运算时必须考虑用户宏程序的精度。用户宏程序处理数据的浮点格式为 $M \times 2^E$。

每执行一次运算,便产生一次误差,在重复计算的过程中,这些误差将累加。其运算中的误差精度,可参照所使用数控系统的使用说明。

8.4　B 类用户宏程序

B 类用户宏程序功能书写格式见前面章节。

8.4.1　B 类用户宏程序功能的调用方法及其指令格式

正如本章第 2 节所提到的那样,用户宏指令是调用用户宏程序的指令,而且 B 类用户宏程序功能调用宏程序的方法有多种。在此仅就主要调用模式加以具体说明。

用户宏程序调用(G65)与子程序调用(M98)之间的差别可概括如下:

(1) G65 可以进行自变量赋值,即指定自变量(数据传送到宏程序),M98 则不能。

(2) 当 M98 程序段包含另一个 NC 指令(例如,G01X200.0M98P<q>)时,在执行完这种含有非 N、P 或 L 的指令后可调用(或转移到)子程序。相反,G65 则只能无条件地调用宏程序。

(3) 当 M98 程序段包含有 O、N、P、L 以外的地址的 NC 指令(例如 G01 X200.0 M98 P<p>)时,在单程序段方式中,可以单程序段停止(即停机)。相反,G65 则不行(即不停机)。

(4) G65 改变局部变量的级别。M98 不改变局部变量的级别。

具体调用指令格式如下所述。

1. 宏程序非模态调用(G65)

当指定 G65 时,调用以地址 P 指定的用户宏程序,数据(自变量)能传递到用户宏程序中,指令格式如下所示。

G65　P⟨P⟩L⟨1⟩⟨自变量赋值⟩;

⟨P⟩：要调用的程序号

⟨1⟩：重复次数(默认值为 1)

〈自变量赋值〉：传递到宏程序的数据。

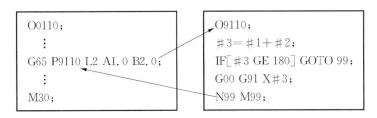

1）调用说明

（1）在 G65 之后，用地址 P 指定用户宏程序的程序号。

（2）任何自变量前必须指定 G65。

（3）当要求重复时，在地址 L 后指定从 1～9999 的重复次数，省略 L 值时，默认 L 值等于 1。

（4）使用自变量指定（赋值），其值被赋值给宏程序中相应的局部变量。

2）自变量指定（赋值）

自变量指定又可称之为自变量赋值（以下统一采用该叫法），即若要向用户宏程序本体 传递数据时，须由自变量赋值来指定，其值可以有符号和小数点，且与地址无关。

这里使用的是局部变量（♯1～♯33 共有 33 个），与其对应的自变量赋值共有两种类型：可变量赋值 1 和自变量赋值 2。

自变量赋值 I：用英文字母后加数值进行赋值，除了 G、L、0、N 和 P 之外，其余所有 21 个英文字母都可以给自变量赋值，每个字母赋值一次，从 A－B－C－D－…到 X－Y－Z，赋值不必按字母顺序进行，但使用 I、J、K 时，必须按字母顺序指定（赋值），不赋值的地址可以省略。

自变量赋值 II：与自变量指定赋值 I 类似，也是用英文字母后加数值进行赋值，但只用了 A、B、C 和 I、J、K 这 6 个字母，具体用法是：除了 A、B、C 之外，还用 10 组 I、J、K 来对自变量进行赋值，在这里 I、J、K 是分组定义的，同组的 I、J、K 必须按字母顺序指定，不赋值的地址可以省略。

自变量赋值 I 和自变量赋值 II 与用户宏程序本体中局部变量的对应关系如表 8－7 所示。

表 8－7　FANUC 0i 地址与局部变量的对应关系

自变量赋值 I 地址	用户宏程序本体中的变量	自变量赋值 II 地址	自变量赋值 I 地址	用户宏程序本体中的变量	自变量赋值 II 地址
A	♯1	A	K	♯6	K_1
B	♯2	B	D	♯7	I_2
C	♯3	C	E	♯8	J_2
I	♯4	I_1	F	♯9	K_2
J	♯5	J_1	.	♯10	I_3

自变量 赋值Ⅰ 地址	用户宏程序本体中 的变量	自变量 赋值Ⅱ 地址	自变量 赋值Ⅰ 地址	用户宏程序本体中 的变量	自变量 赋值Ⅱ 地址
H	♯11	J_3	W	♯23	J_7
.	♯12	K_3	X	♯24	K_7
M	♯13	I_4	Y	♯25	I_8
.	♯14	J_4	Z	♯26	J_8
.	♯15	K_4		♯27	K_8
.	♯16	I_5		♯28	I_9
Q	♯17	J_5		♯29	J_9
R	♯18	K_5		♯30	K_9
S	♯19	I_6		♯31	I_{10}
T	♯20	J_6		♯32	J_{10}
U	♯21	K_6		♯33	K_{10}
V	♯22	I_7			

注意：对于自变量赋值Ⅱ，表中I、J、K的下标用于确定自变量赋值的顺序，在实际编程中不写（也无法写，因语法上无法表达）。

3）自变量赋值的其他说明

（1）自变量赋值Ⅰ、Ⅱ的混合使用。CNC内部自动识别自变量赋值Ⅰ和Ⅱ。如果自变量赋值Ⅰ和Ⅱ混合赋值，较后赋值的自变量类型有效（以从左到右书写的顺序为准，左为先，右为后）。

例：

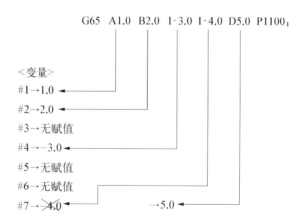

本例中，I-4.0和D5.0都给变量♯7赋值，但后者D5.0有效。

由此可以看出，自变量赋值Ⅱ用10组I、J、K来对自变量进行赋值，在上述表8-7中似乎可以通过I、J、K的下标很容易识别地址和变量的关系，但实际上在实际编程中无法输入下标,尽管自变量赋值Ⅱ"充分利用资源",可以对♯1～♯33全部33个局部变量进行赋值,但是在实际编程时要分清是哪一组Ⅰ、J、K,又是第几个Ⅰ或J或K,是一件非常麻烦的事。如果再让自变量赋值Ⅰ和自变量赋值Ⅱ混合使用,那就更加麻烦。

相反,如果只用自变量赋值Ⅰ进行赋值,由于地址和变量是一一对应的关系,混淆和出错的机会相当小,尽管只有21个英文字母可以给自变量赋值,但是一般地说,95%以上的编程工作再复杂也不会出现超过21个变量的情况。因此,建议在实际编程时,使用自变量赋值Ⅰ进行赋值为好。

(2)小数点的问题。没有小数点的自变量数据的单位为各地址的最小设定单位。传递的没有小数点的自变量的值将根据机床实际的系统配置而定。因此建议在宏程序调用中一律使用小数点,既可避免无谓的差错,也可使程序对机床及系统的兼容性好。

(3)调用嵌套。调用可以四级嵌套,包括非模态调用(G65)和模态调用(G66),但不包括子程序调用(M98)。

(4)局部变量的级别。局部变量嵌套从0到4级,主程序是0级。用G65或G66调用宏程序,每调用一次(2、3、4级),局部变量级别加1,而前一级的局部变量值保存在CNC中,即每级局部变量(1、2、3级)被保存,下一级的局部变量。(2、3、4级)被准备,可以进行自变量赋值。

当宏程序中执行M99时,控制返回到调用的程序,此时,局部变量级别减1,并恢复宏程序调用时保存的局部变量值,即上一级被储存的局部变量被恢复,如同它被储存一样,而下一级的局部变量被清除。

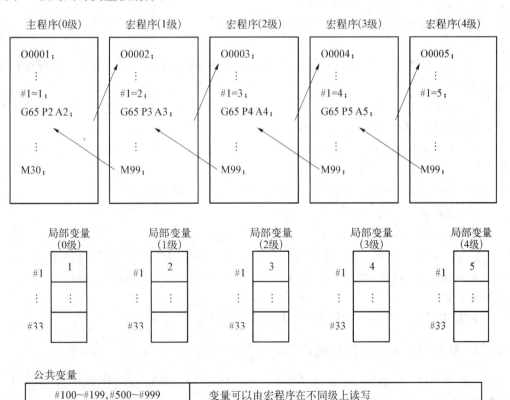

2. 宏程序模态调用与取消(G66、G67)

当指定 G66 时,则指定宏程序模态调用,即指定沿移动轴移动的程序段后调用宏程序,G67 取消宏程序模态调用。指令格式与非模态调用(G65)相似。

G66P〈P〉L〈1〉〈自变量赋值〉;

〈P〉:要调用的程序号;

〈1〉:重复次数(默认值为 1);

〈自变量赋值〉:传递到宏程序的数据。

例如:

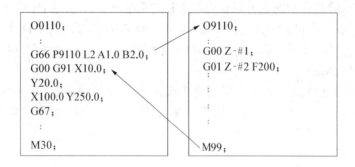

相关说明:

(1) 在 G66 之后,用地址 P 指定用户宏程序的程序号。

(2) 任何自变量前必须指定 G66。

(3) 当要求重复时,在地址 L 后指定从 1~9999 的重复次数,省略 L 值时,默认 L 值等于 1。

(4) 与非模态调用(G65)相同,使用自变量指定(赋值),其值被赋值给宏程序中相应的局部变量。

(5) 指定 G67 时,取消 G66,即其后面的程序段不再执行宏程序模态调用。G66 和 G67 应该成对使用。

(6) 可以调用四级嵌套,包括非模态调用(G65)和模态调用(G66)。但不包括子程序调用(M98)。

(7) 在模态调用期间,指定另一个 G66 代码,可以嵌套模态调用。

(8) 限制:

① 在 G66 程序段中,不能调用多个宏程序;

② 在只有诸如辅助功能(M 代码),但无移动指令的程序段中不能调用宏程序;

③ 局部变量(自变量)只能在 G66 程序段中指定,注意,每次执行模态调用时,不再设定局部变量。

在此,其他宏程序模态调用模式的具体说明在此省略。

8.4.2　B 类用户宏程序功能的运算与循环控制形式

在程序中,使用 GOTO 语句和 IF 语句可以改变程序的流向。用户宏程序功能 B 的控制循环和转移使用如下的控制指令形式:

(1) 无条件转移,即(GO TO n)语句;

(2) IF"[〈条件式〉]GO TO n(n 为顺序号),条件转移 IF 语句;

(3) WHILE [〈条件式〉] TO m(m=1、2、3)

......

END m

当... 时循环"的 WHILE 语句

1. 无条件转移(GOTO 语句)

转移(跳转)到标有顺序号 n(即俗称的行号)的程序段。当指定 1～99999 以外的顺序号时,会触发 P/S 报警 No. 128。其格式为:GOTO n,n 为顺序号(1～99999)。

例如:GOTO 99,即转移至第 99 行。

2. 条件转移(IF 语句)

IF 之后指定条件表达式。

1) 格式 1

IF [＜条件表达式＞] GOTO n

表示如果指定的条件表达式满足时,则转移(跳转)到标有顺序号 n(即俗称的行号)的程序段。如果不满足指定的条件表达式,则顺序执行下个程序段。如果变量♯1 的值大于 100,则转移(跳转)到顺序号为 N99 的程序段。

2) 格式 2

IF [＜条件表达式＞] THEN

如果指定的条件表达式满足时,则执行预先指定的宏程序语句,而且只执行一个宏程序语句。

例如,IF [♯1 EQ ♯2]THEN ♯3＝10;含义是:如果♯1 和♯2 的值相同,10 赋值给♯3。

说明:

(1) 条件表达式:条件表达式必须包括运算符。运算符插在两个变量中间或变量和常量中间,并且用"[ ]"封闭。表达式可以替代变量。

(2) 运算符:运算符由 2 个字母组成(见表 8-8),用于两个值的比较,以决定它们是相等还是一个值小于或大于另一个值。注意,不能使用不等号。

表 8-8 运算符

运 算 符	含 义	英 文 注 释
EQ	等于(=)	equal
NE	不等于(≠)	not equal

运　算　符	含　　义	英　文　注　释
GT	大于(>)	great than
GE	大于或等于(≥)	great than or equal
LT	小于(<)	less than
LE	小于或等于(≤)	less than or equal

典型程序示例：下面的程序为计算数值 1~100 的累加总和。

O8000；

#1=0；　　　　　　　　　　　存储和数变量的初值

#2=1；　　　　　　　　　　　被加数变量的初值

N5 IF[#2 GT 100]GOTO 99；　　当被加数大于 100 时转移到 N99

#1=#1+#2；　　　　　　　　计算和数

#2=#2+#1；　　　　　　　　下一个被加数

GOTO 5；　　　　　　　　　　转到 N5

N99 M30；　　　　　　　　　　程序结束

3．循环(WHILE 语句)

在 WHILE 后指定一个条件表达式。当指定条件满足时,则执行从 DO 到 END 之间的程序。否则,转到 END 后的程序段。

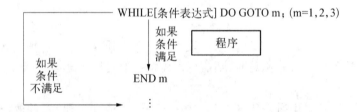

要注意以下两点。

(1) DO m 和 END m 必须成对使用,而且 DO m 一定要在 END m 指令之前。DO 后面的 m 是指定程序执行范围的标号,只是一个符号而已,不代表循环次数,标号值为 1,2,3,标号值 1,2,3 表示循环层。如果使用了 1,2,3 以外的值,会触发 P/S 报警 No.126。

(2) 无限循环：当指定 DO 而没有指定 WHILE 语句时,将产生从 DO 到 END 之间的无限循环。

1) 嵌套

在 DO~END 循环中的标号(1~3)可根据需要多次使用。但是需要注意的是,无论怎样多次使用,标号永远限制在 1,2,3;此外,当程序有交叉重复循环(DO 范围的重叠)时,会触发 P/S 报警 No.124。以下为关于嵌套的详细说明。

(1) 标号(1~3)可以根据需要多次使用。

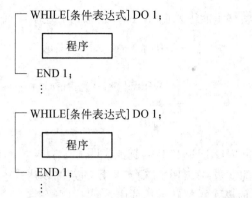

（2）DO 的范围不能交叉。

（3）DO 循环可以 3 重嵌套。

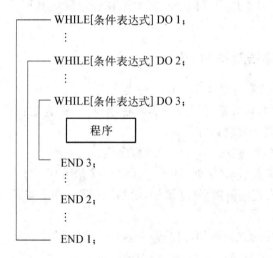

（4）（条件)转移可以跳出循环的外边。

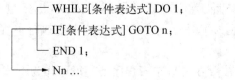

（5）（条件）转移不能进入循环区内，注意与上述第 4 点对照。

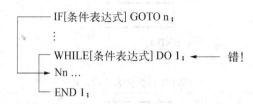

2）关于循环（WHILE 语句）的其他说明

（1）未定义的变量：在使用 EQ 或 NE 的条件表达式中，值为空和值为零将会有不同的效果。而在其他形式的条件表达式中，空即被当作零。

（2）条件转移（IF 语句）和循环（WHILE 语句）的关系：显而易见，从逻辑关系上说，两者不过是从正反两个方面描述同一件事情；从实现的功能上说，两者具有相当程度的相互替代性；从具体的用法和使用的限制上说，条件转移（IF 语句）受到系统的限制相对更少，使用更灵活。

（3）处理时间：当在 GOTO 语句（无论是无条件转移的 GOTO 语句，还是"IF…GOTO"形式的条件转移 GOTO 语句）中有标号转移的语句时，系统将进行顺序号检索。一般来说数控系统执行反向检索的时间要比正向检索长，因为系统通常先正向搜索到程序结束，再返回程序开头进行搜索，所以花费的时间要多。因此，用 WHILE 语句实现循环可减少处理时间。事实上，在实际应用中差别并不明显。

以上几种转移和循环语句，似乎"IF…GOTO"形式的条件转移 GOTO 语句相对更容易理解和掌握，在实际编程过程中，具体选择何种语句来实现，不必拘泥。

另外，关于 B 类用户宏程序的算术运算和逻辑运算形式，完全采用数学式，参照第 3 节。在此省略。

8.4.3 宏程序语句和 NC 语句

8.4.3.1 宏程序语句和 NC 语句的定义

在宏程序中，可以把程序段分为两种语句，一种为宏程序语句，一种为 NC 语句。以下类型的程序段均属宏程序语句：

（1）包含算术或逻辑运算（＝）的程序段。

（2）包含控制语句（例如，GOTO，DO～END）的程序段。

（3）包含宏程序调用指令（例如，用 G65、G66、G67 或其他 G、M 代码调用宏程序）的程序段。

除了宏程序语句以外的任何程序段都是 NC 语句。

8.4.3.2 宏程序语句和 NC 语句的异同

1. 宏程序语句与 NC 语句的区别

（1）宏程序语句即使置于单程序段运行方式，机床也不停止运行。但是，当参数N0.6000♯5SBM 设定为 1 时，在单程序段方式中也执行单程序段停止（这只在调试时才使用）。

（2）在刀具半径补偿方式 C 中宏程序语句段不作为不移动程序段处理。

2. 与宏程序语句有相同功能的 NC 语句

(1) NC 语句含有子程序调用程序段,包括 M98、M 和 T 代码调用子程序的指令,但只包括子程序调用指令和地址 0、N、P、L。

(2) NC 语句含 M99 的程序段,但只包括地址 O、N、P、L。

8.4.3.3 宏程序语句的处理

为了平滑加工,CNC 会预读下一个要执行的 NC 语句,这种运行称为缓冲。在刀具半径补偿方式(G41,G42)中,CNC 为了找到交点会提前预读 2 个或 3 个程序段的 NC 语句。

算术表达式和条件转移的宏程序语句在它们被读进缓冲寄存器后立即被处理。CNC 不预读以下三种类型的程序段:包含 M00,M01,M02 或 M30 的程序段;包含由参数 No.3411~No.3420 设置的禁止缓冲的 M 代码的程序段;包含 G31 的程序段。

8.4.3.4 用户宏程序的使用限制

1. MDI 运行

在 MDI 方式中,不可以指定宏程序,但可进行调用子程序操作:调用一个宏程序,但该宏程序在自动运行状态下不能调用另一个宏程序。

2. 顺序号检索

用户宏程序不能检索顺序号。

3. 单程序段

(1) 除了包含宏程序调用指令、运算指令和控制指令的程序段之外,可以执行一个程序段作为一个单程序的停止(在宏程序中),换言之,即使宏程序在单程序段方式下正在执行,程序段也能停止。

(2) 包含宏程序调用指令(G65/G66)的程序段中即使单程序段方式时也不能停止。

(3) 当设定参数 SBM(参数 NO.6000 的时位)为 1 时,包含算术运算指令和控制指令的程序段可以停止(即单程序段停止)。该功能主要用于检查和调试用户宏程序本体。注意:在刀具半径补偿 C 方式中,当宏程序语句中出现单程序段停止时,该语句被认为不包含移动的程序段,并且,在某些情况下,不能执行正确的补偿(严格地说,该程序段被当作指定移动距离为 0 的移动)。

4. 使用任选程序段跳过(跳跃功能)

在〈表达式〉中间出现的"/"符号(即在算术表达式的右边,封闭在口中)被认为是除法运算符,而不作为任选程序段跳过代码。

5. 在 EDIT 方式下的运行

(1) 设定参数 NE8(参数 N0.3202 的♯0 位)和 NE9(参数 N0.3202 的♯4 位)为 1 时,可对程序号为 8000~8999 和 9000~9999 的用户宏程序和子程序进行保护。

(2) 当存储器全清时(电源接通时,同时按下│RESET│和│DELETE│键),存储器的全部内容包括宏程序(子程序)将被清除。

6. 复位

(1) 复位后,所有局部变量和从♯100~♯149 的公共变量被清除为空值。

(2) 设定参数 CLV(参数 N0.6001 的♯7 位)和 CCV(参数 N0.6001 的♯6 位)为 1 时,它们可以不被清除(这取决于机床制造厂)。

（3）复位不清除系统变量♯1000～♯1133。

（4）复位可清除任何用户宏程序和子程序的调用状态及 DO 状态并返回到主程序。

7. 程序再启动的显示

和 M98 一样，子程序调用使用的 M、T 代码不显示。

8. 进给暂停

在宏程序语句的执行期间，且进给暂停有效时，在宏程序执行完成之后机床停止。当复位或出现报警时，机床停止。

9.〈表达式〉中可以使用的常数值

表达式中可以使用的常数值为在"＋0.0000001～＋99999999"以及"－99999999～－0.0000001"范围内的 8 位十进制数，如果超过这个范围，会触发 P/S 报警 No.003。

8.4.3.5　B 类宏程序编程举例

以下列举一些宏程序的应用实例。

在以下所有的程序（宏程序）中，如无特别说明，均采用了以下约定或简化：

（1）为了使程序的表达更简洁，所有涉及加工中心刀具操作指令（如 M06 等指令）和一些众所周知的基本语句、字符（如程序首尾的"％"、EOB"；"等）都将在程序中加以省略。

（2）初始状态为电源接通和复位时的标准状态，即为 G15、G17、G40、G49、G54、G69、G80 等，因此在所有程序的开头都将其省略。

（3）为方便论述，程序一般不涉及准确的工艺参数，均使用"S1000M03"、"F1000"等。

（4）一律使用 GM 工件坐标系。

（5）一律设置工件最高点（面）为 G54 的 Z0 面，而且安全高度统一设置为 Z30。

（6）为使宏程序条理更清晰，除了转移语句有必要外，其余语句一律不写顺序号（行号），有关行号的设置可参见参数 SEQ（参数 N0.0000 的♯5 位）。

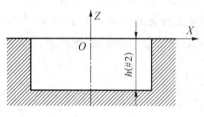
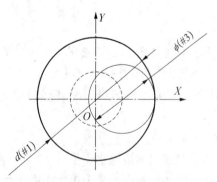

图 8-2　圆孔轮廓加工（螺旋插补）

（7）小数点一律不省略，以保证程序的安全性和兼容性，未注单位默认为 mm。

（8）所有程序的左边为程序正文，右边为程序语句相关注释说明。

（9）可独立运行的程序或主程序的程序号为 O0×××，被调用的宏程序的程序号为 O1×××，中间部分主要为赋值语句作自变量赋值说明及主要参数说明。

1. 圆柱孔的铣削（圆孔轮廓加工，即螺旋铣削）

主要是利用了数控系统的螺旋插补功能 G02 和 G03，这项功能广泛应用于圆孔的各种加工，例如：开粗（无论有无预先钻底孔）、扩孔、精铣（实现以铣代铰、以铣代镗）等。

如图 8-2 所示（圆心为 G54 原点，顶面为 Z0

面),全部采用顺铣方式。

为增强程序的适应性,一律假设为盲孔加工,即需准确控制加工深度,至于通孔更简单,只需把加工深度设置比通孔深度略大即可。

如果要逆铣,只需把下面程序中两处的"G03"改为"G02"即可,其余部分完全不变。

程序正文	注释说明
#1=	→圆孔直径 diameter
#2=	→圆孔深度 depth
#3=	→(平底立铣刀)刀具直径
#4=0	→Z 坐标〈绝对值〉设为自变量,赋初始值为 0
#17=	→Z 坐标(绝对值)每次递增量(每层切深即层间距 q)
#5=[#1・#3]/2	→螺旋加工时刀具中心的回转直径
S1000M03	
G54G90G00X0Y0Z30.	→程序开始,定位于 G54 原点上方安全高度
G00X#5	→G00 移动到起始点上方
Z[-#4+1.]	→G00 下降至 Z0 面以上 1. 处(即 Z1. 处)
G01Z-#4F200	→Z 方向 G01 下降至当前开始加工深度(Z-#4)
WHILE[#4LT#2]DO 1	→如果加工深度削<圆孔深度#2,循环 1 继续
#4=#4+#17	→Z 坐标(绝对值)依次递增#17(即层间距 q)
G03 I-#5Z-#4F1000	→G03 逆时针螺旋加工至下一层
END 1	→循环 1 结束
G03 I-#5	→到达圆孔深度(此时#4=#2)逆时针走一整圆
G01 X[#5-1.]	→G01 向中心回退 1.
G00Z30.	→G00 快速提刀至安全高度
M30	→程序结束

注意:加工盲孔时,应对#7 的赋值有所要求,即能被#2 整除,否则孔底会有余量。

2. 多个圆孔(或台阶圆孔)轮廓加工(螺旋铣削)

在上述圆孔螺旋铣削加工的基础上进一步深化应用,并强调运用宏指令(宏程序调用的指令),以及在主程序中对调用的宏程序进行相关的自变量赋值。

如图 8-3 所示(圆心为 G54 原点,顶面为 ZO 面),全部采用顺铣。

主程序	注释说明
O0522	
S1000M03	
G54G90G00X0Y0Z30. ;	→程序开始,定位于原点安全高度
G52X-30. Y0;	→在 1 处建立局部坐标系
G65P1522A18. B19. C10. 10Q0. 95F300;	→1 处的 ϕ18 通孔精加工
G52X25. Y9. 5;	→在 2 处建立局部坐标系
G65P1522A28. B5. 6C10. 10Q1. 12F300;	→2 处的 ϕ28 孔精加工
G65P1522A16. B19. C10. 15. 6Q1. 34F300;	→2 处的 ϕ16 通孔精加工

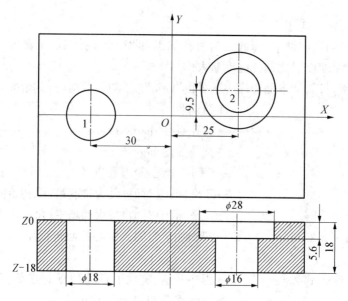

图 8-3　多个圆孔轮廓加工(螺旋插补)

G52X0Y0；	→取消局部坐标系
M30；	→程序结束

变量赋值说明

♯1＝(A)	→圆孔直径 diameter
♯2＝(B)	→圆孔深度 depth
♯3＝(C)	→(平底立铣刀)刀具直径
♯4＝(I)	→Z 坐标(绝对值)设为自变量
♯9＝(F)	→进给速度
♯17＝(Q)	→Z 坐标(绝对值)每次递增量〈切深即层间距 q〉

宏程序	注释说明
O1522	
♯5＝[♯1・♯3]/2；	→螺旋加工时刀具中心的回转半径
G00X♯5；	→G00 移动到起始点上方
Z[-♯4＋1.]；	→G00 下降至 Z-♯4 面以上 1.处
G01 Z-♯4F[♯18＊0.2]；	→Z 方向 G01 下降至当前开始加工深度(Z-♯4)
WHILE [♯4LT♯2]DO 1；	→如果加工深度♯4＜圆孔深度♯2,循环 1 继续
♯4＝♯4＋♯17；	→Z 坐标(绝对值)依次递增♯17(即层间距 q)
G03 I-♯5Z-♯4F♯9；	→G03 逆时针螺旋加工至下一层
END 1；	→循环 1 结束
G03 I-♯5；	→到达圆孔深度(此时♯4＝♯2)逆时针走一整圆
G01 X[♯5-1.]；	→G01 向中心回退 1.
G00Z30.；	→G00 快速提刀至安全高度
M99；	→宏程序结束返回

注意：

（1）在主程序中对自变量进行赋值时，需特别注意 B、I、Q：；

B：即♯2，内腔深度（绝对值）。上述的宏程序中均以 Z0 面为基准，即指从 Z0 面到预定平面的深度。对于 1 处的 ϕ18 通孔来说，可以取 B19.；对于 2 处的 ϕ28 台阶孔来说，可以取 B5.6；对于 2 处的 ϕ16 通孔来说，则应是 B19.。

I：即♯4，Z 坐标（绝对值）设为自变量，与上相仿也都是以 Z0 面为基准。对于 1 处的 ϕ18 通孔来说，是从 Z0 面开始第一层加工，应是 I0；对于 2 处的 ϕ28 台阶孔来说，也是从 Z0 面开始第一层加工，显然也应是 I0；对于 2 处的 ϕ16 通孔来说，是从 Z-5.6 面开始第一层加工，则应是 I5.6。

Q：即♯17，应确保内腔实际加工深度能被♯17整除。

（2）如果需要精确控制圆孔直径尺寸，在合理选用和确定其他加工参数后，只需调整和尝试♯1 即 A 的值即可。

3. 沿圆周均布的孔群加工

这是一个堪称经典的宏程序应用实例，凡是以 FANUC 系统为蓝本介绍宏程序应用的任何书籍或文章，几乎都会介绍这个程序。

读者如果有兴趣可以参考《BEIJINGJANUCOi‐MA 系统操作说明书》第 317 页，并注意与下面的程序进行对比。

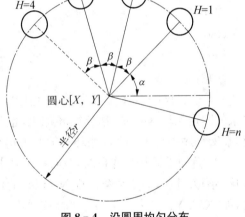

如图 8‐4 所示，编制一个宏程序加工沿圆周均匀分布的孔群。圆心坐标为 (X, Y)，圆半径为 r，第 1 个孔与 X 轴的夹角（即孔群的起始角）为 α，各孔间角度间隔为 β，孔数为 H，角度的方向（即正负）遵循数学及数控系统的规定，即逆时针方向为正，顺时针方向为负。

图 8‐4　沿圆周均匀分布

注意：这里局部变量的选用。

主程序	注释说明

主程序

O0531

S1000M03；

G54G90G00X0Y0Z30.；　　　→程序开始，定位于 G54 原点上方

G65P1531X50.Y20.Z‐10.R1.F200A22.5B45.I20.J45.K120.D3E74.H8；

　　　　　　　　　　　　　→调用宏程序 O1531

M30；　　　　　　　　　　→程序结束

自变量赋值说明

♯1＝(A)　　　　　　　　　→第 1 个孔的角度 α

♯2＝(B)　　　　　　　　　→各孔间角度间隔 P（即增量角）

♯4＝(I)	→圆周半径 radius
♯9＝(F)	→切削进给速度 feed
♯11＝(H)	→孔数 holes
♯18＝(R)	→固定循环中快速趋近 R 点 Z 坐标(非绝对值)
♯24＝(X)	→圆心 X 坐标值
♯25＝(Y)	→圆心 Y 坐标值
♯26＝(Z)	→孔深(系 Z 坐标值,非绝对值)
宏程序	注释说明
O1531	
♯3＝1	→孔序号计数值置 1(即从第 1 个孔开始)
WHILE［♯3LE♯11］DO 1	→如果♯3(孔序号)≤♯11(孔数 H),循环 1 继续
♯5＝♯1+［♯3－1］＊♯2	→第♯3 个孔对应的角度
♯6＝♯24+♯4＊COS［♯5］	→第♯3 个孔中心的 X 坐标值
♯7＝♯25+♯4＊SIN［♯5］	→第♯3 个孔中心的 Y 坐标值
G98G81 X♯6Y♯7Z♯26R♯18F♯9	→(G81 方式)加工第♯3 个孔
♯3＝♯3+1	→孔序号♯3 递增 1
END 1	→循环 1 结束
G80	→取消固定循环
M99	→宏程序结束返回

注意:

(1) 这里仅以 G81 循环为例,其他固定循环如 G73、G83 等也可参照,即使是其他更复杂的固定循环,如 G76 精镗循环加工,也只需对相应的固定循环语句进行简单修改即可,在宏程序中真正与固定循环有关的语句其实只有一行,程序其余部分完全可以通用。

(2) 这里选用局部变量时,没有像上述其他程序基本上按照♯1、♯2、♯3、…那样依次从小到大选用,而是结合常规 NC 语句的地址及含义,尽量使主程序调用时的地址有意义,如"X50. Y20."来表示圆心坐标值,"Z－10."来表示孔底 Z 坐标值,又如 G83 循环,正好可以用 Q 对局部变量♯17 进行赋值,这样就非常直观,且更容易理解。

4. 沿直线均布的多组孔群加工

这是上面所述宏程序的一种扩展,如图 8-5 所示,在圆周上均匀分布的孔群,沿直线以相等间隔呈线性排列,先加工第 1 组孔群,然后加工第 2 组孔群,在加工每一组孔群时,都是按照相同的顺序加工各孔,依次类推,直到所有组的孔群加工完毕。

本程序涉及的参数和变量比较多,在主程序中进行自变量赋值时应特别小心,请认真领会和掌握宏程序中的注释说明。

主程序	注释说明
O0532	
S1000M03	
G54G90G00X0Y0Z30.	→程序开始,定位于 G54 原点上方
G65P1532X50. Y20. Z－10. R1. F200A67. B72.120. J15. K55. D3H5	

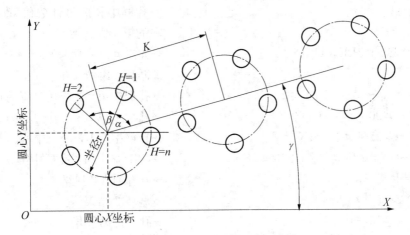

图 8-5 沿直线均匀分布的多组孔群加工

	→调用宏程序
M30	→程序结束
自变量赋值说明	
#1=(A)	→孔群中第 1 孔和该组中心连线与 X 轴的夹角 α
#2=(B)	→每组孔群中各孔间角度间隔 P（即增量角）
#4=(I)	→每组孔群中圆周半径 radius
#5=(J)	→孔群中心所在直线与 X 轴的夹角 γ
#6=(K)	→孔群的线性间隔距离
#7=(D)	→孔群的组数
#9=(F)	→切削进给速度 feed
#11=(H)	→每一孔群的孔数 holes
#18=(R)	→固定循环中快速趋近 R 点 Z 坐标（非绝对值）
#24=(X)	→圆心 X 坐标值
#25=(Y)	→圆心 Y 坐标值
#26=(Z)	→孔深（系 Z 坐标值，非绝对值）
宏程序	注释说明
O1532	
#13=1	→孔群序号计数值置 1（即从第 1 组孔群开始）
WHILE［#13LE#7］DO 1	→如#13（孔群序号）≤#7（孔群组数），循环 1 继续
#20=#24+［#13-1］*#6*COS［#5］	→第#13 组孔群中心的 X 坐标值
#21=#25+［#13-1］*#6*SIN［#5］	→第#13 组孔群中心的 Y 坐标值

♯3＝1	→孔群中孔序号计数值置 1(从孔群的第 1 孔开始)
WHILE［♯3LE♯11]DO 2	→如果♯3(孔序号)≤♯11(孔数 H)，循环 2 继续
♯8＝♯1＋［♯3−1]＊♯2	→孔群中第♯3 个孔对应的角度
♯22＝♯20＋♯4＊COS［♯8]	→孔群中第♯3 个孔中心的 X 坐标值
♯23＝♯21＋♯4＊SIN［♯8]	→孔群中第♯3 个孔中心的 Y 坐标值
G98G81X♯22Y♯23Z♯26R♯18 F♯9	→G81 方式加工孔群中第♯3 个孔
♯3＝♯3＋1	→孔序号♯3 递增 1
END 2	→循环 2 结束
♯13＝♯13＋1	→孔群序号递增 1
END 1	→循环 1 结束
G80	→取消固定循环
M99	→宏程序结束返回

5. 四角圆角过渡矩形内腔加工

与矩形封闭区域(即矩形内腔)平面加工基本相似，主要差别在于矩形的四角圆角过渡，在编程上难度稍大，如图 8−6 所示(同样 X、Y 对称中心为 G54 原点，顶面为 ZO 面)。矩形内腔尺寸为：长×宽×4R(圆角)×深＝♯1×♯2×4R(♯5)×♯4。

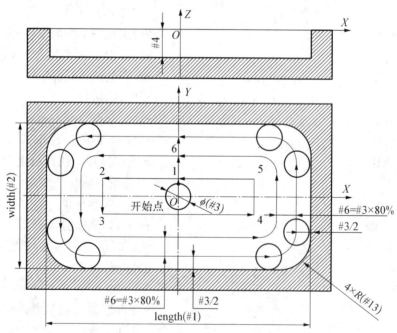

图 8−6　四角圆角过渡矩形内腔加工

加工方式为：使用平底立铣刀，每次从中心下刀，以回字形走刀，先 Y 后 X，全部采用顺铣，走完最外圈后提刀返回中心，进给至下一层继续，直至到达预定深度。

此方法，只要将长×宽×4R(圆角)×深度改为：直径×深度，便可用于圆孔内腔加工。

如果特殊情况下要逆铣,只需把♯11、♯12 其中 1 个前面加上负号即可(注意下面程序中共有两处需要修改,即如果决定改♯11,就要把两个♯11 都改过);其他注意事项可完全参见上述。

程序正文	注释说明
♯1＝	→矩形内腔 X 方向边长 length
♯2＝	→矩形内腔 Y 方向边长 width
♯3＝	→(平底立铣刀)刀具直径
♯4＝	→矩形内腔深度 depth
♯13＝	→矩形四角圆角 radius
♯5＝0	→Z 坐标(绝对值)设为自变量,赋初始值为 0
♯17＝	→Z 坐标(绝对值)每次递增量(每层切深即层间距 q)
♯6＝0.8 ＊ ♯3	→步距设为刀具直径的 80％(经验值)
♯7＝♯1·♯3	→刀具(中心)在内腔中 X 方向上最大移动距离
♯8＝♯2·♯3	→刀具(中心)在内腔中 Y 方向上最大移动距离
S1000M03	
G54G90G00X0Y0Z30.	→程序开始,定位于 G54 原点上方安全高度
WHILE［♯5LT♯4］DO 1	→如果加工深度♯5＜内腔深度♯4,循环 1 继续
Z［-♯5＋1.］	→G00 下降至当前加工平面 Z-♯5 以上 1. 处
G01Z-［♯5＋♯17］F150	→Z向 G01 下降至当前加工深度(Z-♯5 处下降♯17)
IF［♯1GE♯2］GOTO1	→如果♯1≥♯2,跳转至 N1 行
N1 ♯9＝FIX［♯8/♯6］	→Y 方向上最大移动距离除以步距,并上取整
lF［♯1GE♯2］GOTO3	→如果♯1＜♯2,跳转至 N3 行(此时已执行完 N1 行)
IF［♯1LT♯2］GOTO2	→如果♯1＜♯2,跳转至 N2 行
N2 ♯9＝FIX［♯7/♯6］	→X 方向上最大移动距离除以步距,并上取整
IF［♯1LT♯2］GOTO3	→如♯1＜♯2,跳转至 N3 行(此时已执行完 N2 行)
N3 ♯10＝FIX［♯9/2］	→♯9是奇数或偶数都上取整,重置♯10 为初始值
♯18＝♯13-♯3/2-♯10＊♯6	→♯18 必须重置(此时♯10 等于初始值)
WHILE［W10GE0］DO 2	→如♯10≥0(即还没有走到最外一圈),循环 2 继续
N4 IF［♯18GT0］GOTO5	→如果♯18＞0,跳转至 N5 行执行带 R 的绕圈运动
♯11＝♯7/2-♯10＊♯6	→每圈在 X 方向上刀具移动的距离目标值(绝对

	值)
#12=#8/2-#10*#6	→每圈在 Y 方向上刀具移动的距离目标值(绝对值)
Y#12F1000	→以 G01 移动至图中 1 点
X-#11	→以 G01 移动至图中 2 点
Y-#12	→以 G01 移动至图中 3 点
X#11	→以 G01 移动至图中 4 点
Y#12	→以 G01 移动至图中 5 点
X0	→以 G01 移动至图中 1 点,一圈结束
#10=#10-1	→#10 依次递减
N5 IF[#10LT0]GOTO 99	→如#10<0(即已经走完最外一圈),跳转至 N99 行
#11=#7/2-#10*#6	→每圈在 X 方向上刀具移动的距离目标值(绝对值)
#12=#8/2-#10*#6	→每圈在 Y 方向上刀具移动的距离目标值(绝对值)
#18=#13-#3/2-#10*#6	→每圈在四角圆角处刀具作圆弧运动的半径
IF[#18LE0]GOTO 4	→如果#18≤0,跳转至 N4 行,此步非常重要
Y#12F3000	→以 G01 移动至图中 1 点
X-#11,R#18	→以 G01 移至图中 2 点,圆角过渡#18
Y-#12,R#18	→以 G01 移至图中 3 点,圆角过渡#18
X#11,R#18	→以 G01 移至图中 4 点,圆角过渡#18
Y#12,R#18	→以 G01 移至图中 5 点,圆角过渡#18
X0	→以 G01 移动至图中 1 点,一圈结束
#11=#7/2-#10*#6	→每圈在 X 方向上刀具移动的距离目标值(绝对值)
#12=#8/2-#10*#6	→每圈在 Y 方向上刀具移动的距离目标值(绝对值)
#18=#13-#3/2-#10*#6	→每圈在四角圆角处刀具作圆弧运动的半径
IF[#18LE0]GOTO 4	→如果#18≤0,跳转至 N4 行,此步非常重要
Y#12F3000	→以 G01 移动至图中 1 点
X-#11,R#18	→以 G01 移至图中 2 点,圆角过渡#18
Y-#12,R#18	→以 G01 移至图中 3 点,圆角过渡#18
X#11,R#18	→以 G01 移至图中 4 点,圆角过渡#18
Y#12,R#18	→以 G01 移至图中 5 点,圆角过渡#18
X0	→以 G01 移至图中 1 点,一圈结束
#10=#10-1	→#10 依次递减至 0
GOTO 5	→无条件跳转至 N5 行

END 2	→循环 2 结束(最外一圈已走完)
N99 G00Z30.	→在一个深度上的加工结束,G00 提刀至安全高度
X0Y0	→G00 快速回到 G54 原点,准备下一层加工
♯5＝♯5＋♯17	→Z 坐标(绝对值)依次递增♯17(层间距 q)
END 1	→循环 1 结束(此时♯5＝♯4)
M30	→程序结束

6. 简单斜面加工(平底立铣刀)(标准矩形周边外斜面加工)

如图 8 - 7 所示,矩形工件 XY 对称中心为 G54,顶面 ZO,左右斜面与垂直面夹角相等(♯3),前后斜面与垂直面夹角相等(♯4),♯3 与♯4 可以不相等。下刀点即开始点选择在工件的右上角,由下至上逐层爬升,以顺铣方式(顺时针方向)单向走刀。图 8 - 7(c)所示为初始点的 Z 坐标值的基本几何关系。

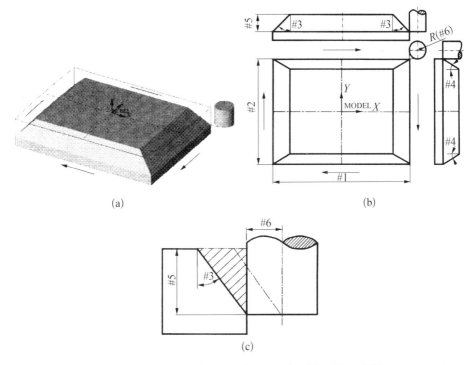

(a)

(b)

(c)

图 8 - 7 标准矩形周边外凸斜面(平底立铣刀)加工参数

出于对机械加工工艺及测量等因素的考虑,一般对于外凸的斜面,在尺寸标注时通常都给出大端的尺寸、斜面与垂直面夹角及斜面的垂直高度等。

无论粗、精加工,在确保不会发生干涉的情况下,通常在 Z 方向上把刀具轨迹向上略为延伸(多走 1 步距即可),以确保完全覆盖被加工表面,如在下面的 O0811 程序中,语句"♯7LE♯5"改为"♯7LE[♯5＋♯17]"即可。在此所讲述的所有斜面加工均适用该原则。

程序正文	注释说明
♯1＝	→X 向大端尺寸
♯2＝	→Y 向大端尺寸

♯3＝	→左右斜面与垂直面夹角(ZX 平面)
♯4＝	→前后斜面与垂直面夹角(YZ 平面)
♯5＝	→所有斜面高度 height(绝对值)
♯6＝	→(平底立铣刀)刀具半径 radius
♯7＝0	→dZ(绝对值)设为自变量,赋初始值为 0
♯17＝	→自变量♯7 每次递增量(等高)
S1000M03	
G54G90G00X0Y0Z30.	→程序开始,定位于 G54 原点上方安全高度
♯8＝♯1/2＋♯6	→首轮初始刀位点到原点距离(X 方向)
♯9＝♯2/2＋♯6	→首轮初始刀位点到原点距离(Y 方向)
X♯8Y♯9	→G00 快速移动至首轮初始点上[见图 8-1(b)]
Z-♯5	→G00 下降至斜面底部(初始点位于工件外面)
WHILE[♯7LE♯5]DO 1	→如果刀具还没有加工到斜面顶部,继续循环 1
♯11＝♯8-♯7*TAN[♯3]	→次轮初始刀位点到原点距离(X 方向)
♯22＝♯9-♯7*TAN[♯4]	→次轮初始刀位点到原点距离(Y 方向)
G01X♯11Y♯22Z[-♯5＋♯7]F300	→G01 爬升至次轮初始刀位点(X、Y、Z 三轴联动)
Y-♯22F1000	
X-♯11	
Y♯22	
X♯11	
♯7＝♯7＋♯17	→自变量♯7 每次递增量♯17(等高)
END 1	→循环 1 结束(此时♯7＞♯5)
G00Z30.	→G00 提刀至安全高度
M30	→程序结束

在此所讲述的所有斜面加工中,无论是平底立铣刀还是球头铣刀,下刀点即初始点的 X、Y 坐标值是较容易确定和理解的;在俯视图上看,代表刀具的圆同时与工件外形直线轮廓的延长线相切,如图 8-7(b)所示,但是初始点的 Z 坐标值就要复杂些,平底立铣刀相对还较简单,至于球头铣刀的情形要复杂得多,后面将另做详细深入的介绍。

7. 外球面加工[自上而下等高体积粗加工(平底立铣刀)]

在介绍曲面加工宏程序的书籍或文章中,由于数学表达和运动描述比较困难,一般只是给出曲面精加工宏程序,较少涉及去除体积的粗加工.在这里将结合具体的数控加工工艺,针对粗、精加工的不同情形来介绍曲面加工宏程序的数学原理和加工特点。与圆柱面加工一样,球面加工在宏程序应用中也占有非常重要的地位,凡是介绍宏程序应用的任何书籍或文章,几乎都会把球面加工作为宏程序曲面加工的应用实例加以介绍。

在本节中,将分别针对外球面和内球面两种球面,以及粗、精加工的不同情形,介绍相关宏程序。

如图 8-8 所示,无论需要加工的外球面是一个完整(标准)的半球面还是半球面的一部分(EP 球冠),均假设待加工的毛坯为一圆柱体,图中阴影部分即为使用平底立铣刀进行粗加工时需要去除的部分:粗加工使用平底立铣刀,自上而下以等高方式逐层去除余量,每层以 G02 方式走刀(顺铣);在每层加工时如果被去除部分的宽度大于刀具直径,则还需由外至内多次完成 G02 方式走刀;为便于描述和对比,每层加工时刀具的开始和结束位置均指定在 E 平面内的 +X 方向上。

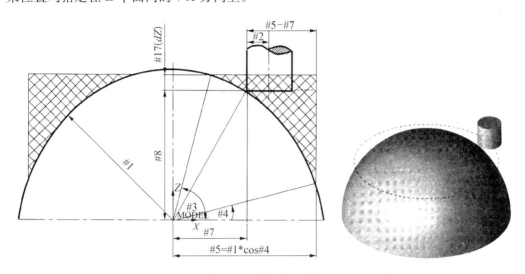

图 8-8　外球面自上而下等高体积粗加工(平底立铣刀)

主程序	注释说明
S1000M03	
G54G90G00X0Y0	→程序开始,定位于 G54 原点
G65P1911X50. Y, 20. Z - 10. A20. B3. C9010. Q1.	
	→调用宏程序 O1911
M30	→程序结束

自变量赋值说明

♯1=(A)	→(外)球面的圆弧半径 radius
♯2=(B)	→平底立铣刀半径 radius
♯3=(C)	→(外)球面起始角度(start),♯3≤90°
♯4=(I)	→(外)球面终止角度(end angle),♯4≥0°
♯17=(Q)	→Z 坐标每次递减量(每层切深即层间距 q)
♯24=(X)	→球心在工件坐标系 G54 中的 X 坐标
♯25=(Y)	→球心在工件坐标系 G54 中的 Y 坐标
♯26=(Z)	→球心在工件坐标系 G54 中的 Z 坐标
宏程序	注释说明

G52X♯24Y♯25Z♯26	→在球面中心(X，Y，Z)处建立局部坐标系
G00X0Y0Z[♯1+30.]	→定位至球面中心上方安全高度
♯5=♯1*COS[♯4]	→终止高度上接触点的 X 坐标值(即毛坯半径)
♯6=1.6*♯2	→步距设为刀具直径的80%(经验值)
♯8=♯1*SIN[♯3]	→任意高度上刀尖的 Z 坐标值设为自变量，赋初始值
♯9=♯1*SIN[♯4]	→终止高度上刀尖的 Z 坐标值
WHILE[♯8GT♯9]DO 1	→如果♯8>♯9，循环 1 继续
X[♯5+♯2+1.]Y0	→(每层)G00 快速移动到毛坯外侧
Z[♯8+1.]	→G00 下降至 Z♯8 以上 1.处
♯18=♯8-♯17	→当前加工深度(切削到材料时)对应的 Z 坐标
G01Z♯18F150	→G01 下降至当前加工深度(切削到材料时)
♯7=SQRT[♯1*♯1-♯18*♯18]	→任意高度上刀具与球面接触点的 X 坐标值
♯10=♯5-♯7	→任意高度上被去除部分的宽度(绝对值)
♯11=FIX[♯10/♯6]	→每层被去除宽度除以步距并上取整，重置为初始值
WHILE[♯11GE0]DO 2	→如♯11≥0(即还未走到最内一圈)，循环 2 继续
♯12=♯7+♯11*♯6+♯2	→每层(刀具中心)在 X 方向上移动的 X 坐标目标值
G01X♯12Y0F1000	→以 G01 移动至第 1 目标点
G021-♯12	→顺时针走整圆
♯11=♯11-1	→自变量♯11(每层走刀圈数)依次递减至 0
END 2	→循环 2 结束(最内一圈已走完)
G00Z[♯1+30.]	→G00 提刀至安全高度
♯8=♯8-♯17	→Z 坐标自变量♯8 递减♯17
END 1	→循环 1 结束
G00Z[♯1+30.]	→G00 提刀至安全高度
G52X0Y0Z0	→恢复 G54 原点
M99	→宏程序结束返回

注意：

(1) 如果♯3=90°，♯4=0，即对应于一个完整(标准)的半球面。

(2) 如果特殊情况下要逆铣时，只需把程序中的"G02"改为"G03"，其余部分基本不变。

8.6　A 类用户宏程序

A 类用户宏程序的书写格式及其 A 类用户宏的调用方法见第 2 节。具体调用方法及其指令格式与 B 类用户宏程序功能的调用方法及其指令格式基本相同。在此不再展开。

8.6.1　A 类用户宏程序的运算和控制指令格式

A 类宏程序的运算和控制指令与 B 类宏程序不同。正如在第 2 节所讲,用户宏程序功能 A 的运算和控制循环都采用 G 代码 H 代码形式。

一般指令形式:

G65Hm P♯i Q♯j R♯k;

式中,m 为 01~99,表示宏程序功能;

　　♯i 为存储运算结果的变量号;

　　♯j 均为进行运算的第 1 变量号,也可以是常数;

　　♯k 为进行运算的第 2 变量号,也可以是常数。

意义:♯i＝♯1①♯k

这里,①为运算符(由 Hm 指定)。

例如,当程序功能为加法运算时:

P♯100 Q♯101 R♯102……♯100＝♯101＋♯102;

P♯100 Q－♯101R♯102……♯100＝－♯101＋♯102;

P♯100 Q♯101 R15……♯100＝♯101＋15;

G65Hm 宏功能指令如表 8-9 所示。

注意:变量值不能带小数,与各地址不带小数时所表示的意义相同(参数 No.3401 的♯0 位 DPI＝0,最小输入单位 0.001 mm 及 0.001°)。

例如:若♯100＝10,以 0.001 mm 为单位输入时 X♯100 为 X0.01 mm(10× 0.001 mm＝0.010 mm);若♯100＝100,以 0.001°角度为单位输入时♯100 为 010°(100× 0.001°＝010°)。

表 8-9　宏功能指令

G 码 H 码	功　能	定　　义
G65 H01	定义,替换	♯i＝♯J
G65 H02	加	♯i＝♯J＋♯k
G65 H03	减	♯i＝♯J－♯k
G65 H04	乘	♯i＝♯J×♯k
G65 H05	除	♯i＝♯J/♯k

G 码 H 码	功　　能	定　　义
G65 H11	逻辑"或"	#i=#J OR #k
G65 H12	逻辑"与"	#i=#j AND #k
G65 H13	异或	#i=#j XOR #k
G65 H21	平方根	$\sqrt{\#J}$
G65 H22	绝对值	#i=|#j|
G65 H23	求余	#i=#J-trunc(#J/#k) #k
		Trunc：丢弃小于 1 的分数部分
G65 H24	BCD 码→二进制码	#I=BIN(#j)
G65 H25	二进制码→BCD 码	#i=BCD(#j)
G65 H26	复合乘/除	#i=(#i×#J)÷#k
G65 H27	复合平方根 1	$\#i=\sqrt{\#J^2+\#k^2}$
G65 H28	复合平方根 2	$\#i=\sqrt{\#J^2-\#k^2}$
G65 H31	正弦	#i=#j SIN (#k)
G65 H32	余弦	#i=#j COS (#k)
G65 H33	正切	#i=#j TAN (#k)
G65 H34	反正切	#i=ATAN(#j/#k)
G65 H80	无条件转移	GOTO n
G65 H81	条件转移 1	IF#J=#K, GOTOn
G65 H82	条件转移 2	IF#J≠#K, GOTOn
G65 H83	条件转移 3	IF#J>#K, GOTOn
G65 H84	条件转移 4	IF#J<#K, GOTOn
G65 H85	条件转移 5	IF#J≥#K, GOTOn
G65 H86	条件转移 6	IF#J≤#K, GOTOn
G65 H99	产生 PS 报警	PS 报警号 500+n 出现

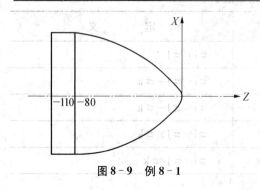

图 8 - 9　例 8 - 1

8.6.2　A 类宏程序应用举例

例 8 - 1：加工如图 8 - 9 所示的二次曲线，方程为 $Z = -X^2/20$。

设工件坐标系如图，抛物线顶处为工件原点。设刀尖在参考点上与工件原点的距离为 $X = 200.0, Z = 400.0$。采用线段逼近法编制程序。

程序如下：

N10 G00 X784.0 Z830.0；

N20 G50 X200.0 Z400.0；

N30 M03 S700；

N40 T1010；

N50 G00 X0.0 Z1.0；

N60 G01 G99 Z0.0 F0.05；

N70 G65 H01 P♯102 Q0；

N80 H02 P♯101 Q♯102 R10；

N90 H04 P♯103 Q♯101 R♯101；

N100 H05 P♯104 Q♯103 R20；

N110 H01 P♯105 Q-♯104；

N120 G01 X♯101 Z♯105；

N130 G65 H01 P♯102 Q♯101；

N140 H82 P80 Q♯105 R-80；

N150 G01 Z-110.0；

N160 G00 X200.0 Z400.0 T0100 M05；

N170 M30；

例 8-2：加工圆周等分孔。设圆心在 O 点，它在机床坐标的坐标用 $G54$ 来设置，在半径为 r 的圆周上均匀地钻几个等分孔，起始角度为 α，孔数为 n，以零件上表面为 Z 向零点，如图 8-10 所示。

使用以下保持型变量：

♯502：半径 γ；

♯503：起始角度 α；

♯504：孔数 n，当 $n>0$ 时，按逆时针方向加工；当 $n<0$ 时，按顺时针方向加工；

♯505：孔底 Z 坐标值；

♯506：R 平面 Z 坐标值；

♯507：F 进给量。

图 8-10　加工圆周等分孔(例 8-2)

注意：设置保持型变量时，角度值输入设置为带小数点的方式，

即若起始角度 $\alpha=30°$，则输入♯503="30.0"；数值为不带小数点的方式输入，指令值为 0.001 mm，即若设置♯502=100 mm，则输入♯502="100000"。

使用以下变量进行操作运算：

♯100：表示第 i 步钻第 i 孔的记数器；

♯101：记数器的最终值(为 n 的绝对值)；

♯102：第 i 个孔的角度 θ_i 的值；

♯103：第 i 个孔的 X 坐标值；

♯104：第 i 个孔的 Y 坐标值。

用用户宏程序编制的钻孔子程序如下：

程序名 O9100

N110 G65 H01 P♯100 Q0；	♯100＝0
N120 G65 H22 P♯101 Q♯504；	♯101＝|♯504|：
N130 G65 H04 P♯102 Q♯100 R360；	♯102＝♯100×360°
N140 G65 H05 P♯102 Q♯102 R♯504；	♯102＝♯102/♯504
N150 G65 H02 P♯102 Q♯503 R♯102；	♯102＝♯503＋♯102 当前孔位角度 $\theta_i = \alpha + (360° \times i)/n$：
N160 G65 H32 P♯103 Q♯502 R♯102；	♯103＝♯502×cos（♯102）当前孔的 X 坐标
N170 G65 H31 P♯104 Q♯502 R♯102；	♯104＝♯502×sin（♯102）当前孔的 Y 坐标
N180 G90 G81 G98 X♯103 Y♯104 Z♯505 R♯506 F♯507；	加工当前孔（返回开始平面）
N190 G65 H02 P♯100 Q♯100 R1；	♯100♯100+1 下一个孔
N200 G65 H84 P130 Q♯100 R♯101；	当♯100＜♯101 时，向上返回到 N130 程序段
M99；	返回主程序

调用上述子程序的主程序如下：

主程序名 O0010

NI0 G54 G90 G00 X0Y0 Z20. 0；	进入加工坐标系
N20 M98 P9100；	调用钻孔子程序
N30 G00 G90 X0 Y0；	返回加工坐标系零点
N40 Z20. 0；	抬刀
N50 M30；	程序结束

变量♯500～♯507 可以在程序中赋值，也可由 MDI 方式设定。

例 8－3：有一空间曲线槽，由两条正弦曲线 $Y = 35\sin X$ 和 $Z = 5\sin X$ 叠加而成，刀具中心轨迹如图 8－11 所示。

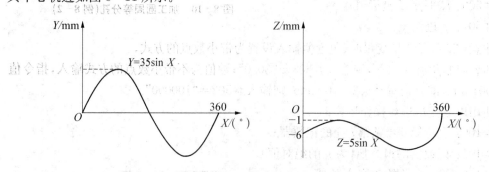

图 8－11 正弦曲线 $Y = 35\sin X$ 和 $Z = 5\sin X$（例 8－3）

槽底为 $r=5\text{ mm}$ 的圆弧。为了方便编制程序,采用粗微分方法忽略插补误差来加工。以角度 X 为变量,取相邻两点间的 X 向距离相等,间距为 $0.5°$,然后用正弦曲线方程 $Y=35\sin X$ 和 $Z=5\sin X$ 分别计算出各点对应的 Y 值和 Z 值,进行空间直线插补,以空间直线来逼近空间曲线。加工时采用球头铣刀($r=5\text{ mm}$)在一平面实体零件上铣削出这一空间曲线槽。加工坐标系设置如图 8-12 所示。

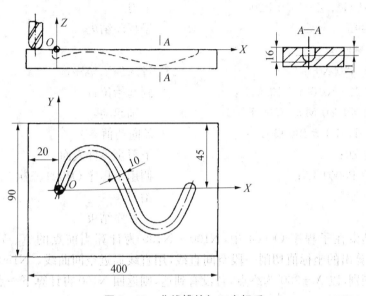

图 8-12　曲线槽的加工坐标系

设置保持型变量:

♯500:Z 向每次切入量为 2 mm 设置时输入"2000";

♯501:$Y=35\sin X$ 的幅值为 35 mm,设置时输入"35000";

♯502:$Z=5\sin X$ 的幅值为 5 mm,设置时输入"5000";

♯503:X 的步距为 $0.5°$ 时的终点值 $360°$;设置时输入"$360°$"。

设置操作型变量:

♯1002X 当前值($°$);

♯110:Y 坐标当前值为(mm);

♯120:$Z=5\sin X$ 的值(mm);

♯130:Z 向每次进刀后的初始值(mm);

♯140:Z 坐标当前值(mm)。

子程序 O0004:

N10 G65 H01 P♯100 Q0;　　　　　　　　　X 初始值♯100=0

N20 G91 G01 Z-♯500 F100;　　　　　　　Z 向切入零件

N30 G65 H02 P♯130 Q♯130 R-♯500;　　♯130=♯103+(-♯500)

N100 G65 H02 P♯100 1♯100 R0.5;　　　X 当前值♯100=♯100+05

N110 G65 H31 P♯110 Q♯501 R♯100;　　Y 当前值♯ 100=35sin X

N120 G65 H31 P♯1201 ♯502 R♯100;　　Z=5sin X 数值

N130 G65 H02 P#140 Q#130 R#120;	Z 当前值 #140＝#130＋#120
N140 G90 G01 X#100 Y#110 Z#140;	切削空间直线
N150 G65 G84 P100 Q#100 R#503;	终点判别
N160 G91 Z15.0;	抬刀
N170 G90 X0 Y0;	回加工原点
N180 G91 G01 Z－15.0 F200;	下刀
N19 0M99;	子程序结束
主程序 O0005;	
N10 G54 G90 X0 Y0 Z15;	进入加工坐标系
N20 G00 X-10.0 Y-10.0;	到起始位置
N30 G01 X0 Y0 M03 S600 F200;	主轴起动
N40 G65 H01 P#130 Q0;	Z 向初值＝0
N50 G01 Z0;	下刀至零件表面
N60 M98 P0004 L3;	调用子程序 O0004 三次
N70 G00 Z15;	抬刀
N80 M30;	主程序结束

主程序结束在子程序 O0004 中，N100～N130 为计算当前点的 X、Y 和 Z 坐标。N140 是按计算出的坐标值切削一段空间直线，用直线逼近空间曲线。N150 为空间曲线结束的终点判别，以 $X=360°$为终点，若没有到达，则返回 N100 再计算下一点坐标；若已到达，则结束子程序。

在主程序 O0005 中，N60 为调用三次 O0004 子程序，每调用一次，Z 坐标向负方向进 2 mm，分三次切出槽深。

思考与练习

8-1 什么叫宏程序？数控手工编程中为何要使用宏程序？

8-2 斜角平面和曲面的加工方法分别有哪些？

8-3 宏程序的变量可分为哪几类？各有何特点？

8-4 A 类宏程序是如何实现程序跳转的？

8-5 简要说明 B 类宏程序和 A 类宏程序的不同之处。

8-6 试根据程序"G65 P0030 A50.0 B20.0 D40.0 I100.0 K0 I20.0;"确定各参数的值。

8-7 试 A 类或 B 类宏程序编写图 8-13 的数控加工程序。

8-8 用 ϕ16 mm 的立铣刀加工图 8-14 所示球体，试用 A 类宏进行编程。

8-9 用 B 类宏程序编写如图 8-15 所示椭圆凸台的加工程序。

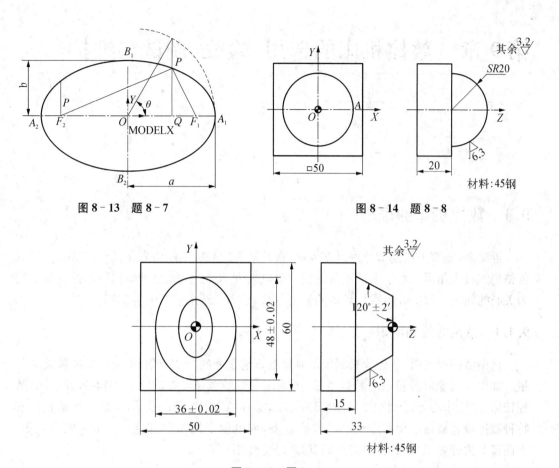

图 8-13 题 8-7

图 8-14 题 8-8

图 8-15 题 8-9

第9章　数控机床的选用、验收、调试与维护

9.1　数控机床的选用

近年来,随着现代制造业的迅速发展,数控设备的品种不断增多、性能日趋完善,但其价格仍然较为昂贵。对于数控设备的使用单位来讲,如何正确、合理地选用数控设备是较为关心的问题。以下介绍数控设备的选用方法、原则及选用前的准备工作。

9.1.1　选用方法和原则

选用数控设备时,首先应根据生产对象或新建企业的投产规划,确定设备的种类和数量。如生产对象和环境没有特殊要求,则选用一般的数控设备就够了,例如数控车床、数控铣床、加工中心等;如果生产对象极为复杂,对环境也有特殊的要求,就应考虑选用一些特种数控设备或自动化程度更高的数控设备,如电加工机床、柔性单元、工业机器人等。下面仅对数控加工机床的选择方法和原则进行介绍。

1. 数控机床类型的选择

虽然数控机床的功能越来越全面,尤其是数控加工中心,能够满足多种加工方法,但每种机床的性能都有一定的适用范围。只有符合数控机床最佳使用条件,加工一定的工件才能达到最佳效果,因此选用数控机床必须确定用户所要加工的典型零件。

每一种数控机床都有其最适合加工的典型零件,如卧式加工中心,适用于加工箱体类零件——箱体、泵体、阀体和壳体等;立式加工中心适用于加工板类零件——箱盖、盖板、壳体和平面凸轮等单面加工零件。若卧式加工中心的典型零件在立式加工中心上加工,零件的多面加工则需要工件重新装夹和改变工艺基准,这就会降低生产效率和加工精度;若立式加工中心的典型零件在卧式加工中心上加工,则需要增加弯板夹具,这会降低工艺系统的刚性和工效。同类规格的机床,一般卧式机床的价格比立式机床贵80%～100%,所需加工费用也高,所以这样加工是不经济的,然而,卧式加工中心的工艺性比较广泛,根据国外资料介绍,在工厂车间设备配置中,卧式机床占60%～70%,而立式机床只占30%～40%。

确定典型加厂的顺序是,先根据工厂或车间的要求,确定哪些零件的哪些工序准备在数控机床上完成,然后将零件进行归类。当然,这时会遇到零件规格相差很多的问题。因此,要进一步选择、确定比较满意的典型加工工件,再来挑选适合工件加工的数控机床。

2. 数控机床规格的选择

数控机床的规格应根据所确定的典型加工工件进行。数控机床最主要的规格就是几个坐标方向的加工行程和主轴电动机功率。

机床的三个基本坐标(X、Y、Z)行程反映机床允许的加工空间。一般情况下,加工工件的轮廓尺寸应在机床的加工空间范围之内,如典型零件是 450 mm×450 mm×450 mm 的箱体,那么应选工作台面尺寸为 500 mm×500 mm 的加工中心。选用工作台面比零件稍大一些是考虑到安装夹具所需的空间。加工中心的工作台面尺寸和三个基本坐标行程都有一定比例关系,如上述工作台为 500 mm×500 mm 的机床,X 轴行程一般为 700~800 mm、Y 轴为 550~700 mm、Z 轴为 500~600 mm,同此,工作台的大小基本上确定了加工空间的大小。个别情况下,也允许工件尺寸大于机床加工行程,这时必须要求工件上的加工区处在机床的行程范围之内,而且要考虑机床工作台的承载能力,以及工件是否与机床换刀空间干涉及其在工作台上回转时是否干涉等问题。

主轴电动机功率反映了数控机床的切削能力。这里指切削效率和刚性。加工中心一般都配置功率较大的直流或交流调速电动机,可用于高速切削,但在低速切削时由于电动机输出功率下降,转矩受到限制。因此,当需加工大直径和余量很大的工件时,必须对低速转矩进行校核,对少量特殊工件加工如需另外增加回转坐标(A、B、C)或附加坐标(U、Y、W),则需要向机床制造厂特殊订货,但机床价格会相应增加。

3. 数控机床精度的选择

选择机床的精度等级,应根据典型加工工件关键部位加工精度的要求来确定。国产加工中心精度可分为普通型和精密型两种。加工中心的精度项目很多,关键项目如表 9‑1 所示。

表 9‑1　机床精度主要项目

精度项目	普通型	精密型	精度项目	普通型	精密型
单轴定位精度	±0.01/300 或全长	0.005/全长	单轴重复定位精度	±0.006	±0.003
			铣圆精度	0.03~0.04	0.02

数控机床的其他精度与表中所列的数据都有一定的对应关系。定位精度和重复定位精度综合反映了该轴各运动部件的综合精度。尤其是重复定位精度,它反映了该控制轴在行程内任意定位点的定位稳定性,是衡量该控制轴能否稳定可靠工作的基本指标。目前的数控系统软件功能比较丰富,一般都有控制轴的螺距误差补偿功能和反向间隙补偿功能,能对进给传动链上各环节系统误差进行稳定的补偿。如丝杠的螺距误差和螺距累积误差可以用螺距补偿功能来补偿;进给传动链的反向死区可用反向间隙补偿来消除。但这是一种理想的做法。实际造成这种反向运动量损失的原因是存在驱动元部件的反向死区、传动链各环节的间隙、弹性变形和接触刚度变化等因素。

铣圆精度是综合评价数控机床有关数控坐标轴的伺服随动特性和数控系统插补功能的指标。测定每台机床铣圆精度的方法是用一把精加工立铣刀铣削一个标准圆柱试件,中小型机床圆柱试件的直径一般为 200~300 mm 左右。将标准圆柱试件放在圆度仪上,测出加工圆柱的轮廓线,取其最大包络圆和最小包络圆,两者间的半径差即为其精度。

总之,力求提高每个数控坐标轴的重复定位精度和铣圆精度是机床制造厂和用户的共同愿望。但要想获得合格的加工零件,除了必须选择好精度适用的机床设备,还必须采用好的工艺措施,切不可一味依赖机床的精度。

4. 数控系统的选择

数控系统与所需机床要相匹配,一般来说,需要考虑以下几点:

(1) 要有针对性地根据数控机床类型选择相应的数控系统。一般机床制造厂提供的原配数控系统均能满足要求。

(2) 要根据数控机床的设计性能指标选择数控系统。此时要考虑机床整机的机械、电气性能,不能片面追求高水平、新系统,而应该对性能和价格等做一个综合分析,选用合适的系统,以免造成系统资源浪费。

(3) 要合理选择数控系统功能。一个数控系统具有基本功能和选择功能两部分,前者价格便宜,后者只有当用户选择后才能提供并且价格较贵,用户应根据实际需要来选择。

(4) 订购系统时要考虑周全。订购时把需要的系统功能一次定全,以免造成损失和留下遗憾。

另外,在选择数控系统时,应尽量考虑企业内已有数控机床中相同型号的数控系统,这将给今后的操作、编程、维修带来较大的方便。

5. 进给驱动伺服电机的选择

原则上应根据负载条件来选择伺服电机。在电动机轴上所加的负载有两种,即阻尼转矩和惯量负载,其值应满足下述条件:

(1) 当机床作空载运行时,在整个速度范围内,加在伺服电机轴上的负载转矩应在电动机连续额定转矩范围以内,即在转矩-速度特性曲线的连续工作区。

(2) 最大负载转矩、加载周期以及过载时间都应在提供的特性曲线的允许范围以内。电动机在加速或减速过程中的转矩应在加速区(或间断工作区)之内。

(3) 对要求频繁起动、制动以及周期变化的负载,必须检查它在一个周期中的转矩均方根值,并应小于电动机的连续额定转矩。

(4) 加在电动机轴上的负载惯量大小对电动机的灵敏度和整个伺服系统精度将产生影响,负载惯量应小于电动机惯量。

6. 选择功能及附件的选择

在选购数控机床时,除了认真考虑它应具备的基本功能和基本件外,还应选择一些选择件、选择功能及附件。选择的基本原则是:全面配套,长远综合考虑。对一些价格增加不多,但会给使用带来很多方便的附件,应尽可能配置齐全,保证机床到厂能立即投入使用。切忌将几十万元购来的一台机床,因缺少一个几十元或几百元的附件而长期不能使用。当然也可以多台机床合用附件,以减少投资。一些功能的选择应进行综合比较,以经济、实用为目的。例如数控系统的动态图形显示、随机程序编制、人机对话程序编制功能,可根据费用情况决定是否选择。近年来,在质量保证措施上也发展了许多附件,如自动测量装置、接触式测头、刀具磨损和破损检测附件等。这些附件的选用原则是要求保证其性能可靠,不追求新颖。此外,要选择与生产能力相适应的冷却、润滑及排屑装置。

7. 技术服务

数控机床要得到合理使用,并产生经济效益,仅有一台好的机床是不够的,还必须有良好的技术服务。对一些新用户来说,最缺乏的是技术上的支持。当前,机床制造厂普遍重视产品的售前、售后服务,协助用户对典型工件做工艺分析,进行加工可行性试验以及承担成套技术服务,包括工艺装备设计、程序编制、安装调试、试切工件,直到全面投入生产。最普遍的做法是为用户举办技术培训班,对维修人员、编程人员、操作人员进行培训,帮助用户掌握设备使用方法。总之,只有重视技术队伍建设、重视职工素质提高,数控机床才能得到合理的使用。

9.2　数控设备的安装、调试与验收

数控机床的安装、调试和验收是数控机床前期管理的重要工作环节,工作完成的好坏直接影响到将来设备的使用,因此必须严格按机床制造厂提供的说明书及相关标准进行。

9.2.1　数控设备的安装

1. 机床就位

用户在机床到达之前,应按机床厂提供的机床基础图,做好机床基础,在安装地脚螺栓的部位做好预留孔。通常昂贵的数控机床安装、调试应由机床制造厂派人员来完成,用户予以配合。按合同规定,用户依有关标准验收。用户有较强的技术力量时,也可派培训人员在对方验收、装箱、启运。到达用户厂后,应立即开始以下工作,如发现问题,应在索赔期内与制造厂联系。机床拆箱后首先找到文件资料,找出机床装箱单,按照装箱单清点各包装箱内零部件、电缆、资料等是否齐全。然后,按照机床说明书中介绍把组成机床的各大部件分别在地基上就位。就位时,垫铁、调整垫板和地脚螺栓等也应相应对号入座。

2. 机床连接

组装机床之前,首先去除安装连接面、导轨和各运动面上的防锈涂料,做好各部件外表清洁工作。然后把机床各部件组装成整机,如将立柱、数控柜、电气柜装在床身上,刀库机械手装在立柱上,在床身上装上接长床身等。部件组装完成后进行电线、油管和气管的连接,之后做好机床各管线的就位固定,防护罩壳的安装,以保证整齐的外观。

3. 各控制单元间的电缆连接

这主要是数控装置、强电控制柜与机床操作台、MDI/CRT 单元、进给伺服电机和主轴电动机动力线、反馈信号线的连线与各辅助装置之间的连接,最后还包括数控柜电源变压器输入电缆的连接。这些连接必须符合随机提供的连接手册规定,将各插头和各插座一一插紧。最后还应进行地线连接,地线要采用一点接地法,即采用辐射式接地法,将数控柜中的信号地、强电地、机床地等连接到公共接地点上,如图9-1所示。

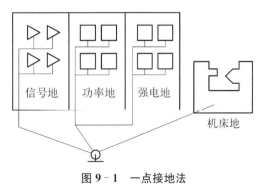

图 9-1　一点接地法

9.2.2　数控设备的调试

1. 机床调试前的准备工作

(1) 确认输入电压、频率及相序。由于各国供电制式不同,如日本,交流三相线电压为 200 V、频率为 60 Hz。而我国交流三相线电压为 380 V、频率为 50 Hz。因此,这在订货时就必须予以确认,对进口机床需确认与当地供电制式一致,按规定连接。用相序表或示波器检查通电相序。

(2) 确认直流电源输出端是否对地短路。数控系统直流稳压电源提供系统所需的 ± 15 V, ± 24 V 直流电压,通电前应当用万用表检查共输出端有否对地短路现象,如果有,要排除后方可通电。

(3) 确认油、气正常。检查机床液压系统的油箱、润滑用油箱、润滑点是否灌注规定的油液或油脂,有关过滤器是否完好。另外,对采用气压系统的机床,还要检查气源气压,所含杂质、水分是否符合要求。

(4) 确认各部件相对位置。通电前需逐一检查机床工作台、主轴、滚珠丝杠副及各辅助装置等部件的相对位置是否合适,以防通电时发生干涉与碰撞。必要时应做适当调整。

2. 通电试车

进行完调试前的准备工作后,即可进行通电试车,但也要按步骤进行,可先对各部件分别通电试验,正确无误后,再进行整机总体通电。

(1) 通电后粗略检查机床主要部件功能是否齐全、正常。首先观察有无报警故障。然后用手动方式陆续起动各部件。检查安全装置能否正常工作,能否达到额定的工作指标。例如起动液压系统时先判断液压泵电动机转向是否正确,工作后管路中是否形成油压,各液压元件是否正常工作,有无异常噪声,各接头有无渗漏,液压系统冷却装置能否正常工作等。

(2) 调整机床床身水平,粗调机床的主要几何精度,再调整重新组装的主要运动部件与主机的相对位置。这些工作完成后,用水泥固定主机及各附件的地脚螺栓。

(3) 数控系统与机床联机通电试车时,为了预防万一,应在接通电源的同时,做好按压急停按钮的准备。例如数控系统反馈信号线接反或断线,均会出现机床"飞车"现象,这时需立即切断电源,检查接线是否正确。

(4) 检查机床各部件的运转情况。应用手动连续进给移动各轴,通过 CRT 显示器显示值检查机床部件移动方向是否正确,如相反,将电动机动力线及检测信号线反接。然后检查各轴移动距离是否与移动指令相符。如不符,检查有关指令、反馈参数以及位置控制环增溢等参数设定是否正确。随后,再用手动进给,低速移动各轴至碰到行程开关,检查超程限位是否有效,数控系统是否发生报警。最后,进行一次返回基准点动作,检查有无基准点功能及每次返回基准点的位置是否一致。

3. 机床精度和功能的调试

机床精度调整主要包括精调机床床身的水平和机床几何精度。当机床地基固化后,在地基上用地脚螺栓和垫铁精调机床主床身的水平,找正水平后移动床身上各运动部件,观察各坐标全行程内机床的水平变化情况,并使用精密水平仪、标准方尺、平尺等工具相应调整机床几何精度,使之在允差范围之内。调整时,以调整垫铁为主,必要时可调整导轨上的镶条等。

机床功能调试是在机床试车调整后,对机床的各项功能进行检查和调试的过程。调试前,检查参数设定,然后试验各主要操作功能、安全措施、常用指令执行情况等,如各种运动方式、变速方式等是否正确。检查辅助功能和附件能否正常工作,如照明、冷却、润滑、防护、排屑装置等是否完好并正常工作。

对于加工中心,还需调整机械手相对主轴、刀库的位置,用指令(如 G28Y0 Z0)使机床运动到刀具交换位置,再用手动方式分步进行刀具交换,检查抓刀、装刀、拔刀等动作是否准确无误,如有误差,可以调整机械手的行程或移动机械手支座和刀库位置等,必要时还可以改变换刀基准点位置的设定(参数设定)。调整好后,紧固各调整螺钉,然后进行多次换刀动作,反复试验直至准确无误,不撞击、不掉刀。对于带交换工作台的数控设备,要调整托板与交换工作台的相对位置,以保证工作台自动交换时平稳可靠。调整好后,紧固各有关螺钉。

4. 机床试运行

数控机床安装调试后,应在一定负载条件下进行一段较长时间的自动运行考验,以便全面检查设备功能和工作可靠性。根据国家标准规定,自动运动时间:数控车床为 16 h,加工中心为 32 h,并要求连续运转。自动运行考验使用的程序叫考机程序,可以使用机床生产厂家的考机程序,也可由用户自行编制。

通过考机程序主要是考核机床的可靠性,接下来要进行负载试验,如进行承载工件最大质量的运转实验、主传动系统最大转矩试验、最大切削抗力实验、主传动最大功率试验等。

9.2.3 数控设备的验收

数控设备的检测验收是一项复杂的工作,对试验检测手段要求很高。对一般的数控机床,用户的验收工作主要是根据机床出厂检验合格证上规定的验收条件及实际提供的检测手段来部分或全部地测定机床合格证上各项技术指标。进口设备还须有进口代理商、海关商检人员参加。机床验收一般可分为以下几个环节:开箱检验、外观检查、机床性能及数控功能验证、精度检查等。

开箱检验主要是按装箱单逐项验收,如发现有缺件或型号规格不符,要记录在案,并及时同供货方或商检部门联系。外观检查主要看外观油漆质量,设备是否有损伤、变形、受潮及锈蚀等明显缺陷。机床性能及数控功能验证此前已有描述,这里不再说明。机床精度检查主要分为几何精度检查、定位精度检查和切削精度检查三项。

1. 数控机床的几何精度检查

数控机床的几何精度检查和普通机床类似,但检测要求更高。一台立式加工中心的检测内容主要有工作台的平面度、各坐标方向移动的相互垂直度、X 坐标方向移动时工作台面的平行度、Y 坐标方向移动时工作台面的平行度、X 坐标方向移动时工作台面T形槽侧面的平行度、主轴的轴向窜动、轴孔的径向跳动、主轴沿 Z 坐标方向移动时主轴轴心线的平行度、主轴回转轴心线对工作台面的垂直度、上轴箱在 Z 坐标方向移动的直线度。

上述 10 项精度分为两类,第一类精度要求是对机床各大运动部件如床身、立柱、溜

355

板、主轴等运动的直线度、平行度、垂直度要求;第二类是对主轴回转精度及直线度的要求。这些几何精度综合反映了该机床机械坐标系的几何精度和代表切削运动的主轴部件在机械坐标系的几何精度。工作台面及 T 形槽是工件或夹具定位的定位基准,其精度要求反映数控加工中工件坐标系对机械坐标系的几何关系。

目前国内检测机床几何精度常用的检测工具有精密水平仪、直角尺、精密方箱、平尺、平行光管、千分尺、测微仪、高精度主轴心棒等。各项几何精度的检测方法见各机床的检测条件规定,但检测工具的精度等级必须比所测的几何精度高一级。

在几何精度检测中,要求必须在垫铁处于垫紧的状态进行。精调时要把机床的主床身调到较精密的水平,然后再精调其他几何精度。对数控机床的各项几何精度检测工作应在精调后一气呵成,不允许检测一项调整一项,否则会造成由于调整后一项几何精度而把已检测合格的前一项精度调成不合格。在检测工作中应注意尽可能消除检测工具和检测方法的误差,如检测主轴回转振摆时,检测心棒自身的振摆和弯曲误差,千分表架刚性误差,重力、读数造成的误差等。

几何精度的检测项目因机床种类不同也略有区别,应分别加以对待。

2. 数控机床定位精度的检查

数控机床定位精度是指机床各坐标轴在数控装置控制下所能达到的精度。其主要检测内容有直线运动定位精度和重复定位精度、直线运动轴机械原点的返回精度、直线运动各轴的反向误差、回转运动的定位精度和重复定位精度、回转运动机械原点的返回精度、回转运动的反向误差。

直线运动检测工具有测微仪和成组块规、标准长度刻线尺和光学读数显微镜及双频激光干涉仪等。标准长度测量以双频激光干涉仪为准。回转检测工具 360 齿精确分度的标准转台或角度多面体、高精度圆光栅及平行光管等。

(1) 直线运动定位精度。直线运动定位精度按国际标准应以激光测量为准,如图 9 - 2 (a)所示,如没有激光干涉仪,也可以用标准刻度尺,配以光学读数显微镜进行比较测量,如图 9 - 2(b)所示,要求测量仪器的精度必须比被测的精度高 1～2 个等级。实测过程中,在全行程上每隔 200 mm 或 250 mm 左右选取一个测量点,作为测量的目标位置进行测量。

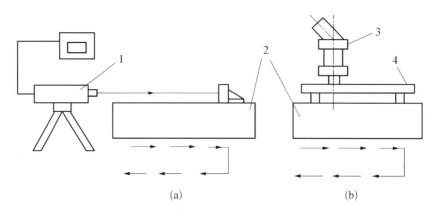

(a)　　　　　　　　　　　　(b)

图 9 - 2　直线运动定位精度检测方法

(a) 激光测量　(b) 标准尺比较测量

1—激光测距仪;2—工作台;3—光学读数显微镜;4—标准刻度尺

（2）直线运动重复定位精度。反映轴运动稳定性的一个基本指标。对于一般用户来说，选择行程的中间和两端任意三个点作为目标位置就行了，每个位置用快速定位，在相同条件下重复做 7 次定位，测出停止位置读数并求出读数最大差值。以三个位置差值中最大一个的二分之一，附上正负符号，作为该坐标方向的重复定位精度。

（3）直线运动轴机械原点的返回精度。直线运动轴机械原点的返回精度，实质上是该坐标方向上特殊点的重复定位精度，因此测定方法与重复定位精度相同。

（4）直线运动各轴的反向误差。包括传动链的反向死区、反向间隙以及弹性变形产生的误差。测量方法是在所测量坐标轴的行程内，预先向正向或反向移动一个距离并以此停止位置为基准，再在同一方向给予一定移动指令值，使之移动一段距离，然后再往反方向移动相同的距离，测量停止位置与基准位置之差。选择行程的中间和两端三个位置进行 7 次测定，求出各个位置的平均值，其中最大值为反向误差。

（5）回转运动的定位精度。回转运动的定位精度测定方法是使工作台正向或反向转一个角度并停止、锁紧、定位，以此位置为基准，然后向同方向快速转动工作台，每隔 30° 锁紧、定位、测量一次。各定位位置的实际转角与指令值之差的最大值为分度误差。生产中，0°、90°、180°、270° 几个位置使用频繁，要求这些点的精度较其他位置高一个等级。

（6）回转运动的重复定位精度。测量方法是在回转工作台的一周内任选三个位置重复定位 3 次，分别在正、反方向转动下检测。所有读数中与相应位置指令值之差的最大值为重复定位精度。

（7）回转运动机械原点的返回精度。测定方法是从 7 个任意位置分别进行一次原点返回，测定其停止使用，以读出的最大差值作为原点返回精度。

（8）回转运动的反向误差。测定方法与回转运动的定位精度测量方法一样，对于各目标位置，从正向达到目标位置的平均位置偏差减去从负向达到目标位置的平均位置偏差的最大值，作为工作台回转运动的反向误差。

3. 数控机床切削精度的检查

数控机床切削精度不仅反映了机床的几何精度和定位精度，还包括了试件材料、环境温度、刀具性能以及切削条件等因素造成的误差，所以在切削试件和计量时，都应尽量减小这些非机床因素的影响。由于尚未制定有关的国际标准和国家标准，可参考行业标准和公认的试切标准工件由合同规定后执行。如表 9－2 所示为一台卧式加工中心切削精度检验的主要项目和内容。

表 9－2　加工中心切削精度检验内容

序号	检测内容		检测方法	允许误差/mm	实测误差
1	镗孔精度	圆　度		0.01	
		圆柱度		0.01/100	

序号	检测内容		检测方法	允许误差/mm	实测误差
2	面铣刀铣 平面精度	平面度	25 · 300 · 300 · 300	0.01	
		阶梯差		0.01	
3	面铣刀铣 平面精度	垂直度		0.02/300	
		平行度		0.02/300	
4	镗孔孔距 精度	X轴方向	200 · 200	0.02	
		Y轴方向			
		对角线方向		0.03	
		孔径偏差	O X	0.01	
5	立铣刀铣削 四周面精度	直线度	300 · 300 · 20	0.01/300	
		平行度		0.02/300	
		厚度差		0.03	
		垂直度		0.02/300	
6	两轴联动 铣削直线 精度	直线度	300 · 300	0.015/300	
		平行度	O X	0.03/300	
		垂直度		0.03/300	
7	立铣刀铣削 圆弧精度	圆度	$\phi230$ · 30	0.02	

9.3　数控设备的维护、保养

9.3.1　数控设备的正确操作与使用

当初次使用数控设备时,由于操作者不熟悉或使用不当而引起的数控系统故障,造成数控设备停机的情况较多,如某厂有一台加工中心,在使用的第一年内共发生了 16 次停机故障。因操作、保养、调整不当的共有 9 次,占故障总数的 56% 左右,由此可见,正确操作和使用数控设备,可以有效地减少故障,提高设备的效率。正确操作和使用数控设备的要求是:操作人员在操作、使用数控设备前,详细阅读有关的操作说明,对数控设备的性能进行充分了解,并熟练掌握数控设备和设备面板上各个开关的作用,并严格按照数控设备的使用说明书要求进行操作。此外,在操作和使用时,还应注意以下问题:

1) 数控设备的使用环境

一般来说,数控设备的使用环境没有什么特殊要求,但是,要避免阳光直接照射和其他辐射,要避免太潮湿及粉尘过多的场所。尤其要避免有腐蚀气体的场所,以免使电子元件受到腐蚀造成接触不良或元件短路,影响设备的正常运行。

另外,由于电子元件的技术性能受到温度影响较大,当温度过高或过低时,会使电子元件工作不稳定或不可靠而增加故障的发生。因此,在有空调的环境中使用数控设备,会明显减少设备的故障率。

2) 数控设备的操作规程

操作规程是保证数控设备运行的重要措施之一。操作规程中要明确规定开机、关机的顺序和注意事项,操作者一定要按照操作规程操作。当发生电气报警时要及时通知电修人员、非电修人员,包括操作者不能随便动电器。不得自行更换,不得随意修改参数,设备在正常运行时不也许开或关电气柜的门,禁止按动"急停"和"复位"(RESET)按钮等。

3) 数控设备发生故障时的处理

数控设备发生故障时,设备的操作者要注意保留现场。为了查找出故障原因,减少停机时间,操作者要向维修人员如实说明故障的前后情况。

4) 数控设备不宜长期封存不用

数控设备购买后要充分地利用起来,以尽量提高机床的利用率。特别是在使用的第一年,更要充分使用,使故障的隐患尽可能在保修期内得以排除。如果有了数控设备舍不得用,这并不是对设备的爱护,反而会由于受潮等原因加快电气元件的变质或损坏。如果数控设备较长时间不用,要定期通电,以利用机床本身的发热量来降低机内的湿度,使电气元件不致受潮,同时也能及时发现有无电气报警发生,以防止系统软件、参数的丢失。

9.3.2　数控设备的日常维护、保养

各类数控设备因结构、系统和功能特性的不同,其维护、保养的内容和规则也各具特色。具体应根据设备种类、型号及实际使用情况,并参照该设备说明书要求,制定和建立

必要的定期、定级保养制度。以下是一些常见、通用的日常维护保养要点。

（1）定期检查清洗自动润滑系统，添加或更换润滑油脂、油液，使丝杠、导轨等运动部件始终保持良好的润滑状态，降低机械磨损速度。

（2）定期对液压系统进行油质化验检查或更换液压油，并定期对润滑、液压、气压系统的过滤器或过滤网进行清洗或更换。

（3）定期对直流电动机进行电刷和换向器的检查、清洗、更换。

（4）适时对各坐标轴进行超程限位检查，尤其是硬件限位开关，如果因切削液等原因产生锈蚀，关键时刻不起作用将会产生碰撞，甚至损坏滚珠丝杠副、影响精度。试验时，可用手按一下限位开关看是否出现超程报警。

（5）定期检查各插头、插座、电缆、继电器的触点是否接触良好，检查各印制电路板是否干净。平时尽量少开电气柜门，以保持电气柜内清洁。定期对有关电器的风扇进行清扫，更换其空气过滤网。电路板上太脏或潮湿，可能发生短路现象，必须对各个电路板、元器件采用吸尘法进行清扫。

（6）定期更换存储器用电池。一般情况下电池应每年更换一次，以确保系统能正常工作。电池的更换应在 CNC 通电状态下进行，以防更换时 RAM 内信息丢失。加工中心日常维护、保养的部位和要求如表 9 - 3 所示。

表 9 - 3　加工中心日常维护、保养的部位和要求

序号	检查周期	检 查 部 位	检 查 要 求
1	每天	导轨润滑邮箱	检查油标、油量及时添加润滑油
2	每天	X、Y、Z 轴导轨图	清除切屑、赃物，润滑导轨面
3	每天	压缩空气气源压力	检查气动控制系统压力，应在正常范围
4	每天	气源自动分水器自动空气干燥器	即时清理分水器中滤出的水分，保证自动空气干燥器工作正常
5	每天	气液转换器和增压器油面	油量不够时，及时补足
6	每天	主轴润滑恒温邮箱	工作是否正常、油量充足，调节温度范围
7	每天	机床液压系统	油箱，液压泵无异常噪声，压力表指示及各接头是否正常，工作油面高度正常
8	每天	CNC 的输入/输出单元	光电阅读机清洁等
9	每天	各种电气柜散热通风装置	冷却风扇工作正常，风道过滤网无堵塞
10	每天	各种防护装置	无松动、漏水
11	每周	各电气柜过滤网	清洗尘土
12	半年	滚珠丝杠	更换或补充油脂
13	半年	液压油路	清洗溢流阀、减压阀、滤油器，更换或过滤液压油
14	半年	主轴润滑恒温油箱	清洗过滤器，更换润滑油

序号	检查周期	检 查 部 位	检 查 要 求
15	一年	润滑油泵、过滤器	清理润滑油池底,更换滤油器
16	一年	电动机碳刷	检查换向器表面,去除毛刺,吹净碳粉,更换磨损过短的碳棒
17	不定期	导轨镶条、压紧滚轮	按机床说明书调整
18	不定期	废油池	及时清理以免溢出
19	不定期	冷却水箱	检查液面高度,太脏时更换,清理过滤器
20	不定期	排屑器	经常清理切屑,检查有无卡住现象
21	不定期	主轴驱动带	按机床说明书调整

9.3.3　数控设备的故障维修

1. 机械故障诊断方法

数控机床在运行过程中,机械零件部件长期受到冲击、磨损、高温和腐蚀的作用,且运行状态不断发生变化,一旦发生故障,往往会导致不良后果。因此,必须在机床的运行过程中或不拆卸全部设备的情况下,能够判断机床的异常情况及故障的部位和原因,从而提高机床运行的可靠性。

数控机床机械故障诊断包括对机床运行状态的监视、识别和预测三方面内容。通过对振动、温度、噪声等进行测定分析,将测定结果与规定值进行比较,以判断机械装置的工作状态是否正常。当然,要做到这一点,需要具备丰富的经验和必要的测试设备。

实际上,数控机床机械故障的诊断技术和方法十分复杂,如表 9-4 所示列出一些主要的诊断方法,供参考。

表 9-4　数控机床机械故障的诊断方法

类型	诊断方法	原 理 及 特 征	应 用
简易诊断技术	听、摸、看、问、嗅	借用简单工具、仪器,如百分表、水准仪、光学仪等检测。通过人的感官,直接观察形貌、声音、温度、颜色和气味的变化,根据经验来判断	需要有丰富的实践经验,目前被广泛用于现场诊断
精密诊断技术	温度监测	接触型:采用温度计、热电偶、测温贴片、热敏涂料直接接触轴承、电动机、齿轮箱等装置的表面进行测量 非接触型:采用先进的红外测温仪、红外测像仪、红外扫描仪等遥测不宜接近的物体具有快速、正确、方便的特点	用于机床运行中发热异常检测

类型	诊断方法	原 理 及 特 征	应　　用
精密诊断技术	振动监测	通过安装在机床上的传感器,利用振动计巡回检测,测定机床上特定测量处的总振级大小,如位移、速度、加速度和幅频特性等,对故障进行预测和检测	振动和噪声是应用最多的诊断信息。首先是强度测定,确定有异常时,再做定量分析
	噪声监测	用噪声测量计、声波计,对机床齿轮、轴承在运行中的噪声信号频谱变化规律进行分析,识别和判断齿轮、轴承磨损失效故障状态	用于监测零件磨损
	油液分析	通过原子吸收光谱仪,对进入润滑油或液压油中磨损的各种金属微粒和外来杂质等残余物形状、大小、成分、浓度的分析,判断磨损状态、机理和严重程度,有效掌握零件磨损情况	疲劳裂纹可导致事故,不同性质材料应采用不同方法测量
	裂纹监测	通过磁性探伤法、超声波法、电阻法、声发射法等观察零件内部机体的裂纹缺陷	

2. 数控机床故障分类

数控机床大部分故障以综合形式出现,但根据其发生的部位,基本可分为以下几类:

1) 机械部分故障

由于数控机床机械结构大为简化,所以机械故障率大大降低,且修理与普通机床有许多共同点,这里不做说明,仅介绍一些带共性的部件故障。

(1) 进给传动链故障。由于数控机床普遍采用了滚动摩擦副,所以进给传动链故障大部分是以运动品质下降表现出来的。如定位精度下降,反向间隙过大,机械爬行,轴承噪声过大等。这些故障的处理与运动副预紧力、松动环节和补偿环节调整有关。

(2) 主轴部件故障。数控机床主轴箱内部结构简单,可能出现故障的部分有自动拉紧刀柄装置、自动变档装置及主轴运动精度的保持性等。

(3) 自动换刀装置故障。加工中心自动换刀装置故障主要表现在刀库运动故障、定位误差过大、机械手夹持刀柄不稳定、运动误差过大等。

(4) 行程开关压合故障。数控机床长期工作中,压合行程开关的机械装置可靠性及行程开关本身的质量是造成故障的重要原因。

(5) 配套附件的故障。配套附件的可靠性是造成故障的重要原因。

2) CNC 装置故障

(1) 数控系统电源接通后,CRT 无灰度或无任何画面。原因和处理办法主要有:

① 与 CRT 单元有关的电缆连接不良。应对其检查或重新连接。

② 检查 CRT 单元的输入电压是否正常。

③ CRT 单元本身故障也可能造成 CRT 无灰度或无任何画面。

④ 数控系统主控制印制线路板或 CRT 线路板故障等。

(2) 数控系统接通电源显示"NOT READY",几秒后自动切断电源。有时接通电源后显示正常,但在运行程序过程中突然在 CRT 显示"NOT READY",随之电源被切断。造成这类故障的一个原因是 PC 故障,可通过 PC 的参数梯形图来检查。

(3) 数控系统的 MDI 方式、MEMORY 方式无效,但在 CRT 上却无报警发生。这类故障可能是操作面板和数控柜之间发生故障断线造成的。

(4) 机床不能正常返回基准点,且报警。发生此故障的原因一般是由脉冲编码器的一转信号没有输入到主控制印制线路板造成的;如脉冲编码器断线,连接电缆和插头断线等均能引起此故障。另外,返回基准点位置距离基准点太近也会产生报警。

(5) 手摇脉冲发生器不能正常工作。有两种情况,一是转动手摇脉冲发生器时 CRT 的显示位置发生变化但机床不动,此时可先通过诊断功能检查系统是否处于机床锁定状态。如未锁定,再由诊断功能确认伺服断开信号是否已被输入到数控系统中。二是转动手摇脉冲发生器时 CRT 画面位置无变化,机床也不动,此时可检查是否选择了手摇脉冲发生器操作方式,手摇脉冲器或其具接口板不良也可能造成此类故障。

3) 进给伺服系统故障

进给伺服系统故障约占整个数控系统故障的三分之一,以下分三种情况介绍:

(1) 软件报警形式。现代数控系统都可对进给驱动监视、报警。在 CRT 上报警信号大致可分为三类:

① 伺服进给系统出错报警。大多为速度控制单元方面的故障引起。

② 检测出错报警。它是检测元件或检测信号方面引起的故障。

③ 过热报警。由伺服单元、变压器、伺服电机过热造成。

(2) 硬件报警形式。包括速度单元上的报警指示灯和熔断器熔断以及各种保护用的开关跳开报警。报警指示灯的含义随速度控制单元设计上的差异也有所不同,一般有大电流报警、高电压报警、电压过低报警、速度反馈断线报警、保护开关动作、过载报警、速度控制单元上的熔断丝熔断或断路器跳闸。

(3) 无报警显示的故障。多以机床处于不正常运动状态的形式出现,常见的有:

① 机床失控。由伺服电机内检测元件的反馈信号接反或元件本身故障造成。

② 机床振动。主要由机床、电动机、检测器不良、与位置控制有关的系统参数设定错误等造成。

③ 机床过冲。主要由系统参数设定不当,电动机和进给丝杠间的刚性太差、间隙太大、传动带张力调整不当造成。

④ 机床电动机噪声过大。可能的原因有电动机换向器表面的粗糙度大或有损伤,油、液、灰尘等侵入电刷槽或换向器,电动机轴向窜动。

⑤ 机床快速移动时发生振动,甚至大的冲击,原因是伺服系统内的测速发电机电刷接触不良。

4) 主轴控制单元故障

主轴驱动分为直流和交流两种,以下按这两种方式介绍。

(1) 直流主轴控制系统,主要有:

① 主轴不转。造成这类故障的原因有印制线路板太脏、触发脉冲电路故障、机床未

给出主轴旋转信号、电动机动力线或主轴控制单元与电动机连接不良。

② 主轴速度不正常。造成这类故障的原因有装在主轴尾部的测速发电机故障、速度指令错误、D/A 变换器故障。

③ 主轴电动机振动或噪声过大。造成这类故障的原因有系统电源或相序不对、电流反馈回路调整不好、电动机轴承故障、主轴电动机和主轴之间离合器故障、主轴负荷过大等。

④ 发生过流报警。造成这类故障的原因有电流极限设定错误、同步脉冲紊乱、主轴电动机电枢线圈层间短路。

⑤ 速度偏差过大。造成这类故障的原因有负荷过大、主轴被制动、电流零信号没有输出。

(2) 交流主轴控制系统。主要有：

① 电动机过热。可能的原因有负载过大、冷却系统太脏、冷却风扇损坏、电动机与控制单元之间连接不良。

② 交流输入电路熔断器熔断。可能的原因有交流电源侧的阻抗太高、电源整流桥损坏、控制单元印制线路板故障。

③ 主轴电动机不转或达不到正常转速。可能的原因有速度指令错误、主轴定向用传感器安装不良或按报警处理。

④ 再生回路用的熔断器熔断多由主轴电动机的加速或减速频率太高引起。

⑤ 主轴电动机有异常噪声和振动,若在减速过程中产生,检查再生回路熔丝是否熔断及晶体管是否损坏;若在恒速下产生,先检查反馈电压是否正常,然后突然切断指令,检查电动机停转过程中是否有噪声,若有,应为机械故障,否则,多在印制电路板上。

⑥ 电动机速度超过额定值。可能的原因有设定错误、印制电路板故障。

5) 编程引起的故障

由编程引起的故障一般只需按报警提示进行修改就能解决。

思考与练习

9-1 数控机床在通电试车前应做哪些准备工作?

9-2 数控机床的故障及特点是什么?

9-3 数控系统的验收包括哪些内容?

9-4 数控机床的精度检验包括哪些内容?

9-5 数控机床的主要诊断方法有哪些?

主要教学参考书

［1］王细洋. 机床数控技术［M］. 北京：国防工业出版社，2011.

［2］马宏伟. 数控技术［M］. 北京：电子工业出版社，2010.

［3］严育才，张福润. 数控技术（修订版）［M］. 北京：清华大学出版社，2012.

［4］王明红. 数控技术［M］. 北京：清华大学出版社，2009.

［5］李斌，李曦. 数控技术［M］. 武汉：华中科技大学出版社，2010.

［6］张建钢，大泽. 数控技术［M］. 武汉：华中科技大学出版社，2005.

［7］侯培红等. 数控编程与工艺［M］. 上海：上海交通大学出版社，2008.

［8］王令其，张思弟. 数控加工技术［M］. 北京：机械工业出版社，2007.

［9］王爱玲. 机床数控技术［M］. 北京：高等教育出版社，2006.

［10］李福生. 实用数控机床技术手册［M］. 北京：北京出版社，1993.

［11］张俊生. 金属切削机床与数控机床［M］. 北京：机械工业出版社，2001.

［12］张德泉. 机械制造装备及其设计［M］. 天津：天津大学出版社，2003.

［13］夏凤芳. 数控机床［M］. 北京：高等教育出版社，2010.

［14］杨贺来. 数控机床［M］. 北京：清华大学出版社，2009.

［15］熊光华. 数控机床［M］. 北京：机械工业出版社，2012.

［16］韩鸿鸾，荣维芝. 数控机床加工程序的编制［M］. 北京：机械工业出版社，2003.

［17］李善术. 数控机床及其应用［M］. 北京：机械工业出版社，2002.

［18］于万成. 数控加工工艺与编程基础［M］. 北京：人民邮电出版社，2006.

［19］陈海舟. 数控铣削加工宏程序及应用实例［M］. 北京：机械工业出版社，2006.

［20］孟富森、蒋忠理. 数控技术与CAM应用［M］. 重庆：重庆大学出版社，2003.

［21］徐长寿，朱学超. 数控车床［M］. 北京：化学工业出版社，2005.

［22］李正峰. 数控加工工艺［M］. 上海：上海交通大学出版社，2004.

［23］劳动和社会保障部教材办公室・上海市职业培训指导中心，李蓓华. 数控机床操作工（中级）［M］. 北京：中国劳动社会保障出版社，2004.

［24］熊熙. 数控加工实训教程［M］. 北京：化学工业出版社，2003.

［25］顾京. 数控机床加工程序编程［M］. 北京：机械工业出版社，1997.

［26］唐健. 数控加工及程序编制基础［M］. 北京：机械工业出版社，1997.

［27］山岸正谦. NC工作機械の入門［M］. 東京：東京電機大学出版局，2000.